数据挖掘算法

研究与实现

李竹林　刘芬　著

中国水利水电出版社
www.waterpub.com.cn
·北京·

内 容 提 要

数据挖掘是一门面向应用的新兴学科分支。本书以各类数据挖掘算法为核心，对数据挖掘研究领域的主要理论和典型算法进行了研究，并注重国内外最新研究进展的融入，力求内容系统、全面、先进。

本书主要内容包括数据挖掘中的数据预处理、数据的存储与数据仓库、关联规则挖掘算法、数据分类和预测挖掘算法、时间序列与序列模式挖掘算法的实现、数据聚类分析算法的实现、复杂类型的数据挖掘算法等。

本书结构合理，条例清晰，内容丰富新颖，是一本值得学习研究的著作。

图书在版编目（CIP）数据

数据挖掘算法研究与实现 / 李竹林，刘芬著．-- 北京：中国水利水电出版社，2017.4（2022.9重印）
ISBN 978-7-5170-5355-2

Ⅰ．①数… Ⅱ．①李… ②刘… Ⅲ．①数据采集 Ⅳ．①TP274

中国版本图书馆CIP数据核字（2017）第080456号

书　　名	数据挖掘算法研究与实现　SHUJU WAJUE SUANFA YANJIU YU SHIXIAN
作　　者	李竹林　刘　芬　著
出版发行	中国水利水电出版社 （北京市海淀区玉渊潭南路1号D座 100038） 网址：www.waterpub.com.cn E-mail：sales@waterpub.com.cn 电话：（010）68367658（营销中心）
经　　售	北京科水图书销售中心（零售） 电话：（010）88383994、63202643、68545874 全国各地新华书店和相关出版物销售网点
排　　版	北京亚吉飞数码科技有限公司
印　　刷	天津光之彩印刷有限公司
规　　格	170mm×240mm　16开本　20印张　358千字
版　　次	2017年8月第1版　2022年9月第2次印刷
印　　数	2001—3001册
定　　价	60.00元

前　言

21 世纪是信息的世纪。信息已经和能源、材料一起成为支撑人类社会发展的三大要素，并显示出越来越重要的作用。21 世纪也是知识的世纪。以知识为主题的许多新研究对象的出现，如知识经济、知识产业、知识工人、知识管理、知识工程和知识网络等，丰富了理论研究的内涵，也推动了以网络为基础的信息技术向着更高层次发展。如何实现从信息到知识的转变呢？数据挖掘技术给出了答案。

数据库技术从 20 世纪 80 年代开始，已经得到广泛的普及和应用。随着数据库容量的膨胀，特别是数据仓库以及 Web 等新型数据源的日益普及，人们面临的主要问题不再是缺乏足够的信息可以使用，而是面对浩瀚的数据海洋如何有效地利用这些数据。面对这一挑战，数据挖掘和知识发现技术应运而生，并显示出强大的生命力。数据挖掘和知识发现使数据处理技术进入了一个更高级的阶段。它不仅能对过去的数据进行查询，而且能够找出过去数据之间的潜在联系，进行更高层次的分析，以便更好地解决决策、预测等问题。历经十几年的发展，数据挖掘技术本身已经积累了一批有价值的理论和技术成果。同时，包括统计学、人工智能等在内的相关学科的发展，从某种程度上对数据挖掘技术的发展起到了极大的推动作用。根据麻省理工学院的《科技评论》评估，“数据挖掘”技术是对未来人类产生重大影响的十大新兴技术之一。毫不夸张地说，如今的数据挖掘已经成为计算机、信息科学以及相关领域的一个时髦名词，而且在诸如银行、电信、保险、交通、零售（如超级市场）以及天文学、分子生物学等领域得到应用。可以预见，随着大数据概念的提出和应用，数据挖掘也必将是支撑大数据分析的最重要和最核心的技术之一。

全书共 8 章，第 1 章为绪论，简要介绍了数据挖掘技术的产生与发展、常用技术及工具、应用分析；第 2 章主要介绍了数据预处理的相关内容，主要包括：数据预处理的目的、数据清理、数据集成和数据变换、数据归约；第 3 章介绍了数据的存储与数据仓库的基本概念、相关知识，以及联机分析处理技术的基本方法与实现；第 4～8 章详细介绍了关联规则挖掘算法、数据分类和预测挖掘算法、时间序列与序列模式挖掘算法的实现、数据聚类分析算法的实现、复杂类型的数据挖掘算法。

全书由李竹林、刘芬撰写，具体分工如下：

第 2 章、第 5 章～第 7 章：李竹林（延安大学）；

第 1 章、第 3 章、第 4 章、第 8 章：刘芬（延安大学）。

由于时间仓促，作者水平有限，本书难免存在错误、疏漏之处，恳请广大读者批评指正，不吝赐教。

作　者

2017 年 1 月

目　　录

前言

第1章　绪论 ……… 1

1.1　数据挖掘技术的产生与发展 ……… 1
1.2　数据挖掘的常用技术及工具 ……… 6
1.3　数据挖掘常用的知识表示模式与方法 ……… 7
1.4　数据挖掘的应用分析 ……… 8

第2章　数据挖掘中的数据预处理 ……… 13

2.1　数据预处理的目的 ……… 13
2.2　数据清理 ……… 16
2.3　数据集成和数据变换 ……… 23
2.4　数据归约 ……… 32

第3章　数据的存储与数据仓库 ……… 40

3.1　关系数据集 ……… 40
3.2　NoSQL 数据库 ……… 42
3.3　分布式文件系统 ……… 45
3.4　数据仓库的体系结构 ……… 49
3.5　数据仓库的基本数据模型 ……… 54
3.6　联机分析处理(OLAP) ……… 65

第4章　关联规则挖掘算法 ……… 79

4.1　关联规则算法概述 ……… 79
4.2　关联规则的基本算法 ……… 80
4.3　关联规则挖掘的其他算法 ……… 95
4.4　必要置信度对分类精度影响的研究 ……… 108

第5章　数据分类和预测挖掘算法 ……… 114

5.1　分类和预测概述 ……… 114
5.2　基于相似性的分类算法 ……… 116

5.3 决策树分类算法 …… 120
5.4 贝叶斯分类算法 …… 141
5.5 人工神经网络(ANN) …… 144
5.6 支持向量机 …… 150
5.7 粗糙集与模糊集 …… 159
5.8 预测和分类中的准确率、误差的度量 …… 167
5.9 评估分类器或预测器的准确率 …… 170

第 6 章 时间序列与序列模式挖掘算法的实现 …… 173

6.1 时间序列挖掘概述 …… 173
6.2 基于 ARMA 模型的序列匹配方法 …… 177
6.3 基于离散傅里叶变换的时间序列相似性快速查找 …… 180
6.4 序列挖掘及 GSP 算法 …… 184
6.5 互联网信息流时间序列挖掘算法的实现 …… 193

第 7 章 数据聚类分析算法的实现 …… 199

7.1 聚类分析概述 …… 199
7.2 划分聚类算法 …… 203
7.3 层次聚类算法 …… 215
7.4 密度聚类算法 …… 227
7.5 网格聚类算法 …… 234
7.6 模型聚类算法 …… 239
7.7 孤立点分析 …… 241

第 8 章 复杂类型的数据挖掘算法 …… 243

8.1 文本数据挖掘 …… 243
8.2 Web 挖掘 …… 257
8.3 空间数据挖掘 …… 265
8.4 遗传算法 …… 285
8.5 多媒体数据挖掘 …… 293
8.6 可视化方法 …… 302

参考文献 …… 312

第1章 绪论

数据挖掘是应用数学和统计学方法找出模式和相互间的关系，并进行分类和预测。在商业、医疗、生物、科研、军事等众多领域上均获得成功实践。

1.1 数据挖掘技术的产生与发展

1.1.1 数据挖掘技术的产生

现代社会是一个信息社会，知识信息繁多、无序，在大型数据的压力下，人们开始意识到数据转换的必要性。近年来由于数据采集技术的更新，出现了大规模的数据。随着数据的急剧增长，现有的数据分析工具已无法满足要求。

数据的自动化分析技术，已经引起科研工作者和商业厂家的日益重视。在信息数据发达的现代社会，各类高科技技术拓宽了人们数据收集的范围，也增大了数据收集的容量，随之出现的问题是“数据丰富而信息贫乏”。解决这一问题的有效办法就是建立数据库。

随着数据的膨胀和技术环境的进步，20世纪80年代后期，在强大的商业需求的驱动下，数据仓库和数据挖掘逐渐形成。

建立在数据库系统上的计算机决策支持系统的出现，为进行高层次的数据决策分析提供了好的思路和方法。但由于决策支持系统在数据的采集、分析方法上的灵活性等方面存在局限性，使得人们不得不寻求更有效的途径去开拓数据决策分析的思路。人工智能为此作出了巨大贡献，但是近年来这个系统也遇到了很多困难，例如，从领域专家那里获取知识较难；规则表达局限性太大；主观的偏见和错误等这些困难的出现在很大程度上限制了该系统的应用。而数据挖掘系统具有高度实用性，并且客观地挖掘知识。机器学习应该说是得到了充分的研究和发展，从事机器学习的研究者们，逐渐能正确审视实际出现的大数据本，开始了数据挖掘的新征程。

数据库中的知识发现（Knowledge Discovery in Database，KDD）是一

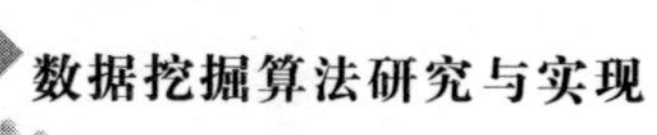

个从数据库中挖掘有效的、新颖的、潜在有用的和最终可理解的模式的复杂过程。图 1-1 所示为 KDD 系统总体结构图。KDD 的一般过程如图 1-2 所示。其中,数据挖掘技术便是 KDD 中的一个最为关键的环节(图 1-3)。

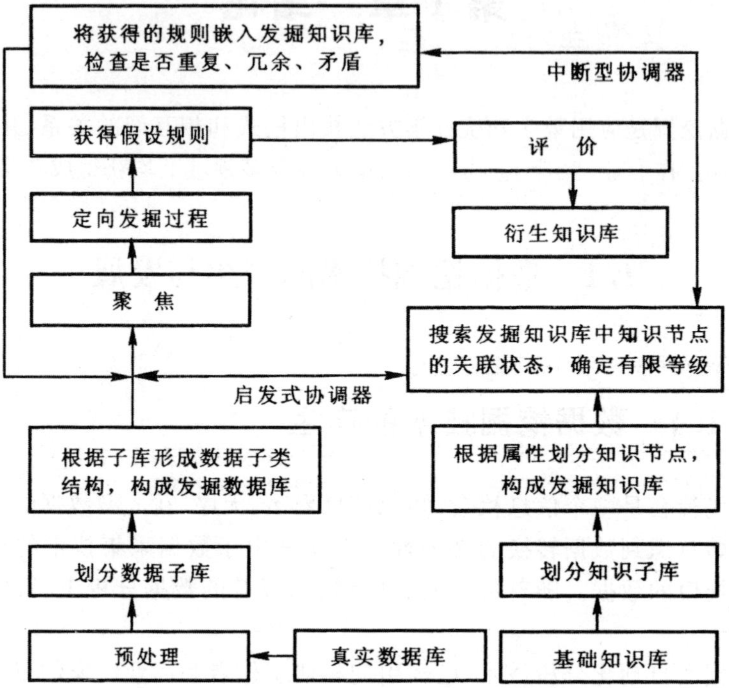

图 1-1　KDD 系统总体结构图

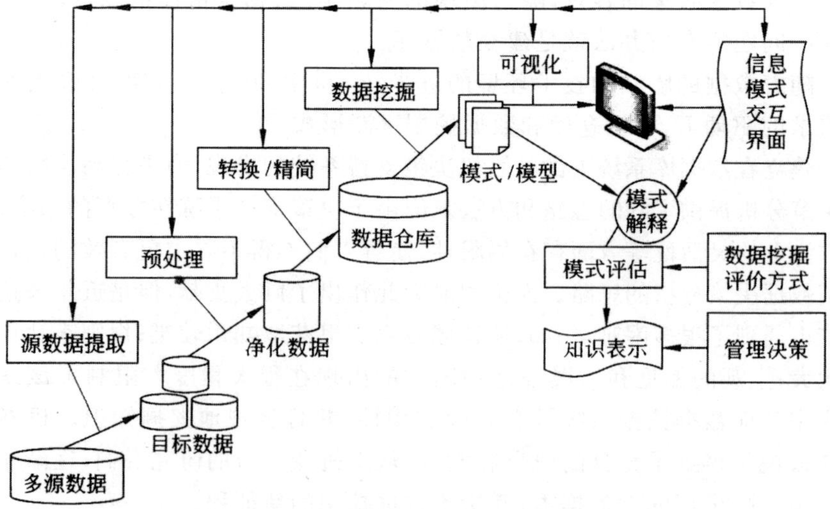

图 1-2　KDD 过程示意图

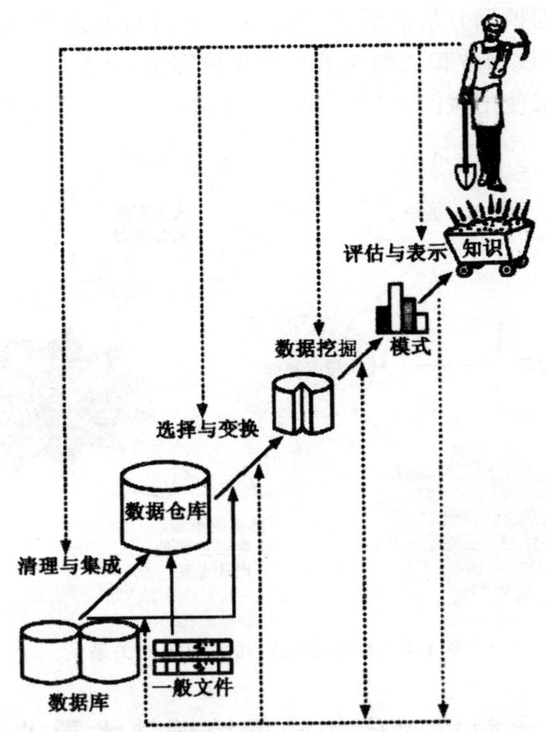

图 1-3 数据挖掘作为知识发现过程的一个步骤

数据挖掘是应用数学和统计方法找出数据的模式和相互间的关系。这些模式和关系可以用来分类和进行预测。如图 1-4 所示,数据挖掘表示了几种现象的集合。数据挖掘技术是由统计数学原理、人工智能以及机器学习领域发展而来的。事实上,数据挖掘这个术语范畴是一个奇特的术语联合体,分别运用于各种不同的学科。

数据挖掘技术分为两个大类:无监督的和有监督的。

对于无监督数据挖掘,分析员在开始分析之前不用建立一个模型或是做出假设。相反,数据挖掘技术是先把数据应用于分析,然后观察结果。完成分析以后,才提出解释和假设来说明找出的模式。

一种普遍的无监督技术是聚类分析(Cluster Analysis)。在聚类分析时,统计方法用来确定具有相似特征实体的分组。聚类分析的一个常见应用是从订单和客户的人口统计信息中确定用户分组。例如 Heather Sweeney Designs 公司可以用聚类分析决定哪组客户与购买特定产品有关。

有监督数据挖掘,是指数据挖掘人员在开始分析之前先提出模型,接着对考察的数据应用统计方法给模型估计参数。例如,假设通信公司的营销专家认为手机在周末的使用时间是由客户的年龄和客户拥有手机账号的月数决定的。数据挖掘分析然后开始进行一个回归分析(Regression Analysis)来确定这个模型方程式的系数。结果可能是:

手机周末使用时间=12+17.5×年龄+23.7×手机账号月数

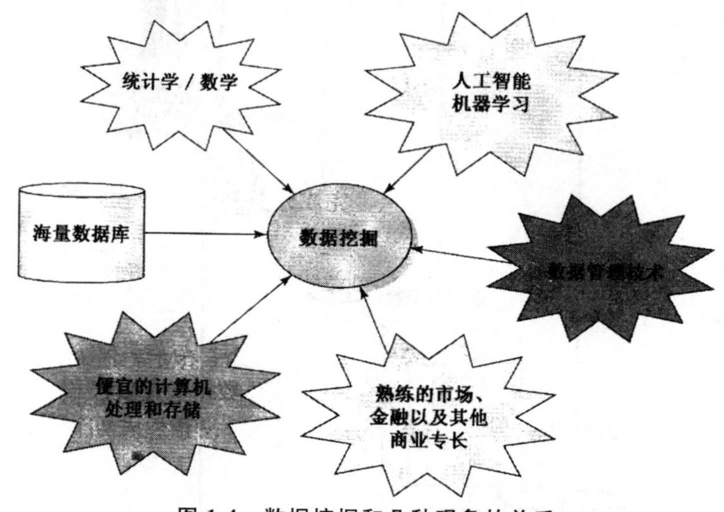

图 1-4　数据挖掘和几种现象的关系

1.1.2　大数据时代的数据挖掘技术需求分析

数据挖掘技术是大数据分析的核心,而且新的挑战性技术和方法需要加强。

1. 大容量的数据分析需要数据挖掘技术来支撑

数据挖掘的目标就是从大容量数据中发现有价值的知识模式,所以和大数据的分析目标是一致的。在数据挖掘研究中,大部分的方法都是面向大容量数据的,而且也不提倡利用随机抽样等技术来提高算法效率。因此,数据挖掘对大数据时代的信息处理的支撑作用是任何技术都无法取代的。

2. 高速聚集的大数据为数据挖掘提出新的挑战性课题

随着网络技术和基于网络应用的发展,许多商业数据具有高速的数据聚集特点。如一个社交媒体(微博、微信、QQ等)可能每时每刻都有新数据聚集;一个像股票、电子商务等网站的交易数据更是以极大的速度来产生。因此,传统的数据挖掘技术和方法很难适应这样的变化。幸运的是,数据挖掘的一个新的研究分支——数据流(Data Stream)已经被提出,并且得到了广泛的关注。

简单地说,数据流是指速度连续到达的大容量数据项序列。因此,面向数据流的数据挖掘应该是一个在线式的、流动式的、增量式的知识发现过程。

在线式是指不能期望把所有快速流动的数据都存储下来再统一进行分析挖掘，所以，必须在线式地完成数据收集、整理和分析工作。特别地，传统的多遍扫描完整数据集的挖掘方法是无法使用的，需要数据的单遍扫描技术来支撑。流动式是指数据随着时间变化对应的知识模式也会变化，因此，必须在数据流动的过程中及时发现模式变化规律。增量式则是强调模式的挖掘策略，由于数据的快速流动，过去的数据很难被重复利用，因此，必须及时使用新达到的数据来增量式地更新已有模式，模式更新和数据聚集同步进行。毋庸置疑，数据流挖掘的对象及目标正是解决快速聚集的大数据分析所需要的。

3. 类型多样的大数据需要数据挖掘的相关研究分支的发展来支撑

大数据需要面对多样化的数据类型，尤其是基于网络的应用的数据形式。目前，主要支撑网络应用的数据集中在网页、网页链接、网站的日志文件以及声音、图像、视频等多媒体形式上。

因此，目前的数据挖掘的研究已经涉及多种不同的数据类型的知识发现问题，并且许多已经成为数据挖掘研究的相对独立的分支。完全可以相信，随着研究和应用的深入，它们将成为大数据研究的重要技术支撑。

4. 价值巨大的大数据正是数据挖掘技术的研究目标

数据挖掘的目标也是希望获得有价值的知识模式，而且强调被挖掘出的模式的潜在性、非平凡性和新颖性。例如，“啤酒与尿布”关联就被公认是数据挖掘技术价值表现的典型案例。

1.1.3　数据挖掘技术的发展

随着数据挖掘技术研究的深入，不难发现还有一些难关需要攻克，具体如图1-5所示。

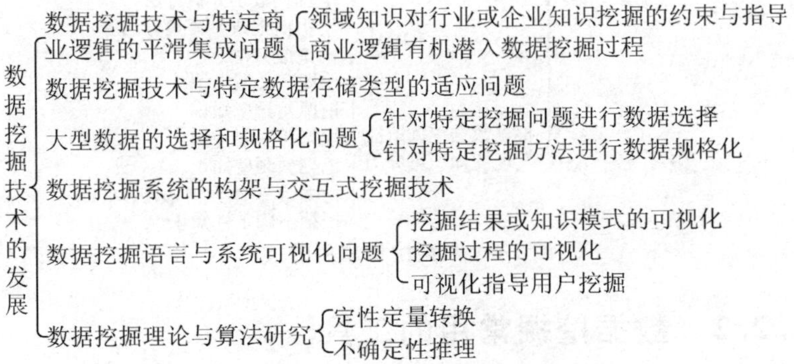

数据挖掘技术的发展
- 数据挖掘技术与特定商业逻辑的平滑集成问题
  - 领域知识对行业或企业知识挖掘的约束与指导
  - 商业逻辑有机潜入数据挖掘过程
- 数据挖掘技术与特定数据存储类型的适应问题
- 大型数据的选择和规格化问题
  - 针对特定挖掘问题进行数据选择
  - 针对特定挖掘方法进行数据规格化
- 数据挖掘系统的构架与交互式挖掘技术
- 数据挖掘语言与系统可视化问题
  - 挖掘结果或知识模式的可视化
  - 挖掘过程的可视化
  - 可视化指导用户挖掘
- 数据挖掘理论与算法研究
  - 定性定量转换
  - 不确定性推理

图1-5　数据挖掘技术的发展

1.2 数据挖掘的常用技术及工具

1.2.1 数据挖掘常用的技术

数据挖掘是从人工智能领域的一个分支——机器学习发展而来的，因此机器学习、模式识别、人工智能领域的常规技术，如聚类、决策树、统计等方法经过改进，大都可以应用于数据挖掘。常用的数据挖掘技术如图 1-6 所示。

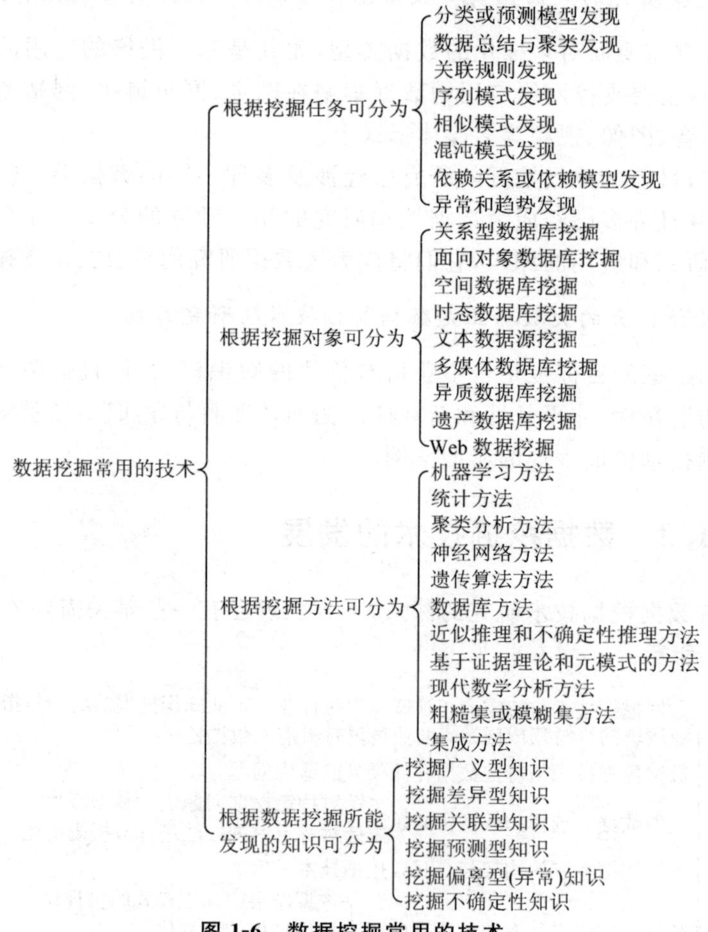

图 1-6 数据挖掘常用的技术

1.2.2 数据挖掘常用的工具

要想真正做好数据挖掘，就要根据所选择的数据对象和需求，选择合适的数据挖掘工具。数据挖掘常用的工具如图 1-7 所示。

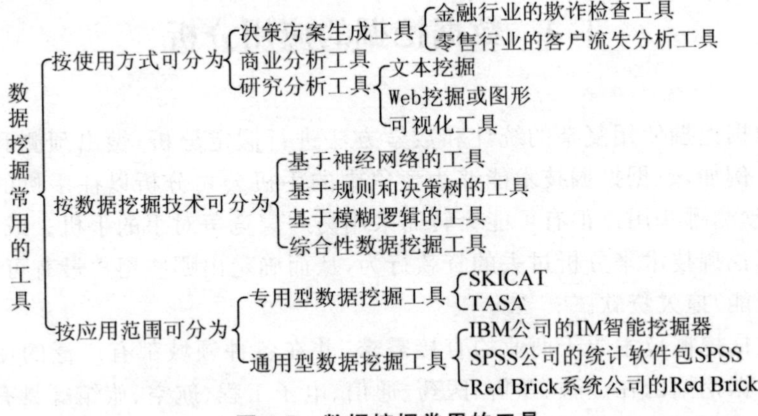

图 1-7 数据挖掘常用的工具

1.3 数据挖掘常用的知识表示模式与方法

用于数据挖掘系统的知识表示模式与方法各式各样，不同的数据挖掘系统会采用不同的知识表示模式与方法。具体分类如图 1-8 所示。

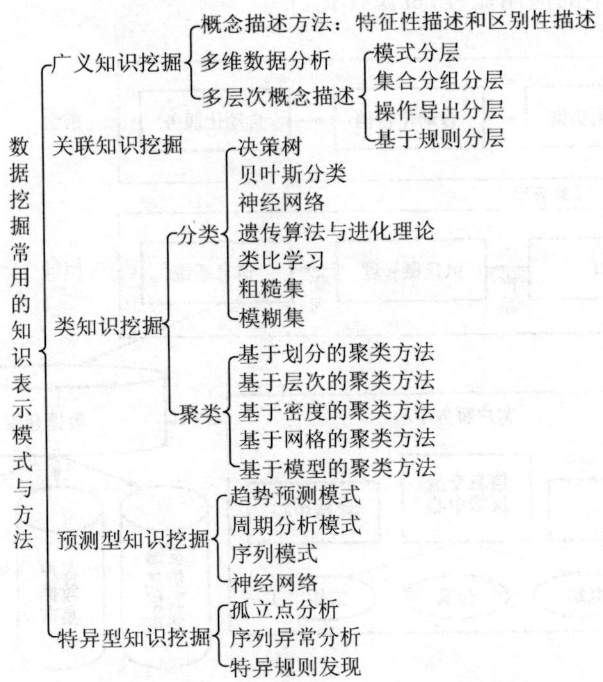

图 1-8 数据挖掘常用的知识表示模式与方法

1.4 数据挖掘的应用分析

数据挖掘使用复杂的统计和数学方法进行假定分析，做出预测和优化决策。例如，数据挖掘技术能够为竞争中的手机公司分析以往手机的使用情况，预测哪些用户很有可能会转而采用另一家竞争对手的手机。或者，利用数据挖掘技术来分析过去的贷款行为，从而确定出哪些用户最有可能（或最不可能）拖欠贷款。

数据挖掘技术源于商业的直接需求，并在各种领域都有广泛的使用价值。数据挖掘已在金融、零售、医药、通信、电子工程、航空、旅馆等具有大量数据和深度分析需求、易产生大量数字信息的领域得到广泛使用，并带来了巨大的社会效益和经济效益。它既可以检验行业内长期形成的知识模式，也能够发现隐藏的新规律。

在电子商务领域，数据挖掘主要应用于以下几方面：客户关系管理（客户细分、获取与保持），图 1-9 与图 1-10 所示分别为客户关系管理架构示意图与数据挖掘的商业流程；个性化服务；交叉营销，图 1-11 所示为数据挖掘在市场营销中的应用流程；资源优化。

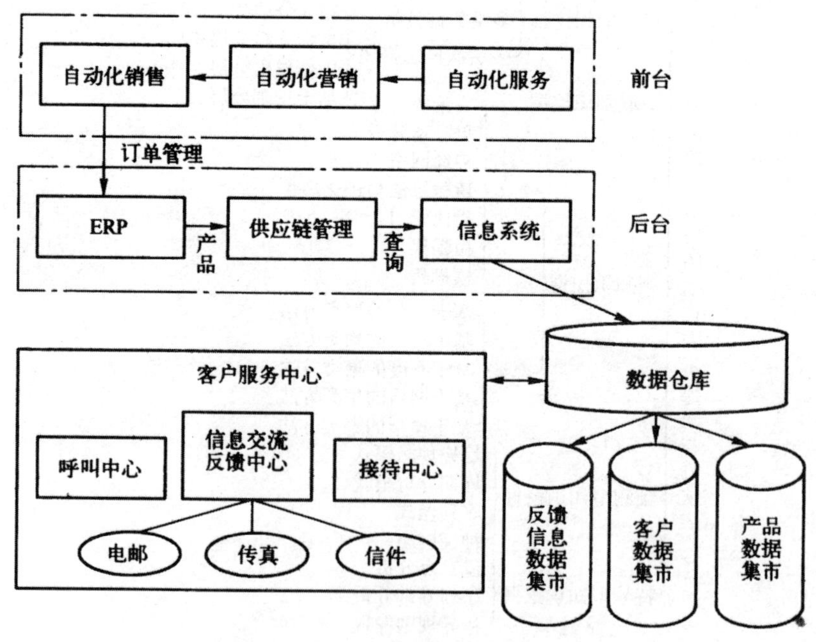

图 1-9 客户关系管理架构示意图

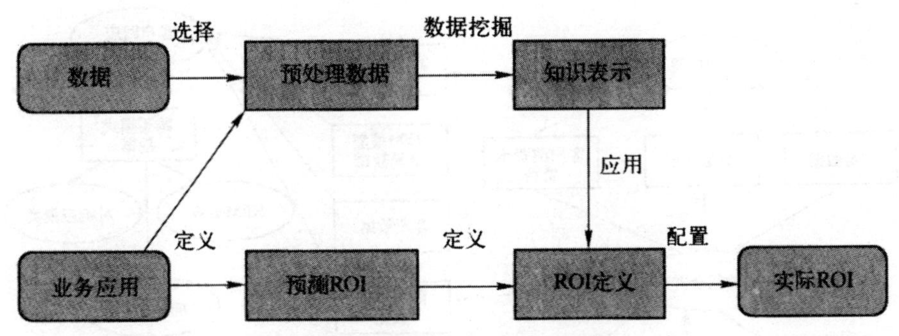

图 1-10　数据挖掘的商业流程

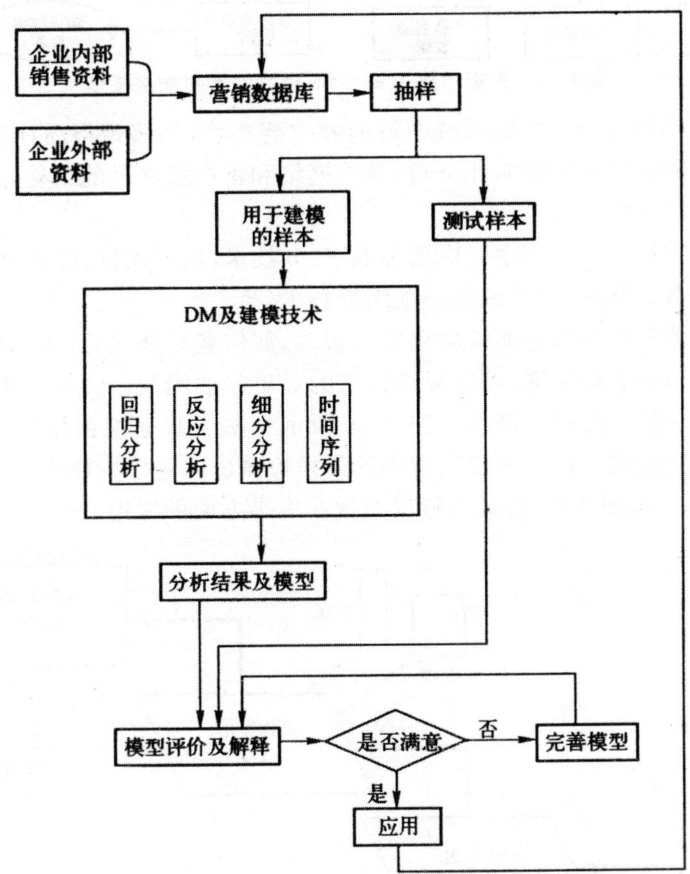

图 1-11　数据挖掘在市场营销中的应用流程

在市场销售业中,数据挖掘技术有助于识别顾客购买行为,取得更高的顾客满意程度,降低销售业成本,提高销量。图 1-12 是数据挖掘工具 SPSS 对客户建立响应模型的典型过程,该模型预测客户对市场活动的响应情况。

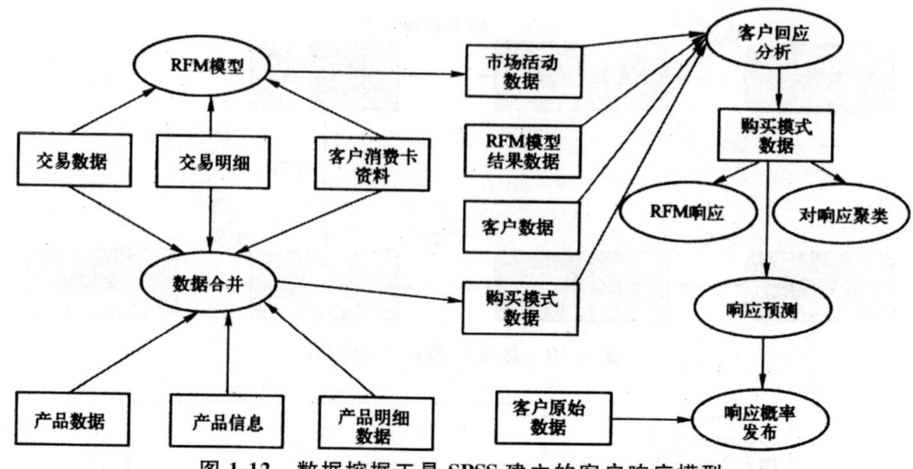

图 1-12　数据挖掘工具 SPSS 建立的客户响应模型

数据挖掘技术在生物领域中扮演着重要角色，如多蛋白质序列中的连接、检索、相似性搜索和对比分析；基因网络和蛋白质路径的结构分析；共生基因序列的关联分析等。

数据挖掘在互联网中的应用涉及 Web 技术、数据挖掘、计算机语言学、信息学等多个领域，可以说是一项综合技术。

数据挖掘在网络方面的应用还有很多，如信息安全问题，将数据挖掘技术应用于网络入侵检测，可以提高检测的效率和准确性。图 1-13 所示为基于数据挖掘的入侵检测模型。图 1-14 所示为基于数据挖掘技术的网络实时入侵检测系统。网络游戏运营中的外挂检测也应用数据挖掘技术。

图 1-15 与图 1-16 所示为数据挖掘在军事方面的应用。

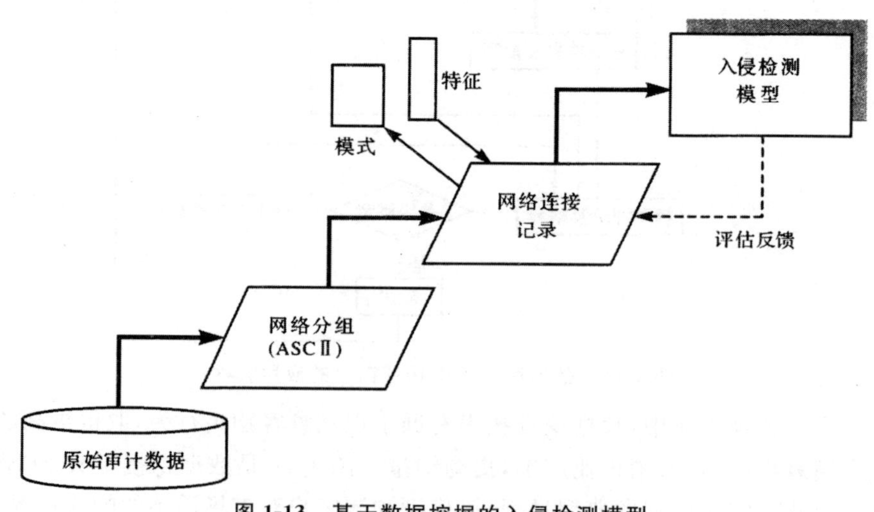

图 1-13　基于数据挖掘的入侵检测模型

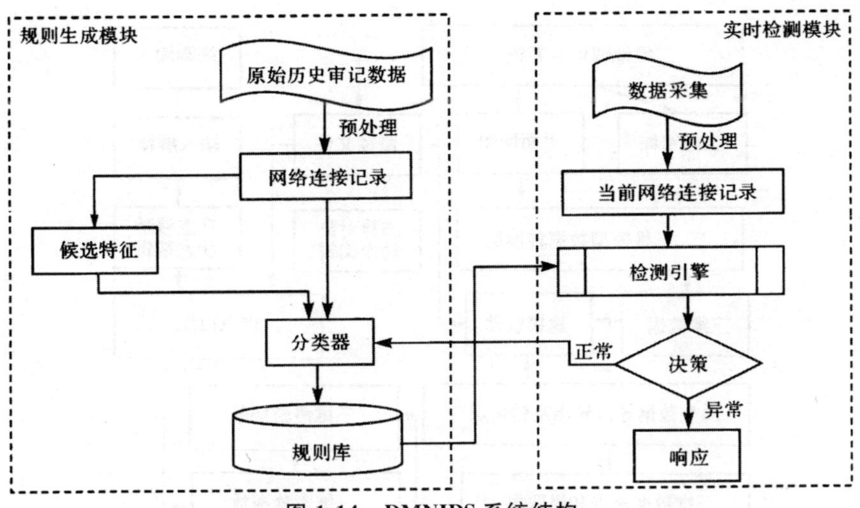

图 1-14　DMNIDS 系统结构

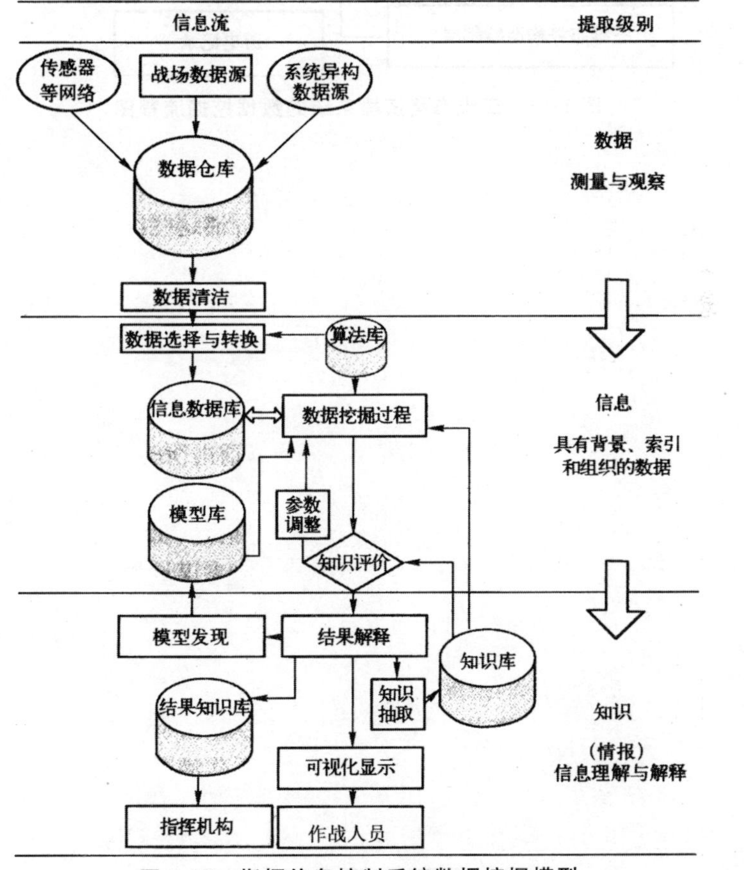

图 1-15　指挥信息控制系统数据挖掘模型

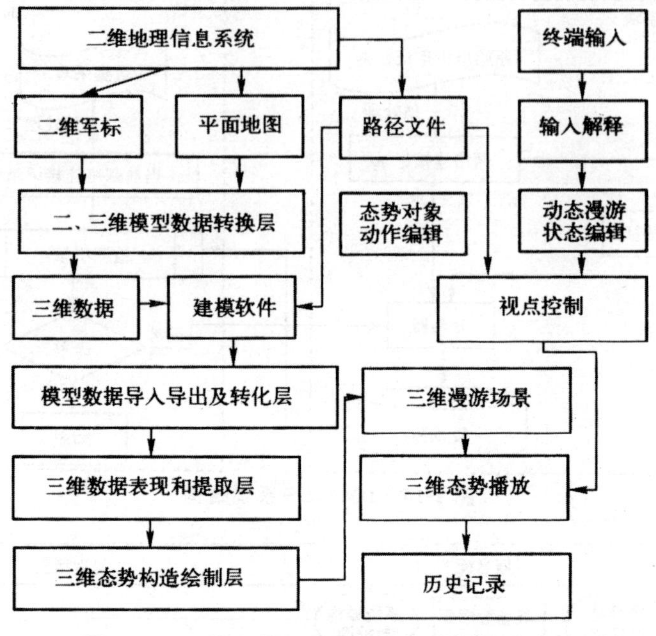

图 1-16 三维态势演播系统的数据挖掘流程图

第 2 章　数据挖掘中的数据预处理

数据挖掘的目的是在大量的、潜在有用的数据中挖掘出有用的模式或信息，挖掘的效果直接受到源数据质量的影响，数据质量的检测和纠正是数据挖掘前期重要的、不可忽视的环节。

高质量的数据是进行有效挖掘的前提。数据预处理技术包括数据整理、数据集成、数据变换、数据归约、数据离散化等多种处理技术，图 2-1 给出了数据处理的形式。

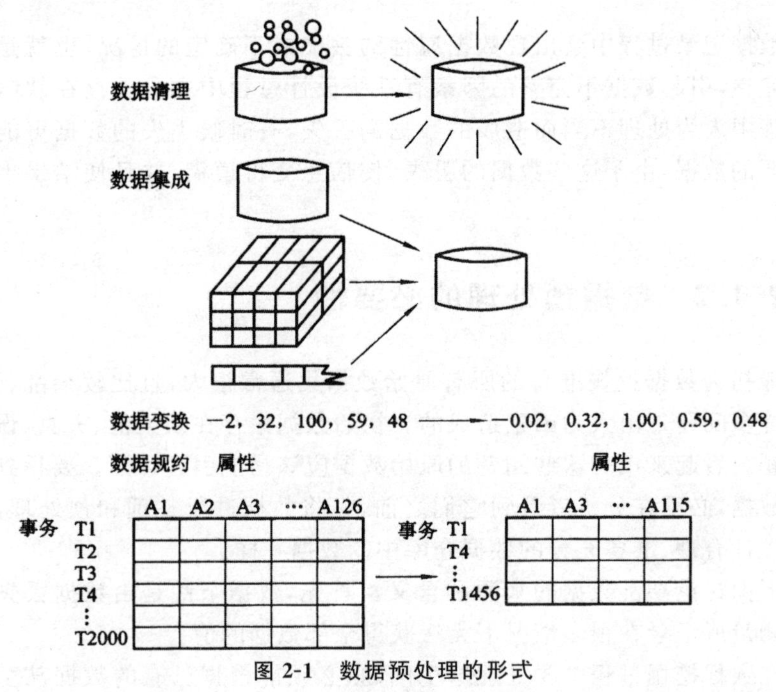

图 2-1　数据预处理的形式

2.1　数据预处理的目的

2.1.1　数据挖掘的数据对象存在的问题

下列问题是数据挖掘对象中常存在的一些问题。

1. 杂乱性

取自于应用系统的原始数据，数据在收录之时没有统一的标准定义，并且数据结构也存在在很大的差异，因此，所获取的原始数据往往不能直接使用。

2. 重复性

在应用系统的实际应用过程中存在的一个非常普遍的问题就是同一个客观事物在数据库中存在两个或两个以上完全相同的物理描述，这种现象称为信息的冗余或信息的重复。

3. 不完整性

数据记录过程中会出现数据属性的丢失或不确定的情况，也就是数据的不完整，引起数据不完整的因素有系统设计过程中本身就存在缺陷和使用过程中人为处理不当而造成的数据的丢失，有时候丢失的数据可能是至关重要的数据，由于这些数据的丢失，使信息变得模糊，并且使结果出现随机性。

2.1.2 数据预处理的必要性

最初为数据挖掘准备的所有原始数据集通常很大，且比较杂乱、受限，其中许多问题是由人为因素造成的。初始数据集存在缺失值、失真、误记录等问题。看起来没有这些问题的原始数据应该马上引起怀疑。要得到高质量的数据，必须在分析者看到它们之前，先将数据进行整理和预处理，使其就像设计合理、准备充分的数据仓库中的数据一样。

下面讨论杂乱数据的来源和含义。首先，数据杂乱是由数据丢失造成的。测量或记录在很多情况下无法获得全部数据的值。

在数据挖掘过程中要处理这个问题，必须能根据已有的数据甚至是丢失的数据来建模。在应用所选的数据挖掘技术之前，必须解决缺失值的问题。其次是数据的误记录，这在大数据集中非常常见。所以必须有能发现这些“异常”值的机制。某些情况下，甚至要用这些机制消除“异常”值对最终结果的影响。此外，数据可能并不来自假定的样本母体。这里，异常点就是典型的例子，在数据挖掘过程中只有分析人员详细的分析数据，才能将异常数据从正常数据中剔除，还要将它们保留为所研究样本母体的异常样本。

在正式分析之前相当重要的一步是对数据的彻底检查，只有彻底检查

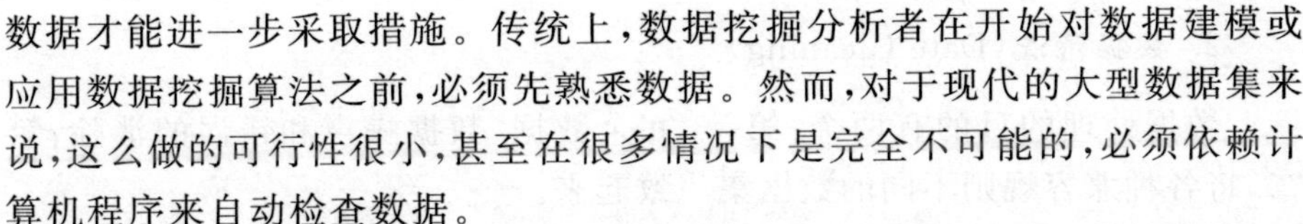

数据才能进一步采取措施。传统上，数据挖掘分析者在开始对数据建模或应用数据挖掘算法之前，必须先熟悉数据。然而，对于现代的大型数据集来说，这么做的可行性很小，甚至在很多情况下是完全不可能的，必须依赖计算机程序来自动检查数据。

数据失真、数据挖掘工具的滥用、采用错误的步骤、对数据的模糊性和不确定性未作全面考虑等，所有这些都可能在数据挖掘过程中导致方向错误。因此，数据挖掘不只是简单地对已知问题应用一系列工具，而是一个批判性的鉴定、考查、检验和评估的过程。数据在本质上应该是定义明确的、一致的和非易失性的。数据量要足够大，以支持数据分析、查询、汇报以及与长期历史数据进行比较。

“初始数据集的准备和转换是数据挖掘过程中最为关键的步骤。”这一观念得到了许多数据挖掘专家的认同。这个步骤在很多时候并没有引起人们足够的注意，主要是因为许多人认为数据挖掘的应用高度与之相关。数据准备过程的某些部分，有时甚至是整个准备过程，在大多数数据挖掘过程中，可以独立于应用和数据挖掘方法来描述。一些公司拥有相当大的、常常是分布式的数据集，此时，大多数数据准备过程都可以在数据仓库的设计阶段完成，只要对数据进行挖掘分析，很多专门的转化才能进行。计算机不可能在没有人的辅助下找到最好的转换集合，用于一个数据挖掘应用的转换也不一定能很好地用于另一个应用。

数据准备有时会作为数据挖掘文献中一个不重要的话题而不予考虑，或者仅作为数据挖掘过程的一个阶段。在数据挖掘应用的现实世界中，事实恰恰相反，数据准备比应用数据挖掘方法需要耗费更多的精力。数据准备阶段有两个中心任务：

①为了方便数据挖掘工具和其他工具对计算工具的处理，应该将数据组织成一种标准形式。

②准备数据集，使其能得到最佳效果。

2.1.3　数据预处理知识基础

数据清洗、数据集成、数据转化、数据规约是常见的数据预处理方法。

1. 数据集成(Data Integration)

数据集成是为了解决语义的模糊性，对多数据库和多文件在异构环境中进行合并处理。处理的对象主要包含数据的选择、解决数据中的冲突问题，处理不一致数据。

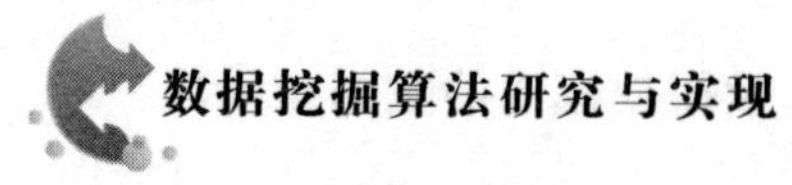

2. 数据清洗(Date Cleaning)

数据处理的目的有两个:第一,冗余数据、数据噪声和错误的消除;第二,将各种兼容规则不同的数据集一致起来。

3. 数据变换(Data Transformation)

通过格式化、规约、投影和切换等操作,用转换或为变换来减小有效变量的数目或寻找数据不变式。

4. 数据简化(Data Reduction)

数据简化是数据量的最大限度的精简,是在理解发现的内容和数据本身内容的基础上,发现目标表达数据的有用特征,其目的是数据模型的缩减。属性的选择和数据抽样是数据简化的两个途径。

2.2 数据清理

2.2.1 缺失值的处理方法

一个对象遗漏一个或多个属性值并不少见。缺失的数据很有可能没有错误。例如,信用卡申请时,要求申请人填写驾驶执照,但如果申请人没有驾驶执照,这部分值便会缺失,对缺失值的处理方法是允许填表人使用诸如“无效”等值。在某些情况下,信息收集时可能被人认为是涉嫌窥探他人隐私,如年龄、体重,收入等(如网络用户注册时)。有些属性只能用于特定的对象,若有条件的选择是市场调查中常用的一种设计方法,当被调查者以特定方式回答前面的问题时,条件部分才需要填写,但在存储时为简单起见可能会将所有数据全部存储。此外,也可能是所收集数据中有些感兴趣的属性缺少属性值,或仅包含聚集数据。所以,在分析数据时应当考虑对不完整的数据进行处理。处理缺陷值的方法有以下几类:

①元组的忽略。这是分类任务中类标号缺失时常用的一种处理方法。该方法适合同一个记录中有多个属性缺失值,并且对所有类型的缺失值都有效,当属性缺失值的百分比变化很大时,其性能就很差。

②忽略属性列。如果该属性的缺失值太多,如超过 80%,则在整个数据集中忽略该属性。

③缺失值的人工填写。这是一种既费力又费时的方法,这一方法不适

合数据缺少很多值或者数据量过大的情形。

④自动填充缺失值。有三种策略。

策略一:全局值的填写要使用一个全局常量,用一个常量来替换缺失的属性值。

策略二:默认值用给定记录属性的所有样本的众数平均值来填充:假如某数据集的一条属于 a 类的记录在 A 属性上存在缺失值,那么可以用该属性上属于 a 类全部记录的平均值来代替该缺失值。

策略三:在基于推理的工具或决策树、回归的确定中,缺失值用可能值来替代。

策略一填入的值可能不正确;策略三使用已有数据的大部分信息来预测缺失值,效果相对较好,但代价大;策略二实现简单、效率高,效果相对不错。

2.2.2　数据的平滑方法

噪声是测量变量的随机错误或偏差。噪声是测量误差的随机部分,包含错误或孤立点值。导致噪声产生的原因有多种,可能是数据收集的设备故障,也可能是数据录入过程中操作者的疏忽或者数据传输过程中的错误等。目前,噪声数据的平滑方法有以下几种。

1. 分箱

将有效的数值分布到一些“箱”或“桶”中,在这一分类过程中考察了周围值来平滑有效数值。这种平滑被称为局部平滑是因为这一过程只是局部平滑,如类的等深分箱思路被采用到定积分得到。一些分箱技术在图 2-2 中展现,在被划分的大小相等的 3 个值等深箱中,箱中的每个值都被平均值平滑替代。例如,箱 1 中的每个值可用 9 来替换,是以为箱中值 4、8 和 15 的平均值为 9。中值平滑也可使用,即用箱中数值的中值来替换每个值。边界值替换是边界平滑过程中采用的一种数值替换方法,其具体做法为将箱中数值的最大值和最小值都看作边界,用最近边界来替换箱中的每个值。一般来说,平滑效果跟宽度成正比,即平滑效果越好,宽度越大。

2. 聚类

以“簇”或“群”的形式组织类似的值为聚类。聚类监测被离散的离群点(Outlier),将落在簇集合之外的值为异常值。通过删除离群点来平滑数据(图 2-3)。

price 的排序后数据（单位：元）：4，8，15，21，21，24，25，28，34，
划分为（等深的）箱：
箱 1：4,8,15
箱 2：21,21,24
箱 3：25,28,34
用箱平均值平滑：
箱 1：9,9,9
箱 2：22,22,22
箱 3：29,29,29
用箱边界平滑：
箱 1：4,4,15
箱 2：21,21,24
箱 3：25,25,34

图 2-2 数据平滑的分箱方法

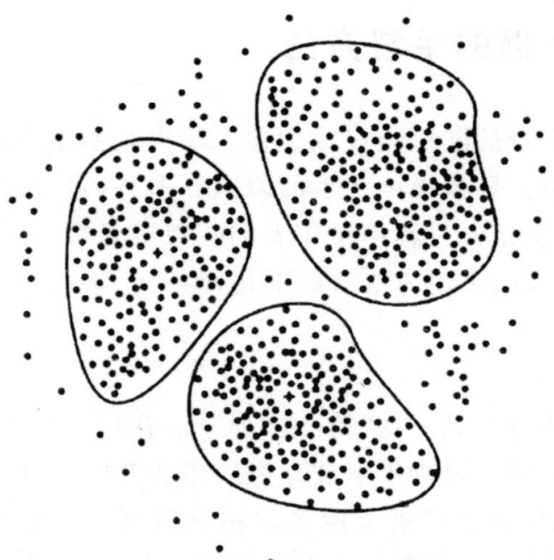

图 2-3 顾客在城市中的位置的 2D 图

图 2-3 中显示了 3 个数据簇。每个簇的质心用“＋”标记，代表该簇在空间中的平均点。

3. 回归

可以用一个函数（如回归函数）拟合数据来光滑数据。线性回归涉及找出拟合两个属性（或变量）的“最佳”线，使得一个属性可以用来预测另一个。多元线性回归是线性回归的扩展，其中涉及的属性多于两个，并且数据拟合到一个多维曲面。

4. 计算机检查和人工检查结合

通过人与计算机相结合的检查方法，可以帮助识别孤立点。例如，利用机遇信息论方法可以帮助识别用于手写符号库中的异常模式，所识别出的异常模式可以输出到一个列表中，然后由人对这一列表中的各异常模式进行检查，并最终确认无用的模式。这种人机结合检查的方法比单纯利用手工方法对手写符号库进行检查要快得多。

2.2.3　不一致数据

一些事务记载的数据，前后记录存在不一致性。可以使用相关材料来人工修复数据的不完整性。例如，可用纸上记录的数据来修正输入错误的数据。用来矫正编码不一致的例程可以与之一起使用。违反规则的数据可用知识工程工具来监测。例如，知道属性时间的函数依赖，可以查找违反函数依赖的值。

2.3.4　时间相关数据的处理

时间强相关、时间弱相关和时间无关共同构成了数据挖掘的实际应用范围。特殊的数据转化和数据准备才能处理现实中的时间相关问题，特殊的数据转化和数据在大多数情况下直接关系到数据挖掘的成功与否。首先讨论最简单的情况——随一定的时间间隔测量的单个特征，这个特征的一系列值是在固定的时间间隔测量。例如，温度每小时测一次，产品销售量每天记录一次。这是个经典的一元时间序列问题，在这个问题中，变量 X 在指定时间的值应和它的以前值有关系。因为在固定的时间间隔测定时间序列，所以其值序列可表示为

$$X=\{t(1),t(2),t(3),\cdots,t(n)\}$$

其中，$t(n)$是最近测定的值。

许多时间序列问题的目标是根据特征的以前值预测 $t(n+1)$的值，以前的值和预测值直接相关。在预处理原始的时间相关数据时，最重要的一步是指定一个窗口或时延(时间间隔)。

以前值的数目会影响预测值。每个窗口代表一个数据样本，以便进行进一步分析，例如，如果时间序列有 11 个测量值组成

$$X=\{t(0),t(1),t(2),t(3),t(4),t(5),t(6),t(7),t(8),t(9),t(10)\}$$

且该时间序列的分析窗口为 5，就可以把输入数据重组为一个包含 6 个样

本的表格，这种表格更便于（标准化）应用数据挖掘技术。表 2-1 中列出了转换后的数据。

表 2-1 时间序列转换为标准表格形式（窗口为 5）

样本	窗口					下一个值
	M1	M2	M3	M4	M5	
1	$t(0)$	$t(1)$	$t(2)$	$t(3)$	$t(4)$	$t(5)$
2	$t(1)$	$t(2)$	$t(3)$	$t(4)$	$t(5)$	$t(6)$
3	$t(2)$	$t(3)$	$t(4)$	$t(5)$	$t(6)$	$t(7)$
4	$t(3)$	$t(4)$	$t(5)$	$t(6)$	$t(7)$	$t(8)$
5	$t(4)$	$t(5)$	$t(6)$	$t(7)$	$t(8)$	$t(9)$
6	$t(5)$	$t(6)$	$t(7)$	$t(8)$	$t(9)$	$t(10)$

通过相应的评估技术才能测定最佳时延，这种技术利用独立的测试数据进行可变复杂度的测量。数据准备不是只进行一次，就交给数据挖掘程序进行预测，而是要反复进行多次。一般的目标是预测时间序列的下一个值，但在一些应用中，可以把目标改为预测未来几个时间单元的值。用公式来表示就是：给定与时间相关的值 $t(n-i),\cdots,t(n)$，要求预测 $t(n+j)$ 的值。在上例中，设 $j=3$，新样本在表 2-2 中给出。

表 2-2 标准表格形式（窗口为 5）到延迟预测（$j=3$）的时间序列样本

样本	窗口					下一个值
	M1	M2	M3	M4	M5	
1	$t(0)$	$t(1)$	$t(2)$	$t(3)$	$t(4)$	$t(7)$
2	$t(1)$	$t(2)$	$t(3)$	$t(4)$	$t(5)$	$t(8)$
3	$t(2)$	$t(3)$	$t(4)$	$t(5)$	$t(6)$	$t(9)$
4	$t(3)$	$t(4)$	$t(5)$	$t(6)$	$t(7)$	$t(10)$

通常 j 越大，预测就越困难、越不可靠。时间序列的目标很容易从预测时间序列的下一个值改为分类到某个预定义的类别中。从数据准备的观点看，这并没有什么显著的变化。例如，新分类的输出不是预测的输出值 $t(i+1)$，而是二元的：T 代表阈值，F 代表 $t(i+1)<$ 阈值。

时间单元可以相当小，在时间序列的表格中，这会增加相同周期内的人工特征数据量。这给高维带来的问题是在时间序列数据标准表达中，要为

精度付出一定的代价。

实际上，特征数据的多数旧值都是一些历史残留数据，它们与分析无关，也不能用于分析。因此，对许多商业应用和社会应用来讲，新趋势可能会使旧数据更不可靠、更不能使用。于是，新近数据成为重中之重，可以去除时间序列中最老的部分。现在，不但时间序列的窗口是固定的，而且数据集的大小也是固定的。只有最近的 n 个样本可用于分析，即使这样，它们的加权也可能不一样。对这些决策时必须加以注意，它们有时依赖的是应用的知识和过去的经验，例如，使用 20 年前的癌症病人数据并不能正确描述目前癌症患者的存活率。

很多情况下需要在应用数据挖掘前，对原始数据进行预处理，这种处理除了时间序列的标准表格外，还可以总结它们的特征。多数情况下，把 $t(n+1)-t(n)$ 作为预测结果比 $t(n+1)$ 更好，同样，$\frac{t(n+1)}{t(n)}$ 比率揭示了变化率，有时用这个比值也能得到更好的预测结果。这些预测结果只特别适用于基于逻辑的数据挖掘方法，如决策树和决策规则。当用差值或比率来表示目标时，测量输入特征的差值或比率也是有利的。

时间相关的案例通过目标和时延或大小为 m 的窗口来指定。汇总数据集特征的一种方法是取平均，得出“移动平均数”(MA)。一个平均数汇总了每个案例中最新的 m 个特征值，对每一个时间增量 i，其值为

$$\mathrm{MA}(i,m)=\frac{1}{m}\sum_{j=i-m+1}^{i}t(j)$$

应用知识可辅助指定 m 的合理大小。误差估计应该验证所选的 m。MA 对所有时间点的加权都是相等的。典型的例子是股票市场的移动平均数，例如，道琼斯或纳斯达克 200 天的平均变动。目的是通过平整邻近时间点，从而减少随机变动和噪声干扰成分。

$$\mathrm{MA}(i,m)=t(j)=\mathrm{mean}(i)+\mathrm{error}$$

指数移动平均数(EMA)是另一种平均数，它对最近的时间周期进行更大的加权。可采用递归方式将其表述为

$$\mathrm{EMA}(i,m)=pt(i)+(1-p)\mathrm{EMA}(i-1,m-1)$$
$$\mathrm{EMA}(i,m)=t(i)$$

其中，p 是 0～1 的值。例如，假设 $p=0.5$，最新的值和窗口中所有以前值的计算加权相同，取序列中头两个值的平均值进行计算。从下列两个等式开始计算：

$$\mathrm{EMA}(i,2)=0.5t(i)+0.5t(i-1)$$
$$\mathrm{EMA}(i,3)=0.5t(i)+0.5[0.5t(i-1)+0.5(i-2)]$$

按照惯例，p 的值是根据应用知识或经验实证来确定的。EMA 在很多与商业有关的应用中运用得非常成功，往往能得出优于 MA 的结果。

MA 对近期进行了概括，而对数据走向的定位又提高了预测性能。比较最近的测量结果和早期的测量结果，组成新特征，就可以测量出数据走向的特性。三个简单的比较特征是：

①$t(i)-\mathrm{MA}(i,m)$，当前值和 MA 之差。

②$\mathrm{MA}(i,m)-\mathrm{MA}(i-k,m)$，两个 MA 之差，它们的窗口大小通常相同。

③$t(i)/\mathrm{MA}(i,m)$，当前值和 MA 的比率，更适用于某些应用。

总之，时间序列的特征概括起来，其主要成分如下：

①当前值。

②应用 MA 平整得到的值。

③导出走向、差值和比率。

多变量是由单变量的时间序列简单延伸后所得到的。在时刻 i 测量单个 $t(i)$ 值并不是多变量的时间序列，而是同时测量多个值 $t[a(i),b(j)]$。多变量时间序列的数据准备没有额外的步骤。特征是由每个序列转化后得到的，一个样本 i 是由特征在每个不同时刻的值 $a(i)$ 组合成的。标准表格形式是通过数据的合成变化所得到的，例如图 2-4 所示的表格。

时间	a	b
1	5	117
2	8	113
3	4	116
4	9	118
5	10	119
6	12	120

(a)

样本	$a(n-2)$	$a(n-1)$	$a(n)$	$b(n-2)$	$b(n-1)$	$b(n)$
1	5	8	4	117	113	116
2	8	4	9	113	116	118
3	4	9	8	116	118	119
4	9	10	12	118	119	120

(b)

图 2-4　时间相关特征表

尽管一些数据挖掘问题可以用单个时间序列来表示，但现实问题中更常见的是混合使用时间序列和不依赖时间的特征。属性概括和时间相关转化的标准程序，在这种情况下应该执行。数据规约阶段来处理数据的高维性。

一些数据集并未明确包含时间成分，但是整个分析在时间域内（一般是基于被描述实体的几个日期属性）进行。这类数据集中有一种非常重要的数据，叫作幸存数据。幸存数据用于描述某个事件需要多长时间才会发生。

在很多医学应用中，该事件是指病人的死亡，所以应分析病人的生存时间。在工业应用中，该事件常常是指机器中的一个部件出现故障。因此，这类问题的输出是幸存数据。在医学应用中，输入的是病人的记录；而在工业应用中，输入的是机器部件的特性。幸存数据有两个区别于其他数据挖掘中的数据的特征。第一个特征是审查。在很多研究中，直到研究周期的最后，事件都没有发生。因此，在医学实验中，一些病人 5 年之后仍然活着，不知道他们什么时候死亡。这种观察叫作审查观察。如果审查有了结果，即使不知道结果值，也掌握了一些信息。第二个特征是输入值与时间相关。既然要一直搜集数据，直到事件发生，则在等待期间输入值可能会改变。如果病人在研究期间停止吸烟或开始服用新药，就必须知道研究中要包括哪些数据，怎样表示这些变化。数据挖掘对这类问题的分析集中在幸存率函数或故障率函数上。幸存率函数是幸存时间比 t 大的概率。故障率函数揭示了在时刻之前机器零件故障没有出现故障，在 t 时刻故障发生的可能性。

2.3　数据集成和数据变换

2.3.1　数据集成

1. 实体识别与匹配

数据集成时，需要考虑很多问题。技巧可以帮助解决模式集成和对象匹配。如何“匹配”现实世界来自多个信息源的实体，是实体识别要解决的主要问题。例如，要确定一个数据库中的 customer_id 和另一个数据库中的 cust_number 是否具有相同的属性，需要计算机或数据分析者来确定。元数据的概念在其中被应用。数据名称、类型、含义、属性、取值范围和空白处理、NULL 值的空值规则和零等都是每个属性的元数据所包括的内容。这样模式集成的错误可用元数据来避免。变换数据也是元数据的作用之一，例如在一个数据库中可以“H”和“S”来编码 pay_type 的数据，而在另一数据库中可用 1 和 2 来编码。这与前面所介绍的数据清理也有一定的关系。数据的结构是数据集成期间，两个数据库的属性相匹配时务必需要注意的。其目的是保证源系统中的参照约束和函数依赖与目标系统中的匹配。例如，discount 在两个不同的订单中扮演着两个不同的身份，在一个系统中扮演订单，而在另一个系统中扮演商品，商品隶属于订单。目标系统中的商品有时会被不正确打折，是因为在集成之前未发现其双重身份。

2. 冗余和相关分析

数据集成的另一个重要问题为冗余。一个属性如果能由另外一个或另外一组属性“导出”，那么有可能这个属性就是冗余的。数据集中的冗余的起因可能是维命名或属性的不一致。

相关分析也有可能检测到某些冗余。可以依据数据分析将给定的两个属性中的一个属性最大限度的蕴含到另一个属性中。对于标称数据，可以使用 χ^2（卡方）检验。对于数值属性，可以使用相关系数和协方差，它们都评估一个属性的值如何随另一个变化。

(1)标称数据的相关检验

可以通过 χ^2（卡方）来检验标称数据两个属性 A 和 B 之间的关联关系。假设 A 有 c 个不同值 $a_1,a_2,\cdots,a_c$，B 有 r 个不同值 $b_1,b_2,\cdots,b_r$。可用一个相依表来显示 A 和 B 描述的数据元组，其中列由 A 的 c 个值构成，行由 B 的 r 个值构成。令 (A_i,B_j) 表示属性 A 取值 a_i，属性 B 取值 b_j，即 $A=a_i$，$B=b_j$。每个可能的 (A_i,B_j) 联合事件都在表中有自己的单元。χ^2 值（又称 Pearsonχ^2 统计量）可以用下式计算

$$\chi^2=\sum_{i=1}^{c}\sum_{j=1}^{r}\frac{(o_{ij}-e_{ij})^2}{e_{ij}}$$

其中，o_{ij} 是联合事件 (A_i,B_j) 的期望频率；e_{ij} 是联合事件 (A_i,B_j) 的观测频率（即实际计数），可以用下式计算

$$e_{ij}=\frac{\mathrm{count}(A=a_i)\times\mathrm{count}(B=b_j)}{n}$$

其中，n 是数据元组的个数；$\mathrm{count}(A=a_i)$ 是 A 上具有 a_i 值的元组个数，而 $\mathrm{count}(B=b_j)$ 是 B 上具有 b_j 值的元组个数。

χ^2 统计是基于 A 和 B 显著水平上，具有自由度 $(r-1)\times(c-1)$，来检验假设 A 和 B 是独立的。

(2)数值数据的相关系数

对于数值数据，两个属性 A 和 B 的相关度 $r_{A,B}$，可通过计算属性 A 和 B 的相关系数来估计。

$$r_{A,B}=\frac{\sum_{i=1}^{n}(a_j-\overline{A})(b_j-\overline{B})}{n}=\frac{\sum_{i=1}^{n}(a_ib_i)-n\overline{AB}}{n\sigma_A\sigma_B} \tag{2-1}$$

其中，n 是元组的个数；元组 i 在 A 和 B 上的值分别为 a_i 和 b_i；A 和 B 的均值

分别用 $\overline{A}$ 和 $\overline{B}$ 来表示；A 和 B 的标准差分别为 σ_A 和 σ_B；而 $\sum_{i=1}^{n}(a_ib_i)$ 是 AB 叉积和。

(3)数值数据的协方差

在概率论与统计学中，协方差和方差是两个类似的度量，用以评估两个属性如何一起变化。考虑两个数值属性 A、B 和 n 次观测的集合$\{(a_1,b_1),\cdots,(a_n,b_n)\}$。$A$ 和 B 的均值又分别称为 A 和 B 的期望值，即

$$E(A)=\overline{A}=\frac{\sum_{i=1}^{n}a_i}{n}$$

$$E(B)=\overline{B}=\frac{\sum_{i=1}^{n}b_i}{n}$$

A 和 B 的协方差定义为

$$\mathrm{Cov}(A,B)=\frac{\sum_{i=1}^{n}(a_i-\overline{A})(b_i-\overline{B})}{n} \tag{2-2}$$

如果把 $r_{A,B}$ 的式(2-1)式与(2-2)式相比较，则可以看到

$$r_{A,B}=\frac{\mathrm{Cov}(A,B)}{\sigma_A\sigma_B}$$

其中，σ_A 和 σ_B 分别是 A 和 B 的标准差。还可以证明

$$\mathrm{Cov}(A,B)=E(A,B)-\overline{A}\,\overline{B}$$

该式可以简化计算。

对于两个趋向于一起改变的属性 A 和 B，如果 A 大于 $\overline{A}$(A 的期望值)，则 B 很可能大于 $\overline{B}$(B 的期望值)。因此，A 和 B 的协方差为正。反之，如果当一个属性小于它的期望值时，另一个属性趋向于大于它的期望值，则 A 和 B 的协方差为负。

如果 A 和 B 是独立的(即它们不具有相关性)，则 $E(A,B)=E(A)\cdot E(B)$。因此，协方差为 $\mathrm{Cov}(A,B)=E(A,B)-\overline{AB}=E(A)\cdot E(B)-\overline{AB}$。然而，该式子逆向不成立。某些随机变量(属性)对可能具有协方差 0，但不是独立的。仅在某种附加的假设下(如数据遵守多元正态分布)，协方差 0 蕴涵独立性。

3. 元组重复数据的检测

当给定的唯一数据实体存在两个或多个元组时，除了检验属性间的冗余，还需检验元组级间的重复。为了避免连接，改善性能，通常会使用去规

范化表，这样一来可能会造成数据冗余。不正确的数据输入，数据更新时只更新了数据的某些出现等会导致不一致数据的出现，且这种数据存在于各种不同的副本之间。例如，订货人的编码并不是订货单数据库所包含的信息，订单数据库只有订货人的地址属性和姓名，就会导致差异的出现，因为同一订货人的名字可能以不同的地址形式出现在订单数据库中。

4. 冲突数据的检测与处理

数据值冲突的检测和处理也是数据集成要处理的问题之一。对于现实世界的同一实体，来自不同数据源的属性值可能不同。产生这种不同的原因是编码、表示或比例的不同。例如，不同的系统中重量属性的存储单位不同，在一个系统中以英制单位存放，在另一个系统中以公制单位存放。引起不同旅馆价格差别的原因是多样的，其中最有可能的是货币种类的不同，同时还有所涉及的服务税的不同。数据集成也因这种语义上的异种性而存在极大挑战。

数据集中冗余和不一致性，可通过集成多个数据源中的数据来减少或避免。数据挖掘过程中的精度和速度也因数据集成而提高。

2.3.2 数据变换

将数据变换成适合数据挖掘的形式的这一过程为数据挖掘，数据挖掘的具体步骤如下。

①平滑。用分箱、聚类和回归等算法去除数据中的噪声。

②聚集。这是对数据的集中和汇总。例如，电信客户端的月和年的消费数据可以通过聚集电信客户的日常消费数据来计算。

③数据泛化。将原始数据或者低层概念用高层概念来替换。客户地址的城市或者省等较高层的概念就是用客户的地址泛化得到的；IP 分段化来实现 IP 地址的泛化；通过高层概念“儿童、少年、青年、中年和老年”来实现年龄的泛化。

④规范化。将数据按比例进行缩放，使其落在如－1.0～1.0 或 0.0～1.0 等指定的范围内。

⑤属性构造（特征构造）。为了更好地刻画数据特性，利用已知属性来构建新的属性，新的属性的构建，有利于数据挖掘过程的实现。

⑥数据离散化。多个切割点的选择和切割点位置的确定都会涉及离散化问题，连续属性的数值用少数分类的标记来替换，这样将有利于原始数据的简化。

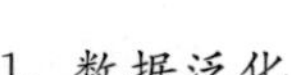

1. 数据泛化

概念分层可用来规约数据，这种泛化、尽管细节丢失了，但泛化后的数据变得更有意义，更容易理解。

对于数值属性，概念分层可以根据数据的分布自动地构造，如用分箱、直方图分析、聚类分析、基于熵的离散化和自然划分分段等技术生成数据概念分层。

对于分类属性，有时可能具有很多个值。可用类似于处理连续属性的技术来处理序列属性，以减少分类值的个数。如果分类属性是标称的或无序的，就需要使用其他方法。例如，一所大学由许多系所组成，因而系名属性可能具有数十个值。在这种情况下，可以使用系之间的学科联系，将系合并成较大的学科，如工学、理学、社会科学或生物科学等。如果领域知识不能提供有用的指导，或者这样的方法会导致很差的性能，则需要使用更为经验性的方法，仅当分组结果能提高分类准确率或达到某种其他数据挖掘目标时，才将值聚集到一起。

概念分层可以通过属性值的偏序进或全序来轻松定义。例如，数据库的维 location 可能包含如下属性组：street，city，province 和 country，可以通过属性的全序来定义分层结构，如 street < country < city < province。

用户也可以说明一个属性集形成概念分层，但并不显式说明它们的顺序。属性的序可由系统自动产生，有意义的概念分层由其构造。若干个从属性较强的低层概念共同构成了一个较高层的概念，这是一个普遍的事实。包含较少数目值是高层概念和低层概念之间的最大区别。因此概念分层可以依据每个逐项的数值的不同自动进行概念分层。分层结构的低层为属性值不同的多个属性，在属性概念分层中所处的位置越高，属性的不同值就会越少。这种启发式规则对许多情况都有利，考察所产生的分层后，由用户或专家来做局部层次的调整和交换。

2. 规范化

数据规范化是将原来的度量值转换为无量纲的值。最近邻分法、神经网络和聚类算法都是利用距离度量的分类算法。规范化可以帮助平衡基于距离的方法中具有较大初始值域的属性与较小初始值域属性的可比性。常用规范化方法有如下 3 种。

给定一个属性(变量)f，以及 f 的 n 个观测值 $x_{1f}, x_{2f}, \cdots, x_{nf}$。

（1）最小-最大规范化

做线性变换：$z_{if}=\frac{x_{if}-\min_f}{\max_f-\min_f}(b-a)+a$，将值转换到$[a,b]$，这里 $\min_f$ 和 $\max_f$ 分别为 f 的 n 个观测值的最小值和最大值。最常用的情况是取 $a=0,b=1$。

保持与原始数据之间的联系是最小-最大规范化的基本要求，只有这样才能避免输入落在原始数据值之外的“越界错误”。例如，假设 10 岁和 83 岁为电信客户年龄属性的最小值和最大值。用最小-最大规范化将年龄属性映射到区间[0.0，1.0]，那么 year 值 52 岁将变换为（52－10）/（83－10）＝0.583。

（2）z-score 规范化

①计算平均值 EX_f、标准差 σ_f。

$$EX_f=\frac{1}{n}(x_{1f}+x_{2f}+\cdots+x_{nf})$$

$$\sigma_f=\sqrt{\frac{1}{n}(|x_{1f}-EX_f|^2+|x_{2f}-EX_f|^2+\cdots+|x_{nf}-EX_f|^2)}$$

②计算规范化的度量值（z-score）。

$$z_{if}=\frac{x_{if}-EX_f}{\sigma_f}$$

该方法适用于离群点左右最大-最小值的规范化或属性 f 的实际最大和最小值未知的情况。

假定 28 岁和 16 岁分别为属性年龄 year 的均值和标准差，用 z-score 规范化，值 52 岁转换为（52－28）/16＝1.5。

（3）小数定标规范化

这是一种通过移动属性 f 的小数点位置进行规范化的方法，f 的最大绝对值决定着小数点的移动位数。f 的值 v 被规范化为 v'，则

$$v'=\frac{v}{10^j}$$

其中，j 是使 $\max(|v'|)<1$ 的最小整数。

假定 f 的取值为－986～917。f 的最大绝对值为 986。为了使用小数定标规范化，用 1000 除每个值。这样，－986 被规范化为－0.986。

3. 特征构造

数据集的特征维数太高容易导致维灾难，而维度太低又不能有效地捕获数据集中重要的信息。在实际应用中，通常需要对数据集中的特征进行处理来创建新的特征。特征提取或特征构造是由原始特征创建新的特征

集,其目的是帮助提高精度和对高维数据结构的理解。例如,我们可能根据电信客户在一个季度内每个月的消费金额特征构造季度消费金额特征(将每个月的消费金额相加)。可能原始特征数据中也有不少必要的信息,但其形式与数据挖掘算法不相符。因此,解决这一问题的主要做法是构造原有特征的新特征。例如,要判断电信客户的消费倾向及忠诚度等,就必须构造能够反映这两种行为的特征,因为收集的原始特征集中不可能直接包含这类特征,因此需要进行构造。在人脸识别中,由于依照相片集合对人脸进行分类存在着许多困难,不适于大多数的分类算法。为了使更多的分类技能应用于该问题,应当对相片数据进行处理,提供与人类高度相关的某些类型的边或区域等较高的层次特征。特征构造在不同领域其应用方式不同。一旦数据挖掘用于一个相对较新的领域时,一个关键任务就是如何构造新的特征。特征的构造需要对领域知识和数据进行深入理解。

4. 数据离散化

聚类、分类或关联分析中的某些算法要求数据是分类属性,因此需要对数值属性进行离散化(Discretization)。决定需要多少个分类值,确定如何将连续属性值映射到这些分类值中是连续属性离散化为分类属性涉及的两个子任务。步骤一:将连续属性值排序,步骤二:将它们分为 k 个区间,分类依据是通过指定的 $k-1$ 个分割点(split point)。步骤三:用相同的分类值来反映一个区间的所有值。为了减少原始数据,用少数分类值标记替换连续属性的数值。

离散化技术根据是否使用类别信息可分为两类。如果离散化过程使用类别信息,则称之为监督(指导)离散化(Supervised Discretization);反之,则称之为非监督(无指导)离散化(Unsupervised Discretization)。

等宽和等频(等深)离散化是两种常用的无监督离散化方法。等宽(Equal Width)方法将属性的值域划分成具有相同宽度的区间,而区间的个数由用户指定。等宽离散化方法经常会造成实例分布非常不均匀:有的区间包含许多实例,有的却一个也没有。这样会严重削弱属性帮助构建较好决策结果的能力。

等频(Equal Frequncy)或等深(Equal Depth)方法试图将相同数量的对象放进每个区间,区间个数由用户指定。等频方法还存在一种变体,称为近似等频离散化方法(Approximate Equal Frequncy Discretization Method,AEFD),其基本思想是:对连续属性进行离散化,离散化所遵循的假设为数据近似服从正态分布的假设。利用正态分布变量的分位点将取值区间划分为若干区间,使每个区间的取值概率相同,得到初始离散区间;然后根据每个区间实际包含实例的情况，合并包含实例少于一定比例的区间而得到最终的离散区间。初始划分区间数 $k=\min\{\lceil \log(n)-\log[\log(n)]\rceil+1,20\}$，这里是待离散化的数据数量。

另一种重要的无监督离散化方法就是基于聚类分析的离散化方法。聚类分析是一种流行的数据离散化方法。

下面用一个实例来解释在实际数据集中如何使用这些技术。图 2-5 显示了属于 4 个不同组的数据点以及两个离群点——位于两边的大点。使用上述提到的技术，将这些数据点的值离散化成 4 个分类值(数据集中的点具有随机的分量，使得容易看出每组有多少个点)。尽管目测检查该数据的效果很好，但不是自动的，因此我们主要讨论其他三种方法。使用等宽、等频和 k 均值技术产生的分割点分别如图 2-5(b)、(c)、(d)所示，图中分割点用虚线表示。如果使用不同组的不同对象被指派到相同分类值的程度来度量离散化技术的性能，则 k 均值性能最好，其次是等频，最后是等宽。

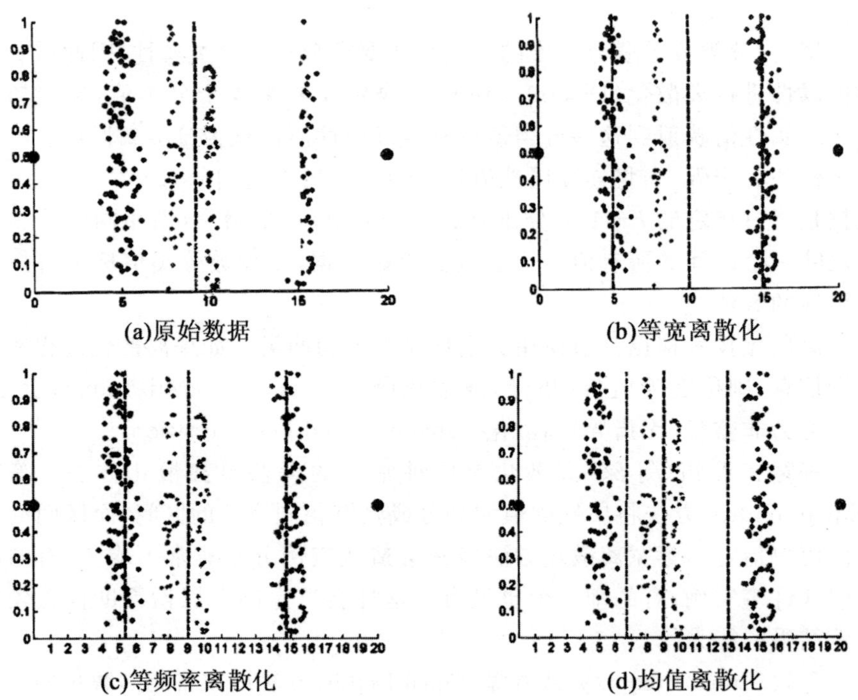

(a)原始数据　(b)等宽离散化　(c)等频率离散化　(d)均值离散化

图 2-5　不同离散化技术比较

使用附加的类信息常常能够产生更好的离散化结果。这并不奇怪，因为未使用类信息知识所构造的区间常常包含混合的类信息。一种简单的方法是以极大化区间纯度来确定分割点。基于熵(Entropy)的离散化方法是常用的有监督离散化方法，该方法在计算和确定分类点时经常应用，是一种

自顶向下的分裂技术。类信息还被用在基于熵的离散化方法，目的在于将区间边界定义在准确位置，提高分类的准确性。

在日常生活中，似乎经常可以看到不确定性的情况。Claude Shannon在信息论中首次提出了熵的概念，用熵作为不确定性度量的基本方法。

首先，给出熵的定义。设 m 是不同类标号数，m_i 是某个划分的第 i 个区间中值的个数，m_{ij} 是区间 i 中类 j 的值的个数。第 i 个区间的熵 e_i，由下式得出

$$e_i = -\sum_{j=1}^{m} p_{ij} \log_2 p_{ij}$$

其中，$p_{ij} = \dfrac{m_{ij}}{m_i}$ 是第 i 个区间中包含类 j 的比例。划分的总熵 e 是每个区间熵的加权平均，即

$$e = \sum_{i=1}^{k} w_i e_i$$

其中，n 是值的总数；$w_i = m_i / n$ 是第 i 个区间包含值的比例；k 是区间个数。不难看出，区间的熵是区间纯度的度量。若一个区间很纯，里面只包含一个类的值，那么其熵值为零，但其结果并不影响总熵。若一个区间尽可能不纯时，这时区间中的值类出现的频率相等，熵值为最大。

为了离散连续属性 A，该方法选择 A 的具有最小熵的值作为分裂点，并递归地划分结果区间，得到分层离散化。这种离散化形成的 A 概念分层。

设 D 是由数据集和类标号属性定义的数据元组组成的。类标号属性提供每个元组的类信息。则该集合中属性 A 的基于熵的离散化方法的基本步骤如下：

①A 的每个值都可以看作一个划分 A 的值域的潜在的区间边界或分裂点(split point)。也就是说，A 的分裂点可以将 D 中的元组划分成分别满足条件 $A \leqslant$ split point 和 $A >$ split point 的两个子集，这样就创建了一个二元离散化。

②分别计算可能的分裂点的熵值，并选择具有最小熵的点作为 A 的最初分裂点。

③确定分裂点的过程递归地用于所得到的每个划分，直到满足某个终止标准。

例 2-1　用基于熵的离散化方法离散化图 2-6 的二维数据的属性 x 和 y。在图 2-6(a)所示的第一个离散化中，属性 x 和 y 都被划分成 3 个区间(虚线表示分割点)。在图 2-6(b)所示的第一个离散化中，属性 x 和 y 都被划分成 5 个区间。

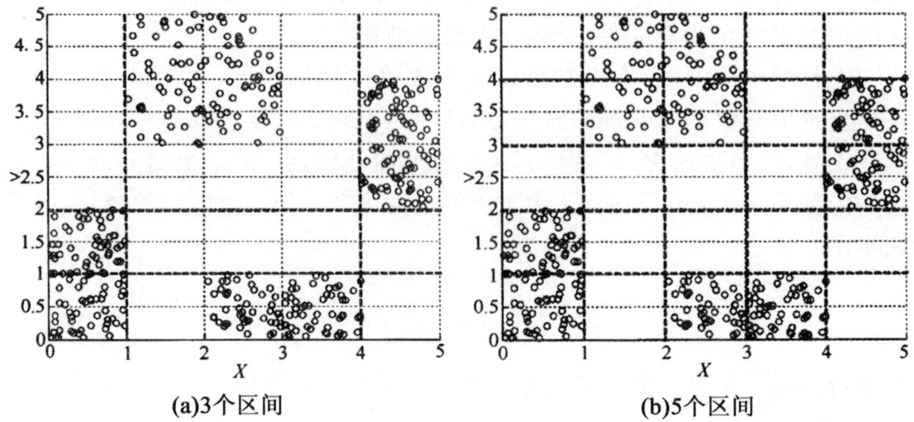

(a)3个区间　　(b)5个区间

图 2-6　离散化四个点组(类)的属性 x 和 y

这个例子解释了离散化的两个特点。首先,在二维中,点类是很好分开的,但在一维中,情况并非如此。一般地,分别离散化每个属性通常只能保证次最优的结果。其次,5 个区间比 3 个区间好,因而需要有一个终止标准,自动发现划分的正确个数。

尽管上面的离散化方法对于数值分层的产生是有用的,但是许多用户希望看到数据区域被划分为相对一致的、易于阅读、看上去直观或“自然”的区间。例如,人们更希望看到年薪被划分成像(5000 美元,6000 美元)的区间,而不像由某种复杂的聚类技术得到的区间(5634.79 美元,6289.14 美元],因此采用直观的方法划分区间。

2.4　数据归约

数据归约技术可以用来得到数据集的归约表示,它比源数据集小得多,但仍接近保持原数据的完整性。这样,对归约后的数据集挖掘将更有效,并产生相同(或几乎相同)的分析结果。数据归约的策略如图 2-7 所示。

数据归约的策略
- 数据立方体聚集：聚集操作用于数据立方体结构中的数据
- 属性子集选择：可以检测并删除不相关、弱相关或冗余的属性或维
- 维度归约：使用编码机制减小数据集的规模
- 数值归约：用替代的、较小的数据表示替换或估计数据
- 离散化和概念分层产生：属性的原始数据值用区间值或较高层的概念替换

图 2-7　数据归约的策略

2.4.1 维归约

维归约通过删除不相关的属性(或维)减少数据量,通常使用属性子集选择方法。属性子集选择的目标是找出最小属性集,使得数据类的概率分布尽可能地接近使用所有属性的原分布。在压缩的属性集上挖掘还有其他的优点。它减少了出现在发现模式上的属性的数目,使得模式更易于理解。

对于属性子集选择使用压缩搜索空间的启发式算法。通常,这些算法是贪心算法,在搜索属性空间时,看上去总是最佳的选择。它们的策略是做局部最优选择,期望由此导致全局最优解。在实践中,这种贪心方法有效并可以逼近最优解。

属性子集选择的基本启发式方法包括以下技术,如图 2-8 所示。

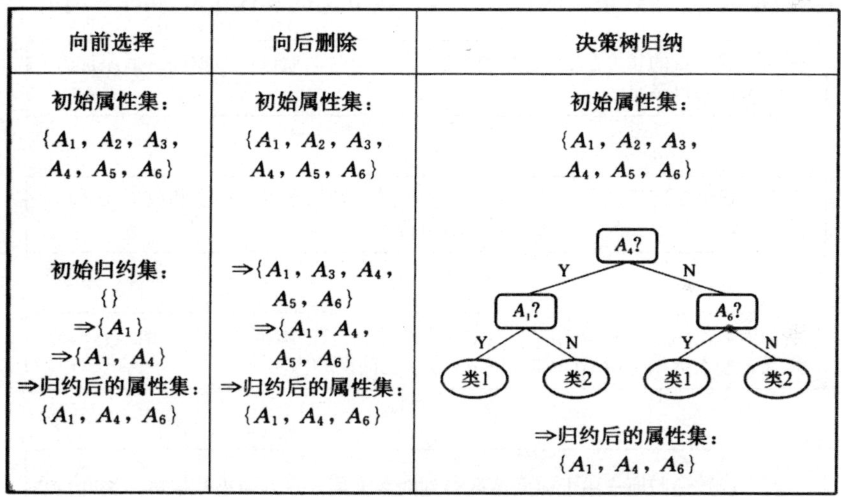

图 2-8 属性子集选择的贪心(启发式)方法

2.4.2 数据压缩

1. 小波变换

离散小波变换(DWT)是一种线性信号处理技术,当用于数据向量 $\boldsymbol{D}$ 时,将它转换成不同的数值向量小波系数 $\boldsymbol{D}'$,两个向量具有相同的长度。

图 2-9 给出一些小波族。流行的小波变换包括 Haa_2、Daubechies_4 和 Daubechies_6 变换。

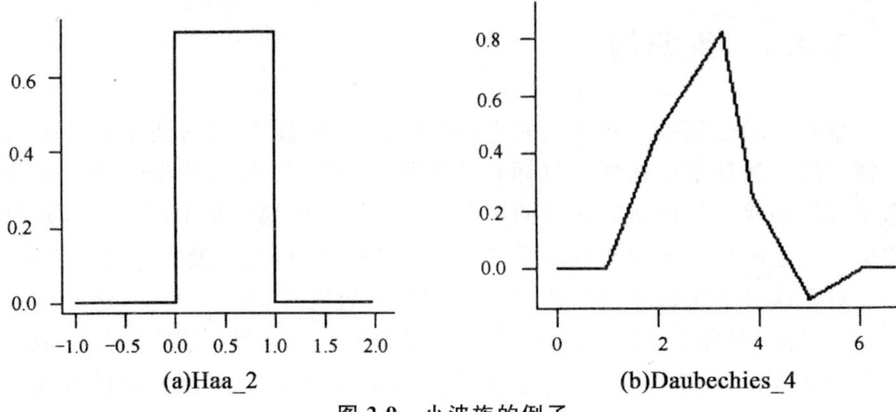

图 2-9 小波族的例子

应用离散小波变换的一般过程是使用一种分层金字塔算法，它在每次迭代后将数据减半，导致很快的计算速度。该方法的具体步骤如图 2-10 所示。

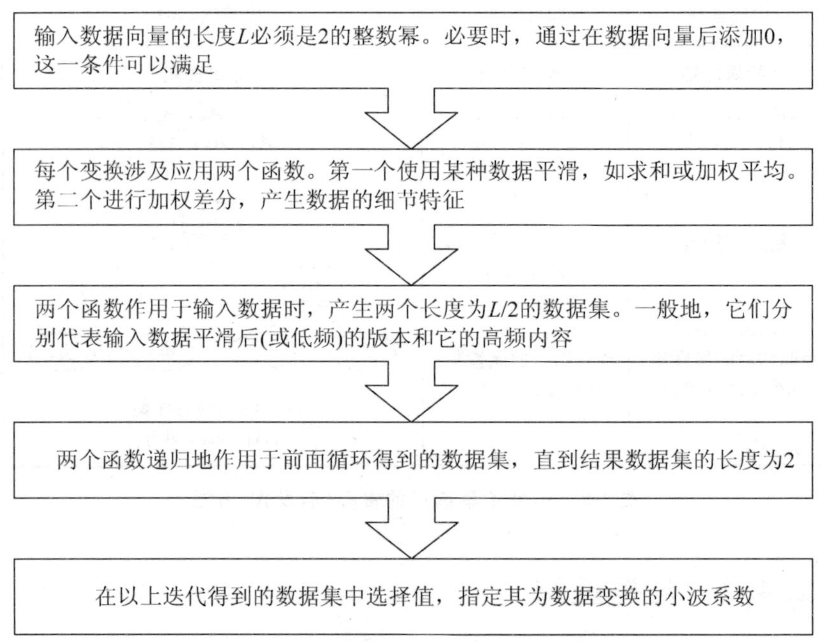

图 2-10 离散小波变换方法的步骤

2. 主成分分析

主成分分析法具有变差最优性、信息损失最小性、相关最优性和回归最优性，是数据压缩和多元降维的重要工具，其主要思想是要从 n 个属性中找到 k 个最能代表数据特征的 n 维正交向量($k<n$)，创建一个由具有“最主要特征”的向量组成的集合来替换原数据，把原数据映射到一个较小的空间，

实现数据压缩。

2.4.3　数值归约

数值归约技术可以通过选择替代的数据表示形式来减少数据量。这些技术可以是有参的,也可以是无参的。对于有参方法,使用一个模型来评估数据,只需要存放参数,而不是实际数据。例如,用对数线性模型估计离散的多维概率分布。存放数据归约表示的非参数的方法包括直方图、聚类和选样。用于数据归约时,选样最常用来回答聚集查询,如图 2-11 所示。

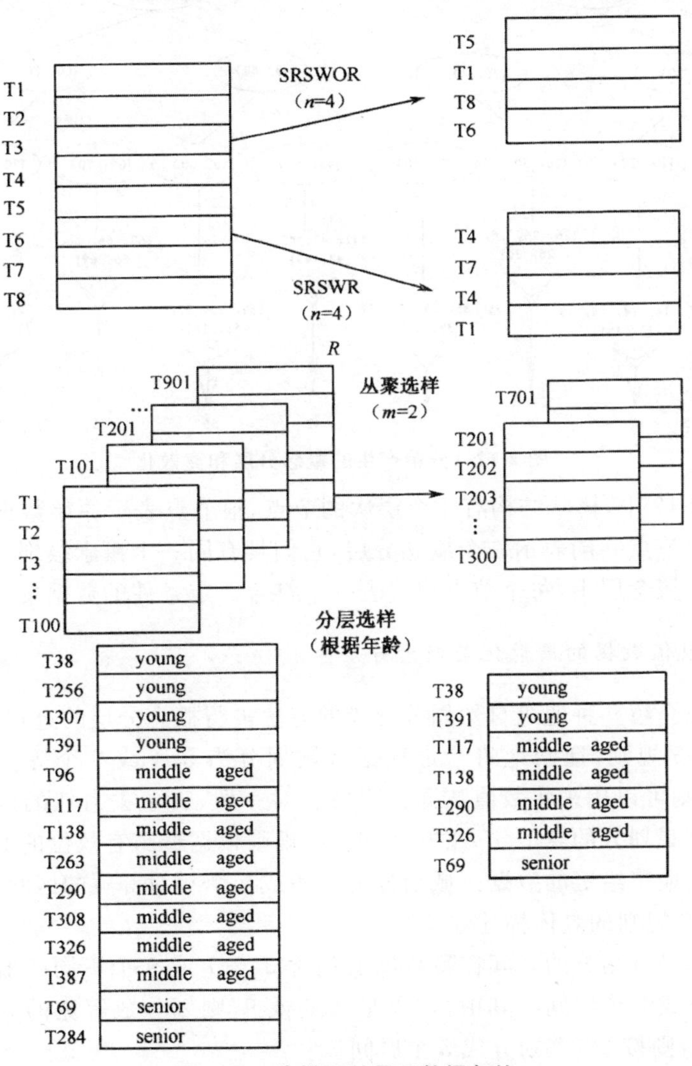

图 2-11　选样可以用于数据归约

2.4.4 数据离散化和概念分层

如果在数据集上递归地使用某种离散化技术，就形成了数据集的概念分层。如对数据集 D 递归的使用等宽分箱技术，形成的概念分层如图 2-12 所示。

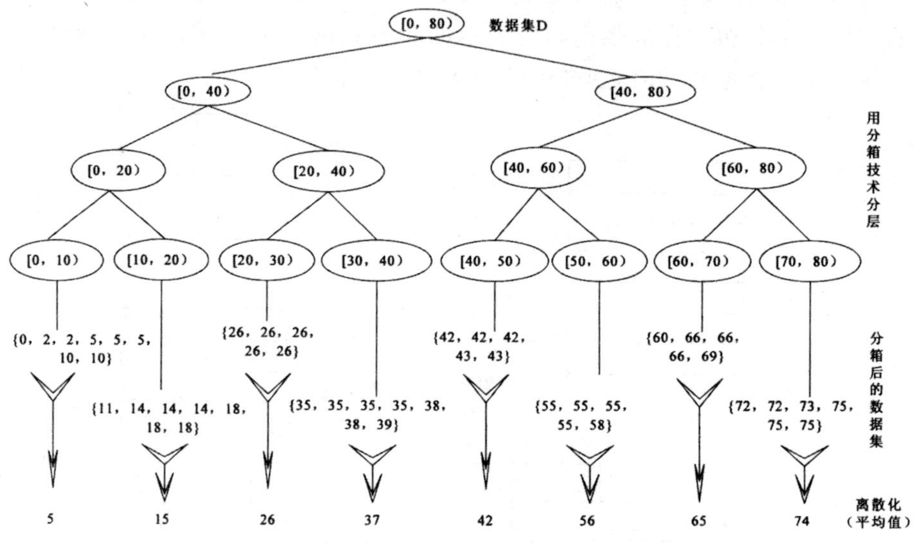

图 2-12 分箱产生的概念分层和离散化

图 2-12 中，树状结构有 4 个层次的节点，根节点表示原始数据集合，其他每一层节点共同表示一个概念分层，它们具有同一个概念级别，而不论处于哪一个概念层中，每个节点都代表一个符合一定条件的数据集合。

1. 数值数据的离散化与概念分层生成

下面介绍一种通过自然划分分段的方法进行概念分层的过程。该方法应用 3-4-5 规则，递归地将给定数据区域划分为 3、4 或 5 个等宽的区间。3-4-5 规则可以用来将数值数据分割成相对一致、看上去自然的区间，是一种根据直观划分的离散化方法。一般，该规则根据最高有效位的取值范围，递归逐层地将给定的数据区域划分为 3、4 或 5 个相对等宽的区间。

3-4-5 规则的具体描述如下。

①如果待划分的区间在最高位上包含 3、6、7 或 9 个不同的值，则将该区间划分成 3 个区间。其中，如果是 3、6 或 9，则划分成等宽的 3 个区间，如果是 7，则按 2-3-2 划分成 3 个区间。

②如果待划分区间最高位上包含 2、4 或 8 个不同的值，则把它划分成

4 个等宽的区间。

③如果待划分区间最高位上包含 1、5 或 10 个不同的值，则把它划分成 5 个等宽的区间。

在每个区间上递归地应用 3-4-5 规则，生成数据的概念分层，直到满足预先设定的终止条件。

图 2-13 表示的是一个用 3-4-5 规则构造概念分层的例子。数据集 D 是某公司每月利润增长数据，数据单位为千元，取值范围在 −13～32 之间，对最大最小值在 10(千元)上取整，得到一个区间(−20,40)，这个区间就是应用 3-4-5 规则的区间。

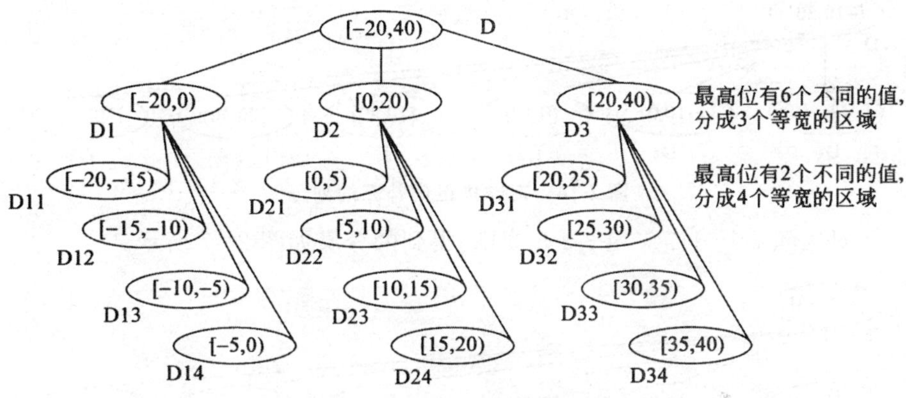

图 2-13　3-4-5 规则产生的概念分层

考察区间[−20,40)，最高位有 6 个不同的取值：−2、−1、0、1、2、3，根据 3-4-5 规则，把数据集 D 划分为 3 个等宽的区间 D1、D2 和 D3，取值区间分别为[−20,0)、[0,20)和[20,40)。这 3 个等宽的区间最高位分别包含两个不同的取值−2、−1，0、1 和 2、3，所以划分成 4 个等宽的区间，D1 划分为 D11、D12、D13 和 D14，D2 和 D3 也相同。

如果数据集 D 的分布曲线呈现图 2-14 所示的情况，区间两端的值所占的比例非常少，可以根据情况设置一个置信区间(如 15%～95%)，以这两个点上的值作为初始划分的区间，如[−9,28]，同样在 10(千元)上取整，得到区间[−10,30]，则第一层划分情况如图 2-15 所示。

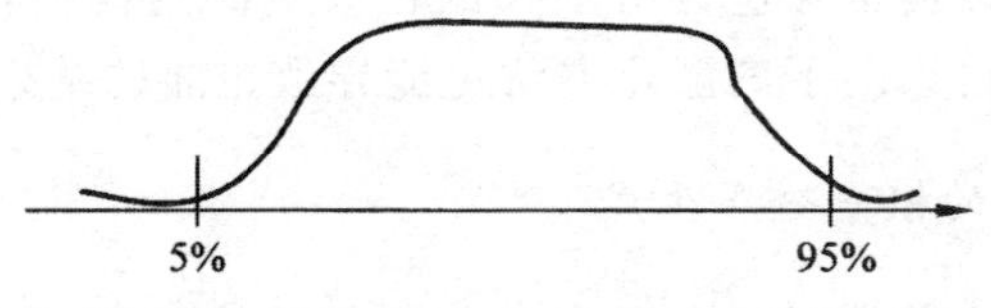

图 2-14　数据集 D 的分布曲线

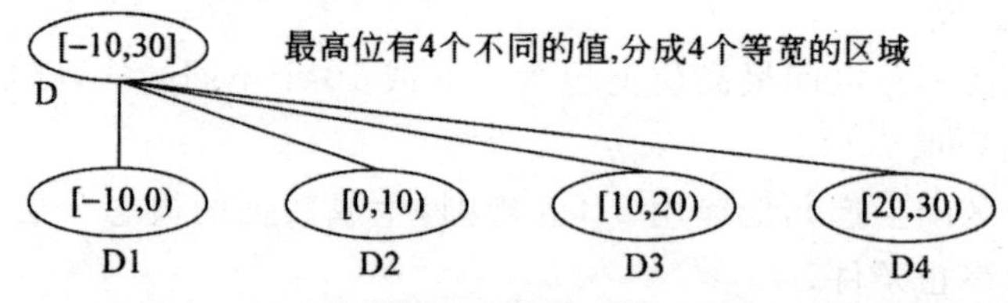

图 2-15 在置信区间[5%,95%]上的第一层划分

可以看到,由于设置了置信区间[5%,95%],实际上集合 D1 的左边界和 D4 的右边界分别是－10 和 30,不包含集合 D 的实际边界－13 和 32,所以应该在两端补充两个集合表示缺失的数据,如图 2-16 所示。

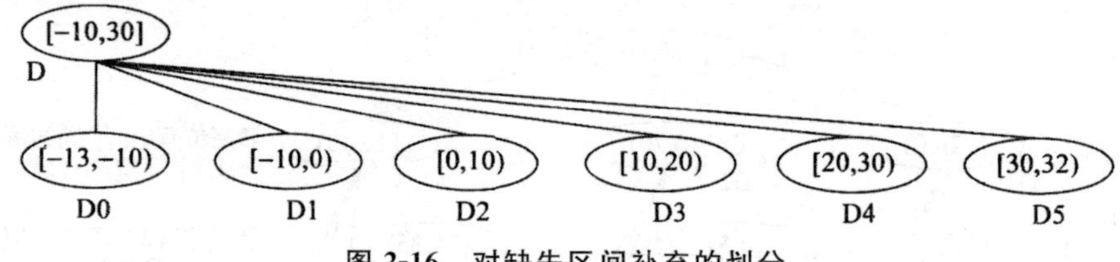

图 2-16 对缺失区间补充的划分

对区间 D0～D5 应用 3-4-5 规则,得到的分层如图 2-17 所示。

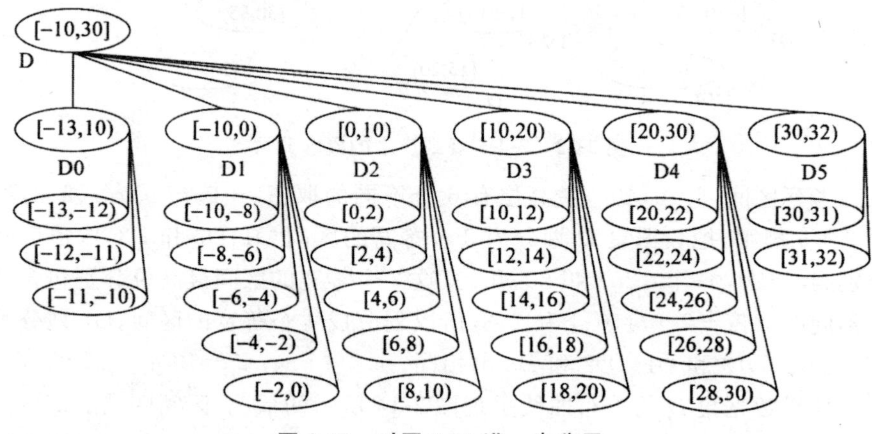

图 2-17 对图 2-16 进一步分层

可以递归地划分下去,直到满足一定的要求,如区间大小达到预定的阈值。

3-4-5 规则可以递归地用于每个区间,为给定的数据属性创建概念分层。现实世界的数据常常包含特别大的正或负的离群值,基于最小数据值和最大数据值的自顶向下离散化方法可能导致扭曲的结果。

2. 分类数据的概念分层生成

分类数据是离散数据。有限多个不同的值构成了一个分类属性,值间具有一定的无序性。例如，电话号码、家庭住址和商品类型。分类数据的概念分层主要有以下几种方法。

(1)由用户或专家在模式级显式地说明数据的包含关系

通常，分类属性或维的概念分层涉及一组属性。通过在(数据库)模式定义时指定各属性的有序关系，可以很容易地构造概念分层。

(2)通过数据聚合描述层次树

这是人工地定义概念分层结构方法。在大型数据库中，显式的值穷举定义整个概念分层是不现实的。然而，对于一小部分中间层数据，可以进行显式的分组。

(3)定义一组不说明顺序属性集

用户可以定义一个属性集，形成概念分层，但并不显式说明它们的顺序。系统将自动地产生属性的序，以便构造有意义的概念层次树。没有数据语义的知识，获得一组属性的顺序关系是很困难的。

(4)只说明部分属性集

有时用户仅能提供概念层次树所涉及的一部分属性。例如，用户仅能提供地点(location)所有分层的相关属性的部分属性，如说明了街道(street)和城市(city)。这种情况就需要利用数据库模式定义中有关属性间的语义联系，来获得层次树的所有属性。必要时用户可以对所获得的相关属性集进行修改完善。

第3章 数据的存储与数据仓库

数据是数据挖掘的起点，数据的有效存储是数据挖掘的基础。传统的数据存储技术是以数据库或关系数据集等单一的数据资源为中心，进行各种数据处理工作，类型主要分为操作型处理和分析型处理。由于传统数据库系统在对支持决策而进行的数据分析处理上逐渐难以满足多样化的要求，因此人们尝试对数据库中的数据进行再加工，形成一个综合的、面向分析的环境，以更好地支持决策分析。随着信息社会的发展，越来越多的信息被数据化。数字图书馆、电子商务、多媒体等应用不断发展，数据以GB、TB乃至PB量级急速增长。数据的爆炸式增长，对数据存储量的需求越来越大。数据的多样化、地理上的分散性、对重要数据的保护等，都对数据管理提出了更高的要求。

数据仓库和数据挖掘代表着信息化和信息分析技术的重大进展，两者的结合已成为人类处理和分析海量信息的有力武器。数据仓库不仅是集成数据的一种方式，而且其联系分析功能（OLAP）还为数据挖掘提供了有利的平台。

3.1 关系数据集

在数据挖掘中，往往需要将待分析的数据制作成一个表格的形式。所制作表格的每一行即叫作一个实例、对象或样本，表格中的每一列即叫作属性、特征或变量。当采用不同的数据挖掘算法时，对该表格有不同的定义，常被称为数据集、信息系统、样本集等。

表3-1为一个数据集实例。这是一个简化后的网络宽带客户流失预测的数据集，类标签标示客户是否流失。该数据集用于数据挖掘算法学习客户流失的模式，以便用于在业务中对客户在流失前进行预测，确认网络服务是否出现异常。

事实上，在实际进行数据挖掘时，需要采集的数据通常是存在于不同的渠道中，要想进行数据建模就需要数据分析人员把数据收集到同一数据集，然后进行缺失值处理、异常点处理、变量合并和变换等流程，这一系列工作统称为预处理。

表 3-1　一个数据集实例

实例号	客户号	客户类型	年龄/岁	月网络流量/GB	…	类标签
1	1591×××××××	集团客户	33	3	…	未流失
2	1382×××××××	个人客户	22	2.8	…	未流失
3	1339×××××××	集团客户	33	1.6	…	未流失
4	1590×××××××	个人客户	38	0.0	…	流失
5	1591×××××××	个人客户	43	3.5	…	未流失
6	1515×××××××	集团客户	30	2.4	…	未流失
7	1397×××××××	个人客户	49	1.0	…	未流失
8	1379×××××××	个人客户	29	2.6	…	未流失
…	…	…	…	…	…	…

与编程语言涉及的数据类型所不同的是，上述数据集并不具有整数、浮点、布尔、字符等的任意属性。导致这一现象的原因是进行数据挖掘的主要目的并不是利用数据进行精确计算，而是侧重不同属性数据间具有的关系。需要注意的是，这并不意味着对计算的忽视，其实通过计算有助于找到数据间的关系。

最基本的数据挖掘将数据分为如下两大类：

①离散型数据。

离散型数据的特点是属性的数据之间没有确定的顺序，不能进行常规的运算。典型的离散型数据包括商品的类别、电话号码、汽车品牌等。

②连续型数据。

连续型数据的特点是属性的数据一般是数值，数据之间有确定的顺序，可以互相比较和计算。典型的连续性数据包括商品价格、电话拨打次数或时长、汽车的平均时速等。

这两类数据的不同之处并不是是否采用数值，而是两类数据具有的特征和意义。像我们日常使用的电话号码，虽然均为数值，但是，一般来说这些数值之间并没有一定的运算关系，所以电话号码属于离散型数据。根据属性数据的特征，在上述类型的基础上还可以进一步细分。

离散型数据可细分如下：

①名称型数据。名称型数据是事物的名称或者称号，如信用卡数据中

的持卡人姓名、电话数据中的电话号码，它们的作用仅仅是为了命名。这类数据所含信息量较少，在数据挖掘过程中往往被丢弃。

②类别型数据。类别型数据是一组对象的名称，也称为集合型，如汽车品牌、信用卡的类型等。

③序数型数据。序数型数据具有一定的顺序关系，和连续型数据不同的是，序数型数据的顺序只是相对的顺序，数据之间的具体差距无法计算，如一场比赛的选手排名、信用卡风险级别、客户的等级等。

连续型数据可细分如下：

①范围型数据。范围型数据在一定的范围内连续取值。

②比例型数据。比例型数据表示两个变量的比例，实际表达了两个属性之间的关系，因而具有较多的信息量，如年龄与月网络流量之比。

有些数据挖掘算法对能处理的属性数据类型，或者说对处理起来比较容易的属性数据类型有要求。在这种情况下，数据分析员可能需要对属性数据类型进行转换。比较常见的是将连续型数据转换为离散型数据，方法是找到连续数据中的若干个分点，使用这些分点将数据划分成若干个区间，每个区间看作一个新的属性值。此过程也称为连续属性离散化，有时候也需要对离散属性进行数据编码，使智能处理数值数据的算法可以处理这种数据。

3.2 NoSQL 数据库

NoSQL 没有像传统关系型数据库那样将数据的组织方式定义为关系型，因此只要内部数据的组织采用了非关系型的方式，便可以称为 NoSQL 数据库。

3.2.1 NoSQL 概念

NoSQL 多被认为是“Not Only SQL”的简称，今天，NoSQL 泛指这样一类数据库和数据存储——它们不遵循经典的 RDBMS 原理，且通常与 Web 规模的大数据集有关，即 NoSQL 并不单指一个产品或一种技术，而是代表一类产品以及一系列不同的、有时相互关联的、有关数据存储及处理的概念。其意义在于：适用关系数据库时，就使用关系数据库；不适用时，也没必要非使用关系数据库不可，可以考虑使用更合适的数据存储。

3.2.2　NoSQL 相关理论

1. CAP 理论

Berkeley 的 Eric Brewer 教授最先提出了 CAP 理论，后来由 MIT 的 Seth Gilbert 和 Nancy Lynch 进行了求证。此种理论明确提出了分布式系统的三种特性。

(1)一致性

系统中的所有数据备份在同一时刻都是同一值。

(2)可用性

各种操作均会在一定的时间完成，也就是说在任何时候系统都能达到可用状态。

(3)分区容错性

在出现网络分区的情况下，例如断网，分离的系统也能正常运行。

该理论中还提到，上述三种特性并不能同时符合，系统应保证其中两种特性得到满足。如图 3-1 所示，为满足任意两种特性的数据库产品。

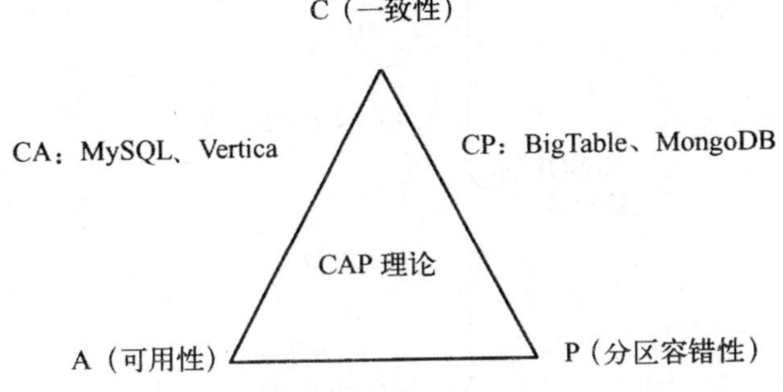

图 3-1　不同数据库产品在 CAP 连线上的位置

2. 最终一致性

在 NoSQL 中，所达到的一致性主要分为两种情况，如图 3-2 所示。由 CAP 理论可知，强一致性并不能与可用性、分区容错性同时实现，而最终一致性是考虑用户体验的折中办法，也是与传统的 RDBMS 最大的不同。

3. BASE 思想

此种思想是在 CAP 理论的基础上发展而来的，同时也是对 CAP 理论中 AP 的进一步扩展，而对一致性采取概化处理。之所以会产生此种思想，是由于在实际应用中,发现对可用性和分区容错性的要求更加严格。

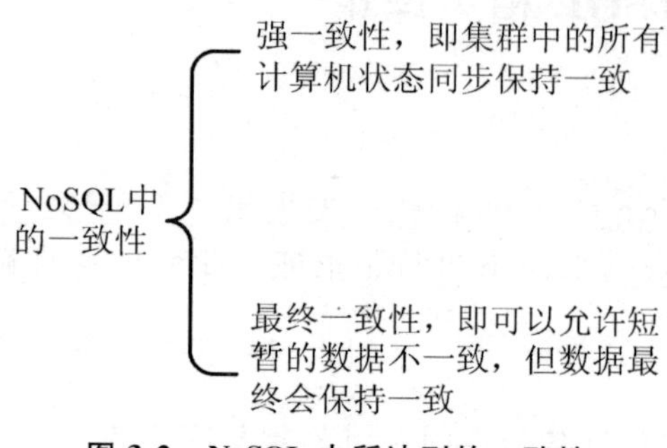

图 3-2　NoSQL 中所达到的一致性

3.2.3　NoSQL 的数据模型

NoSQL 非关系数据库技术使用松耦合的数据模式,支持水平伸缩,拥有在磁盘和内存中的数据持久化能力,支持多种“Non-SQL”接口来进行数据访问,强调最终一致性。NoSQL 的数据模型主要包括四类,如图 3-3 所示。

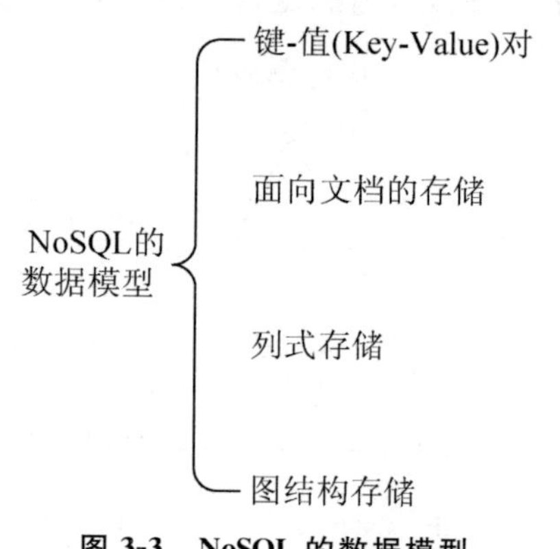

图 3-3　NoSQL 的数据模型

1. 基于键-值的数据模型

该模型是最简单的 NoSQL 存储,基于键-值的数据模型主要应用于内容缓存,处理大量数据的高访问负载,也用于一些日志系统等。

2. 面向文档的数据模型

此类模型的典型包括 CouchDB 和 MongoDB。文档存储的数据一般用 json 或类似 json 的格式,存储内容是文档型的。文档可以存储列表、键-值对以及层次结构复杂的文档。

3. 面向列的数据模型

此类模型的典型特点为进行列式存储，也就是说将每行数据中的每一项存储到不同列中，涵盖所有列的集合为列簇，通过这一集合能够实现对大量行和一小部分列的读取和更新，典型系统包括 BigTable 和 HBase 等。面向列的数据模型主要应用于分布式文件系统。

4. 图结构数据模型

图结构存储不同于上述数据模型，该存储模式采用了节点、属性和边等概念。节点的概念与面向对象编程中的对象较为接近，主要表示一些实体，如人、商业、账户或者其他任意项。属性可以用来储存与节点相关的信息。边可以将不同的节点或节点与属性联系起来，从而表示这两者的关系，最重要的信息存储在边上。图结构数据模型主要应用于社交网络、推荐系统等。

3.3 分布式文件系统

根据计算环境和所提供功能的不同，文件系统可划分为 4 个层次，如图 3-4 所示。

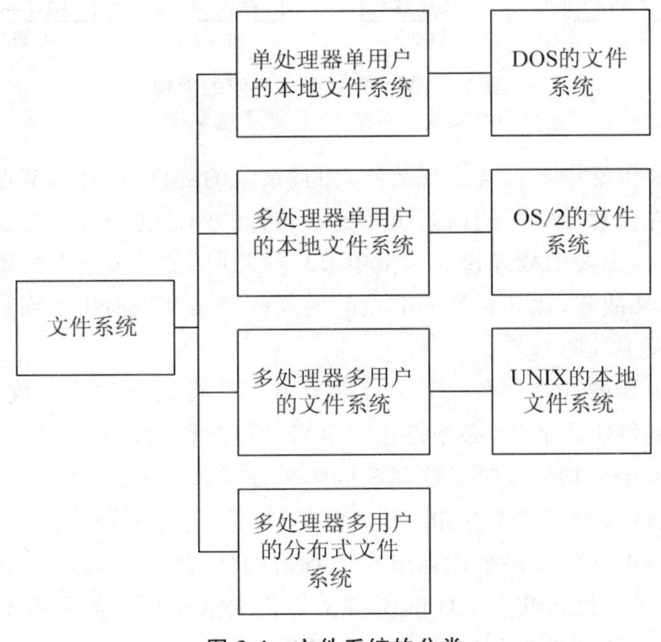

图 3-4 文件系统的分类

3.3.1 分布式文件系统的体系结构

1. 计算节点的物理结构

通常采用的并行计算架构也可以称作集群计算(Cluster Computing),此种系统架构常常按照下面的方式进行组织。计算节点一般需要多个机架进行安放,每个机架上常放置节点的数量为 8~64 个,同一机架上的节点相互间依靠网络(常用千兆以太网)产生联系,而不同的机架间需要通过另一级网络或交换机产生联系。图 3-5 给出了一个大规模计算系统的架构。

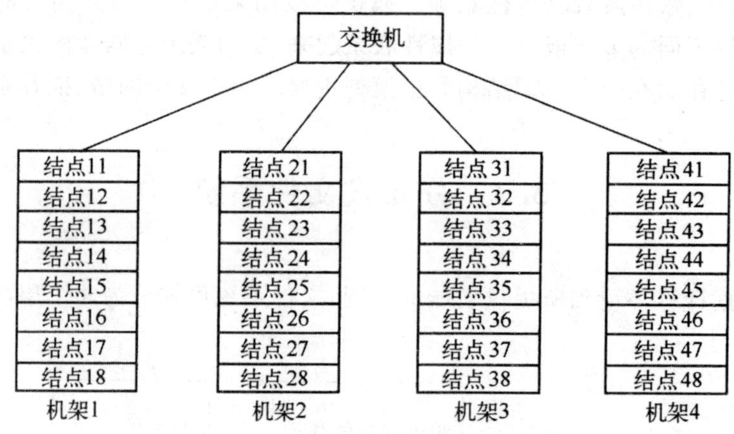

图 3-5 某大规模计算系统的架构

计算节点安放在机架上,机架通过交换机互连

在现实生活中部件会出现故障,而且系统的部件(如计算节点和互联网络)越多,在任意给定时间内系统非正常运行的频度也越高。就图 3-5 给出的系统来说,主要的故障模式包括单节点故障(比如某节点上的硬盘发生崩溃)和单机架故障(比如机架内节点间的互联网络及当前机架到其他机架的互联网络发生故障)。

一些重要的计算会在上千个计算节点上运行数分钟甚至数小时,如果一旦某个部件出现故障,必须终止并重启计算过程的话,那么该计算过程可能永远都不会成功完成。上述问题的解决方式有两种。

(1)文件必须多副本存储

如果不把文件在多个计算节点上备份的话,那么一旦某个节点出现故障,在节点被替换之前它上面的所有文件将无法使用。如果根本不备份文件,那么一旦硬盘崩溃,文件将会永久丢失。

(2)计算过程必须分成多个任务

这样一旦某个任务失败,可以在不影响其他任务的情况下重启这个任务。

2. 大规模文件系统的结构

由于需要使用集群概念进行计算,因此采用的文件系统不是单机上采用的传统文件系统,而是一种新的文件系统即分布式文件系统(Distributed File System,DFS)。在应用分布式文件系统时具有以下特点。

①文件非常大。比如 TB 级的文件。如果文件很小,就没有应用 DFS 的必要。

②文件极少更新。具体来说指的是,文件用来作为某些计算的数据读入,而且不会附加其他的数据到该文件底部。比如,机票预订系统虽然具备巨大的数据量,但是系统中的数据极易出现变更,因此不能应用 DFS。

在 DFS 中,文件会被处理成文件块(Chunk)的形式存在,单个文件块常为 64MB。在处理过程中,用户可以将文件块复制出多个副本,并将其安放在多个计算节点上。需要注意的是,这些节点应该安放在不同的机架上,以免某机架出现故障导致全部副本丢失。

3.3.2 谷歌文件系统(GoogleFS)

GoogleFS 是一个可扩展的分布式文件系统,用于大型的、分布式的、对海量数据进行访问的应用。GoogleFS 集群的构成如图 3-6 所示。主服务器和块服务器通常是运行用户层服务进程的 Linux 机器。只要资源和可靠性允许,块服务器和客户端可以运行在同一个机器上。

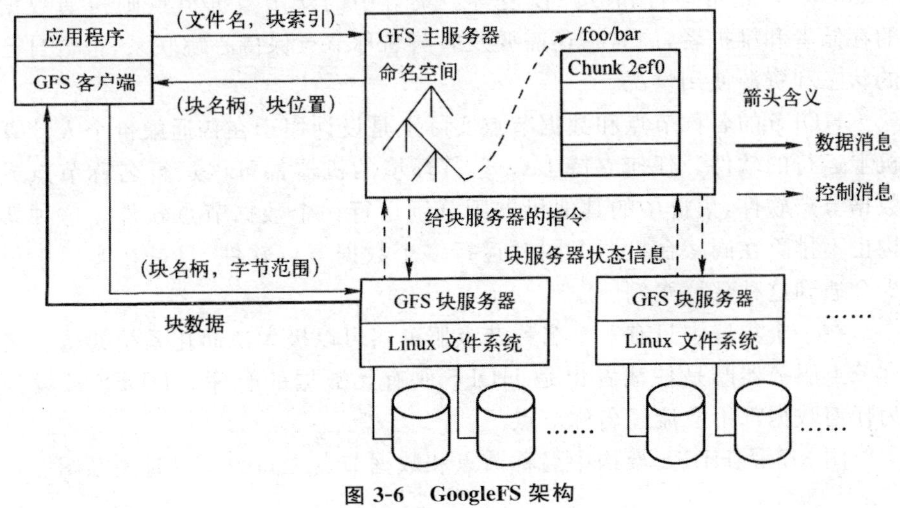

图 3-6　GoogleFS 架构

文件被处理成一定大小的块(Block)。每个块由一个不变的、全局唯一的 64 位的块句柄(Chunk-handle)标识,块句柄是在块创建时由主服务器分配的。块服务器不仅能够将块存储在磁盘中,还能够对其进行读写。从安全角度来看,每个块会被复制到多个块服务器,系统默认复制 3 个副本,不过用户可以根据需要进行设置。

主服务器不仅可以维护文件系统的所有元数据(Metadata),还可以对系统范围的活动进行控制。主服务器定期通过心跳(Heartbeat)消息与每一个块服务器通信,给块服务器传递指令并收集它的状态。

与每个应用程序相连的 GoogleFS 客户端实现了文件系统的 API,并与主服务器和块服务器通信,以访问文件系统的数据。客户端与主服务器的交换只限于对元数据(Metadata)的操作,所有数据方面的通信都直接和块服务器联系。

3.3.3 Hadoop 分布式文件系统(HDFS)

Hadoop 是由 Apache 软件基金会维护的一个开源的海量数据并行处理框架。它主要由两大模块组成:Hadoop 分布式文件系统(Hadoop Distributed File System,HDFS)和 MapReduce(Google MapReduce 的开源实现)。

作为 Hadoop 的核心之一,HDFS 采取了主/从(Master/Slave)的架构模式。集群中的名称节点(NameNode)作为整个集群的主服务器,管理整个 HDFS 的命名空间和客户端对集群数据的访问,保证集群中的数据节点(DataNode)正常运行和故障恢复等。集群中的众多数据节点则扮演数据的存储者和维护者,同时它还需要及时与名称节点保持心跳联系,报告自己的状态和资源使用情况。

HDFS 的名称节点和数据节点实际上是设计用于在普通廉价个人计算机上运行的软件。任何支持 Java 运行环境的机器都可以运行名称节点或数据节点软件,集群中的其他机器则分别运行一个数据节点软件。这种架构也不排除在同一台机器上同时运行多个数据节点软件,只是在实践中很少会遇到这种部署案例。

在一个集群中只有一个名称节点服务器可以极大地简化系统架构。名称节点服务器既是仲裁者也是 HDFS 所有元数据的仓库。HDFS 被设计为任何数据都不会流经名称节点。

图 3-7 是 HDFS 架构中名称节点和数据节点之间的运行时关系图。

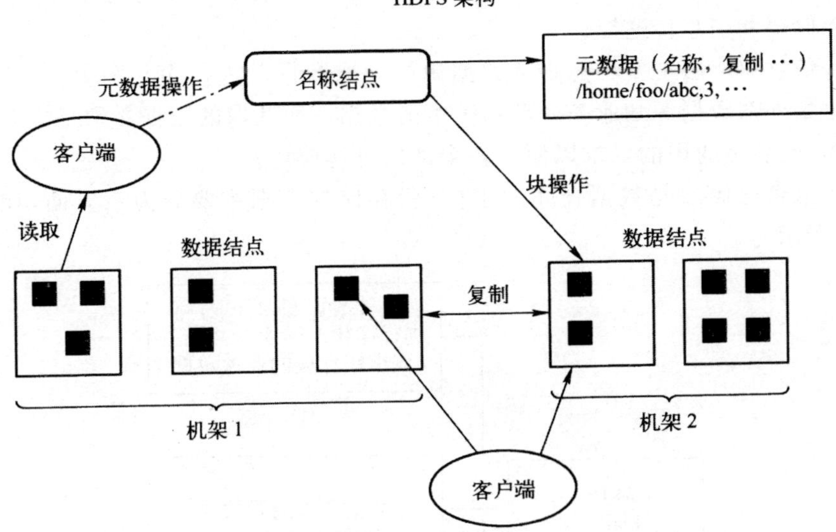

图 3-7　HDFS 架构中名称节点和数据节点之间的运行时关系图

3.4　数据仓库的体系结构

数据仓库体系结构可用图 3-8 表示。

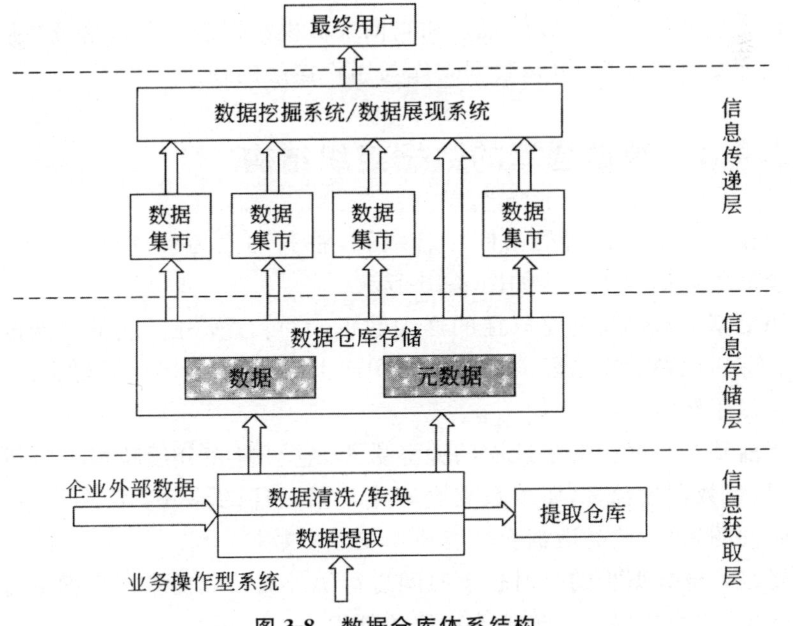

图 3-8　数据仓库体系结构

在数据仓库体系结构中应该设计三个独立的数据层次：信息获取层、信息存储层和信息传递层。

信息获取层主要功能是从数据源中抽取数据并进行净化和聚合，还包括收集外部数据源和业务处理系统中的数据。所获取的数据必须是准确无误的，且满足通用的要求以便于各个部门进行应用。

信息存储层是数据仓库的主体，所存储的数据主要分为三方面，如图3-9所示。

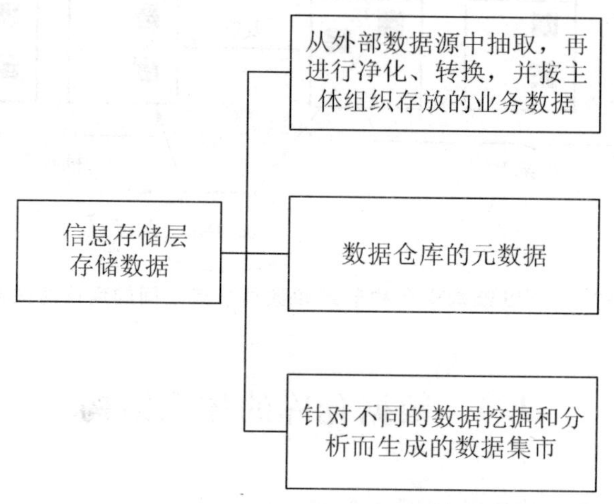

图 3-9　信息存储层所存储的数据

信息传递层通过生成的报表和查询来提供数据需求。这是最终用户与数据仓库交流的层次，也是数据仓库与用户接触的地点。

3.4.1　数据仓库的数据组织结构

数据仓库中存在着的不同综合级别，将其称之为粒度（Granularity）。数据仓库的数据组织结构如图3-10所示。

历史基本数据指的是以往的详细数据，它可以充分反映最原始的历史数据，不过，此种数据会随着时间的累积而不断增多，且不会被经常用到，因此常存储于转换介质中。

当前基本数据指的是近期的业务数据，它可以充分反映当下阶段的业务状况，且数据量较多，属于数据仓库用户最关注的部分。需要注意的是，随着时间的累积，此类数据会转变成历史基本数据。

轻度综合数据指的是对较短时间进行统计而从当前基本数据中提取得到的数据，此种数据远小于基本数据的数据量。

高度综合数据十分精炼，是一种准决策数据。

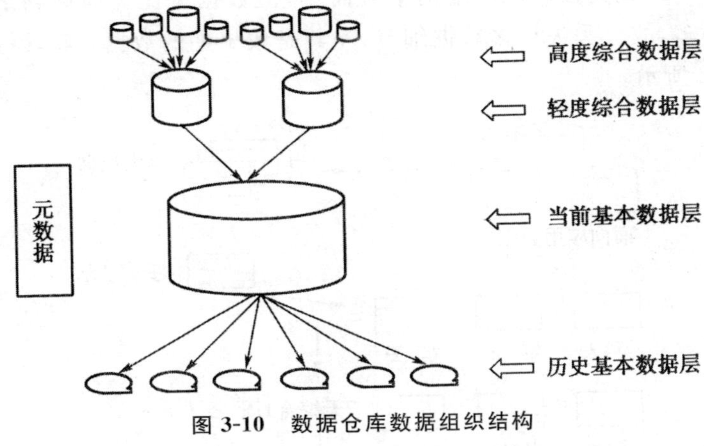

图 3-10　数据仓库数据组织结构

3.4.2　数据仓库中的数据组织形式

1. 简单堆积结构

此种结构是数据仓库中使用频率最高、应用最简便的数据组织形式。它是将面向应用的数据库中每天的数据进行提取，再根据不同的主题进行综合处理。其中，关键是以“天”来进行集成并“堆积”。简单堆积结构数据组织形式如图 3-11 所示。

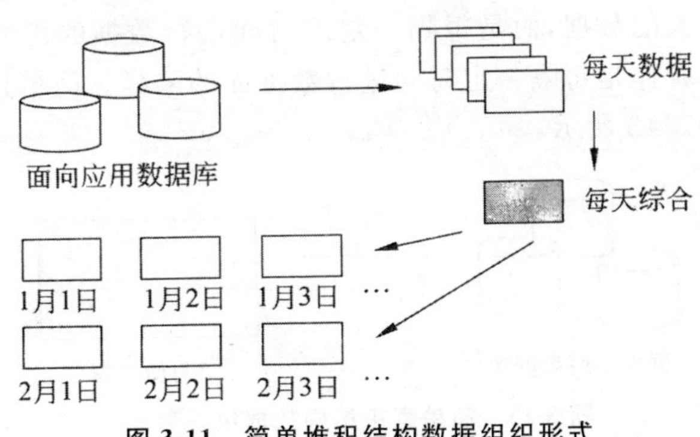

图 3-11　简单堆积结构数据组织形式

2. 轮转综合结构

采用此种结构进行数据存储时，所用的数据存储单位包括日、周、月、年等。一个星期中每天的数据都会被记录在当日的数据集中；再将这 7 天的数据进行综合记入周数据集中；按照此法，当周数据集达到 4 个，则记入月数据集……以此类推。此种结构十分简单，但数据量比上面提到结构的数据量少得多，故会丢失许多数据细节，尤其是较早期的数据。轮转综合结构如图 3-12 所示。

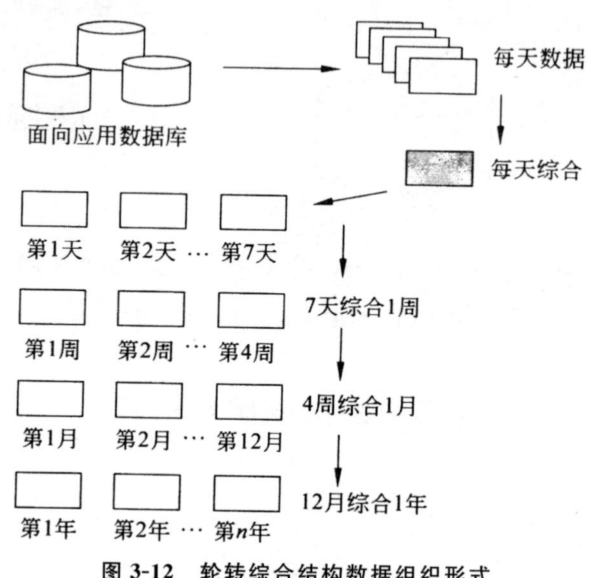

图 3-12 轮转综合结构数据组织形式

3. 简单直接结构

此种结构与简单堆积结构较为相似，两者的不同在于，简单直接结构并不需要提取每天的数据，而是每隔一定的时间进行数据的提取与集成。此种结构也可以看作是每隔一定时间进行数据库的采样。简单直接结构数据组织形式如图 3-13 所示。

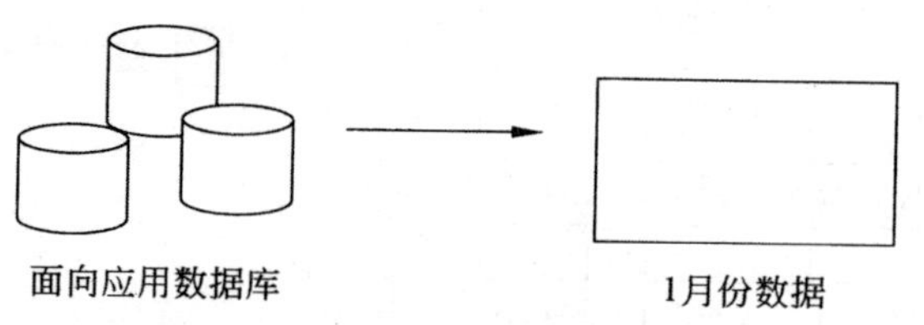

图 3-13 简单直接结构数据组织形式

4. 连续结构

通过两个或更多连续的简单直接结构数据组织形式的文件，可以生成另一种连续结构数据组织形式的文件。连续结构数据组织形式如图 3-14 所示。

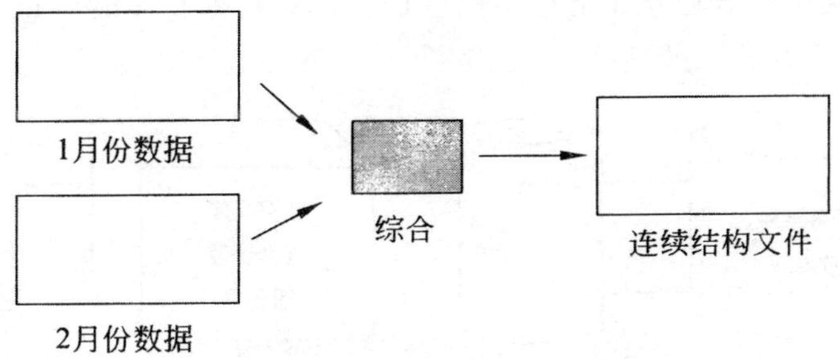

图 3-14　连续结构数据组织形式

对于各种文件结构的最终实现，在关系数据库中仍然要依靠“表”这种最基本的结构。

3.4.3　数据仓库结构类型

数据仓库有四种主要结构类型。

1. 虚拟数据仓库结构

如图 3-15 所示，这种数据仓库的投资较小，这是由于并未新建数据仓库，只是充分应用之前存在的数据库来进行大部分操作。其中数据仓库的任务为概括查询结果来满足用户的查询需求。

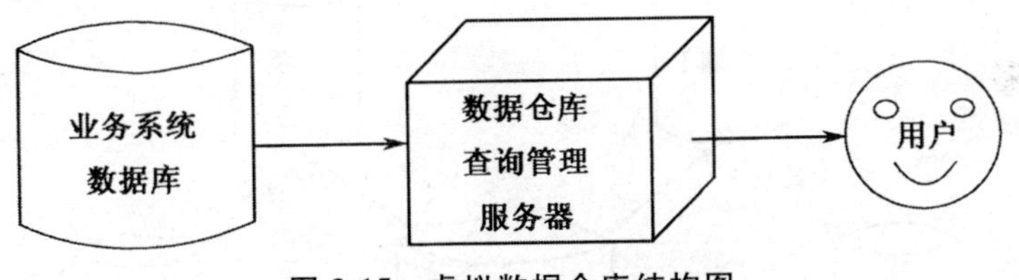

图 3-15　虚拟数据仓库结构图

2. 数据集市结构

也称为主题结构的数据仓库，属于依据主题构建的数据仓库，且数据仓库是相互联系的。业务数据并不会存放在同一数据仓库中，而是按照不同的主题分别存储。在建立主题数据仓库时，需要使用统一的企业数据模型，这就使得各数据仓库的字段结构、编码和关键字均一致，便于对数据仓库进行联合查询，如图 3-16 所示。

3. 单一数据仓库结构

单一数据仓库是将所有的主题都集中到一个大型数据库中的体系结构

中。这种类型的数据仓库也是人们在最初认识数据仓库时所想象的结构，如图 3-17 所示。

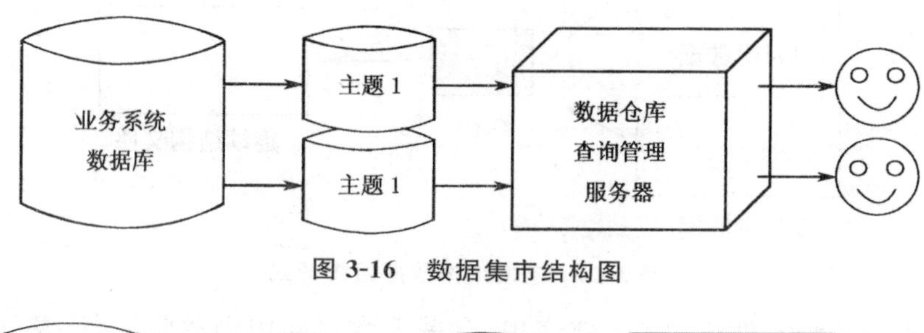

图 3-16　数据集市结构图

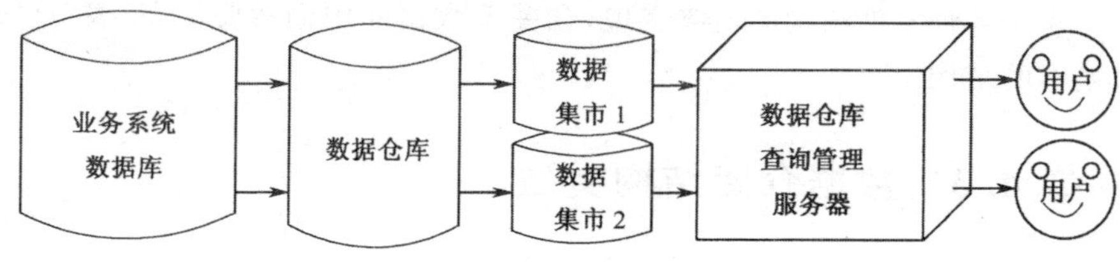

图 3-17　单一数据仓库结构图

4. 分布式数据仓库结构

当企业各个分公司具有相当大的独立性时，企业的数据仓库结构可以采用分布式，如图 3-18 所示。

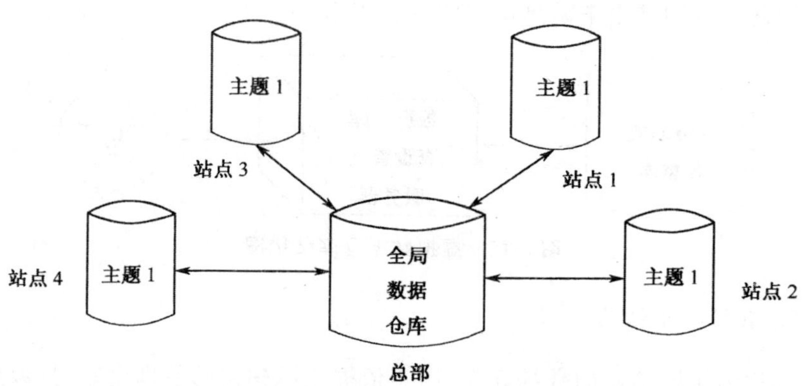

图 3-18　分布式数据仓库结构图

3.5　数据仓库的基本数据模型

为了建立数据仓库，往往需要用到不同的数据模型，这些数据模型是通过对现实世界中存在的客观对象实施抽象处理得到的。图 3-19 直观地表现了将现实世界中的对象通过计算机世界得以表达的过程。

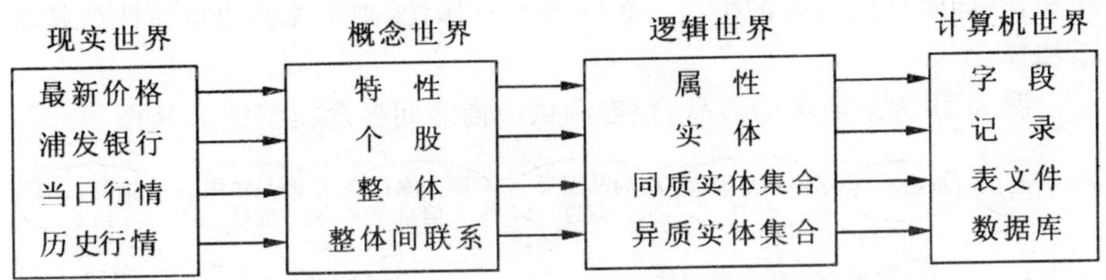

图 3-19　客观对象从现实世界到计算机世界的变化过程

图 3-20 为建立数据仓库的过程中，所使用的不同数据模型。我们不难发现，除了概念模型、逻辑模型和物理模型之外，在构造数据仓库时还要使用元数据模型和粒度模型。

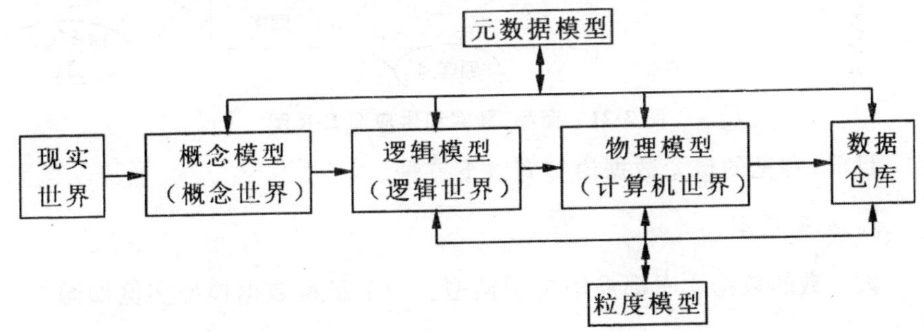

图 3-20　数据仓库构造过程中的各种数据模型

3.5.1　概念数据模型

在概念模型中，人们将现实世界中的对象抽象为实体，将实体所具有的特征用属性来表示，将事物之间的联系用实体间的联系来表示。

通常使用频率较高的为实体-联系模型，以 E-R 图来描述各实体间的联系。此类图具有较好的可操作性，简单明了，便于用户之间的交流，且能够较为准确的描述客观事物，因此已经大量地用于数据库的设计中。而至今为止，构建数据仓库往往是在关系数据库的基础上，为了和原有数据库的概念模型相一致，数据仓库的概念数据模型也采用 E-R 图描述。

E-R 图无须将每一个具体的实体都予以标明，而只需画出抽象的实体型即可，因为实体是动态变化的，而实体型则是相对稳定的。

①实体集用矩形代表，在数据仓库中表示主题，将主题名写在矩形框内。

②主题的属性由椭圆形代表，用无向边把主题与其属性相连。

③联系由菱形代表，把联系的名字填在菱形中。用无向边将有关实体集相连，同时标明联系的类型。若联系具有属性，则用无向边将属性与其联系相连。

图 3-21 为某商场的商品、顾客和供应商之间概念模型的 E-R 图。

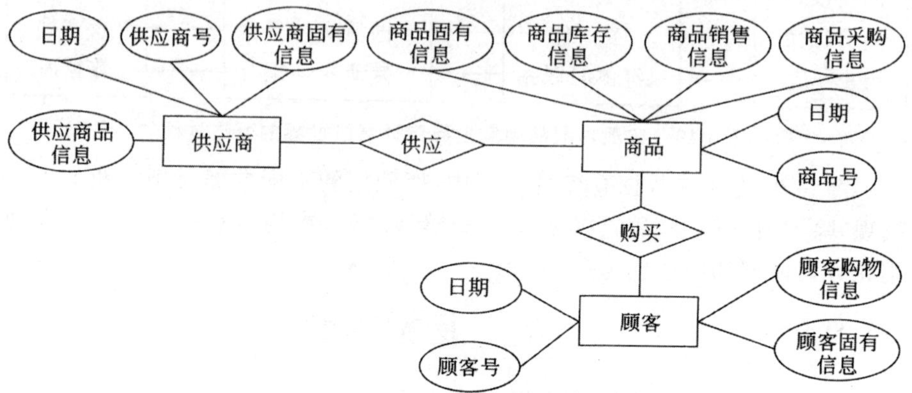

图 3-21　商品、顾客和供应商 E-R 图

目前，常见的概念数据模型有以下三种。

1. 星型模型

大多数的数据仓库都采用星型模型。一个星型数据模型实例如图 3-22 所示。

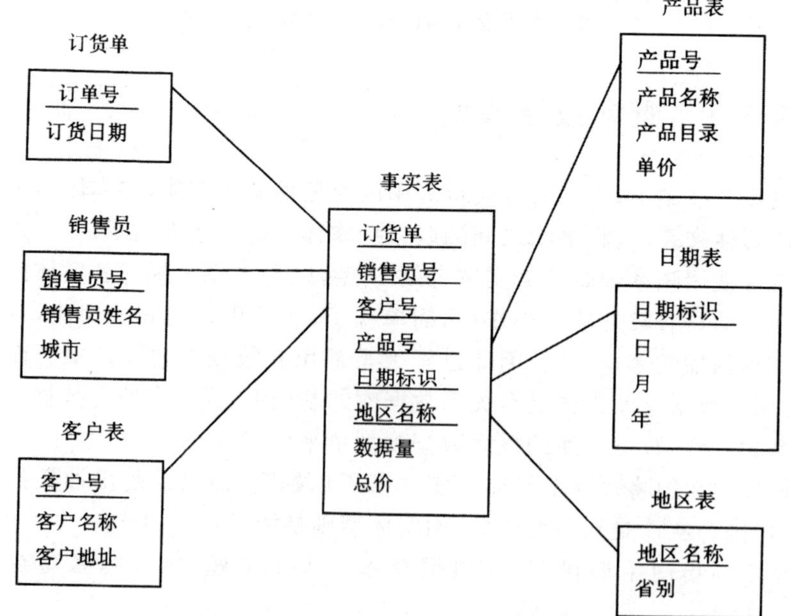

图 3-22　星型数据模型实例

星型模型的存储情况示意图如图 3-23 所示。

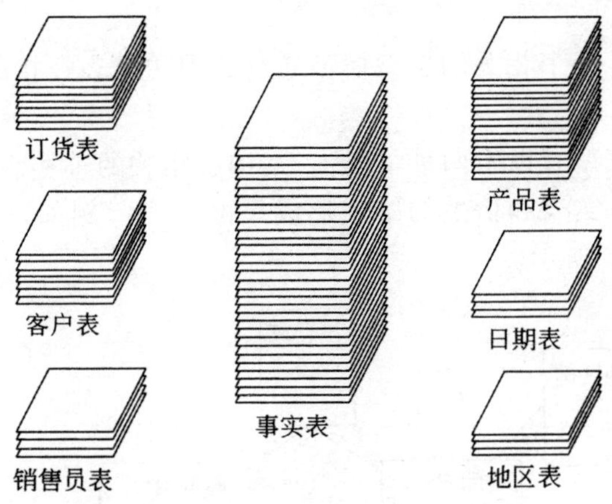

图 3-23　星型模型数据存储情况示意图

2. 雪花模型

雪花模型的优点是最大限度地减少数据存储量，以及把较小的维表联合在一起来改善查询性能。

在图 3-22 星型模型的数据中，对“产品表”“日期表”“地区表”进行扩展形成雪花模型的数据，如图 3-24 所示。

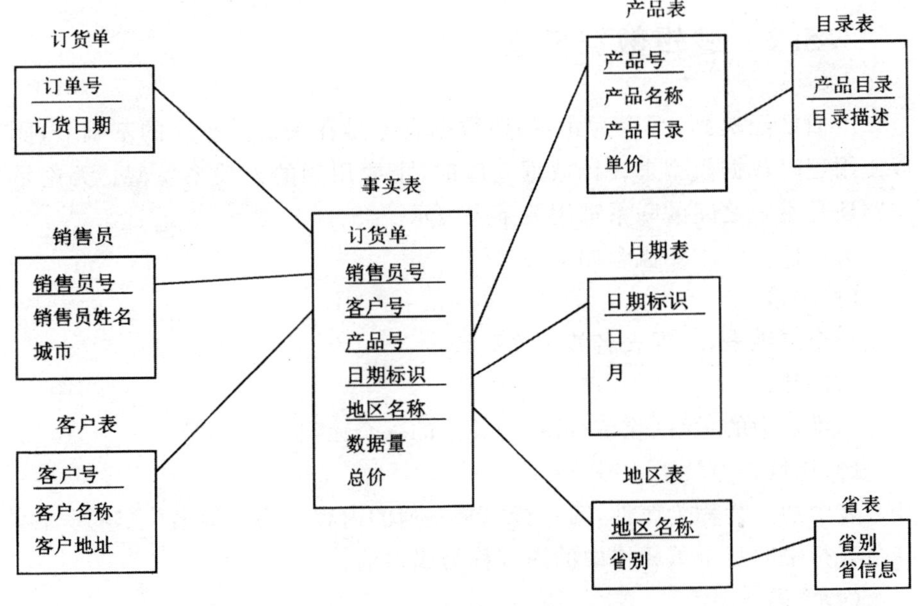

图 3-24　雪花数据模型实例

3. 星网模型

星网模型是多个相关的星型模型通过相同的维表连接起来形成的网状结构。

构造星型模型有以下两种情况：一是构造相关的事实表形成星网模型；二是增加汇总事实表和衍生的维表形成星网模型。例如，电话公司星网模型实例如图 3-25 所示。

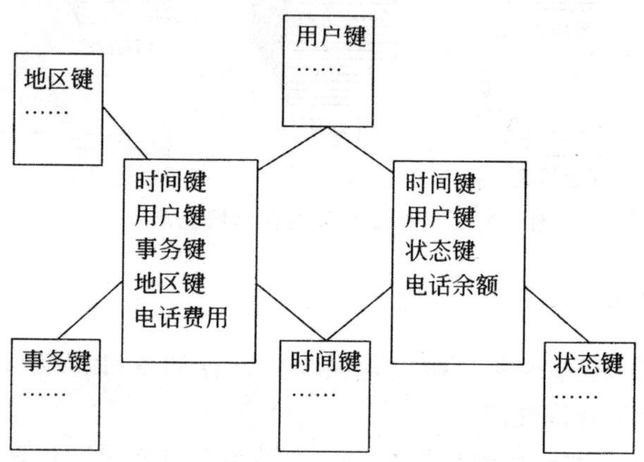

图 3-25　电话公司星网模型实例

3.5.2　逻辑数据模型

上面已经提到，至今为止，构建数据仓库是在关系数据库的基础上，所以使用逻辑数据模型来设计数据仓库时，主要用到的是关系模型。无论是主题还是主题之间的联系都用关系来表示。

关系模型的主要概念如下。

(1)关系

一个二维表，二维表名就是关系名。

(2)元组

二维表中的一行(除首行)称为关系的一个元组。

(3)属性

表中的一列称为属性，第一行中每一列的内容称为属性名(也叫列名)，其余各行中的每个单元格中的内容称为属性值。

(4)主码

表中的某个属性组，其值唯一，没有重复，因此能够用于唯一地标识一

个元组。

(5)域

属性的取值范围。

(6)分量

元组中的一个属性组。

(7)关系模式

对关系的描述,用关系名(属性名 1,属性名 2,…,属性名 n)表示。

数据仓库的逻辑数据模型描述了数据仓库主题的逻辑实现,即每个主题所对应关系表的关系模式的定义。

3.5.3 物理数据模型

数据仓库的物理数据模型,即为逻辑数据模型在数据仓库中的具体实现步骤,该数据模型是以逻辑数据模型为基础来实现的,如图 3-26 所示。

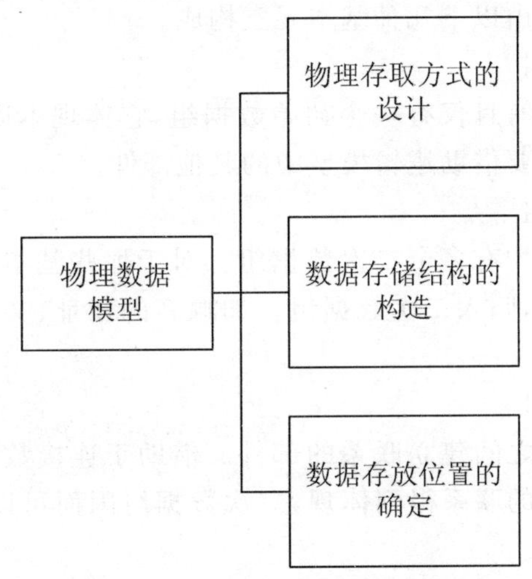

图 3-26　数据仓库的物理数据模型

1. 逻辑数据模型的特点

上面提到的逻辑数据模型可以看成是由概念数据模型过渡到物理数据模型的中间层,所以该模型也称作中间层模型。

高层数据模型对数据抽象程度最大,使用的主要表达工具是 E-R 图。首先确定 E-R 图所要集成的范围,并由各方用户提供自己的分 E-R 图,最后将各个分 E-R 图集成为整体的总 E-R 图。

在所谓的高层概念模型中,其包含的主要实体或主题域均分别需要构建相应的逻辑模型。但中间层数据模型很难一次完全建好,需要不断扩展、完善。如图 3-27 所示,为某高层概念模型所对应的中间层模型,其中的概念模型具有 5 个实体或主题域,每个实体都在逻辑层中有对应的模型。

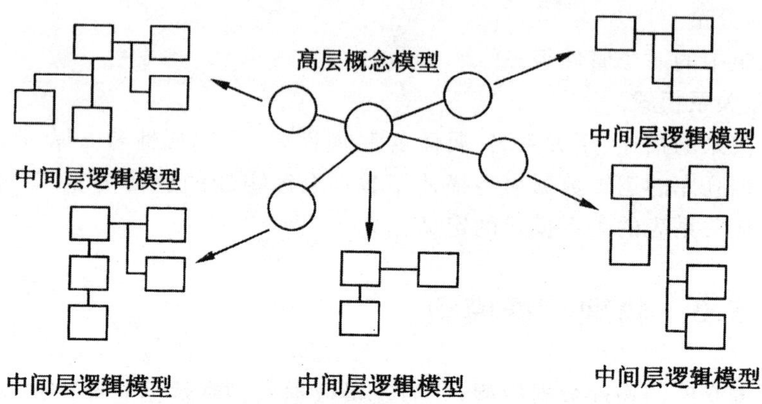

图 3-27 某高层概念模型所对应的中间层模型

逻辑模型主要由以下几种基本元素构成。

(1)初始数据组

每个主要实体有且仅有一个初始数据组,它体现本质特征。初始数据组的内容和属性需要借助逻辑模型中的其他部件。

(2)二次数据组

每个主要实体均有多个二次数据组。对于那些基本不变化,但又存在变化可能的数据项,归入二次数据组。如顾客的住址、文化程度、电话等数据项。

(3)连接数据组

它是在数据组之间建立联系的部件。借助于连接数据组,初始数据组与二次数据组之间的联系得到体现,二次数据组因而可以对初始数据组的内容作出详细说明。

(4)类型数据组

对于那些经常变化的数据项,归入类型数据组。在图示中通过初始数据组指向右侧的线段来表示。相对靠左侧的是超类型数据组,相对靠右侧的称为子类型数据组。

从数据稳定性的角度来观察,除连接数据组之外,从初始数据组到二次数据组,再到类型数据组,其稳定性逐步降低。

逻辑模型的上述 4 种基本结构如图 3-28 所示。

从数据稳定性的角度来观察,除连接数据组之外,从初始数据组,到二次数据组,再到类型数据组,其稳定性是逐步降低的。

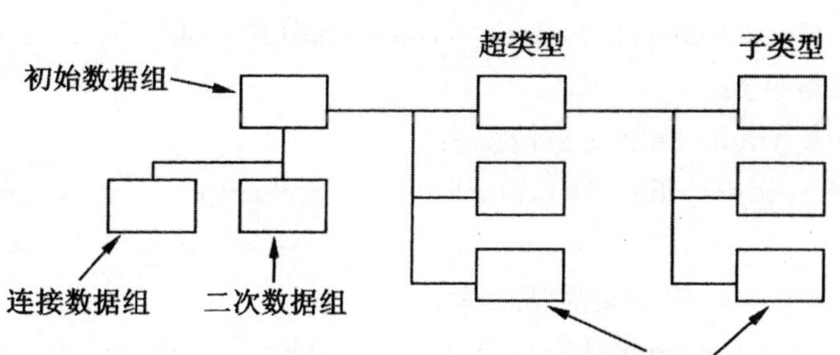

图 3-28 逻辑模型中的 4 种基本结构

2. 事实表的设计

在物理模型中，事实表由逻辑模型演绎细化而来。根据图 3-29 给出的客户主题逻辑模型，可以设计出以下事实表模型。

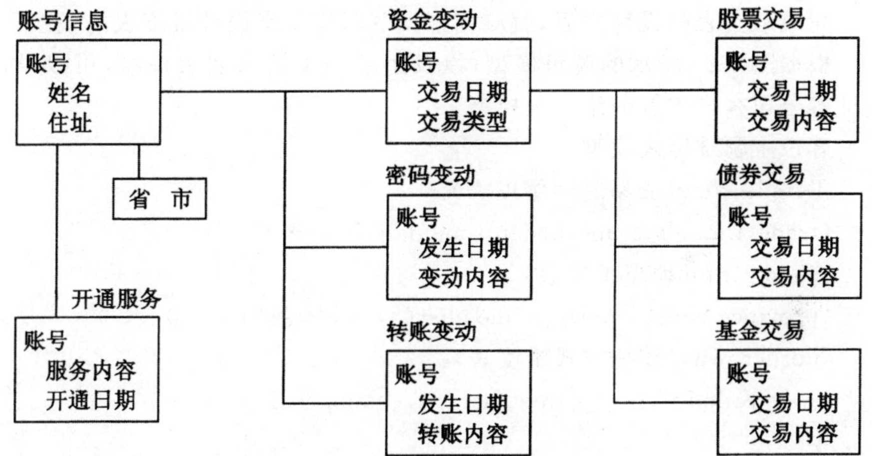

图 3-29 证券公司的客户主题逻辑模型

(1)客户事实

• client_info(客户信息表)

(fund_account char(10), stock_account char(10), client_name char(8),…)

• client_serv(客户开通服务表)

(fund_account(10), stock_account char(10), server_type chat(8),…)

(2)资金事实

• fund_variation(资金变动情况表)

(fund_account char(10), stock_account char(10), vari_date datetime,…)

• key_variation(密码变动情况表)

(fund account char(10),stock_account char(10),old_key char(8),…)

(3)交易事实

· stock_trade(股票交易情况表)

(fund_account char(10),stock_account char(10),stock_number char(6),…)

· bond trade(债券交易情况表)

(fund_account char(10),stock_account char(10),bond_number char(6),…)

在数据仓库中,业务数据主要记录在事实表中。因此,在物理模型的层次上看,事实表不仅是数据仓库的核心,也是构成数据仓库的所有类型的表中体积最大的表。

3. 维度表的设计

完成事实表的设计之后,就应当根据逻辑模型来设计维度表的模型。

根据图 3-29 所示的逻辑模型,以及上节列出的事实表模型,可以设计出证券公司客户主题的维度表模型。

客户主题维度表模型

①trade_time(交易时间维度表)。

(trade_time datetime,order_time datetime,…)

②addr_info(地点维度表)。

(province char(6),city_name char(8),address char(40),…)

③order_way(委托方式维度表)。

(way_code int,way_name char(8),comm_coef float,…)

⋮

维度表的属性内容,是对所依附的事实表的某些信息的描述,这种描述应具有如图 3-30 所示的特征。

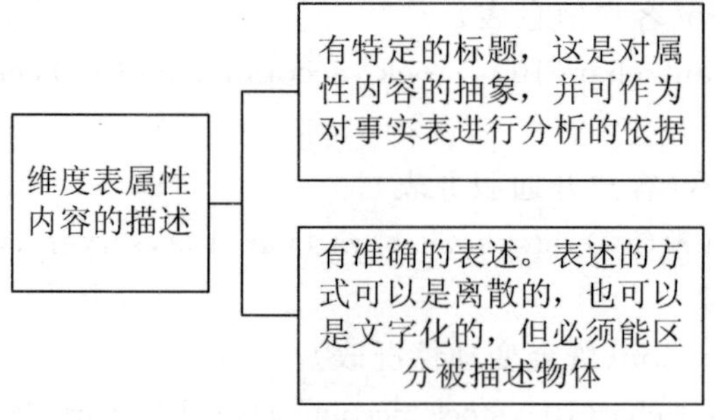

图 3-30　维度表属性内容描述的特征

3.5.4 元数据模型

作为数据仓库中关于数据的数据，元数据在数据仓库中有着十分重要的地位。随着信息技术的迅速发展、应用范围的不断扩大、应用程度的日益深化，数据规模增长速度也在不断加快。大量的数据如果得不到良好的管理，就不能产生实际的应用，从而导致“数据泛滥，信息贫乏”的恶果。在数据仓库中，为了对大量数据进行有效的管理，采用“无数据”机制，也正是因为有了元数据，用户才能更为有效地使用和维护数据仓库，从而实现对决策的支持。而所谓“元数据模型”，就是数据仓库中所有元数据所构成的整体。

1. 按元数据描述的内容分类

(1)关于基本数据的元数据

在数据仓库系统中，基本数据是指数据源、数据集市、数据仓库，以及由应用程序所存储和管理的所有数据的总和。关于基本数据的元数据即包含了与上述各部分数据有关的内容。按说明的范围，这部分元数据又可进一步细分为关于全部数据的元数据和关于部分数据的元数据两个子类。

(2)关于数据处理的元数据

数据处理主要指数据的抽取、转换、加载、更新、部署完整性与一致性的检查、缺失数据的补充等方面的工作。此类元数据定义了同这些工作相关联的规则，它包括过滤器、联结器和聚合器等部件，数据仓库的系统日志也属于此类元数据的范畴。

(3)关于企业组织的元数据

这类元数据比较特殊，它是对企业的组织结构的直接反映。如果把企业的组织信息作为基本数据(如对中小型企业)，它又可归入“基本数据元数据”一类。所有与企业组织有关的信息，如数据集市/数据仓库的管理者的界定，以及各类用户使用系统的权限范围等，均由此类元数据加以说明。

这类元数据对于数据仓库的安全具有特殊意义。

2. 从用户的角度分类

(1)技术元数据(Technical Metadata)

技术元数据将开发工具、应用程序以及数据系统联系在一起，对分析、设计、开发等所有技术环节进行详细说明。

(2)业务元数据(Business Metadata)

业务元数据包含面向应用的文档(系统简介、使用导航等)、各种术语的定义及所有报表的细节。

3.5.5 多维数据模型

多维数据模型是一个多维空间,多维数据模型通过引入维、维分层和度量等概念,将信息在概念上视为一个立方体。

①立方体:从三维或较多的维度对需要观察的对象进行描绘,需要注意的是,每个维度均应互相垂直。

②维:对汇总数据进行观察分析的某一种角度,属于考虑问题时的一类属性。

③维分层:在同一种维度上,能够分为更加细致的层次,例如时间维上可划分为年、季度、月份、旬和日期等。

④维属性:维的一个取值,是数据项在某维中位置的描述(例如,“某年某月某日”是在时间维上位置的描述)。

⑤度量:立方体中的单元格,用以存放数据。

在此种数据模型中,汇总的数据构成多维的结构,每一维均涵盖多个抽象层次,这样的数据结构便于用户多方位的进行数据观察。举例来说,在对某种产品的销售状况进行分析时,用户主要关注的几个方面为时间、商品、地区和销售量,图 3-31 表示数据仓库多维数据模型示意图,图中小格内存储数据可以假设为商品的销售量。

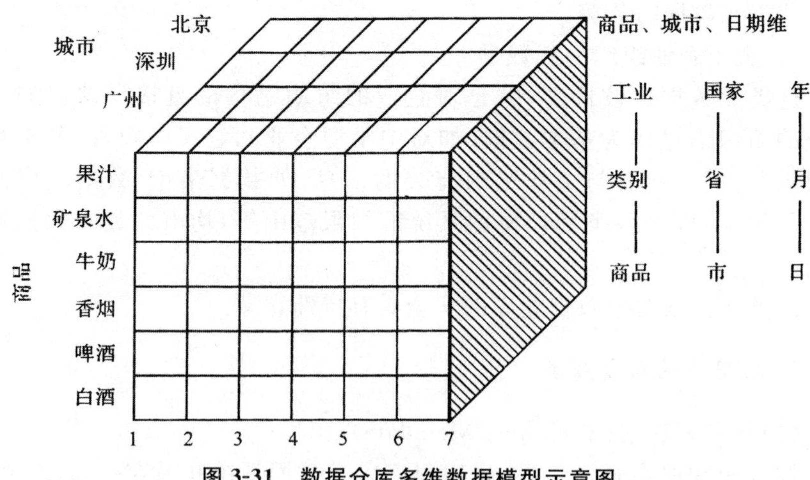

图 3-31 数据仓库多维数据模型示意图

3.6　联机分析处理(OLAP)

在信息技术飞速发展的今天,OLAP 技术本身也得到了极大发展,OLAP 产品被普遍推广,得到了广泛使用。Codd 在提出 OLAP 时,还提出了关于 OLAP 产品的 12 条评价准则来描述 OLAP 系统,这些准则虽然只是相对的标准,也没有得到一致的认同,但使人们对 OLAP 的概念、功能的理解达到基本共识,对它的认识也基本趋于一致。这 12 条评价准则如图 3-32 所示。

OLAP的评价准则
- OLAP模型必须提供多维概念视图
- 透明性准则
- 存取能力推测
- 稳定的报表能力
- 客户/服务器体系结构
- 维的等同性准则
- 动态的稀疏矩阵处理准则
- 多用户支持能力准则
- 非受限的跨维操作
- 直观的数据操纵
- 灵活的报表生成
- 不受限的维与聚集层次

图 3-32　OLAP 的评价准则

3.6.1　维的层次关系与维的类关系

在 OLAP 应用中,经常需要对维的层次关系分析。维的层次关系可以用一个层次图来表示,如图 3-33 和图 3-34 所示。例如,在销售地区维上就包括了全国与各省两个的简单层次关系,也可以包括全国、各省、市、县较为复杂的层次关系。

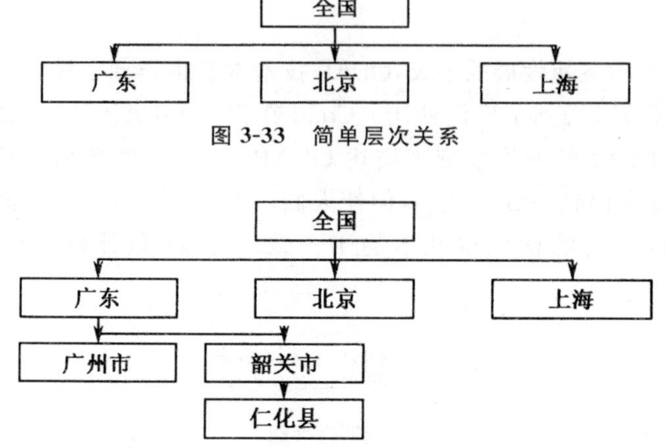

图 3-33　简单层次关系

图 3-34　较为复杂的层次关系

在维的层次描述中,维的层次越高,所对应的综合层次也越高,粒度也就越粗。维的层次越多,粒度的层次也就越丰富。

维的类关系只能依据同一层次的维成员集合来划分类,如图 3-35 所示。

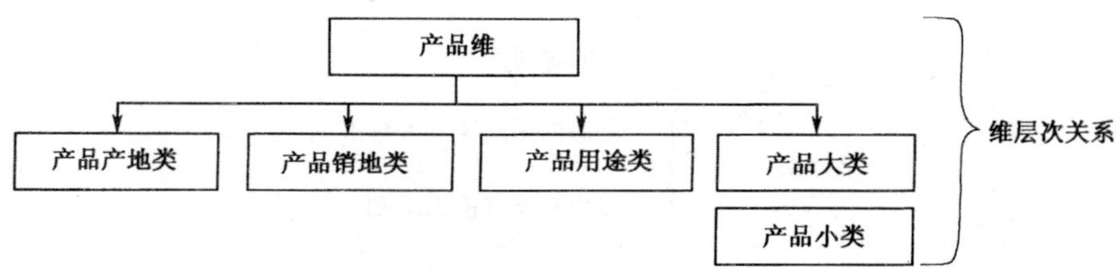

图 3-35　维的层次与类组合图

3.6.2　OLAP 的多维数据分析

1. 多维分析的基本分析动作

(1)钻取

钻取是改变维的层次,变换分析的粒度。主要分为向下钻取(drill-down,也称为下钻)和向上钻取(drill-up,也称为上卷)。例如,图 3-36 所示的数据立方体经过沿着银行分行维的概念层次向上钻取,得到图 3-37 所示的立方体;图 3-36 所示的数据立方体经过沿时间维向下钻取,得到图 3-38 所示的数据立方体。

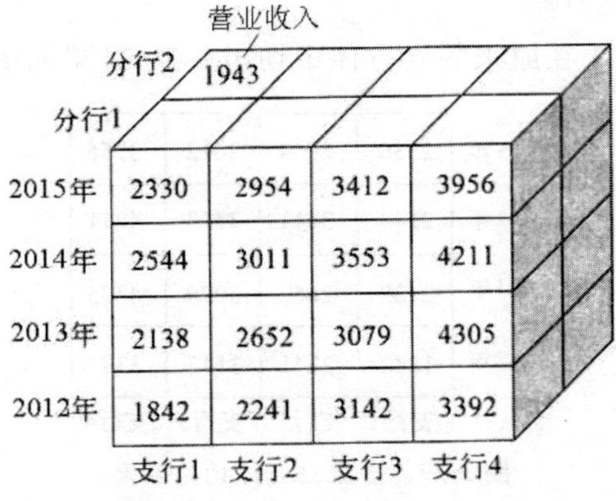

图 3-36 多维数据立方体图

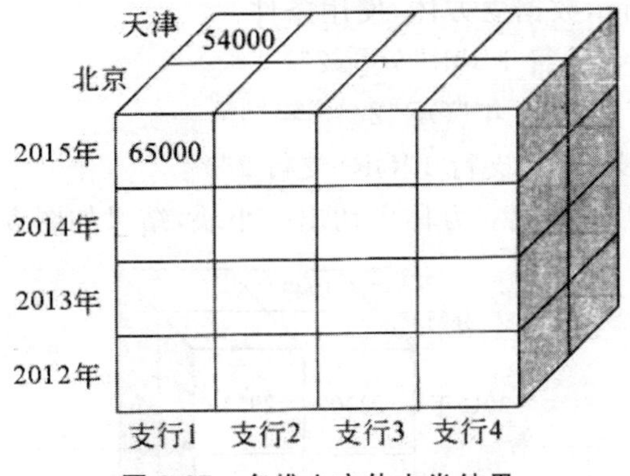

图 3-37 多维立方体上卷结果

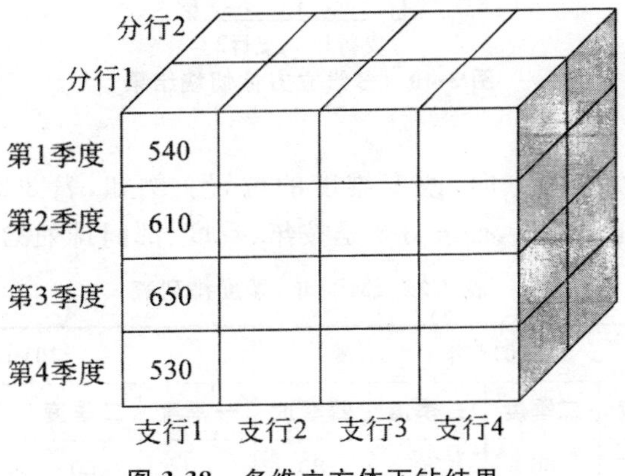

图 3-38 多维立方体下钻结果

(2)切片和切块

1)切片

对图 3-36 所示数据立方体,使用条件:

银行分行="分行 1"

进行选择,就相当于在原来的立方体中切出一片,结果如图 3-39 所示。

	支行1	支行2	支行3	支行4
2015年	2330	2954	3412	3956
2014年	2544	3011	3553	4211
2013年	2138	2652	3079	4305
2012年	1842	2241	3142	3392

图 3-39　多维立方体切片结果

2)切块

对图 3-36 所示数据立方体,使用条件:

(银行分行="分行 1"OR"分行 2")

AND(时间="2014 年"OR"2015 年")

AND(银行支行="支行 1"OR"支行 2")

进行选择,就相当于在原立方体中切出一小块,结果如图 3-40 所示。

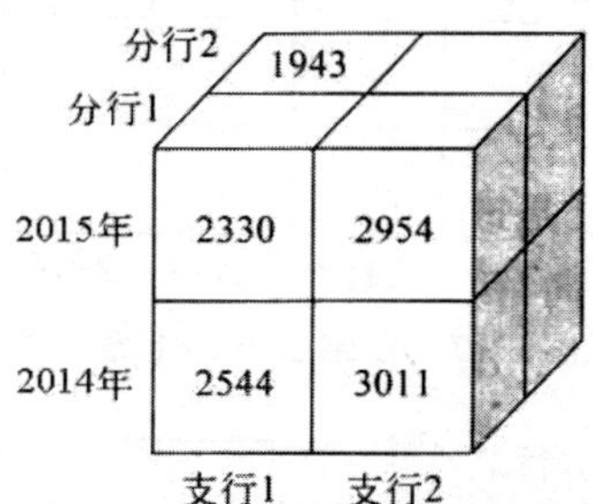

图 3-40　多维立方体切块结果

(3)旋转

旋转是变换维的方向,改变维度的位置。例如,表 3-2 给出的是按部门、年、季度排列的结果,而表 3-3 是按年、季度、部门排列的结果。

表 3-2　部门、年、季度排列表

	2015 年				2016 年			
	一季度	二季度	三季度	四季度	一季度	二季度	三季度	四季度
部门一	50	60	70	80	40	50	60	70
部门二	60	65	75	85	45	55	65	75
部门三	90	100	105	120	80	75	55	60

表 3-3　部门、季度、年排列表

		部门一	部门二	部门三
2015 年	一季度	50	60	90
	二季度	60	65	100
	三季度	70	75	105
	四季度	80	75	120
2016 年	一季度	40	45	80
	二季度	50	55	75
	三季度	60	65	55
	四季度	70	75	60

图 3-41 是图 3-36 所示立方体通过旋转横纵坐标得到的立方体。

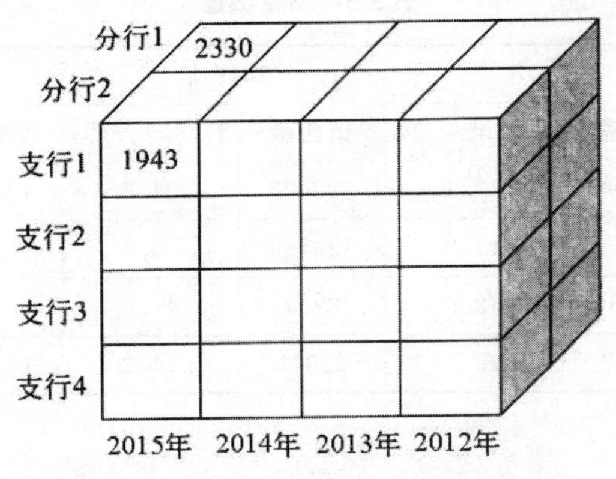

图 3-41　多维立方体横纵坐标转轴结果

2. 多维数据分析实例

假设有一个五维数据模型，5 个维分别为：商店，方案，部门，时间，销售。下面进行实例分析。

(1)多维数据存储

指定"商店＝ALL(广州所有商店)，方案＝现有"情况的三维表(行为部门，列为时间和销售量)，如表 3-4 所示。

表 3-4 中无括号数为增长率，有括号表示下降率，下同。

对于汽车部门出现的奇怪现象，销售下降了 13.2％，而利润却增加了 21.4％，此时进行向下钻取。

表 3-4　指定商店、方案后的三维表

商店＝ALL 方案＝现有

项目	2014 年		2015 年		增长率/%	
	销售量	利润增长/%	销售量	利润增长/%	销售量	利润增长
服装	234670	27.2	381102	21.5	62.4	(20.0)
家具	62548	33.8	66005	31.1	5.6	(8.0)
汽车	375098	22.4	325402	27.2	(13.2)	21.4
所有其他	202388	21.3	306677	21.7	50.7	1.9

(2)向下钻取

对汽车部门向下钻取出具体项目(维修、附件、音乐)的销售情况和利润增长情况,见表 3-5 所示。

表 3-5　下钻数据

项目	2014 年		2015 年		增长率/%	
	销售量	利润增长/%	销售量	利润增长/%	销售	利润增长
汽车	375098	22.4	325402	27.2	(13.2)	21.4
维修	195051	14.2	180786	15.0	(7.3)	5.6
附件	116280	43.9	122545	47.5	5.3	8.2
音乐	63767	8.2	22071	14.2	(63.4)	7.3

(3)切片表

切片(Slice)操作是除去一些列或行不显示,如对表 3-4 的切片为表 3-6 所示。

表 3-6　切片表

商店＝ALL 方案＝现有

项目	2015 年
	销售量
服装	381102
家具	66005
汽车	325402
所有其他	306677

(4)旋转表

将方案维加入到销售维中。方案维有 3 种情况：现有、计划、最新预测，这次旋转操作得到 2015 年的表 3-4 中方案维的成员有：现有、计划、差量、差量(%)，得到旋转表如表 3-7 所示。

表 3-7　旋转表

商店＝ALL 方案＝现有

项目	2015 年			
	销售量			
	现有	计划	差量	差量/%
服装	381102	350000	31.1	8.9
家具	66005	69000	(2995)	(4.3)
汽车	325402	300000	25402	8.5
所有其他	306677	350000	(43323)	12.7

3.6.3 OLAP 的功能及体系结构

OLAP 支持最终用户进行动态多维分析，其具体功能如图 3-42 所示。

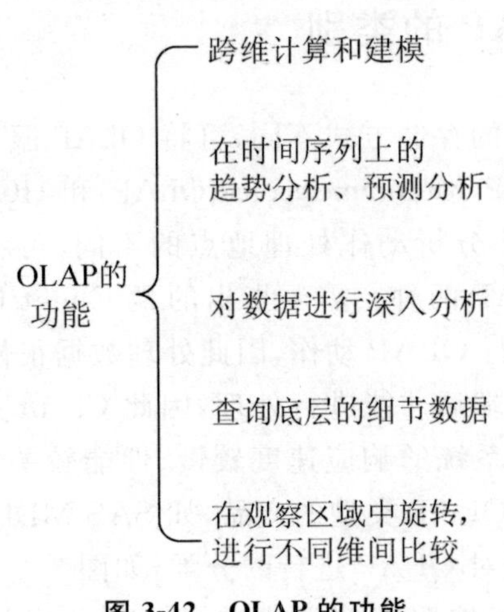

图 3-42　OLAP 的功能

OLAP 的体系结构如图 3-43 所示。

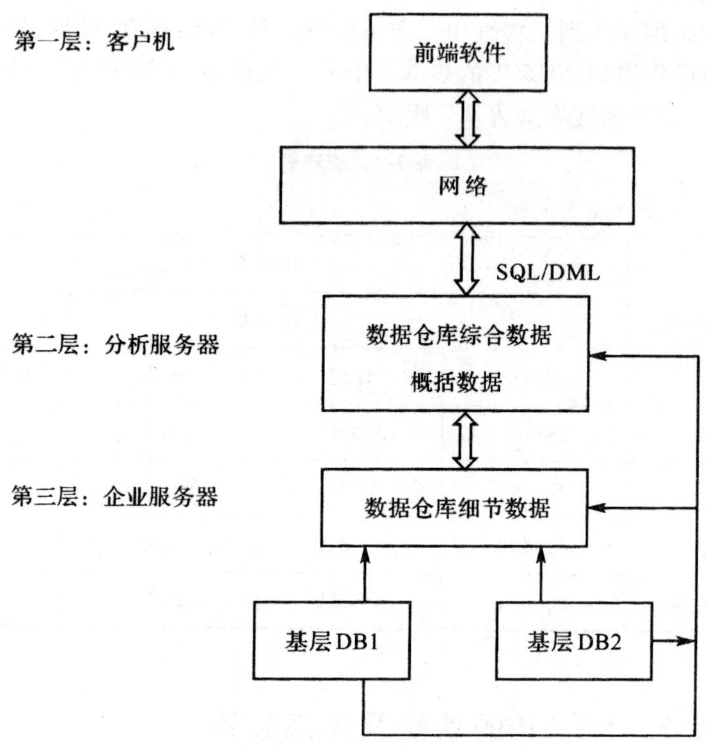

图 3-43 OLAP 系统的体系结构

3.6.4 OLAP 的类别

通常按照 OLAP 的存储方式不同，可将 OLAP 服务分成 ROLAP(Relational OLAP)、MOLAP(Multidimensional OLAP)和 HOLAP。

根据进行 OLAP 分析动作处理地点的不同，可将 OLAP 分成 Server OLAP 和 Client OLAP 两种。需要指出的是 Client OLAP 是在计算能力较差的客户 PC 上执行 OLAP 动作，因此处理数据很慢，并且需要将数据从服务器端传输到客户端后才能进行处理，因此 Client OLAP 类型的产品通常 OLAP 功能很弱、系统的响应速度较慢、性能较差。对于大数据量的系统，应当采用 Server OLAP 类型的产品，如 SAS MDDB、IBM OLAP Server 等。按照不同方式对 OLAP 进行的分类，如图 3-44 所示。

下面，将着重讲述按照存储方式进行分类分成的 ROLAP、MOLAP、HOLAP 等的具体知识，以及它们之间相互的区别与联系。

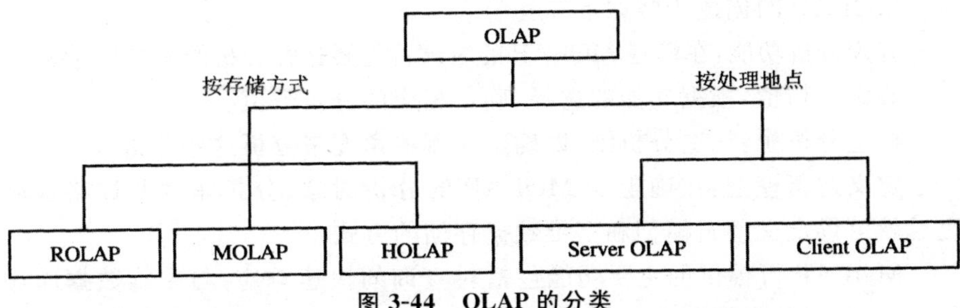

图 3-44　OLAP 的分类

1. 多维联机分析处理(Multi-dimensional OLAP,MOLAP)

多维联机分析处理要求建立专门的多维数据库系统,因为这种 OLAP 是以多维数据库技术为核心的,如图 3-45。

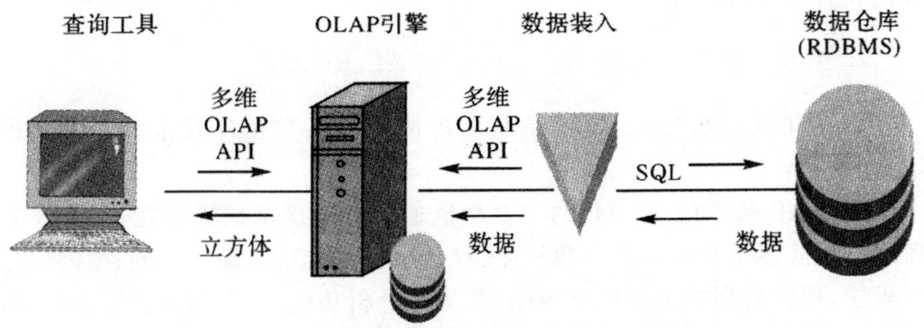

图 3-45　MOLAP 系统

在该系统中,将存在于 OLTP 中的各种数据,经一系列处理后存储于多维数据库中。此类分属于不同维的数据会得到一定的预处理,所得到的结果会按照不同层次存储在多维数据库中,形成很多真实的视图,它不同于一般的数据库视图,其中含有大量数据,并真实储存在数据仓库中。

MOLAP 服务的主要功能如图 3-46 所示。

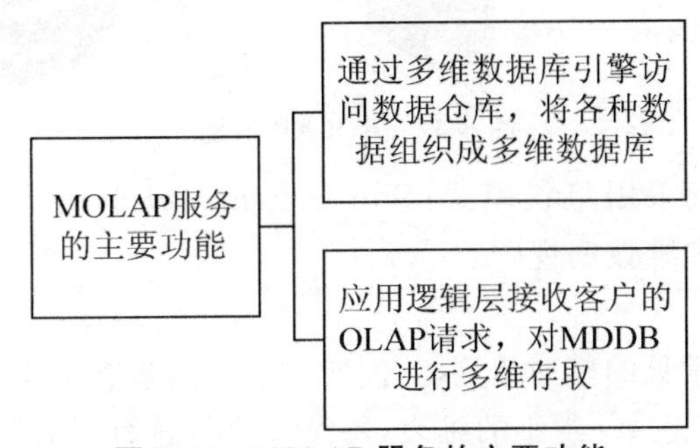

图 3-46　MOLAP 服务的主要功能

MOLAP 的创建步骤如下。

确定分析功能：在筹建 MOLAP 的时候首先要选择分析的功能是什么。

确定分析值：根据功能的选择，确定相应的分析数值。

构造分析维：构造分析维，即确定从哪些角度来分析这些分析数值。

定义逻辑模型：在确定了 MOLAP 的分析对象、分析角度及详略程度之后就可以定义逻辑模型和多维数据存储的方式。

MOLAP 可提供的主要功能包括对查询的快速响应；与多维数据库进行交互，可以与数据库中的信息进行交互，从而在分析决策中完成预测、预算、计划；发现各维元素或数据之间丰富的联系，MOLAP 利用强大的计算引擎和比较分析，分析数据库中各种信息之间的微妙关系；强大的计算引擎和比较分析；快速反应的功能，MOLAP 的快速反应功能可以为用户提供良好的联机分析环境等。

2. 关系联机分析处理(Relational-OLAP，ROLAP)

关系联机分析处理，也就是利用现成的关系数据库技术来模拟多维数据。

ROLAP 系统把 OLAP 的主要功能通过三个逻辑层来实现，如图 3-47 所示。最底层是大规模并行数据库，存储数据并能进行高速访问；中间层是分析层，提供数据的多维概念视图，并具有分析功能；最上面一层是表现层，显示用户所需的结果。

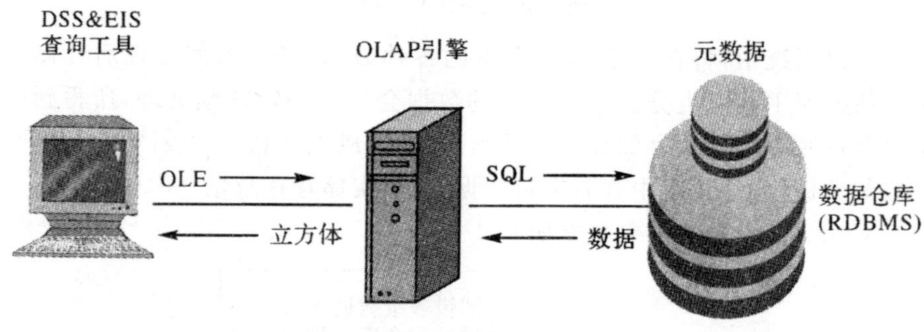

图 3-47 ROLAP 系统

ROLAP 一般采用星状模式（Star Schema）或雪花状模式（Snowflake Schema）来表达多维数据视图。

（1）星状模式

这是一种最常见的模型范例，其包括一个大的包含大批数据并且不含冗余的中心表（事实表）；一组小的维表，每维一个。这种模式图很像星光四射，维表围绕中心事实表显示在射线上。例如，图 3-48 表示的是一个星型模式。

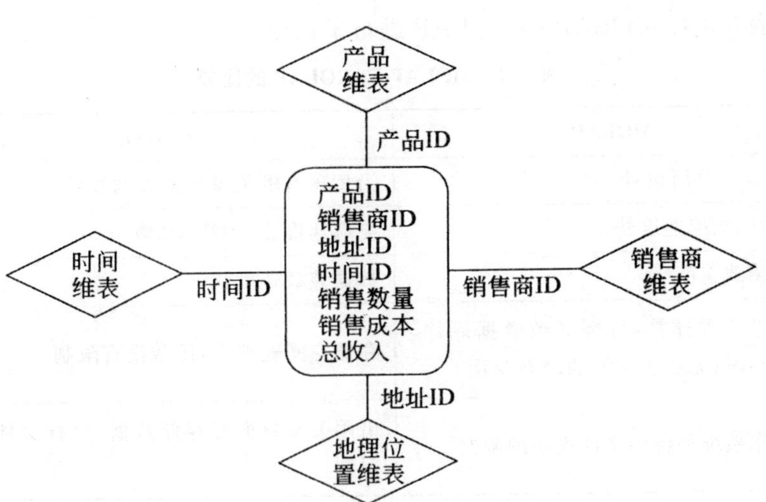

图 3-48　星状模式的关系数据库表示

(2)雪花状模式

雪花状模式是星状模式的变种,其中某些维是规范化的,因而把数据进一步分解到附加表中,结果模式图就会形成类似于雪花的形状。例如,图 3-49 表示的是一个雪花模式。

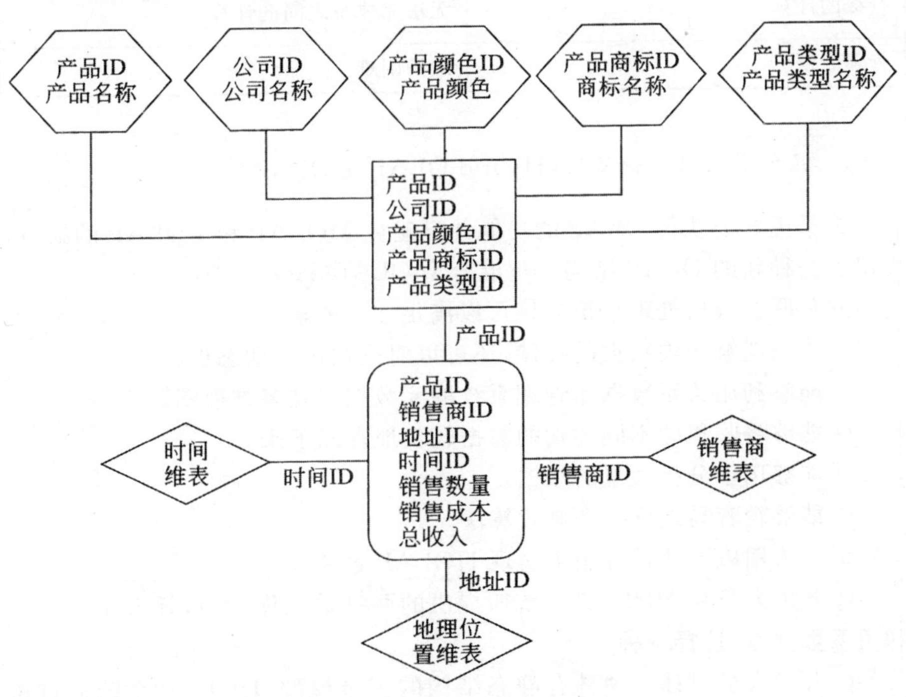

图 3-49　雪花状模式的关系数据库表示

表 3-8 对 MOLAP 和 ROLAP 进行了比较。

表 3-8 MOLAP 和 ROLAP 的比较

MOLAP	ROLAP
专为 OLAP 所设计	沿用现有的关系数据库的技术
性能好、响应速度快	响应速度比 MOLAP 慢
数据装载速度慢	数据装载速度快
需要进行预计算，可能导致数据爆炸，维数有限；无法支持维的动态变化	存储空间耗费小，维数没有限制
受操作系统平台中文件大小的限制	借用关系数据库存储数据，没有文件大小限制
缺乏数据模型和数据访问的标准	可以通过 SQL 实现详细数据与概要数据的存储
支持高性能的决策支持计算 复杂的跨维计算 多用户的读写操作 行级的计算	不支持有关预计算的读写操作 SQL 无法完成部分计算 无法完成多行的计算 无法完成维之间的计算
管理简便	维护困难

3. 混合型联机分析处理(Hybrid-OLAP，HOLAP)

为了更好地获得 OLAP 的功能并且避免 MOLAP 和 ROLAP 的缺点，提出了一种新的 OLAP 结构——混合型 OLAP(HOLAP)。

此种联机分析处理系统应该可以满足如下要求。

①不仅能够实现数据的存储，还可以对维数进行动态更新。

②能够利用关系数据库管理系统的元数据得到多维视图。

③能够将收集的不同类别的数据较快地存储下来。

④能够用于分析大量的数据。

⑤能够较容易地维护和修改算法。

通常采用以下几种方法来实现 HOLAP 系统。

①开发人员在 HOLAP 系统所提供的两种数据库中(包括多维数据库和关系数据库)选择一种。

②开发人员设计一种具有静态结构的多维模型，HOLAP 系统通过该模型对运行过程中检索得到的数据进行暂时性的存储。

③HOLAP 系统将级别比较高的综合数据存储在一个多维数据库里，同时将细节数据存储在一个关系数据库里。该方法兼具 MOLAP 和 ROLAP 二者的优点，如今被认为是实现 HOLAP 系统比较理想的方法。

3.6.5　OLAP 结构

OLAP 的实现是基于客户/服务器(C/S)模式的。

1. OLAP 逻辑结构

OLAP 逻辑结构由 OLAP 视图和数据存储两部分构成，如图 3-50 所示。

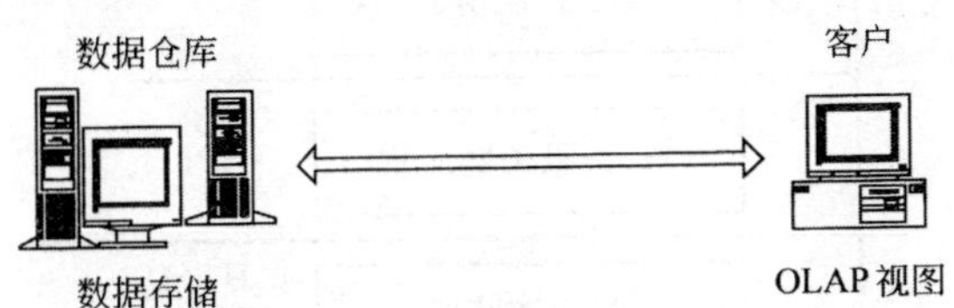

图 3-50　OLAP 逻辑结构

(1)OLAP 视图

不论采用何种存储方法及存储位置，从用户的角度来看，OLAP 视图为数据仓库或数据集市中数据的多维逻辑表示。

(2)数据存储

需要明确存储数据的方法及位置，通常在多维数据存储和关系数据存储中选择。

2. OLAP 物理结构

物理结构包括基于数据存储的两种方式：多维数据存储和关系数据存储。

多维数据存储主要有两种选择：多维数据存储于客户端或 OLAP 服务器。在第一种情况，多维数据存储于客户端，数据分析也在客户端，这样形成了"胖"客户端。这种两层客户/服务器(C/S)的物理结构，如图 3-51 所示。

图 3-51　OLAP 的两层 C/S 物理结构

在第二种情况，多维数据存储放在 OLAP 服务器中，抽取数据仓库中的数据，然后将其转换成多维数据结构，并把 OLAP 服务传给客户端，这时客户端就变成"瘦"客户端，这是一种经典的三层客户/服务器物理结构，如图 3-52 所示。

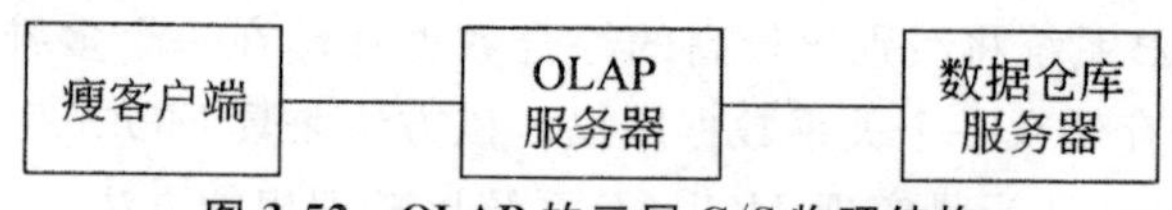

图 3-52 OLAP 的三层 C/S 物理结构

3. OLAP 的 Web 结构

目前 OLAP 正趋向三层 C/S 结构体系，三层结构在客户端和数据仓库间增加了应用服务器。其组织结构如图 3-53 所示。

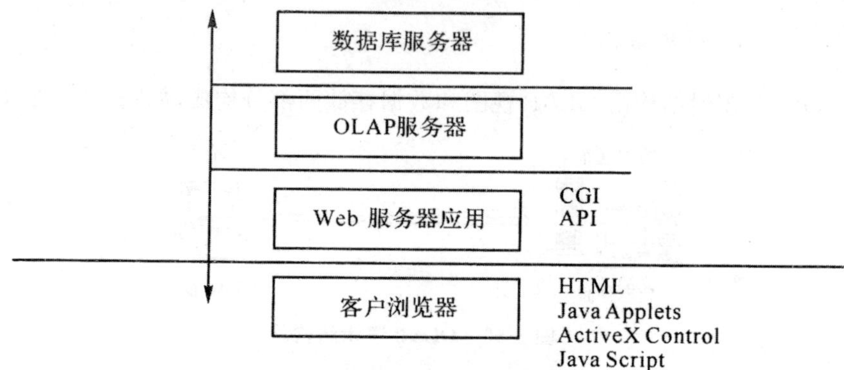

图 3-53 基于 Web 的 OLAP 结构

3.6.6 OLAP 数据查询机制

决策分析过程中最常见的就是数据查询，如表 3-9 所示。

表 3-9 决策过程的数据查询

决策者	决策点	查询类型
高层管理者	战略性	敏感性数据查询
中层管理者	战略性/事务性	敏感/选择性数据查询
基层管理者	事务性	选择性数据查询

决策支持查询分为两大类：①敏感性查询(Data Intensive)访问的数据量大；②选择性查询(Data Selective)访问的数据量小，但包含一定的复杂性和不同的选择标准。两者对反馈时间要求较高。

OLAP 查询机制可以满足决策支持查询的如下要求：

①用用户术语描述问题，包括从业务模型的角度看待数据(如概念和规则)。

②为具体的关键业务分析提供支持。

③用与业务问题相适应的形式表达问题解决方案。

第 4 章　关联规则挖掘算法

数据挖掘是指以某种方式分析数据源，从中发现一些潜在的有用的信息，所以数据挖掘又称作知识发现。对关联规则的应用进行推广。关联规则挖掘在数据挖掘中是一个重要的课题，最近几年已被业界所广泛研究。

4.1　关联规则算法概述

定义 4.1　关联规则挖掘的数据集记为 D，$D=\{t_1,t_2,\cdots,t_k,\cdots,t_n\}$，$t_k=\{i_1,i_2,\cdots,i_m,\cdots,i_p\}$，$t_k(k=1,2,\cdots,n)$称为事务（transactions），$i_m(m=1,2,\cdots,p)$称为项（item）。每一个事务都有一个唯一的标识符，称为 TID。

定义 4.2　设 $I=\{i_1,i_2,\cdots,i_p\}$是 D 中全体数据项组成的集合，若设 X 是 I 的任何子集，则称 X 为 D 的项集（itemset）。若 $|X|=k$，称集合 X 为 k-项集（k-*itemset*）。若用 t_k 表示 D 的事务，其中 $X\subseteq t_k$，则称事务 t_k 包含项集 X。

定义 4.3　项集 X 在数据集 D 中存在事务数据支持数，记为 σ_x。项集 X 的支持度记为 support(X)。

$$\text{support}(X)=\frac{\sigma_x}{|D|}\times 100\%\left(\text{或 support}(X)=\frac{\sigma_x}{|D|}\right) \tag{4-1}$$

式中，$|D|$是数据集 D 中的事务数，若 support(X)大于用户指定的最小支持度阈值 minsup，X 可称为频繁项集，反之 X 为非频繁项集。

定义 4.4　若项集 X、Y 满足 $X\cap Y=\phi$，则蕴涵式 $X\Rightarrow Y$ 称为关联规则。其中，X 称为关联规则的 $X\Rightarrow Y$ 的前提，Y 称为关联规则 $X\Rightarrow Y$ 的结论。项集 $X\cup Y$ 的支持度称为关联规则 $X\Rightarrow Y$ 的支持度，记作 support($X\Rightarrow Y$)。

$$\text{support}(X\Rightarrow Y)=\text{support}(X\cup Y) \tag{4-3}$$

关联规则 $X\Rightarrow Y$ 的置信度记作 confidence($X\Rightarrow Y$)。

$$\text{confidence}(X\Rightarrow Y)=\frac{\text{support}(X\cup Y)}{\text{support}(X)}\times 100\% \tag{4-4}$$

通常用户根据挖掘需要指定的最小置信度阈值记为 minconf。

定义 4.5　若关联规则 $X\Rightarrow Y$ 满足 support($X\Rightarrow Y$)$\geqslant$minconf 和

confidence($X \Rightarrow Y$)≥minconf 的条件,则该关联规则可称为强关联规则(Strong Association Rule),反之称为弱关联规则(Weak Association Rule)。

关联规则挖掘的任务就是要挖掘出 D 中所有的强关联规则。为此,关联规则挖掘算法通常针对第一个子问题而提出,图 4-1 是关联规则挖掘的基本模型。

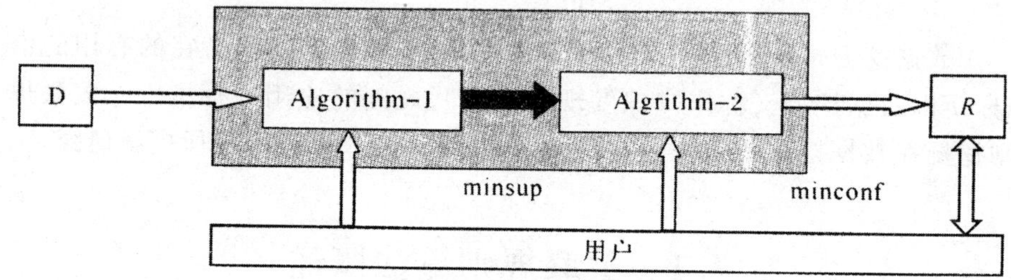

图 4-1 关联规则挖掘的基本模型

4.2 关联规则的基本算法

4.2.1 Apriori 算法

Apriori 算法分两步进行,首先是生成所有频繁项目集①,然后从频繁项目集中生成所有可信关联规则②。

称一个项集中项目的个数为该项集的基数,称一个基数为 k 的项集为 k-项集,相应地,称一个基数为 k 的频繁项目集为 k-频繁项目集。

例 4-1 图 4-2 是一个包含 7 个事务的事务集合。每个事务 t_i 表示一位客户在商店一次购买的商品集合。集合 I 是商店中出售的所有商品的集合。

其中,{鸡肉,衣服,牛奶}是一个 3-频繁项目集,因为它的支持度是 3/7(minsup=30%)。更进一步,我们可以从这个项集中生成下述三个关联规则(minconf=80%):

规则 1:鸡肉,衣服→牛奶 [sup=3/7,conf=3/3]

规则 2:衣服,牛奶→鸡肉 [sup=3/7,conf=3/3]

---

① 一个频繁项目集(Frequent Itemset)是一个支持度高于 minsup 的项集。

② 一个可信关联规则(Confident Association Rule)是置信度大于 minconf 的规则。

规则 3:衣服→牛奶,鸡肉　[sup=3/7,conf=3/3]

t_1：牛肉、鸡肉、牛奶

t_2：牛肉、奶酪

t_3：奶酪、靴子

t_4：牛肉、鸡肉、奶酪

t_5：牛肉、鸡肉、衣服、奶酪、牛奶

t_6：鸡肉、衣服、牛奶

t_7：鸡肉、牛奶、衣服

图 4-2　一个事务集合的例子

Apriori 算法基于向下封闭属性[①]来高效地产生所有频繁项目集。这个属性是显而易见的,根据这个属性和最小支持度阈值就可以将大量的不可能是频繁项目集的项集丢弃。

为了确保高效性,Apriori 算法中的项目都采用字典序(Lexicographic Order)排列。采用符号$\{w[1],w[2],\cdots,w[k]\}$来表示一个包含$w[1]$,$w[2]$,…,$w[k]$这 k 个项目的 k-项集 w,并且满足 $w[1]<w[2]<\cdots<w[k]$。

图 4-3 给出了 Apriori 算法中用于频繁项目集生成部分的算法,这个算法基于逐级搜索(Level-wise Search)思想。它采用多轮搜索的方法,每一轮搜索扫描一遍整个数据集,并最终生成所有的频繁项目集。

```
Algorithm Apriori(T)
C1←init-pass(T);                                  //对事务集 T 进行第一轮搜索
F1←{f | f∈C1, f.count/n≥minsup};                   //n 是 T 中事务的数目
for(k=2; F(k-1)≠∅; k++)do                          //随后的各轮搜索
   Ck←candidate-gen(F(k-1));
   for each transaction t∈T do                     //对所有事务扫描一遍
      for each candidate c∈Ck do
         if c is contained in t then
            c.count++;
      endfor
   endfor
   Fk←{c∈Ck | c.count/n≥minsup}
endfor
return F←∪k Fk;
```

图 4-3　生成频繁项目集的 Apriori 算法

---

① 向下封闭属性(Downward Closure Property)是指一个项集满足某个最小支持度要求,那么这个项集的任何非空子集必须都满足这个最小支持度。

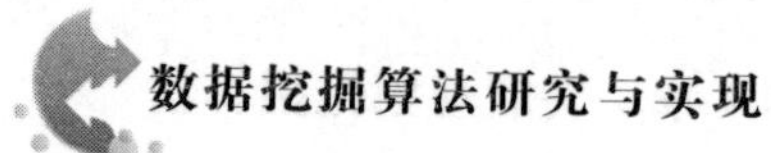

算法的最终输出是所有频繁项目集的集合 F(算法第 13 行)。下面进一步介绍 candidate-gen()函数。

candidate-gen(候选项集集合 C_k 的生成)函数:图 4-4 给出了 C_k 生成函数的伪代码。该函数可以分成两步:合并和剪枝。

合并(图 4-4 中第 2～6 行):这一步将两个$(k-1)$-频繁项目集合并来产生一个可能的 k-候选项集 c(第 6 行)。

剪枝(图 4-4 中第 8～11 行):判断 c 的所有$(k-1)$-子集(总共 k 个)是否都在 F_{k-1} 中,如果其中任何一个子集不在 F_{k-1} 中,则 c 必然不可能是频繁项目集,于是可将 c 从候选集 C_k 中删除。

```
Function candidate-gen(F_{k-1})
1    C_k ← ∅;                                      //初始化候选项集集合 C_k
2    for all f_1, f_2 ∈ F_{k-1}                     //找出所有的"只有最后一项不同"的
3    with f_1 = {i_1, …, i_{k-2}, i_{k-1}}          //频繁项目集对(f_1, f_2)
4    and f_2 = {i_1, …, i_{k-2}, i'_{k-1}}
5    and i_{k-1} < i'_{k-1} do                      //根据字典序将 f_1 和 f_2 合并
6       c ← {i_1, …, i_{k-1}, i'_{k-1}};
7       C_k ← C_k ∪ {c};                            //将新项集 c 加入 C_k 中
8       for each (k-1)-subset s of c do
9         if (s ∉ F_{k-1}) then                     //如果存在 c 的(k-1)-子集不
10          delete c from C_k;                      //是频繁项目集,则将 c 从 C_k 删除
11      endfor
12   endfor
13   return C_k;                                    //返回生成的 C_k
```

图 4-4 candidate-gen()函数

candidate-gen()函数的正确性很容易证明。这里用一个例子来演示这个函数的工作过程。

例 4-2 设第 3 轮搜索后得到一个 3-频繁项目集集合为

$$F_3=\{\{1,2,3\},\{1,2,4\},\{1,3,4\},\{1,3,5\},\{2,3,4\}\}$$

为了简化起见,采用数字来代表项目。F_3 经过第 1 步合并之后(这一步为第 4 轮搜索产生所有的 4-候选项集)可以产生两个候选项集$\{1,2,3,4\}$和$\{1,3,4,5\}$。$\{1,2,3,4\}$是由 F_3 中第 1 和第 2 个频繁项目集合并生成的。$\{1,3,4,5\}$是$\{1,3,4\}$和$\{1,3,5\}$合并生成。

接下来经过剪枝之后,我们只得到:

$$C_4=\{1,2,3,4\}$$

由于$\{1,4,5\}$不在 F_3 中,所以$\{1,3,4,5\}$不可能是频繁项目集。

例 4-3 设事务数据库 D 如图 4-5 中第一个表所示,利用 Apriori 算法

计算最小支持度为 2 的频繁项集。算法过程如下。

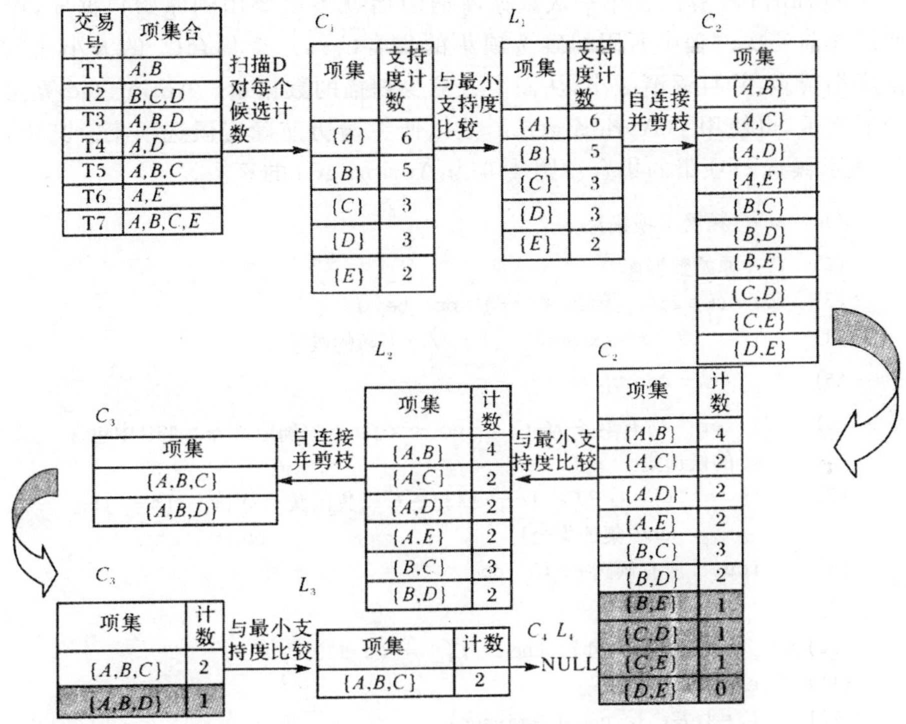

图 4-5　例 4-3 示意图

①首先,所有的项构成了候选 1-项集:$C_1=\{\{A\},\{B\},\{C\},\{D\},\{E\}\}$,第一次扫描数据库,计算项集的支持数,得到频繁 1-项集 $L_1=\{\{A\},\{B\},\{C\},\{D\},\{E\}\}$。

②由 Apriori-gen(L_1)函数中的连接和剪枝两步生成候选 2-项集 $C_2=\{\{AB\},\{AC\},\{AD\},\{AE\}\{BC\},\{BD\},\{CD\},\{CE\},\{DE\}\}$。然后开始第二次数据库扫描。计算 C_2 中候选项集的支持数,把不满足最小支持度的 2 项集删除得到 $L_1=\{\{AB\},\{AC\},\{AD\}\{AE\},\{BC\},\{BD\}\}$。

③由 Apriori-gen(L_2)中的连接和剪枝两步生成候选 3-项集:$C_3=\{\{ABC\},\{ABD\}\}$。然后开始第三次数据库扫描。计算 C_3 中候选项集的支持数,把不满足最小支持度的 3 阶项集删除得到 $L_3=\{\{ABC\}\}$。

④由 L_3 生成候选 4-项集为空算法停止。

4.2.2　AprioriTid 算法

Apriori 算法每次循环都要扫描一遍数据库,用来计算候选项集的支持

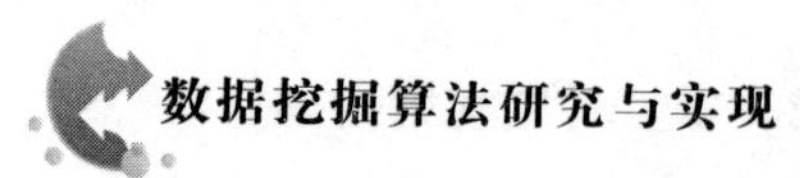

度。为了提高效率，AprioriTid 随着阶数的增加逐渐减少扫描的事务数量。

AprioriTid 算法在第一次数据库遍历后就不需要用到原始数据库，而使用在前一次过程中所用的候选项的集合$\overline{C}_k$。这个集合$\overline{C}_k$ 的大小比数据库小得多，并且逐渐减小，从而大大减少扫描的数据量。AprioriTid 算法如下所示，也使用了 Apriori-gen 函数以便在遍历前确定候选项集。其中，C_k 表示候选 k-项集的集合。图 4-6 为 Apriori-gen 的算法。

L_1 = {频繁 1-项集};
$\overline{C}_1$ = 原始数据库 D;
for $(k=2; L_{k-1} \neq \Phi; k++)$ do begin
    C_k = apriori-gen(L_{k-1}) ; //产生新的候选集
    $\overline{C}_k = \Phi$;
    for 所有事务 $t \in \overline{C}_{k-1}$ do begin //确定事务 t.TID 中包含的候选集
        $C_t = \{c \in C_k \mid (c - c[k]) \in t.$项集的集合$\wedge (c - c[k-1]) \in t.$项集的集合$\}$;
    for 所有候选 $c \in C_t$ do
        c.count++;
        if $(C_t \neq \Phi)$ then $\overline{C}_k += \langle t.\text{TID}, C_t \rangle$;
    end
    $L_k = \{c \in C_k \mid$ c.count $\geqslant$ minsup$\}$
end
结果 = $\bigcup_k L_k$;

图 4-6 Apriori-gen 的算法

例 4-4 假设最小支持度是 2。采用 AprioriTid 算法计算频繁项集，算法执行过程如图 4-7 所示。

①首先，由原始数据库 D 直接构造$\overline{C}_1$，每项 i 由项集{i}代替（每个事务所包含的潜在频繁 1-项集），然后计数得到频繁 1-项集 L_1。

②由 Apriori-gen(L_1)生成候选 2-项集 C_2。

③接下来就是由$\overline{C}_1$ 对 2 阶候选项集 C_2 中的项计数并生成$\overline{C}_2$ 的过程。首先，对 C_2 中第一个 2 阶候选项集{A,B}计数，可以看到 T1、T3、T5 和 T7 四条事务中包含{A,B}的两个 1 阶子集{A}，{B}（表中阴影部分），所以把{A,B}写入$\overline{C}_2$ 的 T1、T3、T5、T7 对应的项集合，{A,B}的计数是 4。分别对 C_2 中各 2 阶候选项集计数，并构造$\overline{C}_2$。

④若 Apriori-gen(L_k)的返回值为空，算法停止，否则，重复步骤 2、3 直到满足终止条件为止。

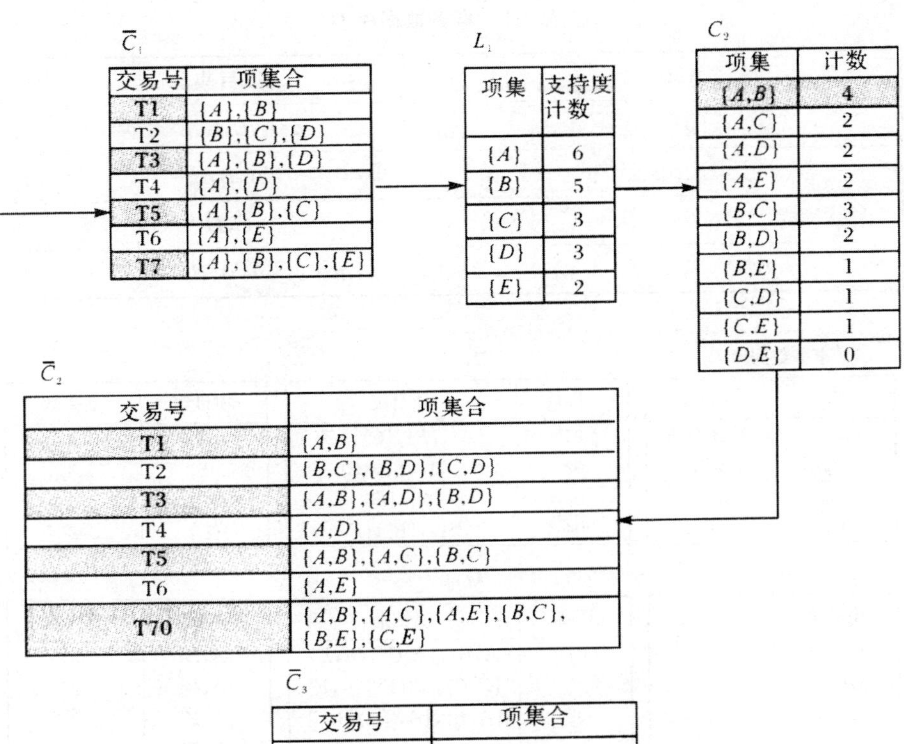

图 4-7　例 4-4 的图

图中还给出了第二次循环中生成的$\overline{C}_3$，可以看到随着阶数增加，$\overline{C}_k$ 中包含的事务数逐渐减少，这就达到了减少扫描数据量的目的。

例 4-5　考虑如表 4-1 所示的事务数据库 D，minsup＝50%。下面以频繁 2-项目集为例，说明 AprioriTid 算法中支持数的计算。首先调用 Apriori-Gen(L_1)生成候选频繁 2-项目集 C_2；其次根据 T1($T1=D$)和 C_2 生成 T2，即对于 T1 中事务的 01，它包含 C_2 中的$\{A,B\}$，$\{A,C\}$，$\{A,E\}$，$\{B,C\}$，$\{B,E\}$，$\{C,E\}$；对于 T1 中事务的 02，它包含 C_2 中$\{A,B\}$，$\{A,C\}$，$\{B,C\}$；对于 T1 中事务的 03，它不包含 C_2 中的项目，为空；对于 T1 中事务的 04，它包含 C_2 中$\{A,B\}$，$\{A,E\}$，$\{B,E\}$。根据 T2 计算 C_2 中各项目集的支持数，具体过程见图 4-8。

表 4-1 事务数据库 *D*

Tid	项目集
01	*A*,*B*,*C*,*E*
02	*A*,*B*,*C*
03	*C*,*D*
04	*A*,*B*,*E*

事务数据库 *D*

Tid	项目集
01	*A*,*B*,*C*,*E*
02	*A*,*B*,*C*
03	*C*,*D*
04	*A*,*B*,*E*

T_1

Tid	项目集
01	{*A*},{*B*},{*C*},{*E*}
02	{*A*},{*B*},{*C*}
03	{*C*},{*D*}
04	{*A*},{*B*},{*E*}

L_1

项目集	支持数
{*A*}	3
{*B*}	3
{*C*}	3
{*E*}	2

C_2

项目集	支持数
{*A*,*B*}	3
{*A*,*C*}	2
{*A*,*E*}	2
{*B*,*C*}	2
{*B*,*E*}	2
{*C*,*E*}	1

T_2

Tid	项目集
01	{*A*,*B*},{*A*,*C*},{*A*,*E*},{*B*,*C*},{*B*,*E*},{*C*,*E*}
02	{*A*,*B*},{*A*,*C*},{*B*,*C*}
03	
04	{*A*,*B*},{*A*,*E*},{*B*,*E*}

L_2

项目集	支持数
{*A*,*B*}	3
{*A*,*C*}	2
{*A*,*E*}	2
{*B*,*C*}	2
{*B*,*E*}	2

C_3

项目集	支持数
{*A*,*B*,*C*}	2
{*A*,*B*,*E*}	2

T_3

Tid	项目集
01	{*A*,*B*,*C*},{*A*,*B*,*E*}
02	{*A*,*B*,*C*}
04	{*A*. *B*. *E*}

L_3

项目集	支持数
{*A*,*B*,*C*}	2
{*A*,*B*,*E*}	2

图 4-8 AprioriTid 算法实例过程

4.2.3 FP-growth 算法

1. 算法描述

FP-growth 算法可为以下两步：第一步，构造频繁模式树 FP-growth。在 FP-growth 树中，每个节点由 4 个域组成：节点名称 node-name①、节点计

① node-name 记录节点所表示的项目名。

数 node-count[①]、节点链指针 node-link[②] 和父节点指针 node-parent；第二步，调用 FP-growth 挖掘所有频繁项目集。基于 FP-tree 的频繁项目集挖掘算法都是通过调用 FP-growth(FP-tree，null)来实现的，该过程的实现如图 4-9 所示。

```
Procedure FP-growth(Tree，α)
if Tree 含单个路径 P then
   for 路径 P 中的每个组合(记为 β) do
      产生项目集 α∪β，其支持数为 β 中节点的最小支持数，即为 node-count 域的
else
   for each Tree 的头部 αi do
      产生一个项目 β＝α∪αi，其支持数为 αi 的支持数；
      构造 β 的条件模式，然后构造 β 的条件频繁模式树 Treeβ；
      if Treeβ 非空 then
         调用 FP-growth(Treeβ，β)；
```

图 4-9　FP-tree 的频繁项目集挖掘算法

2. 示例说明

以表 4-2 所示的事务数据库 D 为例，说明算法 FP-growth 的执行过程。设 minsup＝20％，即最小支持数为 2。

表 4-2　事务数据库 D

Tid	Items	Tid	Items
1	A,B,D	6	B,C
2	B,D	7	A,C
3	B,C	8	A,B,C,E
4	A,B,D	9	A,B,C
5	A,C		

第一步：构造频繁模式树。

①第一次扫描事务数据库 D，将结果存入 F 中，即 $F=\{A:6,B:7,C:6,D:2,E:2\}$，将 F 中的项目按其支持数降序排列得 L_F，$L_F=\{B:7,$

① node-count 记录能到达该节点的交易数。

② node-link 为指向 FP-tree 中具有相同的 node-name 值的下一节点，即通过 node-link 将 FP-tree 中具有相同 node-name 值的节点链接起来。

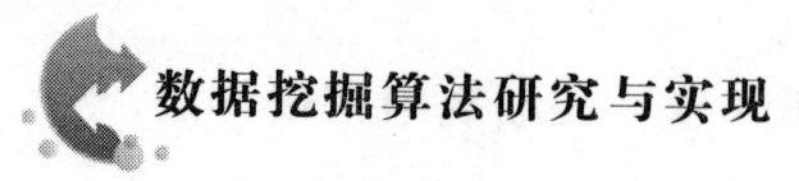

$A:6,C:6,E:2$}。

②创建标记为“null”的根节点和频繁项目头表，如图 4-10 所示，

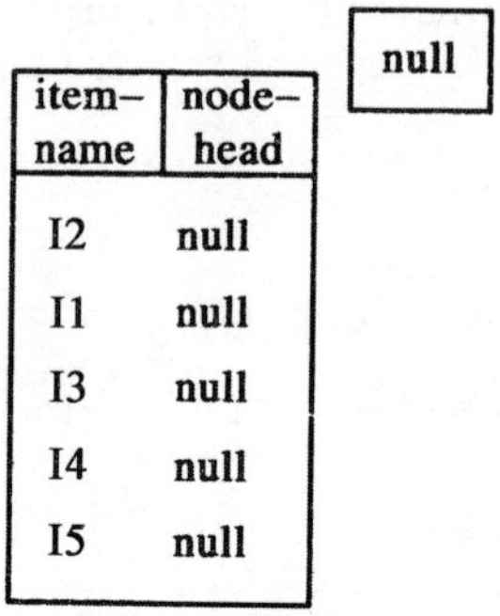

null
item-name
node-head
I2
null
I1
null
I3
null
I4
null
I5
null

图 4-10　创建的结果

③第二次扫描事务数据库 D，每个事务中的项目按 L_F 中的次序处理（即按 B,A,C,D,E 次序排列）并创建一个分枝。

第一条事务：A,B,E，处理后为 B,A,E，导致构造树的第一个分枝〈$(B:1),(A:1),(E:1)$〉。该分枝有三个节点，如图 4-11 所示。为了方便起见，图中节点以 node-name。node-count 的形式表示，图中父节点指针 node-parent 并没有显式地表示出来。

null
item-name
node-head
I2
I1
I3
null
I4
null
I5
I2:1
I1:1
I5:1

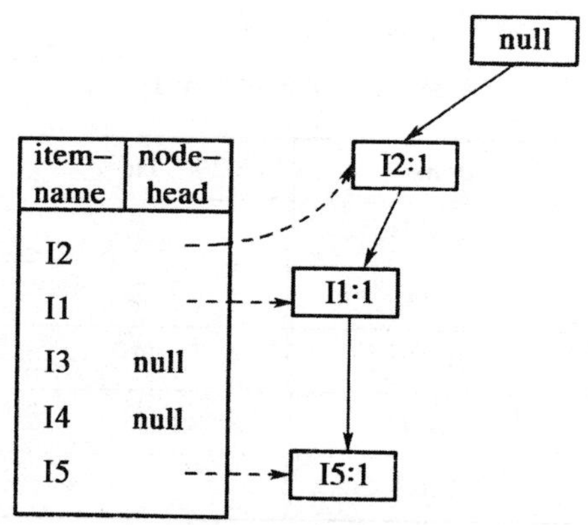

图 4-11　加入第一个事务后的结果

第二条事务：B,D，处理后为 B,D，它产生一个 B 链接到根节点，D 链接到 B 的分枝。在图 4-11 中，B 分枝可以共享前缀〈B〉，D 不是 B 的孩子，为此要创建一个新的节点，用来存放 $D:1$，并修改频繁项目头表(图 4-12)。

第三条事务：B,C，处理后为 B,C。由于在图 6-12 中，B 为根节点的一个孩子节点，故该分枝可以共享前缀〈B〉，C 不是 B 的孩子，创建新的节点，用来存放 $C:1$，并修改频繁项目头表(图 4-13)。

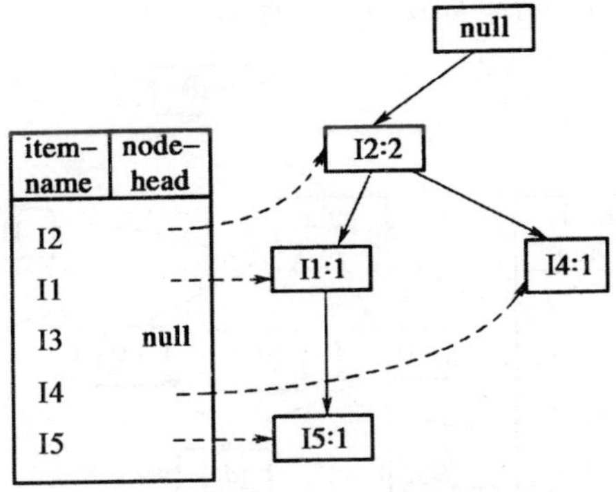

图 4-12　加入第二个事务后的结果

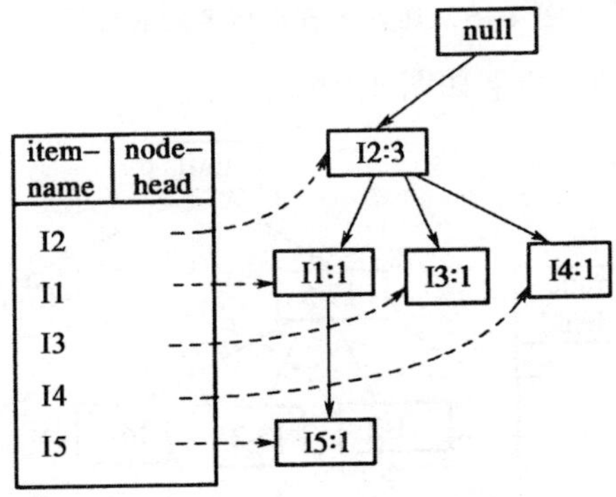

图 4-13　加入第三个事务后的结果

第四条事务：A,B,D，处理后为 B,A,D，它导致一个分枝，B,D 链接到根节点，A 链接到 B,D 链接到 A。这样，图中将有两个节点的 node-name 域值为 D，那么通过 node-link 域将它们链接起来，图中用虚线表示（图 4-14）。

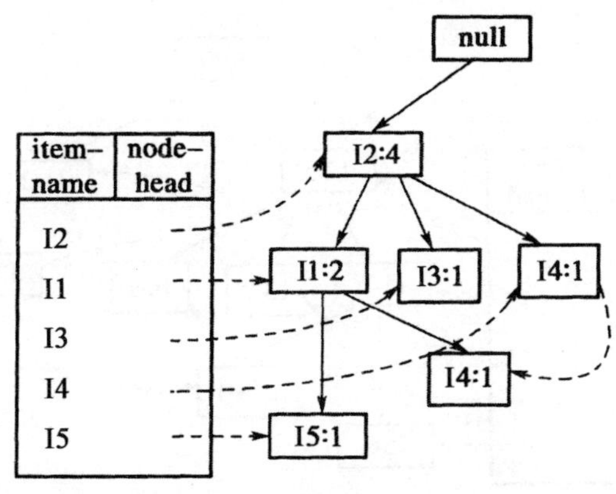

图 4-14　加入第四个事务后的结果

第五条事务：A,C，结果如图 4-15 所示。

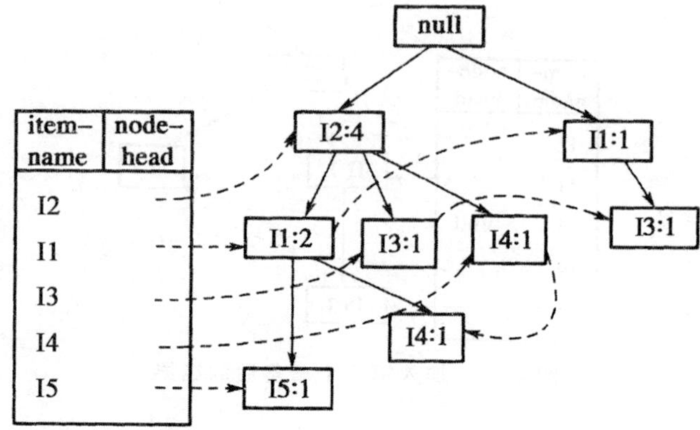

图 4-15 加入第五个事务后的结果

第六条事务：B,C，结果如图 4-16 所示。

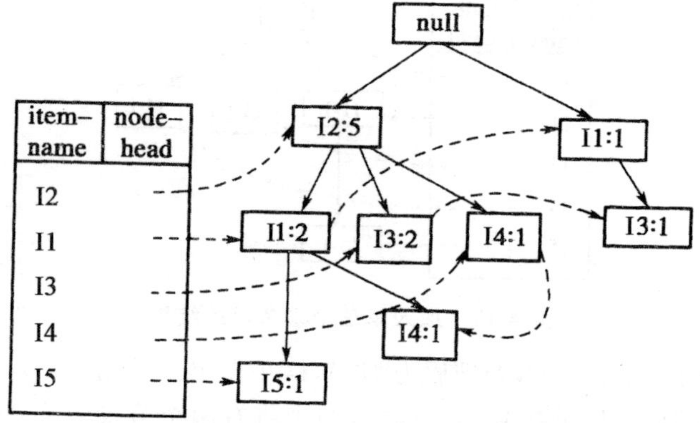

图 4-16 加入第六个事务后的结果

第七条事务：A,C，结果如图 4-17 所示。

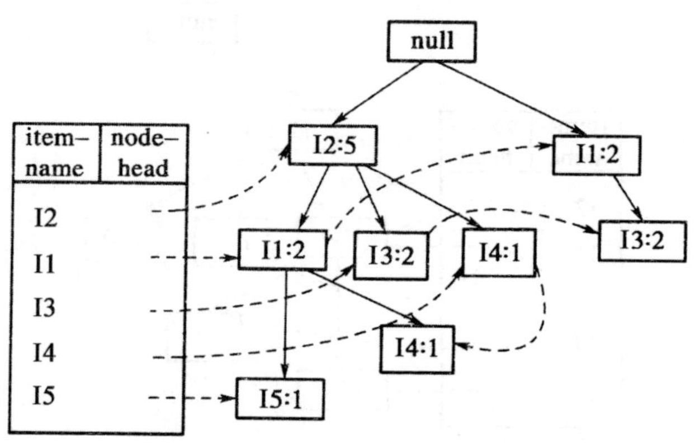

图 4-17 加入第七个事务后的结果

第八条事务：A,B,C,E，结果如图 4-18 所示。

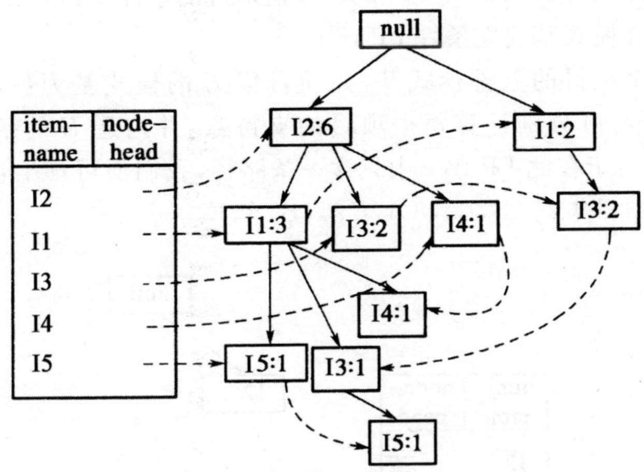

图 4-18　加入第八个事务后的结果

第九条事务：A,B,C。结果如图 4-19 所示，该图即为最终结果图。

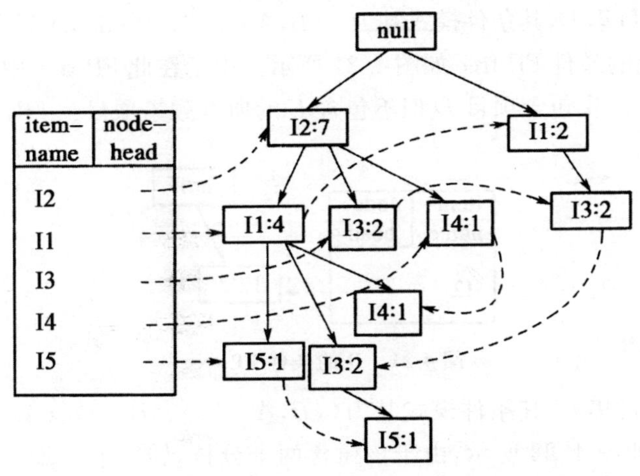

图 4-19　加入第九个事务后的结果（频繁模式树 *FP-tree*）

第二步：使用频繁模式树生成频繁项目集，该步可以归纳为以下三小步。

①从 FP-tree 构造条件模式基。

从 FP-tree 的频繁项目头表开始，考虑 $L_F=\{B:7,A:6,C:6,D:2,E:2\}$ 中的最后一个项目对每个频繁项目中对应于 E 的 node-head 域以及相应节点的 node-parent 域便可得到 E 出现的两条路径，按头表中的 node-head 域遍历 FP-tree，列出能够到达此项目的所有前缀路径，〈($B,A:1$)〉、

⟨B：1⟩，形成了 D 的条件模式基；同样考虑 C,A，得到 C 所对应的条件模式基⟨(B,A：2)⟩、⟨(B：2)⟩、⟨(A：2)⟩，A 所对应的条件模式基⟨(B：4)⟩。

②用条件模式基建立条件 FP-tree。

对于每个项目的条件模式基，如项目集 E 的模式基为⟨(B,A：1)⟩、⟨B,A,C：1⟩，可分别计算每个项目的支持数，并构造 E 的条件 FP-tree（图 4-20）。由于在此 FP-tree 中只含一条路径，我们便可产生包含项目，E 的所有频繁项目集：{{B,E},{A,E},{B,A,E}}。

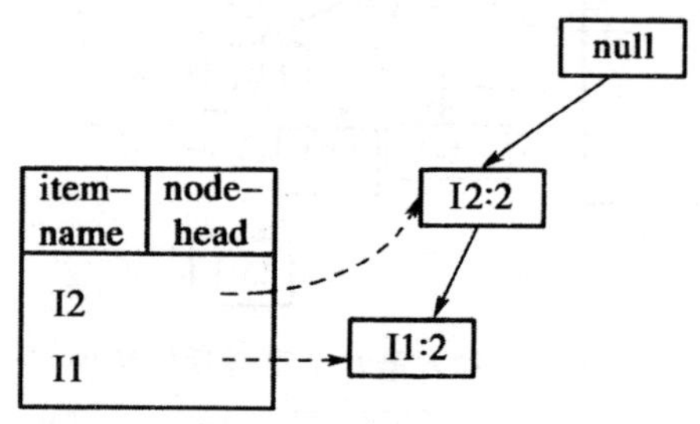

图 4-20　I5 的条件 FP-tree

对于项目集 D，其条件模式基为⟨(B,A：1)⟩、⟨B：1⟩，A 只出现一次，删除 A，其对应的条件 FP-tree 如图 4-21 所示。由于在此 FP-tree 中只含一条路径，我们便可产生包含项目 D 但不包含 E 的所有频繁项目：{{B,D}}。

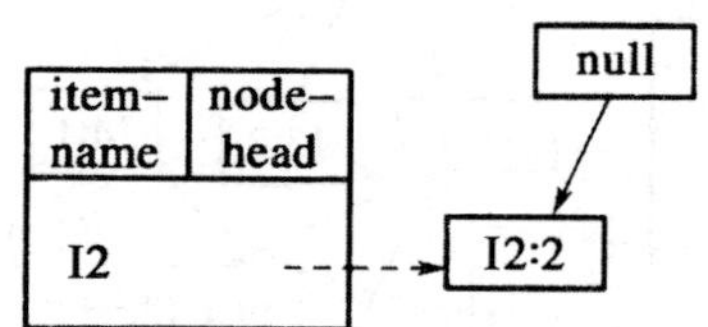

图 4-21　D 的条件 FP-tree

对于项目集 C，其条件模式基为⟨(B,A：1)⟩、⟨B：2⟩、⟨A：2⟩，它的条件 FP-tree 如图 4-22 所示，由于该树含两个分枝，转第下一步。

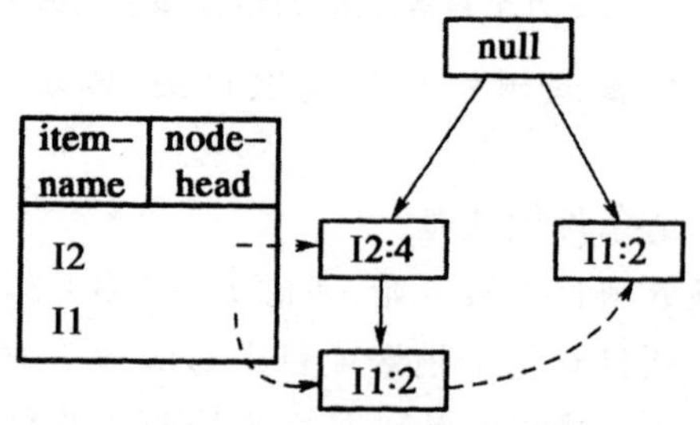

图 4-22　C 的条件 FP-tree

对于项目集 A,其条件模式基为〈(B∶4)〉,其对应的条件 FP-tree 如图 4-23 所示。由于在此 FP-tree 中只含一条路径,便可产生包含 B 但不包含 E,D,C 的频繁项目集:{{B,A}}。

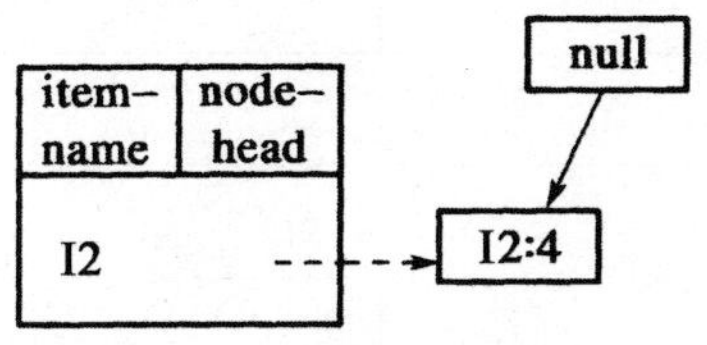

图 4-23　A 条件 FP-tree

③递归挖掘条件 FP-tree。

对于非单路径条件模式树 FP-tree,递归挖掘条件 FP-tree。

对于上一步中项目集 C 的条件模式树 FP-tree 中,有 2 个项目 A 和 B,对于项目 A,其 CA 条件模式基为〈(B∶4)〉,其对应的条件模式树 FP-tree 如图 4-24 所示。由于在此 FP-tree 树中只含一条路径,便可产生包含 C 和 A 的频繁项目集:{{C,A,B}}。

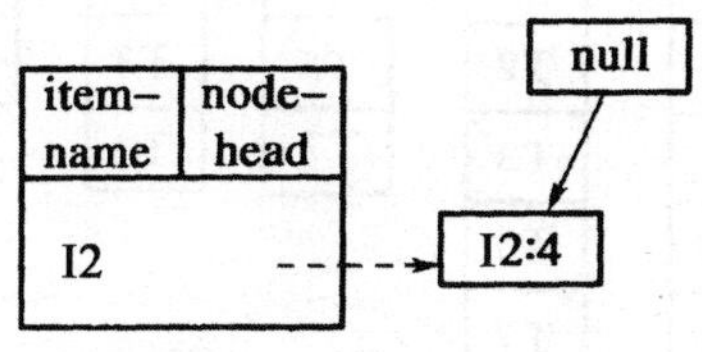

图 4-24　CA 的条件 FP-tree

4.2.4　ECLAT 算法

不同于 Apriori 和 FP 增长所采用的从 TID 项集格式的事务集挖掘频繁项集的水平数据格式(Horizontal Data Format)方式,ECLAT(Equivalence Class Transformation)算法采用了垂直数据表示(Vertical Data Format)的方法,将数据按照项集存储。每条记录包括一个项集标识和包含它的事务标识。这样 $k+1$ 阶项集的支持度可以直接由它的两个 k 阶子集的交易标识的集合运算得到。如图 4-25 所示就是通过表 4-3 所获得的一个垂直数据表示的数据库,它有数据库中的所有项和包含每个项的事务组成。比如,第一列表示包含项 A 的事务有 T1、T3、T4、T5、T6、T7。

表 4-3 事务数据库

TID	Items
T1	A,B
T2	B,C,D
T3	A,B,D
T4	A,D
T5	A,B,C
T6	A,E
T7	A,B,C,E

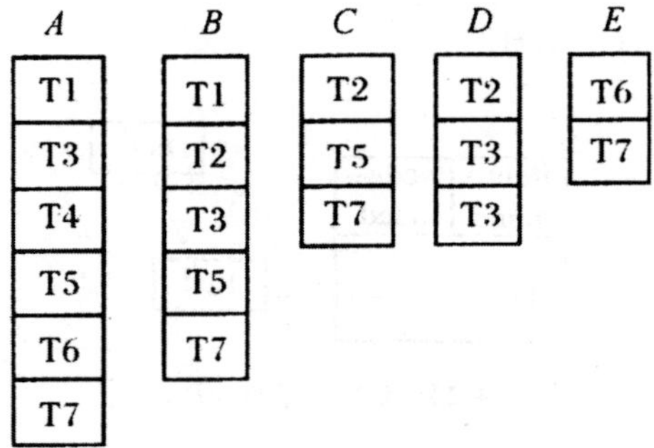

图 4-25 垂直数据表示

在垂直数据格式下，可以按以下步骤计算 $k+1$ 阶项集的支持度。首先对任何两个 k 阶子集的事务集合做交集。计算交集所包含元素的个数，就可以得到 $k+1$ 阶项集的支持数。例如，计算 BC 的支持数，可以得到它的两个子集 B,C 的事务列表分别是{T1,T2,T3,T5,T7}和{T2,T5,T7}做交集得到{T2,T5,T7}，由此得到 BC 的支持度是 3。

基于格理论，可以枚举所有可能的项集，从而发现频繁项集，图 4-26 是图 4-25 所示数据集的基于格结构的频繁项集生成。项 BC 的 TID 表可以通过计算 B 和 C 的交集得到 $L(BC)=L(B)\cap L(C)$，这样，在确定 $(k+1)$ 项集的支持度时不需要扫描原始数据库，这是因为每个 k 项集的 TID 集携带了计算该支持度所需的完整信息。

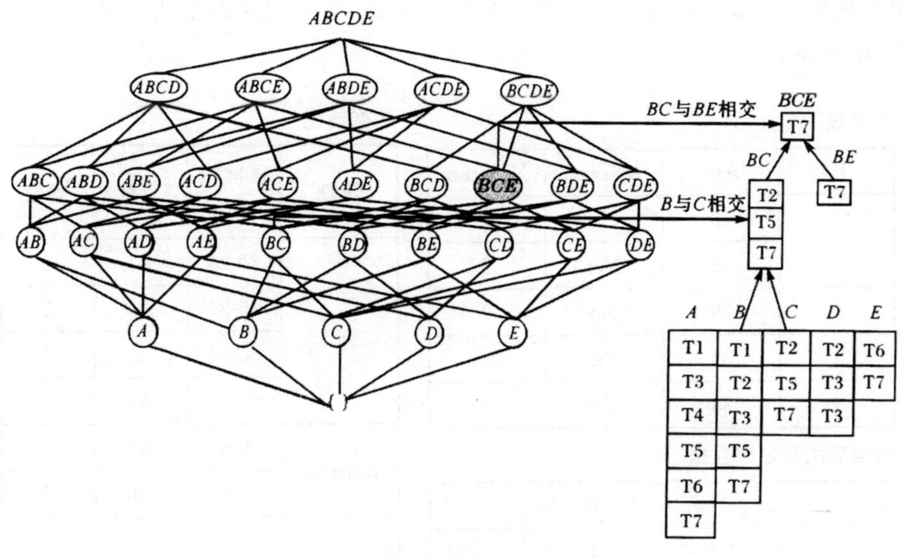

图 4-26　基于格结构的频繁项集生成

4.3　关联规则挖掘的其他算法

4.3.1　数值属性关联规则

前面介绍的关联规则挖掘算法挖掘出了形如“牛奶⇒面包”这种形式的关联规则。但是数据库中的属性除了分类型外还包括连续型变量，包含连续属性的关联规则通常称作量化关联规则（Quantitative Association Rule）。对于连续型数值变量的挖掘，常常使用基于离散化的方法、基于统计学的方法和非离散化方法等。通常，将数值量的数据转化为布尔型的数据是一条方便、有效的途径。

1. 基本概念

数值型关联规则的挖掘可以先将数据转换为布尔型，然后再用布尔型关联规则（Boolean Association Rules）的挖掘方法来实现。

例 4-6　下面的关系表包含三个属性：年龄（Age）、婚姻状况（Married）和汽车数（Numcars）。可以将年龄的值域划分为 4 个区间，即 20～24、25～29、30～34、35～39，每个区间映射为一个变量，最后总共 9 个变量，用 A1，A2，…，

A9 表示。经过数据转换后得到一个新数据表,每个记录取值为 0 或 1,如图 4-27 所示。

关系表

ID	Age	Married	Numcars
1	23	No	1
2	25	Yes	2
3	29	No	0
4	34	Yes	2
5	38	Yes	2

数据转化

属性	区间或取值	变量	整数
Age	20-24	A1	1
	25-29	A2	2
	30-34	A3	3
	35-39	A4	4
Married	Yes	A5	1
	No	A6	2
Numcars	0	A7	1
	1	A8	2
	2	A9	3

转换后的布尔型数据

ID	A1	A2	A3	A4	A5	A6	A7	A8	A9
1	1	0	0	0	0	1	0	1	0
2	0	1	0	0	1	0	0	0	1
3	0	1	0	0	0	1	1	0	0
4	0	0	1	0	1	0	0	0	1
5	0	0	0	1	1	0	0	0	1

图 4-27　数值型属性转换

数值关联规则挖掘的主要问题是区间的划分和合并。将属性值域划分成相等的区间所得出的划分不能很好地表示数据分布,特别是当属性分布不均匀时,这种静态离散化方法不能很好地得到处理结果。为此,在挖掘过程中将量化属性散化或聚类到“箱”后进一步组合,以满足某种挖掘标准,这种方法挖掘得到的关联规则称为(动态)量化关联规则。

多值关联规则问题和基本的关联规则问题略有差别,这里项的集合变为 $Ir=I\times P\times P$,即 $Ir=\{(x,l,u)\mid x\in I,l\in P,u\in P,l\leqslant x\leqslant u\}$,$(x,l,u\in Ir)$表示属性 x 取值在 l 和 u 之间。其中 I 为属性集合,P 为正整数集合。一个这样的项集代表了某个属性的取值区间,例如〈Age,1,2〉表示 Age 的取值在 20～29 之间。对于任何 $X\subseteq Ir$,X 对应的属性的集合记为 attribute$(X)=\{x\mid (x,l,u)\in X\}$,包括了 X 种所有属性值所描述的属性,如{〈Age,1,2〉,〈Married,1〉}的属性集合为{Age,Married}。

定义 4.6　如果 $\forall(x,l,u)\in X$,$\exists(x,v)\in T$,有 $l\leqslant v\leqslant u$,那么,称事务 $T(T\in D)$支持 $X(X\subseteq Ir)$。

例如,$X=\{$〈Age,1,2〉,〈Married,1〉$\}$,$t=$(2 5,yes,1),〈Age,1,2〉对

应区间 20～29，〈Married，1〉对应的取值是“yes”，所以 t 包含 X。

定义 4.7　设 X 和 Y 是项集，如果 $\text{attr}(X)=\text{attr}(Y)$ 而且 $x\in \text{attr}(X)$，有 $\langle x,a,b\rangle\in X$，$\langle x,c,d\rangle\in Y$，满足 $c\leqslant a\leqslant b\leqslant d$，那么称 Y 是 X 的扩展，如果 Y 是 X 的扩展，不存在其他的项集 Z，满足 Y 是 Z 的扩展，Z 是 X 的扩展，那么 Y 是 X 的最小扩展。

例如，{〈Age，1，3〉，〈Married，1〉}是{〈Age，1，2〉，〈Married，1〉}的扩展且是最小扩展。

定义 4.8　多值关联规则是具有 $X\Rightarrow Y$ 形式的蕴涵式，其中 $X\subseteq Ir$，$Y\subseteq Ir$ 且 $\text{attribute}(X)\cap \text{attribute}(Y)=\varnothing$。如果 D 中有 $s\%$ 的事务支持 $X\cup Y$，且 $c\%$ 的支持 X 的事务也支持 Y，则该规则的支持度和可信度分别为 s 和 c。

数值关联规则挖掘的一个问题是存在大量冗余规则，规则冗余性是相对于最小扩展期望支持度和置信度来衡量的。下面给出期望支持度和置信度的概念。

定义 4.9　设项集 $X=\{\langle x_1,a_1,b_1\rangle,\langle x_2,a_2,b_2\rangle,\cdots,\langle x_k,a_k,b_k\rangle\}$，$Y=\{\langle y_1,c_1,d_1\rangle,\langle y_2,c_2,d_2\rangle,\cdots,\langle y_k,c_k,d_k\rangle\}$是 X 的扩展。如果 Y 支持度是 $\text{support}(Y)$，那么 X 的期望支持度是：

$$E(\text{support}(X))=\frac{\text{support}(\langle x_1,a_1,b_1\rangle)}{\text{support}(\langle y_1,c_1,d_1\rangle)}\times\frac{\text{support}(\langle x_2,a_2,b_2\rangle)}{\text{support}(\langle y_2,c_2,d_2\rangle)}\times\cdots\times\frac{\text{support}(\langle x_k,a_k,b_k\rangle)}{\text{support}(\langle y_k,c_k,d_k\rangle)}\times\text{support}(Y)$$

定义 4.10　设 $X\Rightarrow Y$ 是一条规则，Z 是 X 的扩展，W 是 Y 的扩展。如果已知规则 $Z\Rightarrow W$ 的置信度是 $\text{confidence}(Z\Rightarrow W)$，那么规则 $X\Rightarrow Y$ 的期望置信度是：

$$E_{Z\Rightarrow W}(\text{confidence}(X\Rightarrow Y))=\frac{\text{support}(\langle x_1,a_1,b_1\rangle)}{\text{support}(\langle y_1,c_1,d_1\rangle)}\times\frac{\text{support}(\langle x_2,a_2,b_2\rangle)}{\text{support}(\langle y_2,c_2,d_2\rangle)}\times\cdots\times\frac{\text{support}(\langle x_k,a_k,b_k\rangle)}{\text{support}(\langle y_k,c_k,d_k\rangle)}\times\text{confidence}(X\Rightarrow Y)$$

前面曾经提到过划分数值型属性是数值型关联规则挖掘的重要问题，下一节将详细介绍划分数值型属性的聚类算法——CP 算法(Clustering for Partitioning)。

2. 确定数值属性划分的聚类算法 CP

对于一个属性的每个取值，计算 D 中含有该属性值的事务数，结果构成集合 $I_C=\{(x,v,n)\mid x\in I,v$ 是属性 x 的一个取值，$n\in P$ 是 D 中事务的个数)。对于任何属性 x，将其对应的集合 I 映射为如图 4-28 所示的二维图。将图中的点用曲线连接起来得到图 4-29,不同量化值的事务数不同造成曲线波动。

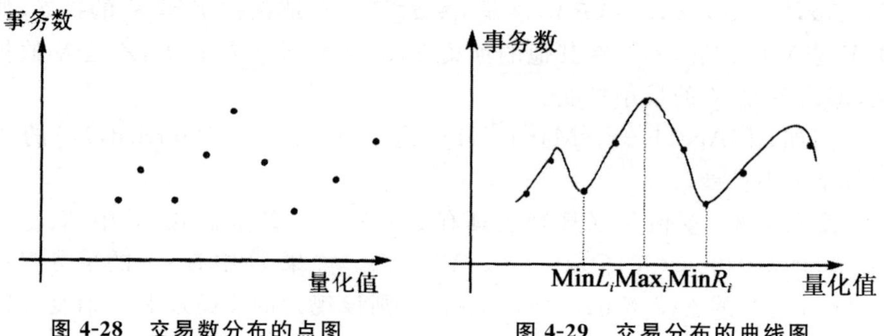

图 4-28　交易数分布的点图　　　图 4-29　交易分布的曲线图

对于每个局部最大点 Max_i,存在两个局部最小点 $\mathrm{Min}L_i$ 和 $\mathrm{Min}R_i$。将 $\mathrm{Min}L_i$ 和 $\mathrm{Min}R_i$ 之间的事务数相加得到 sum_i,再将所有的 K 个 sum_i 相加得到 S。将 minsup 设为 $c \cdot S_{\mathrm{ave}}$,这里 $S_{\mathrm{ave}}=S/K$,$c>0$ 为与问题有关的常数。当 sum_i 大于 $c \cdot S_{\mathrm{ave}}$ 时,则认为 $\mathrm{Min}L_i$ 和 $\mathrm{Min}R_i$ 之间的区间是有价值的。

聚类算法可简述如图 4-30 所示,结果为有价值区间,保存于 S_{res} 中。

```
for  每个取值数>N的属性  do
(1) 计算每个属性值所对应的事务数 c_j;
(2) 寻找所有的局部最大点 Max_i 和最小点 MinL_i 和 MinR_i 来确定区间;
(3) 计算每个 MinL_i 和 MinR_i 之间的事务数 sum_i;
(4) 如果满足合并条件则合并两个相邻区间,得到K个区间;
(5) S = ∑sum_i - max{sum_i} - min{sum_i};
(6) S_ave = S/(K-2);
(7) 寻找所有大于 c·S_ave 的 sum_i,并将结果存于 S_tmp;
(8) for  S_tmp 中每个区间 j  do
    if  sum_i/(MinR_i-MinL_i)>S/(MinR-MinL)
    then  保存区间 j 于 S_res
```

图 4-30　聚类算法

4.3.2　多层关联规则挖掘

1. 概念层次(Conceptual Hierarchies)

数据库中的概念由各部分顺序排列而成,不仅能够说明知识的背景和领域,还能影响知识发现的过程和结果,因此在知识发现过程中极为重要。

图 4-31 是商品数据库所对应的概念树。

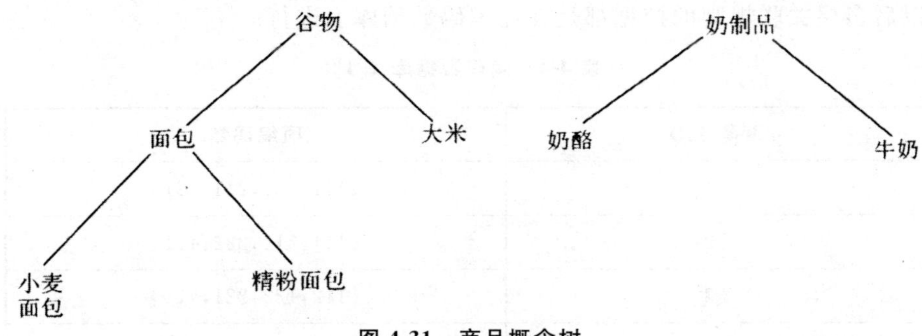

图 4-31　商品概念树

2. 同层(Same Hierarchy)关联规则挖掘

同层关联规则[①]包括数据预处理和 ML-T2L1 算法。

(1)数据预处理

数据预处理工作完成两项工作:①对概念树编码;②将数据库中项用其编码代替,构成编码数据库。

首先对每个概念层次树进行连续及整体的编码,然后对每个树的节点逐层编码,如图 4-32 所示。

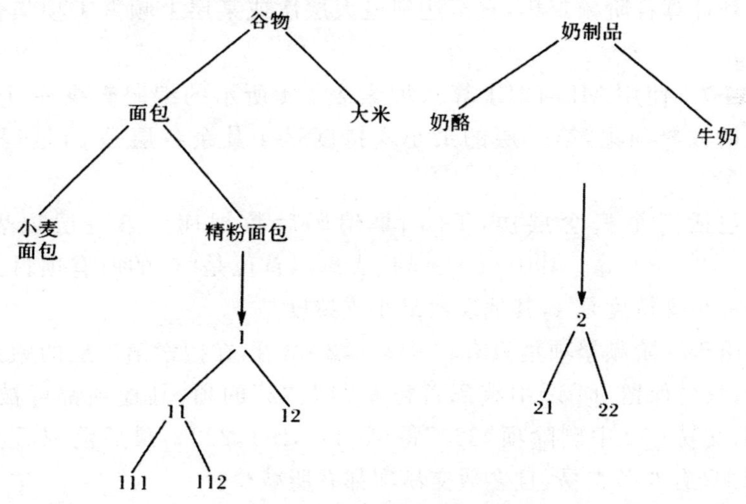

图 4-32　概念层次树及其编码

① 同层关联规则即处于同概念层的关联规则,挖掘同层关联规则的过程是从高到低逐层搜索频繁项集,利用上层数据挖掘得到的频繁项集对下层项集进行过滤。最后由各层频繁项集分别生成关联规则。

然后将数据库中项用编码代替构成编码数据库 T[1]，如表 4-4 所示。以后多层关联规则的挖掘都是在此编码数据库上进行。

表 4-4　编码数据库 T[1]

事务 TID	项编码集
T1	{111,121,211,221}
T2	{111,211,222,411}
T3	{112,122,221,411}
T4	{111,121}
T5	{111,122,211,221,413}
T6	{211,323,524}
T7	{323,411,524,713}

(2)ML-T2L1 算法

在最高层次上，扫描 T[1]，得到频繁 1-项集。由函数 get_filtered_table 利用频繁 1-项集对 T[1]过滤，得到缩小的数据库 T[2]。利用 Apriori 算法循环计算各阶频繁集，直至达到最大层次或某层上频繁 1-项集合为空算法停止。

例 4-7　使用 ML-T2L1 算法搜索表 4-4 所示的编码数据库 T[1]中各层次的频繁项集，第一层的最小支持度是 4 其余各层是 3，过程如下，见图 4-33。

①包括三个概念层次，T[1]是编码后数据库。第一层项表示为{1＊＊}{2＊＊}等。其中{1＊＊}代表编码首位是“1”的所有项目。令第一层的最小支持度是 4，其他层次最小支持度是 3。

②由于一阶频繁项集只有{1＊＊}{2＊＊}，在搜索第一层的频繁项集过程中，只要保留 T[1]中编码首位是“1”、“2”的项，其他项都可被删除。例如，从交易 002 中删除项“323”得到{111,211,222}，最后消减后的数据库 T[2]只有 6 条交易，且多数交易项都有所减少。

③然后扫描 T[2]，搜索第二层第三层的频繁项集。

3. 关联挖掘并行方法

挖掘关联过程十分繁琐，找出频繁项目集要花费很大的代价。为了简便发现频繁项目集，可在生成候选集的过程和对候选集的计数这两个方面进行主要处理。

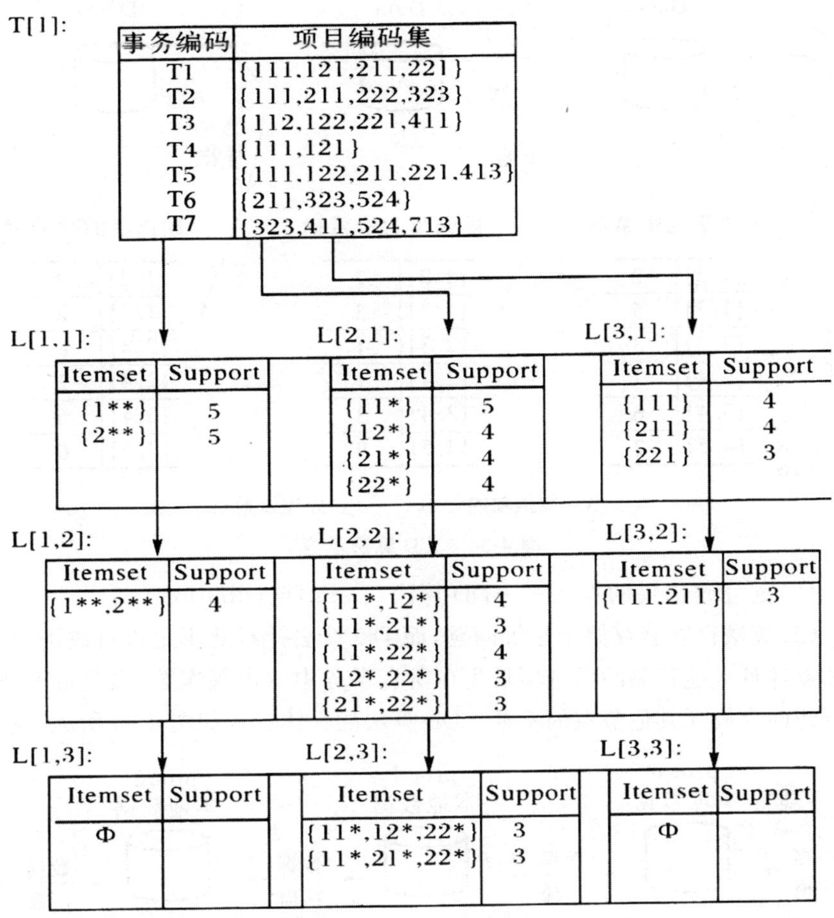

T[1]:

事务编码	项目编码集
T1	{111,121,211,221}
T2	{111,211,222,323}
T3	{112,122,221,411}
T4	{111,121}
T5	{111,122,211,221,413}
T6	{211,323,524}
T7	{323,411,524,713}

L[1,1]:

Itemset	Support
{1**}	5
{2**}	5

L[2,1]:

Itemset	Support
{11*}	5
{12*}	4
{21*}	4
{22*}	4

L[3,1]:

Itemset	Support
{111}	4
{211}	4
{221}	3

L[1,2]:

Itemset	Support
{1**,2**}	4

L[2,2]:

Itemset	Support
{11*,12*}	4
{11*,21*}	3
{11*,22*}	4
{12*,22*}	3
{21*,22*}	3

L[3,2]:

Itemset	Support
{111,211}	3

L[1,3]:

Itemset	Support
Φ	

L[2,3]:

Itemset	Support
{11*,12*,22*}	3
{11*,21*,22*}	3

L[3,3]:

Itemset	Support
Φ	

图 4-33　ML-T2L1 示例

(1)基于候选集复制的算法

基于候选集复制的算法很多,其中一个可能的并行措施就是在各处理器上简单复制后并行化其计数过程。这种策略的代表算法为 CD 算法(Count Distribution)。

在第一次循环时,每个处理器 P_i 要根据项目动态地生成本地候选项目集 C_{i1},这样便产生了不同的项目集。在这种情况下,在每次循环过程中就需要谨慎地处理通过局部计数的交换来确定全局 C_1。为了更加清楚地计数,可以通过建立整个候选集的哈希树来确定,然后再将各个节点的计数进行全局归约,便可清楚看到所有事务中出现的次数,此算法思路如图 4-34 所示。

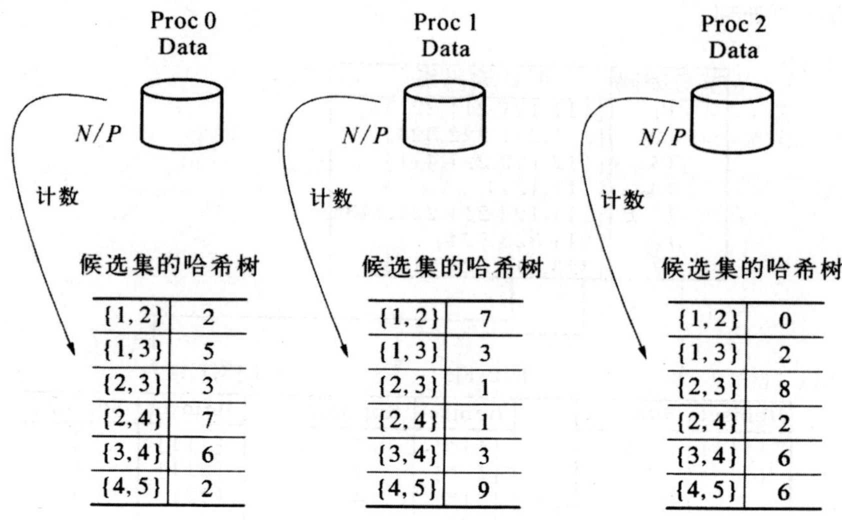

图 4-34　CD 算法示意

(2)划分候选集的算法——DD 算法(Data Distribution)

CD 算法存在着存储不足等问题,而 DD 算法针对此不足进行改进,将每个节点计算本地存储的候选项目集在所有事务中的出现次数,因此每个节点需要访问存放在其他节点的事务。DD 算法的具体过程如图 4-35 所示。

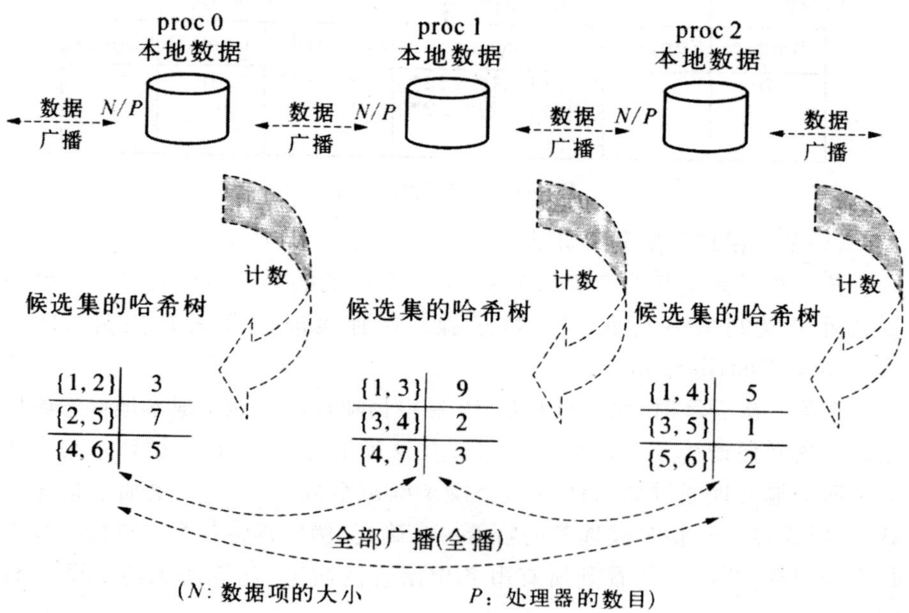

图 4-35　DD 算法示意

4.3.3　关联规则的增量式更新算法

数据库的更新极其不稳定，可能引起某些关联规则的失效，或者产生一些新的关联规则。但是关联规则生成过程极为简单，所以其在很多场所都能发挥作用。为了更加深入的运用关联规则增量算法，其关键便是不断更新频繁项集。

假设 D 是原始事务数据库，事务量为 N，d 是增量数据库，事务量为 n，$U_d=D\cup d$ 是更新后的数据库，事务量为 $N+n$。项集 X 在 D,d,U_d 的支持度分别为 $X.\mathrm{sup}_D$，$X.\mathrm{sup}_d$，$X.\mathrm{sup}_{Ud}$，满足 $X.\mathrm{sup}_D+X.\mathrm{sup}_d=X.\mathrm{sup}_{Ud}$，也就是说，项集的支持度等于原支持度加上在新数据中的支持度。在给定支持度阈值下，L 表示数据库更新前 D 的频繁项集，L'表示数据库更新后 U_d 中的频繁项集。L'中的任意项集 $X.\mathrm{sup}_{Ud}\geqslant s*(N+n)$。

根据更新前后的频繁项集，可以把项集分为三类：

①Heavy(H)：在 D 上是频繁集在 U_d 上也是频繁集合，$H=L\cap L'$。

②Loser(O)：在 D 上是频繁集在 U_d 上不是频繁集合，$O=L-L'$。

③Winner(W)：在 D 上不是频繁集在 U_d 上是频繁集合，$W=L-L'$。

由于关联规则的挖掘结果保留了频繁项集的支持度，前两类项集只需扫描新增加的数据就可以识别，而对第三类项集，原先的支持度未知，这就需要扫描原始数据库。由于增量数据比原始数据要少得多，所以增量算法的关键是如何减少对原始数据库的扫描次数。

定理 4.1　假设 X 不属于 L，且 $X.\mathrm{sup}_{Ud}\leqslant s*n$，那么 X 不属于 L'。

证明：因为 X 不属于 L，所以 $X.\mathrm{sup}_{Ud}<s*N$，因此 $X.\mathrm{sup}_D+X.\mathrm{sup}_d=X.\mathrm{sup}_{Ud}<s*N+s*n=s*(N+n)$。

FUP 算法的主要思想是从 L 中删除那些属于 Loser 类的项集，识别并且加入属于 Winner 的项集，也就是 $L'=(L-O)\cup W$。利用上面定理可知，在计算 W 时，只需检测那些在 d 中满足支持度阈值的项集。因为那些在 d 中不满足支持度阈值的项集不可能成为 W。FUP 算法的步骤如下。

第一次循环的步骤：

扫描 d，计算 X 属于 L_1 的支持数 $X.\mathrm{sup}_d$，得到 $X.\mathrm{sup}_{Ud}$，令 $O_1=\{X\in L_1\mid X.\mathrm{sup}_{Ud}<s*(n+N)\}$，计算在 d 中出现但不属于 L_1 的项，同时计算它们在 d 中的支持度得到 $C_1=\{X\notin L_1\mid X.\mathrm{sup}_{Ud}>s*n\}$，显然所有属于 W 的 1 阶项集都包含在 C_1 中。扫描 D，计算 C_1 中项的支持度 $X.\mathrm{sup}_D$ 得到 $X.\mathrm{sup}_D+X.\mathrm{sup}_d=X.\mathrm{sup}_{Ud}$，得到 $W_1=\{X\in C_1\mid X.\mathrm{sup}_{Ud}\geqslant s*$

$(N+n))\}$，计算新的频繁项集 $L_1'=(L_1-O_1)\cup W_1$。

例 4-8 假设 $N=100n=10$，$s=30\%$，$L_1=\{\{A\},\{B\}\}$。首先扫描 d 得到 $\{A\}.\sup_{Ud}=32+4>33$（即 $30\%\times110$），而 $\{B\}.\sup_{Ud}=31+1<33$，因此 $O_1=\{B\}$。而 $\{C\}.\sup_d=6>3$（即 $30\%\times10$），$\{D\}.\sup_d=2<3$，因此，$C_1=\{C\}$。然后扫描 D，计算 C_1 的支持度，得到（$\{C\}.\sup_{Ud}=28+6>33$，因此 $W_1=\{C\}$。最后，$L_1'=\{\{A\},\{C\}\}$。图 4-36 给出了详细步骤。

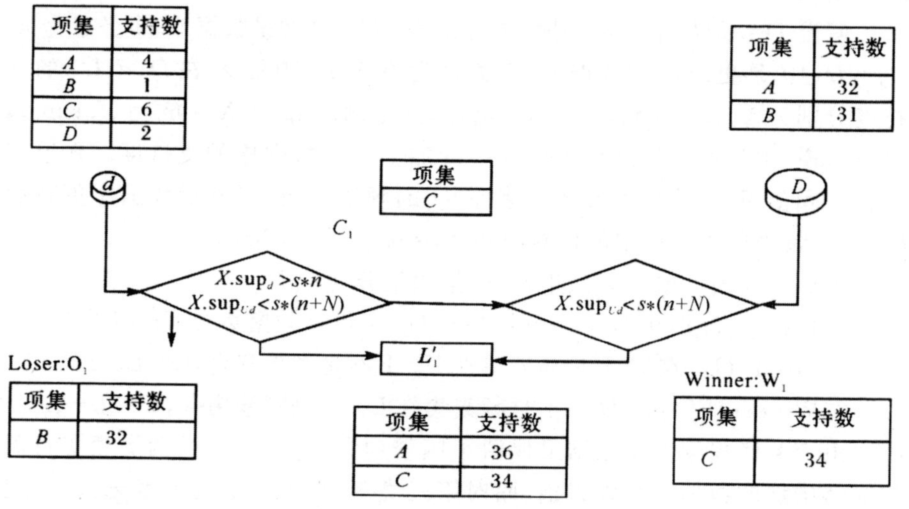

图 4-36 增量挖掘流程图

第 k 次循环的步骤：

①构造 k 阶候选项集 $C_k=\text{Apori}ori\_gen(L_{k-1}')-L_k$。$CL_k=L_k-\{X\in L_k \mid Y\subseteq X, Y\notin L_{k-1}'\}$，这样做的原因是：如果一个频繁项集不是 $k-1$ 阶频繁集，那么包含它的所有项集均不是频繁集。在下面的步骤中只需检验 CL_k 中项集。

②扫描 d，计算 $X\in CL_k$ 是的支持度 $X.\sup_d$ 得到 $X.\sup_D+X.\sup_d=X.\sup_{Ud}$。因此 $O_k=\{X\in CL_k \mid X.\sup_{Ud}<s*(n+N)\}\cup\{X\in L_k \mid Y\subseteq X, Y\notin L_{k-1}'\}$，同时计算 C 在 d 中的支持度，得到 $C_k=\{X\in C \| X.\sup_d>s*n\}$。

③扫描 D，计算 $X\in C_k$ 的支持度 $X.\sup_D$，得到 $X.\sup_D+X.\sup_d=X.\sup_{Ud}$。所以，$W_k=\{X\in C_k \| X.\sup_{Ud}\geqslant s*(n+N)\}$。

④最后得到 k 阶频繁项集为 $L_k'=(L_k-O_k)\cup W_k$。

例 4-9 假设 $N=100$，$n=10$，$s=30\%$，$L_1=\{\{A\},\{B\},\{C\}\}$，$L_2=\{\{AB\},\{BC\}\}$。第一次循环得到 $L_1'=\{\{A\},\{B\},\{D\}\}$。第二次循环时，$C=\{\{AD\},\{BD\}\}$。由于 $\{C\}$ 在更新后的数据库中不是频繁项集，

$CL_2 = L_2 - \{BC\} = \{AB\}$。然后扫描 d，发现 $\{AB\}.\mathrm{sup}_{Ud} = 50 + 3 > 33$，因此 $O_2 = \{BC\}$。由 $\{AD\}.\mathrm{sup}_d = 5 > 3$，$\{BD\}.\mathrm{sup}_d + 2 < 3$，因此，$C_2 = \{AD\}$。再扫描 D，计算 C_2 的支持数，$\{AD\}.\mathrm{sup}_{Ud} = 30 + 5 > 33$，，因此，$W_2 = \{AD\}$。最后 $L_2' = (\{AB, BC\} - \{BC\}) \cup \{AD\} = \{\{AB\}, \{AD\}\}$。图 4-37 给出了这个过程的详细步骤。

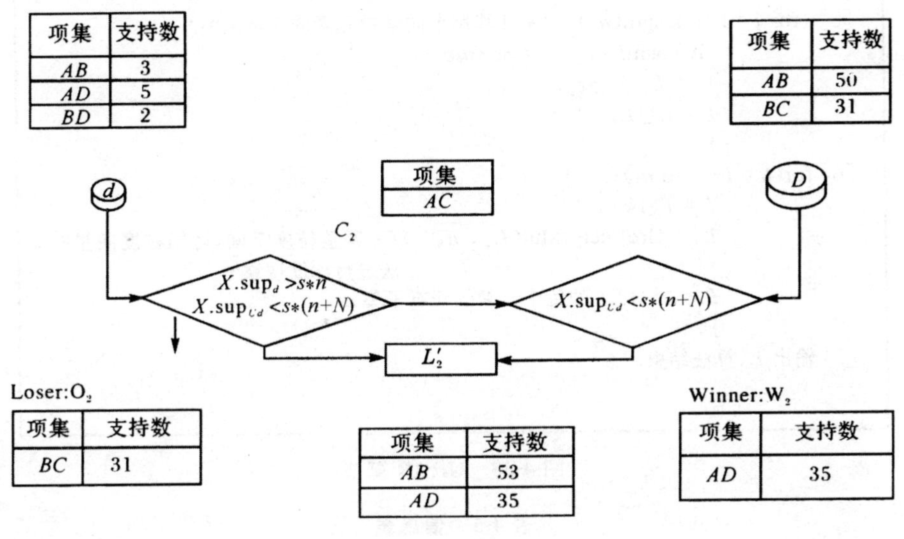

图 4-37　UFP 算法流程图

4.3.4　基于粒计算的关联挖掘

按其各自的特征和性能将复杂信息分成若干简单的部分(粒子)来解决和处理大量复杂问题，称为信息粒化(Granulation)。

基于粒计算①的关联规则挖掘算法(GrcAR)，主要解决如何从粒空间中有效地获取频繁项集。GrcAR 算法的输入为：信息表 Table 和支持度 min_sup；输出为：频繁项集合 L。其具体描述如图 4-38 所示。

例 4-10　如表 4-5 所示为一个信息表，GrcAR 算法从此信息表中获取频繁项集的过程如下所示，设最小支持度为 2。

① 粒计算(Granular Computing，GrC)是一种基于粒子的问题求解和信息处理方法，其基本思想存在于许多领域，如经典集合论及其扩展(Fuzzy 集、Rough 集、Vague 集等)、区间分析、证据理论、神经网络、决策树、语义网络、聚类分析等。

```
[1] 将信息表根据其属性值域对论域粒化,得到每个属性的原子信息粒向量 grc =
    {a1, a2, …},其中 a1 = {Cg1, Cg2, …}。m 为粒空间的分解层数即粒空间中
    向量的个数。
[2] If(grc≠∅)
[3] {for i = 1 to m
[4] T = i;
[5] {for j = 1 to length(ai)   /* 计算每个向量中元素的支持度 */
          {if(count(grcj)>= minsup)
          Li = Li ∪ {grcj}
          L = L ∪ Li
          }
[6] for(k = i + 1 to m){
          T = T ∪ k
          LT = GrcVectorMul(LT, ak+1)/ * 调整粒度空间,运用粒度向量乘
                                        法进行深度搜索 * /
          L = L ∪ (LT 的每个元素的所有子集);
          }
[7] 输出 L,算法结束。
}
```

图 4-38 GrcAR 算法

表 4-5 信息表

Object	Height	Hair	Eyes
O_1	short	blond	blue
O_2	short	blond	brown
O_3	tall	red	blue
O_4	tall	dark	blue
O_5	tall	dark	blue
O_6	tall	blond	blue
O_7	tall	dark	brown
O_8	short	blond	brown

①划分基于粒度空间和基本信息粒,可以得到 $a_{100}=\{C_{g1},C_{g2}\}$,$a_{010}=\{C_{g3},C_{g4},C_{g5}\}$,$a_{001}=\{C_{g6},C_{g7}\}$和如表 4-6 所示的信息。

表 4-6　原子信息粒以及支持度

原子公式 (a,v)	机器码表示 $m(a,v)$	支持度
(he,short)	$C_{g1}=\{O_1,O_2,O_8\}=11000001$	3/8
(he,tall)	$C_{g2}=\{O_3,O_4,O_5,O_6,O_8\}=001111110$	5/8
(ha,blond)	$C_{g3}=\{O_1,O_2,O_6,O_8\}=11000101$	4/8
(ha,red)	$C_{g4}=\{O_3\}=00100000$	1/8
(ha,dark)	$C_{g5}=\{O_4,O_5,O_7\}=00011010$	3/8
(ey,blue)	$C_{g6}=\{O_1,O_3,O_4,O_5,O_6\}=10111100$	5/8
(ey,brown)	$C_{g7}=\{O_2,O_7,O_8\}=01100001$	3/8

②先考虑由 height 的属性值划分的基本信息粒 $\{C_{g1},C_{g2}\}$，由于基本粒 C_{g1}、C_{g2} 的最小支持度大于 2，则频繁项 $L_{100}=\{C_{g1},C_{g2}\}$。

③调整粒度空间，将由 height 属性值构成的粒度转换为由 height 和 hair 两者的属性值构成的粒度。C_{g1}、C_{g2} 是根据属性 height 的值域划分的等价关系，所以 C_{g1}、C_{g2} 不需要连接，同理 C_{g3}、C_{g5} 也不需要。用粒子项集矩阵乘法公式，将 $\{C_{g1},C_{g2}\}$ 和 $\{C_{g3},C_{g5}\}$ 相乘，得到频繁 2-项集 $L_{110}=\{C_{g1},C_{g3},C_{g2},C_{g5}\}$。由 Apriori 性质得知 C_{g3}，C_{g5} 也是频繁项集即 $L_{010}=\{C_{g3},C_{g5}\}$。然后由 C_{g1} 和 C_{g3} 与 $C_{g1}C_{g3}$ 相减后得到 C_{g1} (00000000)、C_{g3} (00000100) 的支持度均小于 2，则删除，再将 C_{g1} 和 C_{g5} 以及 C_{g2} 和 C_{g3} 连接。得到频繁 2-项集。

④调整粒度空间，将由 height 和 hair 属性值构成的粒度转换为由 height、hair 和 eyes 三者的属性值构成的粒度，计算频繁 3-项集。用粒子项集矩乘法：将 $\{C_{g1},C_{g3},C_{g2},C_{g5}\}$ 与 $\{C_{g6},C_{g7}\}$ 相乘得到频繁 3-项集 $L_{111}=\{C_{g1},C_{g3},C_{g7},C_{g2},C_{g5},C_{g6}\}$。由 Apriori 性质得到频繁 2-项集 $L_{101}=\{C_{g1},C_{g7},C_{g2},C_{g6}\}$，$L_{011}=\{C_{g3},C_{g7},C_{g5},C_{g6}\}$ 和频繁 1-项集 L_{010} 与步骤(3)计算的相等和 $L_{001}=\{C_{g6},C_{g7}\}$。

⑤粒度已经调整为最细一层，不能再细分，则调整粒度空间，由 height、hair 和 eyes 构成的粒度，转换为由 height 和 eyes 属性值构成的划分，频繁 2-项集向量 L_{101}。由步骤(4)已知 $L_{101}=\{C_{g1},C_{g7},C_{g2},C_{g6}\}$ 然后由 C_{g1} 和 C_{g7} 与 $C_{g1}C_{g7}$ 相减后得到 C_{g1} (10000000)、C_{g7} (00000010) 的支持度均小于 2，则删除，再将 C_{g1} 和 C_{g6} 以及 C_{g2} 和 C_{g7} 连接。

⑥在全部搜索 height 为前缀的粒度空间后，便可计算以 hair 为前缀的粒度空间。

⑦调整粒度空间,将粒度转换为由 hair 和 eyes 的属性值构成的粒度。由步骤(4)得 $L_{011}=\{C_{g3},C_{g7},C_{g5},C_{g6}\}$然后由 C_{g3} 和 C_{g7} 与 $C_{g3}C_{g7}$ 相减后得到 C_{g3}(01000001)的支持度等于 2,而 C_{g1}(10000000)的支持度小于 2 则删除,然后计算 C_{g3},C_{g6} 的支持度为 2,为频繁项集。则 $L_{011}=\{C_{g3},C_{g7},C_{g3},C_{g6},C_{g5},C_{g6}\}$。

⑧粒度调整完毕,算法结束。图 4-39 为 GrcAR 算法从表 4-6 中获取的规则粒的层次结构。

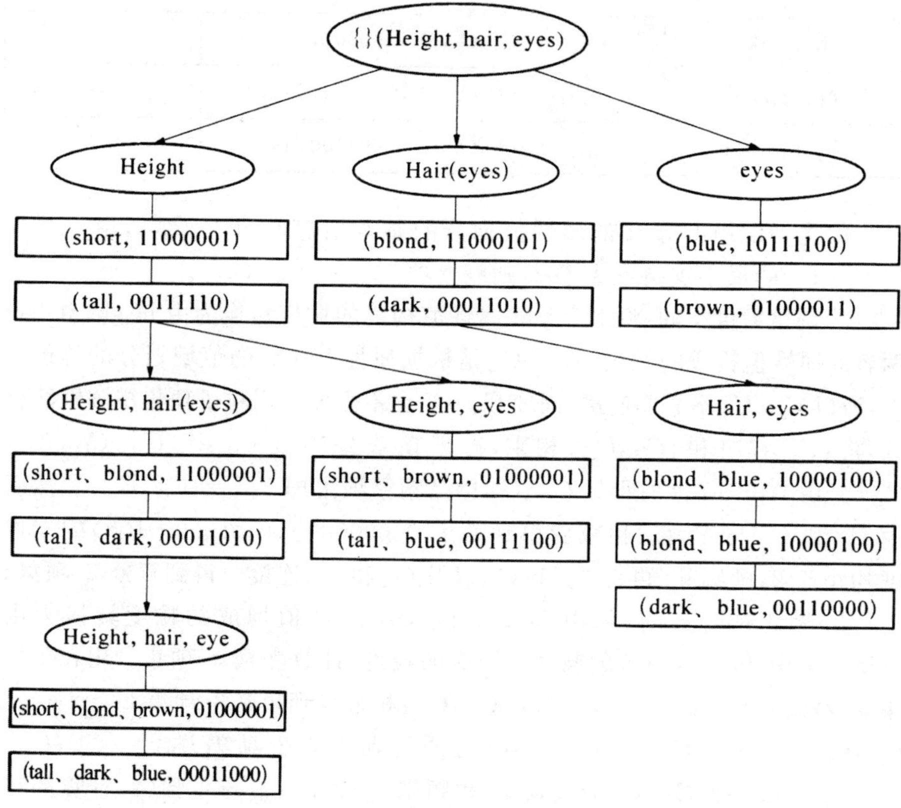

图 4-39 频繁项集的结构层次

4.4 必要置信度对分类精度影响的研究

设数据集 D 由记录组成,记录数为 $|D|$,属性有 $\{A_1,A_2,\cdots,A_n,C\}$,其中,$\{A_1,A_2,\cdots,A_n\}$是条件属性,C 是类标号。仔细研究基于规则的算法就会发现,决策树分类算法、关联规则分类算法、贝叶斯分类算法都是基于规

则“$A \to C$”和其统计特性的，此处，A 表示 $\{A_1, A_2, \cdots, A_n\}$ 全部或部分属性的一些取值组成的集合，C 表示某个类标号。

在分类算法中如果同时考虑“$C \to A$”的作用，会提高分类精度。事实是不是这样的呢？

4.4.1　问题描述

本节的分类问题描述为：设 D_1 和 D_2 是针对相同领域的两个数据集，是二维数据表形式，有相同的属性，结构如 $\{A_1, A_2, \cdots, A_n, C\}$。$D_2$ 中的类标号的集合包含于 D_1 中类标号的集合。以 D_1 为训练集获取分类规则，用来对 D_2 的记录进行分类。

本实验目标是测试两种方法的分类效果。

①方法 1 只考虑规则“$A \to C$”的影响。

②方法 2 同时考虑“$A \to C$”和“$C \to A$”影响。分类效果有很多评价指标，分类精度是重要的指标，其计算公式如下：

$$\text{分类精度} = \frac{\text{被正确分类的记录数}}{\text{待分类的记录总数}}$$

基于规则的形式，将形如“$A \to C$”的规则称为充分规则，形如“$C \to A$”的规则称为必要规则。为了叙述方便，将“$A \to C$”的置信度 Confidence 称为充分置信度，将“$C \to A$”的置信度称为必要置信度，记为 N_Confidence，并通过下式来计算

$$\text{N\_Confidence} = \frac{D\ \text{中同时包含}\ A\ \text{和}\ C\ \text{的记录数}}{D\ \text{中包含}\ C\ \text{的记录数}} \tag{4-1}$$

4.4.2　双向置信对不平衡数据集分类的测试

针对不平衡数据集的分类问题是一类重要的分类问题，在网络入侵检测、信用卡欺诈识别及疾病诊断等领域有实际应用。这类问题的数据分析有 3 个层面：

①在不平衡数据集中识别出稀有类记录。例如，在网络访问数据集中识别出攻击记录，这类记录一般占很小的比例（如低于 10%），称为稀有类。这一层面的问题一般称稀有数据挖掘问题，其挖掘方法一般是基于距离或密度的。

②已知某记录是稀有类记录，识别出其属于稀有类中的哪一类。例如，在网络访问数据集 KDDCUP99 中，正常访问记录是大类，攻击记录是稀有

类，攻击记录又分为22个类。已经知道某记录是攻击记录，识别它是哪类攻击是第二个层面问题。

③在不平衡数据集中识别出大类和稀有类，并识别出稀有类的类别。可以看出这3个层次是逐次深入的。

当然稀有数据挖掘算法能有效，说明不平衡数据集中稀有记录的属性确有异常的表现。仔细分析KDDCUP99数据集，可以发现其中的攻击记录属性具有特异性，并且不同类的攻击记录其特异属性有明显差距。基于这一事实，并考虑到不平衡数据集中起决定作用的是稀有属性(支持度小于等于指定阈值的属性)；一记录被判定不是某个攻击类，那么它就是正常类。

1. 识别精度测试

KDDCUP99是网络访问记录数据集，每行数据记录了一次网络访问的属性及访问类别。访问类别反映了本次访问的性质，属于典型的不平衡数据集，其中大部分记录属正常访问类(normal)，称为大类，例如＞90％。另外的类别均属于攻击类，称为小类。我们从KDDCUP99中选择了corrected数据集，corrected数据集共有65536条记录。从中选择了正常类记录和8类攻击记录组成4个数据子集，Sub1、Sub2、Sub3、Sub4，其记录构成如表4-7所示。各子集中攻击记录的比例均(10％，Sub1和Sub4中攻击类记录是均匀的，Sub2和Sub3中攻击类记录是非均匀的。

表4-7　4个子集的记录构成

子集名	其中含各类记录数									记录总数
	apache2	back	neptune	Ipsweep	portsweep	Saint	smurf	Guess_password	normal	
Sub1	10	10	10	10	10	10	10	10	1000	1080
Sub2	20	17	9	10	15	5	8	4	1500	1588
Sub3	30	18	4	15	28	8	5	11	2000	2119
Sub4	30	30	30	30	30	30	30	30	6308	6548

设置支持度阈值为10％，充分置信度阈值为50％，必要置信度阈值为80％。分别以各子集为训练集和测试集，进行实验，结果如表4-8所示。表中错判记录数由3列合计得到，“攻-攻”表示其中攻击记录被错判为另一类攻击的记录数，“攻-正”表示其中攻击记录被错判为正常类的记录数，“正-攻”表示其中正常记录被错判为攻击类的记录数。

表 4-8　KDDCUP99 数据集上的测试结果

序号	训练集	测试集	测试集规模(正常记录+攻击记录)	方法 1 错判记录数及精度				方法 2 错判记录数及精度			
				攻-攻	攻-正	正-攻	精度	攻-攻	攻-正	正-攻	精度
1	Sub1	Sub1	1080 (1000+80)	0	0	38	0.965	0	0	0	1
2	Sub2			5	0	36	0.962	3	0	12	0.986
3	Sub3			8	0	33	0.962	0	0	6	0.994
4	Sub4			0	0	18	0.983	0	1	5	0.996
5	Sub1	Sub2	1588 (1500+88)	3	0	66	0.957	0	1	0	0.999
6	Sub2			0	0	44	0.972	0	0	4	0.997
7	Sub3			5	0	45	0.969	0	0	1	0.999
8	Sub4			0	0	30	0.981	0	1	1	0.998
9	Sub1	Sub3	2119 (2000+119)	9	0	86	0.955	0	6	0	0.997
10	Sub2			8	0	69	0.964	6	3	14	0.989
11	Sub3			2	0	65	0.968	0	1	6	0.997
12	Sub4			2	0	43	0.979	0	4	5	0.996
13	Sub1	Sub4	6548 (6308+240)	21	1	175	0.970	1	16	0	0.997
14	Sub2			25	0	140	0.975	17	11	33	0.990
15	Sub3			25	0	32	0.976	2	8	17	0.996
16	Sub4			3	0	80	0.987	1	8	19	0.996

由表 4-8,所有测试结果中方法 2 的精度均高于方法 1 的精度,方法 2 的精度非常高;从 4 项一组的实验中可以看出训练集的规模、训练集中小类记录的均衡程度对测试结果影响较小;由于不采集大类的规则,实验中生成的规则集 R 规模较小。

表 4-8 中显示的是整个数据集的分类精度,在不平衡数据集中,小类是被关注的对象,其被识别的精度更能反映算法的性能判别。表 4-9 反映的是以 Sub1 为训练集时,Sub2 测试结果中每个攻击类的正确率 P、召回率 R 和 F_1 值,其中对比了方法 1 与方法 2 的值。P、R 和 F_1 计算公式如下:

$$P=\frac{\text{正确分为某类的记录数上}}{\text{测试集中分为该类的记录数}}$$

$$R=\frac{\text{正确分为某类的记录数上}}{\text{测试集中分为该类的记录数}}$$

表 4-9　Sub2 测试中各攻击类的 P、R 与 F_1 值对比

类别	方法 1			方法 2		
	P	R	F_1	P	R	F_1
apache2	1	1	1	1	0.9	0.947
back	0.548	0 1	0.708	1	1	1
neptune	0.643	1	0.783	1	1	1
lpsweep	0.833	1	0.909	1	1	1
portsweep	0.316	0.8	0.453	1	0.933	0.966
Saint	0.385	1	0.556	1	1	1
smurf	0.5	1	0.667	1	1	1
Guess_password	0.364	1	0.534	1	1	1

由表 4-9 可知，在适当利用必要规则置信度后，P、R 与 F_1 的值均得到了显著提高。

2. ROC 曲线分析

本实验中，方法 1 与方法 2 判定一记录类别时，均依据量化的得分值。在 4 个数据子集 Sub1、Sub2、Sub3、Sub4 中，包含 8 个攻击类和一个正常类。如果以一个攻击类为正类，其他攻击类和正常类为负类。那么，据量化的得分绘制 ROC 曲线，可以有效表征两方法的分类效果，从而说明必要置信对分类的贡献。仍以 Sub1 为训练集，以 Sub2 测试结果中 portsweep 攻击类的方法 1 与方法 2 得分为数据，绘制 ROC 曲线，如图 4-40 所示，其曲线下面积的对比如表 4-10 所示。

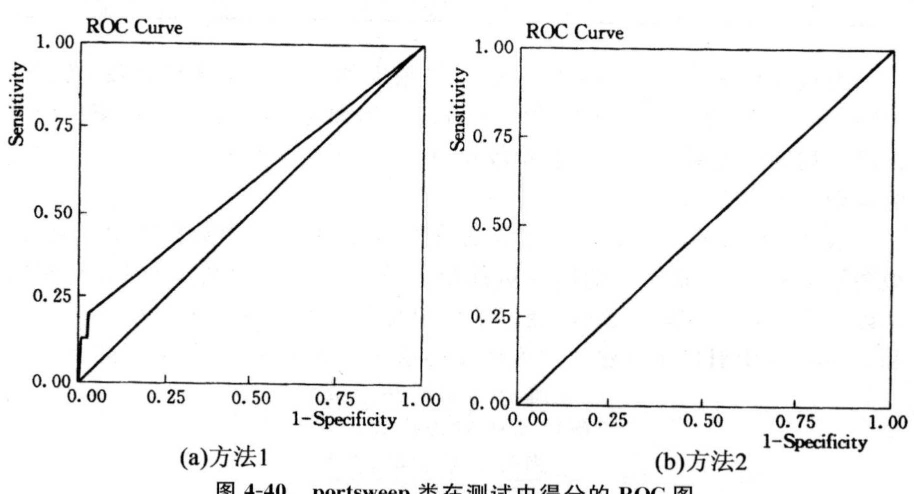

(a)方法1　(b)方法2

图 4-40　portsweep 类在测试中得分的 ROC 图

表 4-10　portsweep 类测试得分的 ROC 曲线下面积

	方法 1　ROC 曲线下面积	方法 2　ROC 曲线下面积
portsweep 类	0.589	0.997

由图 4-40 和表 4-10 可知，必要规则置信度对 portsweep 类的识别有显著贡献。

3. 时间效率分析

本实验方法的训练过程只需访问两次训练集，其时间复杂度为 $O(N)$，N 是训练集规模。测试过程，方法 1 与方法 2 均需访问一次测试集，对测试集中的每个记录，需与规则集的每个规则匹配，其时间复杂度是为 $O(KN)$，其中 K 是规则集中规则的数目，N 是测试集的规模。在实验中也验证了这一点，不同规模数据集的训练时间、对应方法 2 的测试时间如图 4-41 和图 4-42 所示。

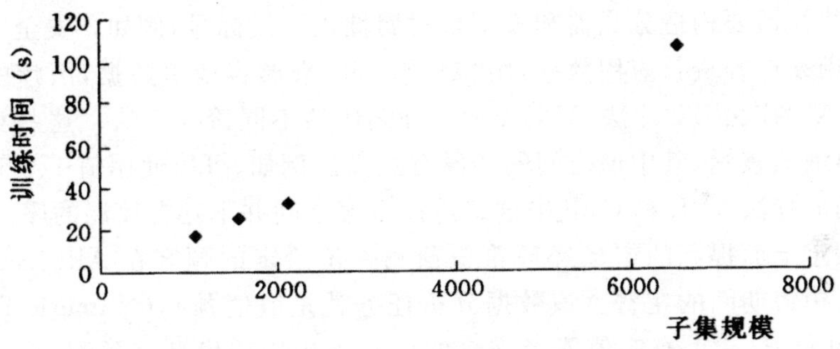

图 4-41　4 个子集的规模与训练时间的关系

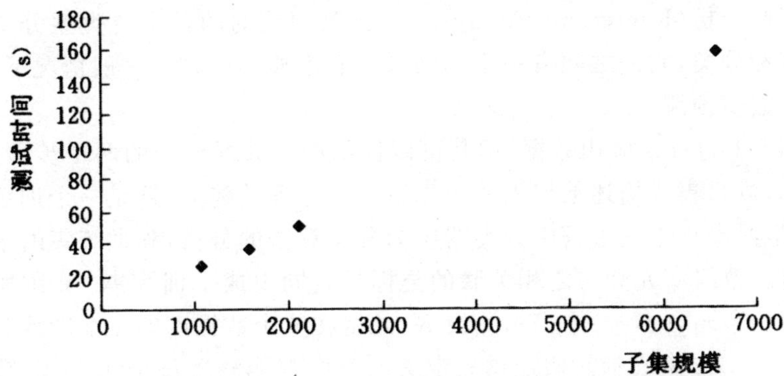

图 4-42　4 个子集的规模与测试时间的关系

第 5 章　数据分类和预测挖掘算法

数据库内容丰富，蕴含数据信息量大。数据的分类分析数据挖掘领域的核心技术，引发了国内外大量人员在分类知识领域进行了大量的研究工作，并使分类信息具有很强的实用性，分类数据挖掘也因此而被广泛应用于计算机系统领域。

5.1　分类和预测概述

数据分析的首要任务是分类（Classification），分类的首要任务是预测属性，往往需要构造分类器和模型来对属性预测做标号，例如，“安全”与“风险”常用来形容贷款应用数据，用“是”与“否”来形容销售数据，医疗中常用“疗法 A”“疗法 B”“疗法 C”来表示一种病历的不同诊疗方法。这些类属可以用离散值表示，其中值之间的序没有意义。例如，可以使用值 1、2 和 3 表示上面的疗法 A、B 和 C，其中这组治疗方案之间并不存在蕴涵的序。

假定上面提到的市场经理希望预测一位给定的顾客在 AllElectronics 的一次销售期间的花费。该数据分析任务就是数值预测（Numeric Prediction）的例子，一个有序值或者连续的函数可用构造模型来预测，将这类名称称为预测器（Predictor），其与属标号不同。数值预测最常用的统计学方法为回归分析（Regression Analysis）。预测问题的两种主要类型分别为数值预测和分类，它们之间有一定的联系也有本质的区别。一般情况下，预测是特指数值预测。

图 5-1 为贷款应用数据，用其可以详细展示数据分类的两个步骤过程。第一步，概念集或描述数据类的预先定义服务器的建立，这是一个训练阶段（或者学习步），这一过程中分类器应为分类算法的分析，和训练集的学习而被构造。数组库元和与之相关联的类标号共同组成了训练集。n 维属性向量 $X=(x_1,x_2,\cdots,x_n)$来表示元组 X，元组在 n 个数据库的 n 个度量分别用 $A_1,A_2,\cdots,A_n$ 来表示。假定预先定义的类中都能涵盖每个元组 X，数据库属性由称做类标号属性（Class Label Attribute）来确定。用无序和离散的类标号来表示每个值所充当的一个类。训练元组其实就是构成训练数据的

元组，其值是从分析收据库中选取的。在进行分类时，实例、标本、数据点或对象都是由数据元组所选取的。

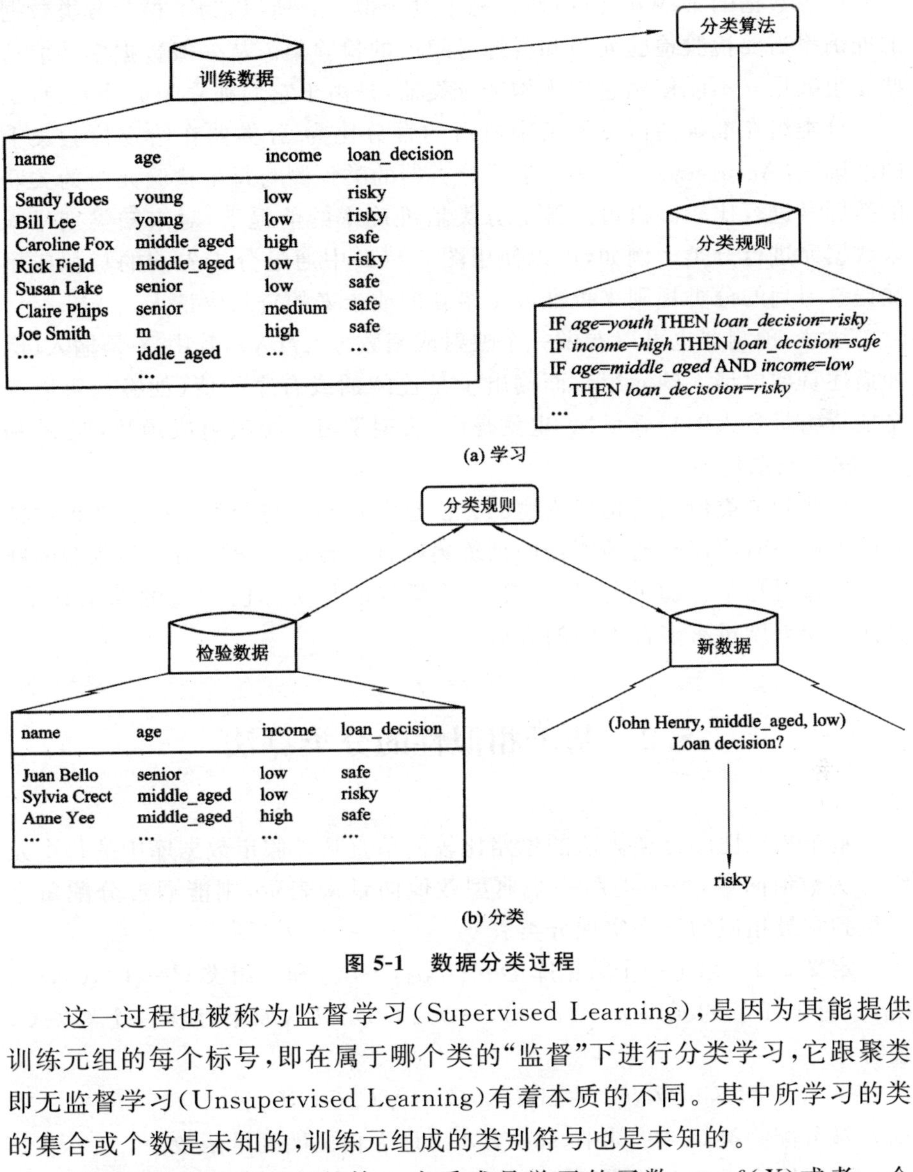

训练数据 → 分类算法 → 分类规则

name	age	income	loan_decision
Sandy Jdoes	young	low	risky
Bill Lee	young	low	risky
Caroline Fox	middle_aged	high	safe
Rick Field	middle_aged	low	risky
Susan Lake	senior	low	safe
Claire Phips	senior	medium	safe
Joe Smith	m iddle_aged	high	safe
…	…	…	…

IF *age=youth* THEN *loan_decision=risky*
IF *income=high* THEN *loan_dccision=safe*
IF *age=middle_aged* AND *income=low*
THEN *loan_decisoion=risky*
…

(a) 学习

分类规则

检验数据

name	age	income	loan_decision
Juan Bello	senior	low	safe
Sylvia Crect	middle_aged	low	risky
Anne Yee	middle_aged	high	safe
…	…	…	…

新数据

(John Henry, middle_aged, low)
Loan decision?

risky

(b) 分类

图 5-1　数据分类过程

这一过程也被称为监督学习(Supervised Learning)，是因为其能提供训练元组的每个标号，即在属于哪个类的“监督”下进行分类学习，它跟聚类即无监督学习(Unsupervised Learning)有着本质的不同。其中所学习的类的集合或个数是未知的，训练元组成的类别符号也是未知的。

其实也可将分类过程的第一步看成是学习的函数 $y=f(X)$ 或者一个映射，用于表示关联类标号 y。通常提供该映射分类的形式有数学公式、分类数据或决策树等。在如图 5-1 所示的例子中，该映射用分类规则表示，这些规则识别贷款申请者是安全的、还是有风险的[图 5-1(a)]。

如图 5-1(b)为数据分类的第二步，该分类中采用了模型进行分类。评估服务器的预测准确率是该步操作的首要任务，为了使评估变得更为乐观一般使用训练集来测量分类器的准确率，是因为在这一学习过程中它可能并入训练数据的某些异常点，使之趋于过分拟合。所以，为了检验分类数据的准确率需要检验检验元组和类标号组成的检验集。从一般数据中选取这些元组数据。不能使用它们来构造分类器，是由于它们独立于训练元组。

分类组在准确的监测元组中所占的百分比为 分类器在给定检验集上的准确率(Accuracy)。将该组学习分类器的类预测与每个检验元组的关联的类标号进行比较。再可以接受分类器准确率的前提下，对未知类别号未来数据元进行分类。例如，可以使用图 5-1(a)中通过分析先前的贷款应用数据学习到的分类规则来批准或拒绝新的或未来的贷款申请人。

注意，预测器也可以看做一个映射或函数 $y=f(X)$，其中 X 是输入(例如描述贷款申请人的元组)，而输出 y 是连续的或有序的值(如银行可以安全地贷给贷款人的贷款量)。也就是说，希望学习一个映射或函数，对 X 和 y 之间的联系建模。

预测和分类所用的构建模型的方法也不相同。与分类一样。在评估预测的准确率时应用构造预测器的训练集配合检验集一起使用。预测器的准确率通过对每个检验元组 X 计算 y 的预测值与实际已知值的差来评估。预测器误差度量有多种不同的方法。

5.2 基于相似性的分类算法

基于相似性的分类算法的思路比较简单直观。假定数据库中的每个元组 t_i 为数值向量，每个类用一个典型数值向量来表示，则能通过分配每个元组到它最相似的类来实现分类。

定义 5.1 给定一个数据库 $D=\{t_1,t_2,\cdots,t_n\}$ 和一组类 $C=\{C_1,C_2,\cdots,C_m\}$。对于任意的元组 $t_i=\{t_{i1},t_{i2},\cdots,t_{ik}\}\in D\subseteq R^k$，如果存在一个 $C_i\in C$，使得：

$$\mathrm{sim}(t_i,C_i)\geqslant \mathrm{sim}(t_i,C_p),\ \forall C_p\in C, C_p\neq C_i$$

则 t_i 被分配到类 C_i 中，其中，$\mathrm{sim}(t_i,C_i)$称为相似性度量函数。

下面的算法 5.1 举例阐述了简单的基于相似性的方法，假定每个类 C_i 用类中心来表示，每个元组必须和各个类的中心来比较，从而可以找出最近的类中心，得到确定的类别标记。

算法 5.1 基于相似性的分类算法(每个类 C_i 对应一个中心点)。

输入：每个类的中心 $C_1,C_2,\cdots,C_m$；待分类的元组 t。

输出：输出类别 c。

```
Dis=∞;        //距离初始化，此处使用距离作为相似性度量
FOR i=1 to m
IF dis(C_i,t)<Dist THEN {
c=i;
Dist=dis(C_i,t);
}
```

在算法 5.1 中类 $C=\{C_1,C_2,\cdots,C_m\}$ 的数目为 m，则对待分类的元组 t 进行分类的复杂度为 $O(m)$。算法 5.1 要求每个类 C_i 仅有一个中心点，然而在现实中经常每个类 C_i 可能有多个中心点或代表样本点。算法 5.2 是与其对应的算法。

算法 5.2　基于相似性的分类算法(每个类 C_i 对应多个中心点)。

输入：训练样本数据 $D=\{t_1,t_2,\cdots,t_n\}$ 和训练样本对应类属性值 $C=\{C_1,C_2,\cdots,C_m\}$；待分类的元组 t。

输出：输出类别 c。

```
Dist=∞;       //距离初始化，此处使用距离作为相似性度量
FOR i=1 to n
IF dis(t_i,t)<Dist THEN{
c=C_i
Dist=dis(t_i,t);
}
```

例 5-2　有 A、B、C 三个类如图 5-2(a)所示，图 5-2(b)给出了 18 个待分类的样例，图 5-2(c)给出了一种分类结果。

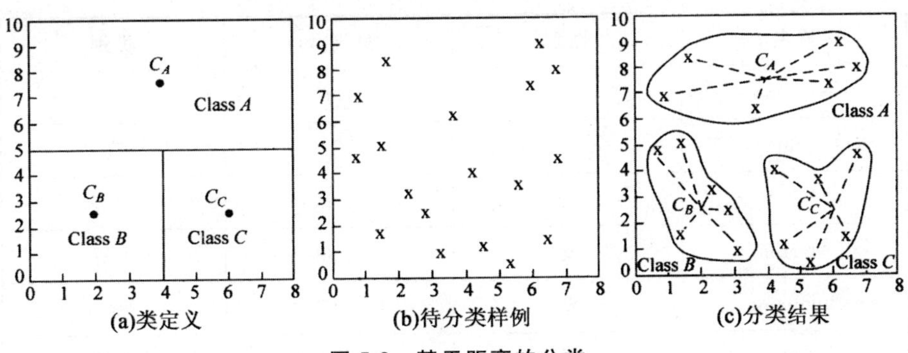

图 5-2　基于距离的分类

在图 5-2(a)中，代表每个类的向量可以通过计算每个类所表示区域的中心来确定，即类 A 的中心 C_A 为〈4,7.5〉，类 B 的中心 C_B 为〈2,2.5〉，类 C

的中心 C_C 为⟨6,2.5⟩。这样的话,通过计算每个元组到各类中心的距离就可以找出最相似的类,从而实现简单的分类技术。图 5-2(c)给出了分类结果,虚线代表了从每个样例到类中心的距离。

算法 5.3 k-最临近算法

输入:训练数据 T;

最临近数目 k;

待分类的元组 t。

输出:输出类别 c。

(1) $N=\Phi$;

(2) FOR each $d\in T$ DO BEGIN

(3) IF $|N|\leqslant k$ THEN

(4) $N=N\cup\{d\}$;

(5) ELSE

(6) IF $\exists\ u\in N$ such that $\mathrm{sim}(t,u)<\mathrm{sim}(t,d)$ THEN

(7) BEGIN

(8) $N=N-\{u\}$;

(9) $N=N\cup\{d\}$;

(10) END

(11) END

(12) c=class related to such $u\in N$ which has the most number;

例 5-1 对于表 5-1 给出的训练数据,采用最临近方法对元组⟨Pat,女,1.6⟩进行分类。

表 5-1 训练数据

姓名	性别	身高/m	类别
Kristina	女	1.6	矮
Jim	男	2	高
Maggie	女	1.9	中等
Martha	女	1.88	中等
Stephanie	女	1.7	矮
Bob	男	1.85	中等
Kathy	女	1.6	矮

续表

姓名	性别	身高/m	类别
Dave	男	1.7	矮
Worth	男	2.2	高
Steven	男	2.1	高
Debbie	女	1.8	中等
Todd	男	1.95	中等
Kim	女	1.9	中等
Amy	女	1.8	中等
Wynette	女	1.75	中等

假如只用高度参与距离计算，$k=5$。我们跟踪 k-最临近算法的执行：

对 T 的前 $k=5$ 个记录，$N=\{$〈Kristina，女，1.6〉、〈Jim，男，2〉、〈Maggie，女，1.9〉、〈Martha，女，1.88〉、〈Stephanie，女，1.7〉$\}$。

对 T 的第 6 个记录 $d=$〈Bob，男，1.85〉，得到 $N=\{$〈Kristina，女，1.6I〉、〈Bob，男，1.85〉、〈Maggie，女，1.9〉、〈Martha，女，1.88〉、〈Stephanie，女，1.7〉$\}$。

对 T 的第 7 个记录 $d=$〈Kathy，女，1.6〉，得到 $N=\{$〈Kristina，女，1.6〉、〈Bob，男，1.85〉、〈Kathy，女，1.6〉、〈Martha，女，1.88〉、〈Stephanie，女，1.7〉$\}$。

对 T 的第 8 个记录 $d=$〈Dave，男，1.7〉，得到 $N=\{$〈Kristina，女，1.6〉、〈Dave，男，1.7〉、〈Kathy，女，1.6〉、〈Martha，女，1.88〉、〈Stepha nie，女，1.7〉$\}$。

对 T 的第 9、10 个记录，没变化。

对 T 的第 11 个记录 $d=$〈Debbie，女，1.8〉，得到 $N=\{$〈Kristina，女，1.6〉、〈Dave，男，1.7〉、〈Kathy，女，1.6〉、〈Debbie，女，1.8〉、〈Stephanie，女，1.7〉$\}$。

对 T 的第 12～14 个记录，没变化。

对 T 的第 15 个记录 $d=$〈Wynette，女，1.75〉，得到 $N=\{$〈Kristina，女，1.6〉、〈Dave，男，1.7〉、〈Kathy，女，1.6〉〈Wynette，女，1.75〉、〈Stephanie，女，1.7〉$\}$。

最后的输出元组是〈Kristina，女，1.6〉、〈Dave，男，1.7〉、〈Kathy，女，1.6〉、〈Wynette，女，1.75〉和〈Stephanie，女，1.7〉。在这五项中，四个属于矮个儿，一个属于中等个儿。最终 k-最临近算法认为 Pat 为矮个儿。

5.3 决策树分类算法

5.3.1 决策树基本算法

1. 决策树生成算法

决策树一般为两叉树或多叉树，用一组有类别标记的例子来标记决策树生成算法的输入。用一个逻辑判断可以表示二叉树的内部节点(非叶子节点)，逻辑判断的形成可用 $a_i=v_i$ 来表示，a_i 为属性，v_i 为某一属性值，属于该属性。逻辑判断的分支结果为树的边。就多叉树而言，属性为其内部节点，该属性的所有取值构成了边，边数的多少与属性值相关，几个属性值，就对应几条边。类别标记为树的叶子节点。

自上而下的递归方法是构造决策树的常用方法，其具体思路是：按算法5.4的步骤①，用按照代表训练样本的单个节点开始构建树：树叶是由同一类的样本的节点所构成的，并用该标记进行步骤②和③将不同类的样本节点采用基于熵的度量的信息增益为启发信息，按照步骤④选择能使样本进行最好分类的信息，并按步骤⑤选取该节点测试或判定的属性。这一算法中的一切属性值都是离散值，是因为离散化适用连续值的属性。按步骤⑥～⑨将属性的每个已知值进行测试，并由测试值创建一个分支，以此为依据对样本进行划分。用同样的算法来构建递归式的样本决策树。如果一个属性在某一节点处出现，应当进行步骤⑨，而不是考虑其后代。

有以下条件中的一种，将会终止递归的划分步骤：

①步骤②和③能够顺利进行的前提是给定节点的所有样本属于同一类。

②进行步骤③时采用多数表决，表决的前提是对剩余属性的进一步划分。这一过程涉及用 samples 中的多数所在的类别标记将给定的节点转换成树叶的节点。

③若存在分支 test_attribute_ai 没有样本的情况时，以 samples 中的多数类创建一个树叶(步骤⑧)。

算法 5.4 Generate_decision_tree(决策树生成算法)。

输入：训练样本 samples，由离散值属性表示；候选属性的集合 attribute_list。

输出：由给定的训练数据产生一棵决策树。

①节点 N 的创建；

②IF samples 都在同一个类 CTHEN 返回 N 作为叶节点，以类 C 标记，并且 Return；

③IF attribute_list 为空 THEN 返回 N 作为叶节点，标记为 samples 中最普通的类，并且 Return；

④选择 attribute_list 中具有最高信息增益的属性 test_attribute；

⑤标记节点 N 为 test_attribute；

⑥FOR each test_attribute 中的已知值 a_i，由节点 N 长出一个条件为 test_attribute＝a_i 的分枝；

⑦设 s_i 是 samples 中 test_attribute＝a_i 的样本的集合；

⑧IF s_i 为空 THEN 加上一个树叶，标记为 samples 中最普通的类；

⑨ELSE 加上一个由 Generate_decision_tree(s_i，attribute_list-test_attribute)返回的节点。

如何选择好的逻辑判断或属性是构造好的决策树的关键。很多决策树可以适合同样一种例子。这时研究表明，越小的决策树有越强的预测能力，因此应该选择合适的产生分支的属性，构建最小的决策树。NP-难问题是构建决策树预见的最麻烦的问题，因此进行属性选择时只能采用启发式的策略。各种例子子集的不纯度(Impurity)度量方法是属性选择的主要依据。信息增益(Information Gain)、信息增益比(Gain Ratio)、J-measure、G统计、χ^2 统计、Gini-index、证据权重(Weight of Evidence)、距离度量(Distance Measure)正交法(Ortogonality Measure)、最小描述长度(MLP)和Relief 等，都是不纯度的度量方法。所采用的度量方式不同，产生的效果也各不相同，因此选择合适的度量方式尤为重要，尤其是在多值属性中度量方式对结果的影响最大。

2. 决策树修剪算法

实际所用的数据总是存在着很多缺陷：如缺少必需的数据而造成数据不完整；某些属性字段上缺值(Missing Values)；含噪音，数据的不准确，有时所用的数据甚至是错误的，下面将重点讨论噪声问题。

基本的决策树生成的决策树和训练的例子完全拟合，是因为这一过程中没有考虑噪声。在有噪声存在时，分类模型对训练数据的完全拟合使分类模型对现实数据的分类预测性能变差，是因为有噪声的情况下，完全拟合将导致过分拟合(Overfitting)。克服噪声的基本技术为剪枝，树也因为它的存在而变得更容易理解。

常用的剪枝策略有以下两种：

①预先剪枝(Pre-Pruning)。生成树的同时决定对不纯的训练子集的处理方式:是选择继续分类,还是停机。

②后剪枝(Post-Pruning)。包括拟合、简化(Fitting-and-simplifyin)两个阶段的剪枝处理方法。受限构建一颗决策树,该决策树的训练数据和生成数据完全吻合,然后开始剪枝,剪枝是从树叶开始剪,剪向树根的方向。测试数据集合(Tuning Set 或 Adjusting Set)是剪枝过程中所用到的,如果存在一个叶子,该叶子的剪去引起测试集上的准确度或其他测度不降低(不变得更坏);否则停机。理论上应该后剪切,使其干预先剪切,但实际过程中因为后剪切的计算复杂度过大,一般省略。

需要说明的是一些统计参数或阈值也存在于剪切系统中,剪枝并非适用于所有的数据集,并非能剪切的数据集就是好的集合,就像最小的决策树不一定是最好的决策树一样。

剪枝不适合过于稀疏的数据,是因为过分的剪枝有可能带来副作用,剪枝也是具有偏向性的,对有些数据的效果很好,对有些数据的效果并不是特别理想。

5.3.2 ID3 分类算法

1. 信息熵

熵(Entropy,也叫信息熵)用来度量一个属性的信息量。假定 S 为训练集,S 的目标属性 C 具有 m 个可能的类标号值,$C=\{C_1,C_2,\cdots,C_m\}$,假定训练集 S 中,C_i 在所有样本中出现的频率为 p_i $(i=1,2,\cdots,m)$,则该训练集 S 所包含的信息熵定义为

$$\text{Entropy}(S)=\text{Entropy}(p_1,p_2,\cdots,p_m)=-\sum_{i=1}^{m}p_i\log_2 p_i$$

熵越小,表示样本对目标属性的分布越纯。特别地,熵为 0 则意味着所有样本的目标属性取值相同。反之,熵越大,表示样本对目标属性分布越混乱。当 S 只包含一类记录时取得最小值 0,当 S 中不同类别的记录数相当时,取得最大值 $\log_2 m$,m 为类别的个数,对于两个类别来说,最大值为 1。

2. 信息增益

信息增益是划分前样本数据集的不纯程度(熵)和划分后样本数据集的不纯程度(熵)的差值。假设划分前样本数据集为 S,并用属性 A 来划分样本集 S,则按属性 A 划分 S 的信息增益 $\text{Gain}(S,A)$ 为样本集 S 的熵减去按

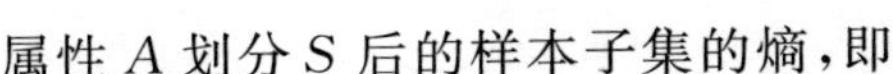

属性 A 划分 S 后的样本子集的熵，即

$$\text{Gain}(S,A)=\text{Entropy}(S)-\text{Entropy}_A(S)$$

按属性 A 划分 S 后的样本子集的熵定义如下：假定属性 A 有 k 个不同的取值，从而将 S 划分为 k 个样本子集 $\{S_1,S_2,\cdots,S_k\}$，则按属性 A 划分 S 后的样本子集的信息熵为

$$\text{Entropy}_A(S)=\sum_{i=1}^{k}\frac{|S_i|}{|S|}\text{Entropy}(S_i)$$

其中，$|S_i|$ $(i=1,2,\cdots,k)$ 为样本子集 S_i 中包含的样本数，$|S|$ 为样本集 S 中包含的样本数。

信息增益越大，说明使用属性 A 划分后的样本子集越纯，越有利于分类。

例 5-3　考虑数据集 weather，如表 5-2 所示，分析 ID3 构建决策树的详细过程。

表 5-2　weather 数据集

outlook	temperature	humidity	wind	play ball
sunny	hot	high	weak	no
sunny	hot	high	strong	no
overcast	hot	high	weak	yes
rain	mild	high	weak	yes
rain	cool	normal	weak	yes
rain	cool	normal	strong	no
overcast	cool	normal	strong	yes
sunny	mild	high	weak	no
sunny	cool	normal	weak	yes
rain	mild	normal	weak	yes
sunny	mild	normal	strong	yes
overcast	mild	high	strong	yes
overcast	hot	normal	weak	yes
rain	mild	high	strong	no

解：数据集 weather 具有属性{outlook，temperature，humidity，wind}，每个属性的取值分别为 outlook＝{sunny，overcast，rain}，temperature＝{hot，mild，cool}，humidity＝{high，normal}，wind＝{weak，strong}，ID3 对 weather 数据

集建立决策树的过程如下：

(1)首先计算所有属性划分数据集 S 所得的信息增益值，寻找增益值最大的属性作为根节点的最佳决策属性：

$$\begin{aligned}\text{Entropy}_{\text{outlook}}(S) &= \sum_{i=1}^{k} \frac{|S_i|}{|S|}\text{Entropy}(S_i) = \frac{|S_1|}{|S|}\text{Entropy}(S_1) + \\ &\quad \frac{|S_2|}{|S|}\text{Entropy}(S_2) + \frac{|S_3|}{|S|}\text{Entropy}(S_3) \\ &= \frac{5}{14}\left(-\frac{2}{5}\log_2\frac{2}{5} - \frac{3}{5}\log_2\frac{3}{5}\right) + \\ &\quad \frac{4}{14}\left(-\frac{4}{4}\log_2\frac{4}{4} - \frac{0}{4}\log_2\frac{0}{4}\right) + \\ &\quad \frac{5}{14}\left(-\frac{3}{5}\log_2\frac{3}{5} - \frac{2}{5}\log_2\frac{2}{5}\right) \\ &= 0.694\end{aligned}$$

$$\text{Gain}(S, \text{outlook}) = \text{Entropy}(S) - \text{Entropy}_{\text{outlook}}(S) = 0.94 - 0.694 = 0.246$$

$$\begin{aligned}\text{Entropy}_{\text{temperature}}(S) &= \sum_{i=1}^{k} \frac{|S_i|}{|S|}\text{Entropy}(S_i) = \frac{|S_1|}{|S|}\text{Entropy}(S_1) + \\ &\quad \frac{|S_2|}{|S|}\text{Entropy}(S_2) + \frac{|S_3|}{|S|}\text{Entropy}(S_3) \\ &= \frac{4}{14}\left(-\frac{2}{4}\log_2\frac{2}{4} - 2\log_2\frac{2}{4}\right) + \\ &\quad \frac{6}{14}\left(-\frac{4}{6}\log_2\frac{4}{6} - \frac{2}{6}\log_2\frac{2}{6}\right) + \\ &\quad \frac{4}{14}\left(-\frac{3}{4}\log_2\frac{3}{4} - \frac{1}{4}\log_2\frac{1}{4}\right) \\ &= 0.911\end{aligned}$$

$$\begin{aligned}\text{Gain}(S, \text{temperature}) &= \text{Entropy}(S) - \text{Entropy}_{\text{temperature}}(S) \\ &= 0.94 - 0.911 = 0.029\end{aligned}$$

$$\begin{aligned}\text{Entropy}_{\text{humidity}}(S) &= \sum_{i=1}^{k} \frac{|S_i|}{|S|}\text{Entropy}(S_i) = \frac{|S_1|}{|S|}\text{Entropy}(S_1) + \\ &\quad \frac{|S_2|}{|S|}\text{Entropy}(S_2) \\ &= \frac{7}{14}\left(-\frac{3}{7}\log_2 3 - \frac{4}{7}\log_2\frac{4}{7}\right) + \\ &\quad \frac{7}{14}\left(-\frac{6}{7}\log_2\frac{6}{7} - \frac{1}{7}\log_2\frac{1}{7}\right) \\ &= 0.788\end{aligned}$$

$$\text{Gain}(S, \text{humidity}) = \text{Entropy}(S) - \text{Entropy}_{\text{humidity}}(S) = 0.94 - 0.788 = 0.152$$

$$\text{Gain}(S,\text{wind}) = 0.049$$

根据计算结果，outlook 属性具有最高信息增益值，被选为根节点的决策属性。

(2)以 outlook 作为根节点，并以 outlook 的可能取值建立分支。因为 outlook 有 3 个取值，所以对根节点建立 3 个分支{sunny，overcast，rain}，图 5-3 是以 outlook 为根节点的划分结果。

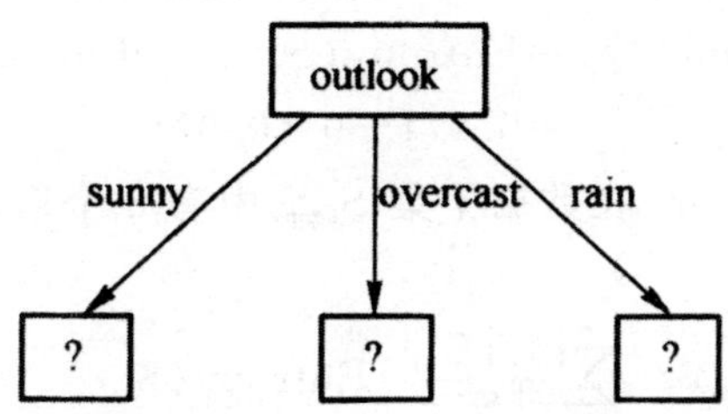

图 5-3　以 outlook 为根节点的划分

(3)通过计算确定最佳划分根节点 3 个分支的决策属性，即哪些属性分别用来最佳划分根节点的 sunny 分支、overcast 分支和 rain 分支。首先对 outlook 的 sunny 分支建立子树。

找出数据集中 outlook 取值为 sunny 的样本子集 S_{sunny}，如表 5-3 所示，然后依次计算剩下三个属性对该样本子集 S_{sunny} 划分后的信息增益。

表 5-3　weather 数据集中 outlook 取值为 sunny 的数据子集 S_{sunny}

outlook	temperature	humidity	wind	play ball
sunny	hot	high	weak	no
sunny	hot	high	strong	no
sunny	mild	high	weak	no
sunny	cool	normal	weak	yeS
sunny	mild	normal	strong	yes

在样本子集 S_{sunny} 中，类标号信息为：play ball＝yes 的比率为 2/5，play ball＝no 的比率为 3/5，因此子集 S_{sunny} 的熵为

$$\text{Entropy}(S_{sunny}) = \text{Entropy}\left(\frac{3}{5},\frac{2}{5}\right) = -\frac{3}{5}\log\frac{3}{5} - \frac{2}{5}\log\frac{2}{5} = 0.971$$

①属性 humidity 在数据子集 S_{sunny} 中有 2 个取值{high，normal}，且不同取值下类标号取值相同，即

$$\begin{aligned}\text{Entropy}_{\text{humidity}}(S_{\text{sunny}}) &= \sum_{i=1}^{k}\frac{|S_i|}{|S_{\text{sunny}}|}\text{Entropy}(S_i)\\ &= \frac{|S_1|}{|S_{\text{sunny}}|}\text{Entropy}(S_1)+\frac{|S_2|}{|S_{\text{sunny}}|}\text{Entropy}(S_2)\\ &= \frac{3}{5}\times 0+\frac{3}{5}\times 0=0\end{aligned}$$

因此，属性 humidity 划分子集 S_{sunny}的信息增益值为

$$\begin{aligned}\text{Gain}(S_{\text{sunny}},\text{humidity}) &= \text{Entropy}(S_{\text{sunny}})-\text{Entropy}_{\text{humidity}}(S_{\text{sunny}})\\ &= 0.971-0=0.971\end{aligned}$$

②属性 temperature 在数据子集 S_{sunny} 中有 3 个取值{hot，mild，cool}，其熵值为

$$\begin{aligned}\text{Entropy}_{\text{temperature}}(S_{\text{sunny}}) &= \sum_{i=1}^{k}\frac{|S_i|}{|S_{\text{sunny}}|}\text{Entropy}(S_i)\\ &= \frac{|S_1|}{|S_{\text{sunny}}|}\text{Entropy}(S_1)+\frac{|S_2|}{|S_{\text{sunny}}|}\text{Entropy}(S_2)+\\ &\quad \frac{|S_3|}{|S_{\text{sunny}}|}\text{Entropy}(S_3)\\ &= \frac{2}{5}\times 0+\frac{2}{5}\times\left(-\frac{1}{2}\log\frac{1}{2}-\frac{1}{2}\times\log\frac{1}{2}\right)+\frac{1}{5}\times 0\\ &= 0.4\end{aligned}$$

因此，属性 temperature 划分子集 S_{sunny}的信息增益值为

$$\begin{aligned}\text{Gain}(S_{\text{sunny}},\text{temperature}) &= \text{Entropy}(S_{\text{sunny}})-\text{Entropy}_{\text{temperature}}(S_{\text{sunny}})\\ &= 0.971-0.4=0.571\end{aligned}$$

③属性 wind 在数据子集 S_{sunny}中有 2 个取值{weak，strong}，其熵值为

$$\begin{aligned}\text{Entropy}_{\text{wind}}(S_{\text{sunny}}) &= \sum_{i=1}^{k}\frac{|S_i|}{|S_{\text{sunny}}|}\text{Entropy}(S_i)\\ &= \frac{|S_1|}{|S_{\text{sunny}}|}\text{Entropy}(S_1)+\frac{|S_2|}{|S_{\text{sunny}}|}\text{Entropy}(S_2)\\ &= \frac{3}{5}\times\left(-\frac{1}{3}\log\frac{1}{3}-\frac{2}{3}\times\log\frac{2}{3}\right)+\frac{2}{5}\times\\ &\quad \left(-\frac{1}{2}\log\frac{1}{2}-\frac{1}{2}\times\log\frac{1}{2}\right)=0.6\end{aligned}$$

因此，属性 wind 划分子集 Sunny 的信息增益值为

$$\begin{aligned}\text{Gain}(S_{\text{sunny}},\text{wind}) &= \text{Entropy}(S_{\text{sunny}})-\text{Entropy}_{\text{wind}}(S_{\text{sunny}})\\ &= 0.971-0.6=0.371\end{aligned}$$

根据计算结果知道，humidity 具有最高信息增益值，因此它被选为 outlook 节点下 sunny 分支节点的决策属性，图 5-4 所示为 sunny 分支的划分过程。

(4)以同样的方法依次对 outlook 的 overcast 分支和 rain 分支建立子树，最后得到一棵决策树如图 5-5 所示。

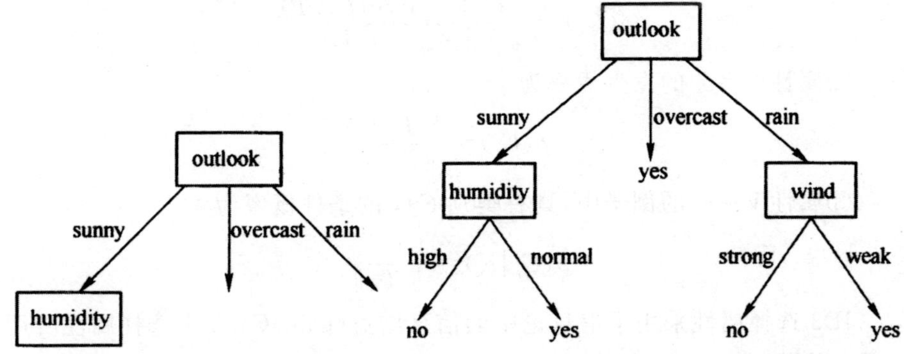

图 5-4　sunny 分支的划分　　　　图 5-5　weather 数据集的 ID3 决策树

依据建好的决策树，预测未知样本 $X=\{\text{rain},\text{hot},\text{normal},\text{weak},?\}$ 在类标号属性 play ball 上所属的分类。方法如下：首先匹配根节点 outlook，样本 X 取值为 rain，测试结果为当前节点的 rain 分支，于是往下匹配 wind 节点，样本 X 取值为 weak，测试结果为当前节点的 weak 分支，往下到达叶节点，类标号取值为 yes，即样本 X 的 play ball 属性预测结果为 yes。

5.3.3　C4.5 算法

C4.5 是在 ID3 基础上发展起来的决策树生成算法。C4.5 的性能主要体现在下面几个方面，克服了 ID3 在应用中存在的不足。

①选取属性时采用信息增益率，而不是信息增益，其目的是克服信息增益偏向选择值多的属性的不足。

②剪枝便随树的构造过程，已完成构造的树仍然可以剪枝。

③连续属性的离散化也可实现。

④能对未知的属性值等不完整数据进行处理。

⑤以决策树为 C4.5 知识表示形式，产生式规则为 C4.5 算法的最终规则。

1. 构造决策树

设数据集为 T，$\{C_1,C_2,\cdots,C_k\}$ 为类别集合，T 被属性 V 分为多个子集。设 V 有互不重合的 n 个取值$\{v_1,v_2,\cdots,v_n\}$，则 $T_1,T_2,\cdots,T_n$ 为 T 的 n 个子集，v_i 是 T_i 的所有实例取值。

令数据集 T 的例子数为 $\|T\|$，当 $V=v_i$ 时，其例子数为 $\|T_i\|$，C_j 类的例子数为 $\|C_j\|=\text{freq}(C_j,T)$，$V=v_i$ 的例子数是 $\|C_{jv}\|$，具有 C_j 类别

例子数。则有：

①$p(C_j)$为类别 C_j 发生的概率

$$p(C_j)=\frac{\| C_j \|}{\| T \|}=\frac{\text{freq}(C_j, T)}{\| T \|}$$

②属性 $V=\upsilon_i$ 的发生概率为

$$p(C_j)=\frac{\| T_i \|}{\| T \|}$$

③属性 $V=\upsilon_i$ 的例子中，具有类别 C_jG 的条件概率为

$$p(C_j \mid \upsilon_i)=\frac{\| C_{ij} \|}{\| T_i \|}$$

ID3 选择属性采用了信息论中的信息增益(gain)C4.5 中选择属性所用的是信息增益率(gain-ratio)。

(1)类别的信息熵

$$\begin{aligned} H(C) &= -\sum_j p(C_j)\text{lb}p(C_j) = -\sum_j \frac{\| C_{ij} \|}{\| T_i \|}\text{lb}\frac{\| C_{ij} \|}{\| T_i \|} \\ &= \sum_j \frac{\text{freq}(C_j, T)}{\| T_i \|}\text{lb}\left(\frac{\text{freq}(C_j, T)}{\| T_i \|}\right) \\ &= \text{info}(T) \end{aligned}$$

(2)类别条件熵

按照属性 V 把集合 T 分割，分割后的类别条件熵为

$$\begin{aligned} H(C/V) &= -\sum_j p(C_j)\sum_j p(C_j \mid \upsilon)\text{lb}p(C_j \mid \upsilon) \\ &= -\sum_j \frac{\| T_i \|}{\| T \|}\sum_j \frac{\| C_{j\upsilon} \|}{\| T_i \|}\text{lb}\left(\frac{\| C_{j\upsilon} \|}{\| T_i \|}\right) \\ &= -\sum_j \frac{\| T_i \|}{\| T \|}\times \text{inf o}(T_i) = \text{inf o}_\upsilon(T) \\ &= \text{inf o}(T) \end{aligned}$$

(3)信息增益(gain)

信息增益，即互信息。可表示为

$$\begin{aligned} I(C,V) &= H(C)-H(C/V)=\text{inf o}(T)-\text{inf o}_\upsilon(T) \\ &= \text{gain}(V) \end{aligned}$$

(4)属性 V 的信息熵

$$\begin{aligned} H(C/V) &= -\sum_i P(\upsilon_i)\text{lb}P(\upsilon_i) \\ &= -\sum_{i=1}^{n} \frac{\| T_i \|}{\| T \|}\times \text{lb}\left(\frac{\| T_i \|}{\| T \|}\right) \\ &= \text{split\_info}(V) \end{aligned}$$

(5)信息增益率

$$\mathrm{gain\_ratio}(V)=\frac{I(C,V)}{H(V)}=\frac{\mathrm{gain}(V)}{\mathrm{split\_info}(V)}$$

C4.5 与 ID3 方法相比能够克服选择偏向取值多的属性。

2. 处理属性的连续性

处理属性连续性的功能在 ID3 中是不存在的。C4.5 便能实现连续属性的处理,设 T 集合中,$\{v_1,v_2,\cdots,v_n\}$为连续属性 A 的取值,则任何在 v_i 和 v_{i+1}之间的任意取值将实例集合分成两部分。

$$T_1=\{t\,|\,A\leqslant v_i\};T_2=\{t\,|\,A>v_i\} \tag{4-19}$$

不难看出分割方式有 $m-1$ 种。

以 $m-1$ 种分割方式的任何一种可能形式为该连续属性的 2 个离散值,以它们为重新构建的离散值,来对每个分割的信息增益率计算 $\mathrm{gain\_ratio}(v_i)$ 进行计算,属性 A 的分枝由 $m-1$ 种分割中的最大增益率承担,即:

$$\mathrm{thrhold}(V)=v_k \tag{4-20}$$

其中 $\mathrm{gain_ratio}(v_k)=\max\limits_i[\mathrm{gain_ratio}(v_i)]$或 $v_k=\arg\{\max\limits_i[\mathrm{gain\_ratio}(v_i)]\}$。

图 5-6 为连续属性 A 分割图。

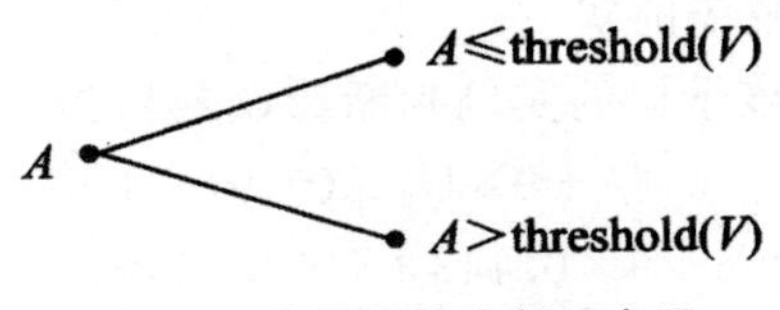

图 5-6　连续属性分割示意图

3. 决策树剪枝

C4.5 的决策树相对要复杂得多,是因为它受到随机和噪音因素的影响,因此,剪枝操作是必不可少的。

(1)剪枝策略

以下是 C4.5 常用的两种剪枝策略:

①决策树是否扩展和扩展的程度在树的生成过程中应该及时考虑。停止扩展,意味着该节点下的其他分支将被剪去。

②剪去已生成树上的某个分枝和节点。

方法二是 C4.5 常采用的剪枝方法。剪枝后的节点用一个类分布来描述,即某一节点属于某一类的概率是多少,剪枝后的叶节点不再是一类实例。

(2)基于误差的剪枝

用叶节点替代一个或者多个子树为决策树的剪枝，该节点的类别为概率最高的类。子树被其他树枝代换也是C4.5中常见的现象之一。

若原子树被树枝或者叶节点替代后，误差率明显降低，则原子树就可以用该树枝或者节点所替代。图5-7中原子树被一叶子点替换。

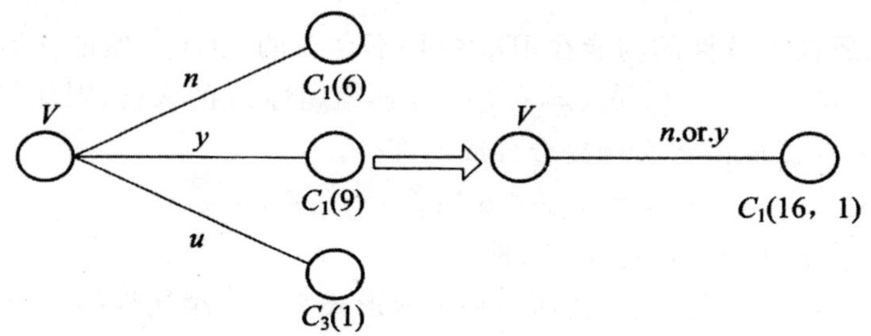

图5-7 用一个叶子点替换原子树示意图

(3)判断误差率

设E个错误存在于一个叶节点中，该叶节点由N个实例构成，具体信任的实例为CF，用二项分布$U_{CF}(E,N)$来计算该实例的错判概率，并且此实例的错判概率就是二项分布$U_{CF}(E,N)$，那么N个实例判断错误的数目为$N\times U_{CF}(E,N)$。所有叶节点的总和构成了子树的错误数目。例如：

上例中括号内为覆盖的实例。

设$CF=0.25$，则该子树的实例判断错误数目为

$$\begin{aligned}&6\times U_{0.25}(0,6)+9\times U_{0.25}(0,9)+1\times U_{0.25}(0,1)\\&=6\times 0.206+9\times 0.143+1\times 0.750\\&=3.273\end{aligned}$$

若以一个叶节点C_1代替该子树，则16个实例中有一个错误(C_3)，误判实例数目为

$$6\times U_{0.25}(1,16)=16\times 0.171=2.736$$

由于判断错误数目小于上述子树，则以该叶节点代替子树。

4. C4.5算法处理流程

C4.5算法处理流程如图5-8所示。

例5-4 以表5-2中的weather数据集(全部为分类属性)为例，分析C4.5构建决策树的详细过程。

解:数据集weather具有属性{outlook,temperature,humidity wind}，每个属性的取值分别为outlook={sunny,overcast,rain}，temperature={hot,mild,cool}，humidity={high,normal}，wind={weak,strong}，C4.5

对 weather 数据集建立决策树的过程如下：

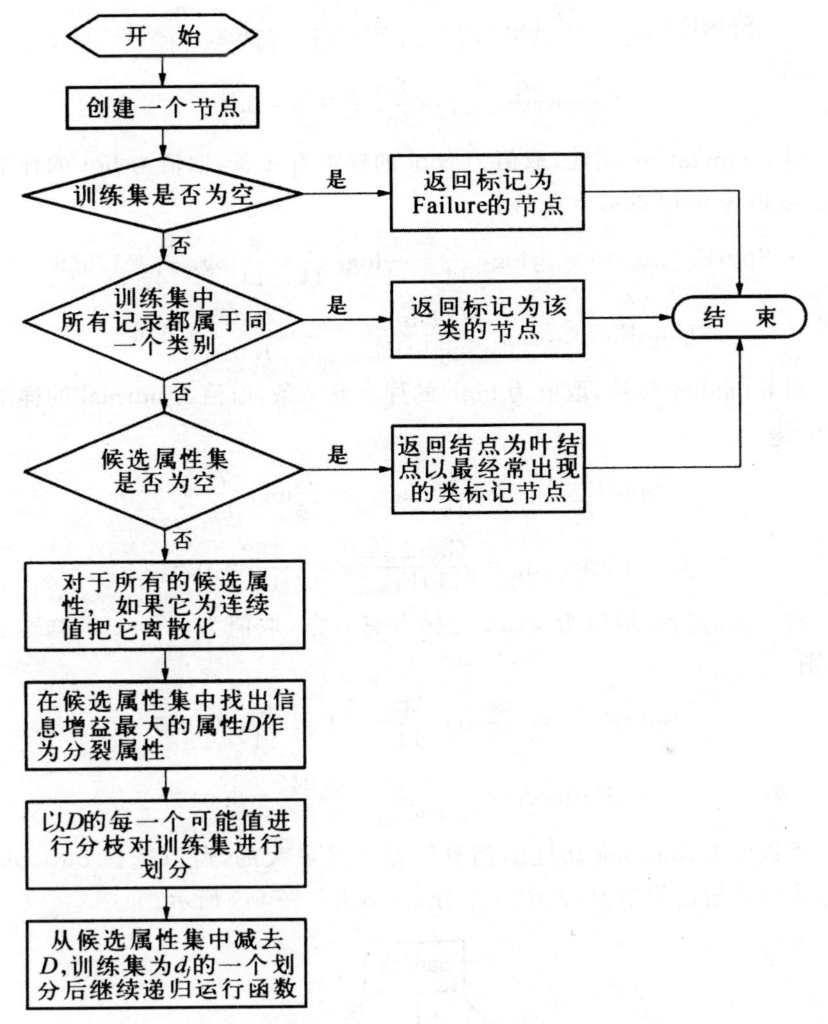

图 5-8 C4.5 算法处理流程

(1)采用例 5-4 方法，计算所有属性划分数据集 S 所得的信息增益分别如下：

$$\text{Gain}(S, \text{outlook}) = 0.246$$

$$\text{Gain}(S, \text{temperature}) = 0.029$$

$$\text{Gain}(S, \text{humidity}) = 0.152$$

$$\text{Gain}(S, \text{wind}) = 0.049$$

(2)计算各属性的分裂信息和信息增益率。

对 outlook 属性，取值为 overcast 的样本有 4 条，取值为 rain 的样本有

5 条,取值为 sunny 的样本有 5 条,则

$$\text{SplitE}_{\text{outlook}}=-\frac{5}{14}\log_2\frac{5}{14}-\frac{4}{14}\log_2\frac{4}{14}-\frac{5}{14}\log_2\frac{5}{14}=1.576$$

$$\text{GainRatio}_{\text{outlook}}=\frac{\text{Gain}_{\text{outlook}}}{\text{SplitE}_{\text{outlook}}}=0.44$$

对 temperature 属性,取值为 cool 的样本有 4 条,取值为 hot 的样本有 4 条,取值为 mild 的有 6 条,则

$$\text{SplitE}_{\text{temperature}}=-\frac{4}{14}\log_2\frac{4}{14}-\frac{4}{14}\log_2\frac{4}{14}-\frac{6}{14}\log_2\frac{6}{14}=1.556$$

$$\text{GainRatio}_{\text{temperature}}=\frac{\text{Gain}_{\text{temperature}}}{\text{SplitE}_{\text{temperature}}}=\frac{0.029}{1.556}0.019$$

对 humidity 属性,取值为 high 的样本有 7 条,取值为 normal 的样本有 7 条,则

$$\text{SplitE}_{\text{humidity}}=-\frac{7}{14}\log_2\frac{7}{14}-\frac{7}{14}\log_2\frac{7}{14}=1$$

$$\text{GainRatio}_{\text{humidity}}=\frac{\text{Gain}_{\text{humidity}}}{\text{SplitE}_{\text{humidity}}}=\frac{0.152}{1}=0.152$$

对 wind 属性,取值为 weak 的样本有 8 条,取值为 strong 的样本有 6 条,则

$$\text{SplitE}_{\text{wind}}=-\frac{8}{14}\log_2\frac{8}{14}-\frac{6}{14}\log_2\frac{6}{14}=0.985$$

$$\text{GainRatio}_{\text{wind}}=\frac{\text{Gain}_{\text{wind}}}{\text{SplitE}_{\text{wind}}}=\frac{0.049}{0.985}=0.0497$$

可以看出,outlook 属性的信息增益率是最大的,所以选择 outlook 属性作为决策树的根节点,产生 3 个分支,结果如图 5-9 所示。

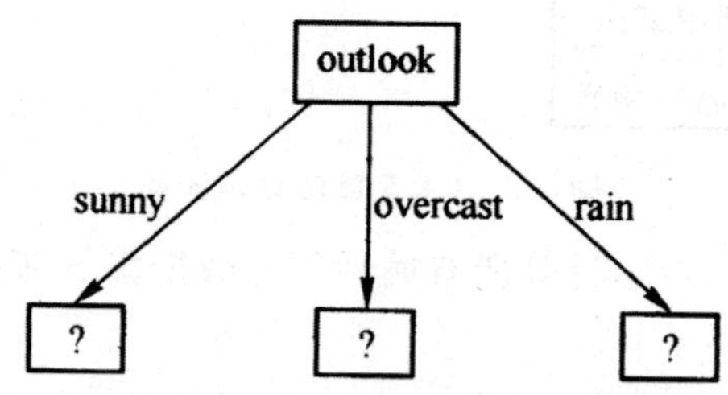

图 5-9　outlook 为根节点的划分

(3)计算确定最佳划分根节点 3 个分支的决策属性,即确定哪些属性分别用来最佳划分根节点的 sunny 分支、overcast 分支和 rain 分支。

首先对 outlook 的 sunny 分支建立子树,找出数据集 weather 中 outlook 取值为 sunny 的样本子集 S_{sunny},如表 5-4 所示,然后依次计算剩下三个属性对该样本子集 S_{sunny} 划分后的信息增益率。

表 5-4　weather 数据集中 outlook 取值为 sunny 的数据子集 S_{sunny}

outlook	temperature	humidity	wind	play ball
sunny	hot	high	weak	no
sunny	hot	high	strong	no
sunny	mild	high	weak	no
sunny	cool	normal	weak	yes
sunny	mild	normal	strong	yes

根据例 5-4，在样本子集 S_{sunny} 中：

①属性 humidity 划分子集 S_{sunny} 的信息增益、分裂信息及信息增益率为

$$\text{Gain}(S_{sunny},\text{humidity})=0.971$$

$$\text{SplitE}(S_{sunny},\text{humidity})=-\frac{3}{5}\log_2\frac{3}{5}-\frac{2}{5}\log_2\frac{2}{5}=0.971$$

$$\text{GainRatio}(S_{sunny},\text{humidity})=\frac{\text{Gain}(S_{sunny},\text{humidity})}{\text{SplitE}(S_{sunny},\text{humidity})}=\frac{0.971}{0.971}=1$$

②属性 temperature 划分子集 S_{sunny} 的信息增益、分裂信息及信息增益率为

$$\text{Gain}(S_{sunny},\text{temperature})=0.571$$

$$\text{SplitE}(S_{sunny},\text{temperature})=-\frac{2}{5}\log_2\frac{2}{5}-\frac{2}{5}\log_2\frac{2}{5}-\frac{1}{5}\log_2\frac{1}{5}=1.521$$

$$\text{GainRatio}(S_{sunny},\text{temperature})=\frac{\text{Gain}(S_{sunny},\text{temperature})}{\text{SplitE}(S_{sunny},\text{temperature})}=\frac{0.571}{1.521}=0.375$$

③属性 wind 划分子集 S_{sunny} 的信息增益、分裂信息及信息增益率为

$$\text{Gain}(S_{sunny},\text{wind})=0.371$$

$$\text{SplitE}(S_{sunny},\text{wind})=-\frac{3}{5}\log_2\frac{3}{5}-\frac{2}{5}\log_2\frac{2}{5}=0.971$$

$$\text{GainRatio}(S_{sunny},\text{wind})=\frac{\text{Gain}(S_{sunny},\text{wind})}{\text{SplitE}(S_{sunny},\text{wind})}=\frac{0.371}{0.971}=0.382$$

根据计算结果知道 humidity 具有最高信息增益率，因此它被选为 outlook 节点下 sunny 分支节点的决策属性，图 5-10 为 sunny 分支的划分过程。

(4)接下来计算确定最佳划分根节点 outlook 的 overcast 分支。首先找出数据集 weather 中 outlook 取值为 overcast 的样本子集 $S_{overcast}$ 如表 5-5 所示，显然子集 $S_{overcast}$ 中全部取类标号 yes，因此给该分支增加一个叶节点，类标号为 yes，结果如图 5-11 所示。

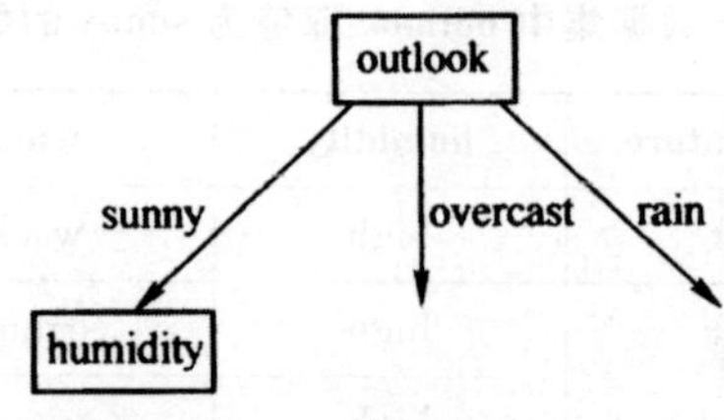

图 5-10　sunny 分支的划分

表 5-5　weather 数据集中 outlook 取值为 overcast 的数据子集 $S_{overcast}$

outlook	temperature	humidity	wind	play ball
overcast	hot	high	weak	yes
overcast	cool	normal	strong	yes
overcast	mild	high	strong	yes
overcast	hot	normal	weak	yeS

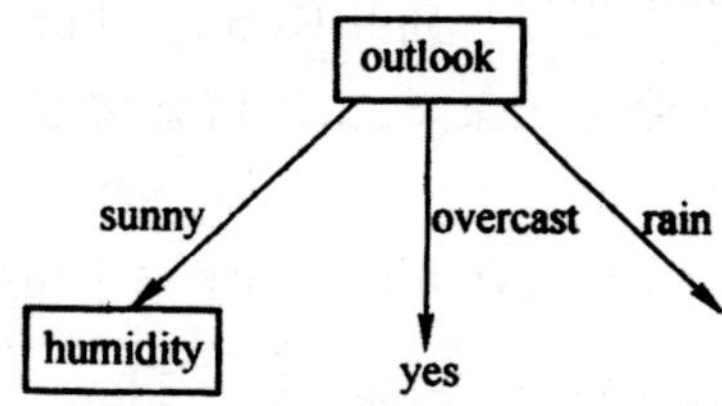

图 5-11　overcast 分支的划分

(5)计算确定最佳划分根节点 outlook 的 rain 分支。首先找出数据集 weather 中 outlook 取值为 rain 的样本子集品 S_{rain}，如表 5-6 所示。在 $S_{overcast}$ 中，Play ball 取 yes 的有 3 个，取 no 的有 2 个。分别计算剩余属性{temperature，wind}对 $S_{overcast}$ 划分后的信息增益率，取信息增益率大的那个属性作为该节点的决策属性，计算结果如下

①$\text{Entropy}(S_{rain})=\text{Entropy}\left(\frac{3}{5},\frac{2}{5}\right)=-\frac{3}{5}\log_2\frac{3}{5}-\frac{2}{5}\log_2\frac{2}{5}=0.971$

②属性 temperature 划分子集 S_{rain} 的信息增益、分裂信息及信息增益率为

$$\begin{aligned}\text{Entropy}_{temperature}(S_{rain})&=\sum_{i=1}^{k}\frac{|S_i|}{|S|}\text{Entropy}(S_i)\\&=\frac{|S_1|}{|S|}\text{Entropy}(S_1)+\frac{|S_2|}{|S|}\text{Entropy}(S_2)\\&=\frac{3}{5}\times\left(-\frac{2}{3}\log_2\frac{2}{3}-\frac{1}{3}\times\log_2\frac{1}{3}\right)+\frac{2}{5}\times\end{aligned}$$

$$\left(-\frac{1}{2}\log_2\frac{1}{2}-\frac{1}{2}\times\log_2\frac{1}{2}\right)=0.9509$$

$$\begin{aligned}\text{Gain}(S_{\text{rain}},\text{temperature})&=\text{Entropy}(S_{\text{rain}})-\text{Entropy}_{\text{temperature}}(S_{\text{rain}})\\&=0.971-0.9509=0.02\end{aligned}$$

$$\text{SplitE}(S_{\text{rain}},\text{temperature})=-\frac{3}{5}\log_2\frac{3}{5}-\frac{2}{5}\log_2\frac{2}{5}=0.971$$

$$\begin{aligned}\text{GainRatio}(S_{\text{rain}},\text{temperature})&=\frac{\text{Gain}(S_{\text{rain}},\text{temperature})}{\text{SplitE}(S_{\text{rain}},\text{temperature})}\\&=\frac{0.02}{0.971}=0.0205\end{aligned}$$

③属性 wind 划分子集 S_{rain} 的信息增益、分裂信息及信息增益率为

$$\begin{aligned}\text{Entropy}_{\text{wind}}(S_{\text{rain}})&=\sum_{i=1}^{k}\frac{|S_i|}{|S|}\text{Entropy}(S_i)\\&=\frac{|S_1|}{|S|}\text{Entropy}(S_1)+\frac{|S_2|}{|S|}\text{Entropy}(S_2)\\&=\frac{3}{5}\times0+\frac{2}{5}\times0=0\end{aligned}$$

$$\text{Gain}(S_{\text{rain}},\text{wind})=\text{Entropy}(S_{\text{rain}})-\text{Entropy}_{\text{wind}}(S_{\text{rain}})=0.971-0=0.971$$

$$\text{SplitE}(S_{\text{rain}},\text{wind})=-\frac{3}{5}\log_2\frac{3}{5}-\frac{2}{5}\log_2\frac{2}{5}=0.971$$

$$\text{GainRatio}(S_{\text{rain}},\text{wind})=\frac{\text{Gain}(S_{\text{rain}},\text{wind})}{\text{SplitE}(S_{\text{rain}},\text{wind})}=\frac{0.971}{0.971}=1$$

表 5-6　weather 数据集中 outlook 取值为 rain 的数据子集 S_{rain}

outlook	temperature	humidity	wind	play ball
rain	mild	high	weak	yes
rain	cool	normal	weak	yes
rain	cool	normal	strong	no
rain	mild	normal	weak	yes
rain	mild	high	strong	no

根据计算结果知道，wind 具有最高信息增益率，因此它被选为 outlook 节点下 rain 分支节点的决策属性，图 5-12 为 rain 分支的划分过程。

(6)分别对 humidity 和 wind 两个节点递归使用该方法，最终通过 C4.5 算法得到的 C4.5 决策树结果如图 5-13 所示。

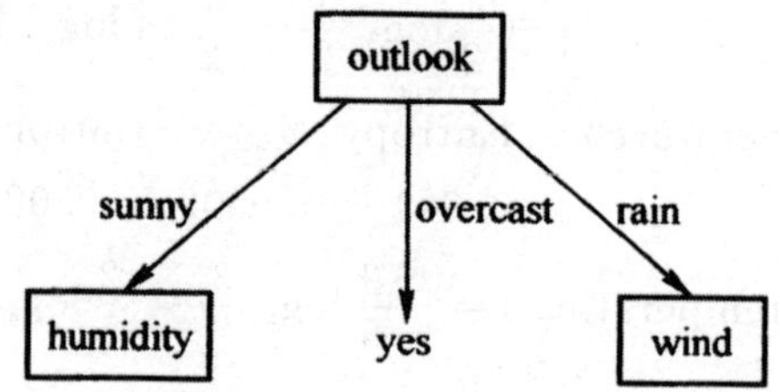

图 5-12 rain 分支的划分

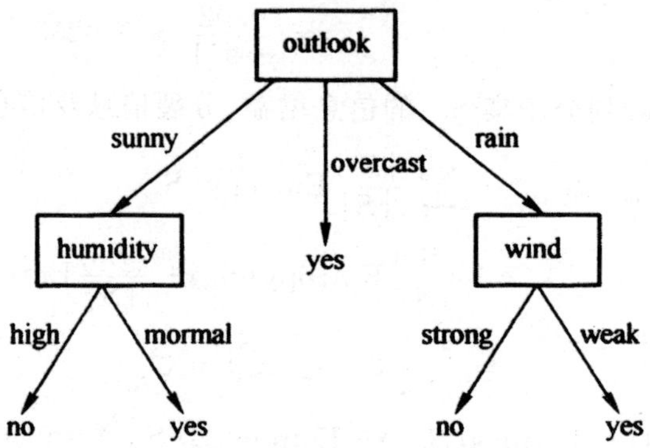

图 5-13 weather 数据集的 C4.5 决策树

5.3.4 CART 方法

CART(Classification And Regression Tree)算法采用一种二分递归分割的技术，是将当前样本集分为两个子样本集，使得生成的决策树的每个非叶节点都有两个分枝。因此，CART 算法生成的决策树是结构简洁的二叉树。图 5-14 是 CART 算法[cartformtree(*T*)]的具体描述。其中，*T* 代表当前样本集，当前候选属性集用 T_attributelist 表示。

(1) 创建根节点 *N*；
(2) 为 *N* 分配类别；
(3) if *T* 都属于同一类别 or *T* 中只剩一个样本则返回 *N* 为叶节点，为其分配属性；
(4) for each T_attributelist 中的属性执行该属性上的一个划分，计算此次划分的 GINI 系数；
(5) *N* 的测试属性 test_attribute = T_attributelist 中具有最小 GINI 系数的属性；
(6) 划分 *T* 得 T_1、T_2 两子集；
(7) 调用 cartformtree(T_1)；
(8) 调用 cartformtree(T_2)；

图 5-14 CART 算法流程

CART 算法对每次样本集的划分计算 GINI 系数,GINI 系数越小则划分越合理。对样本集 T, $\text{gini}(T)=1-\sum_j p_j^2$,其中,$p_j$ 是类别 j 在 T 中出现的概率。若 T 被划分为 T_1、T_2,则此次划分的 GINI 系数为 $\text{gini}_{\text{split}}(T)=\frac{S_1}{S_2}\text{gini}(T_1)-\frac{S_2}{S}\text{gini}(T_2)$,其中,$S$ 是 T 中样本的个数,S_1、S_2 分别为 T_1、T_2 中的样本个数。对候选属性集中的每一个属性,CART 算法计算该属性上每种可能划分的 GINI 系数,找到 GINI 系数最小的划分作为该属性上的最佳划分,然后比较所有候选属性上最佳划分的 GINI 系数,拥有最小划分 GINI 系数的属性成为最终测试属性。

例 5-5　以表 5-7 中的银行贷款数据集为例,分析 CART 构建决策树的详细过程。

表 5-7　某银行拖欠贷款数据

序号	是否有房	婚姻状况	年收入	拖欠贷款
1	yes	single	125K	no
2	no	married	100K	no
3	no	single	70K	no
4	yes	married	120K	no
5	no	divorced	95K	yes
6	no	married	60K	no
7	yes	divorced	220K	no
8	no	Single	85K	yes
9	no	married	75K	no
10	no	single	90K	yes

解:(1)首先对数据集非类标号属性{是否有房,婚姻状况,年收入}分别计算它们的差异性损失,取差异性损失最大的属性作为决策树的根节点属性。

一开始创建的节点为根节点,假定为 r,该根节点的 Gini 系数为

$$G(r)=1-\left(\frac{3}{10}\right)^2-\left(\frac{7}{10}\right)^2=0.42$$

①对是否有房属性。

$$\begin{aligned}&\Delta G(\text{是否有房},r)\\&=G(r)-\frac{|S_{\text{是否有房}=\text{no}}|}{|S_{\text{是否有房}=\text{yes}}|+|S_{\text{是否有房}=\text{no}}|}G(r_{\text{是否有房}=\text{no}})-\\&\quad\frac{|S_{\text{是否有房}=\text{yes}}|}{|S_{\text{是否有房}=\text{yes}}|+|S_{\text{是否有房}=\text{no}}|}G(r_{\text{是否有房}=\text{yes}})\\&=0.42-\frac{7}{10}\times\left[1-\left(\frac{3}{7}\right)^2-\left(\frac{4}{7}\right)^2\right]-\frac{3}{10}\times 0\\&=0.077\end{aligned}$$

②对婚姻状况属性。

属性婚姻状况有三个可能的取值{married,single,divorced},分别计算划分后的超类{married}/{single,divorced}、{single}/{married,divorced}、{divorced}/{single,married}的差异性损失。

当分组为{married}/{single,divorced}时,S_L 表示婚姻状况取值为 married 的分组,S_R 表示婚姻状况取值为 single 或 divorced 的分组,此时按属性婚姻状况划分的差异性损失结果为

$$\begin{aligned}&\Delta G(\text{婚姻状况},r)\\&=G(r)-\frac{|S_R|}{|S_R|+|S_L|}G(r_R)-\frac{|S_{;L}|}{|S_R|+|S_L|}G(r_L)\\&=0.42-\frac{4}{10}\times 0-\frac{6}{10}\times\left[1-\left(\frac{3}{6}\right)^2-\left(\frac{3}{6}\right)^2\right]\\&=0.12\end{aligned}$$

对分组{single}/{married,divorced},S_L 表示婚姻状况取值为 single 的分组,S_R 表示婚姻状况取值为 married 或 divorced 的分组,此时按属性婚姻状况划分的差异性损失结果为

$$\begin{aligned}&\Delta G(\text{婚姻状况},r)\\&=G(r)-\frac{|S_R|}{|S_R|+|S_L|}G(r_R)-\frac{|S_{;L}|}{|S_R|+|S_L|}G(r_L)\\&=0.42-\frac{4}{10}\times 0.5-\frac{6}{10}\times\left[1-\left(\frac{1}{6}\right)^2-\left(\frac{5}{6}\right)^2\right]\\&=0.053\end{aligned}$$

对分组{divorced}/{single,married},S_L 表示婚姻状况取值为 divorced 的分组,S_R 表示婚姻状况取值为 single 或 married 的分组,此时按属性婚姻状况划分的差异性损失结果为

$$\begin{aligned}&\Delta G(\text{婚姻状况},r)\\&=G(r)-\frac{|S_R|}{|S_R|+|S_L|}G(r_R)-\frac{|S_{;L}|}{|S_R|+|S_L|}G(r_L)\end{aligned}$$

$$=0.42-\frac{2}{10}\times 0.5-\frac{8}{10}\times\left[1-\left(\frac{2}{8}\right)^2-\left(\frac{2}{8}\right)^2\right]$$

$$=0.02$$

根据计算结果，属性婚姻状况划分根节点时取差异性损失最大的分组作为划分结果，即{married}/{single，divorced}。

③对年收入属性。

由于年收入属性为数值型属性，首先需要对数据按升序排序，然后从小到大依次以相邻值的中间值作为分隔将样本分为两组，取差异性损失值最大的分隔作为该属性的分组，如表 5-8 所示。

表 5-8 CART 对年收入属性候选划分节点的计算

拖欠贷款	no	no	no	yes	yes	yes	no	no	no	no
年收入	60	70	75	85	90	95	100	120	125	220
相邻值中点	65	72.5	80	87.5	92.5	97.5	110	122.5	172.5	no
差异性损失	0.02	0.045	0.077	0.003	0.02	0.12	0.077	0.045	0.02	

下面仅介绍第一个相邻值的中间值 65 作为分隔点时属性年收入划分节点分组的差异性损失计算。当前 S_L 表示年收入小于 65 的样本，S_R 表示年收入大于等于 65 的样本。

$$\Delta G(\text{年收入},r)$$

$$=G(r)-\frac{|S_R|}{|S_R|+|S_L|}G(r_R)-\frac{|S_{:L}|}{|S_R|+|S_L|}G(r_L)$$

$$=0.42-\frac{1}{10}\times 0-\frac{9}{10}\times\left[1-(6)^2-\left(\frac{3}{9}\right)^2\right]$$

$$=0.02$$

根据计算知道，三个属性划分根节点差异性损失最大的有 2 个：年收入属性和婚姻状况属性，它们的差异性损失值都为 0.12。此时 CART 采取的方法是，按照属性出现的先后顺序来选择其中一个作为当前节点划分的决策属性。在本例中，婚姻状况先于年收入属性顺序，因此取婚姻状况作为根节点的决策属性，此时得到第一次的划分，结果如图 5-15 所示。

(2)采用同样的方法，分别计算三个属性对婚姻状况取 single 或 divorced 的数据子集进行划分的差异性损失，取最大的那个属性作为当前节点的决策属性。

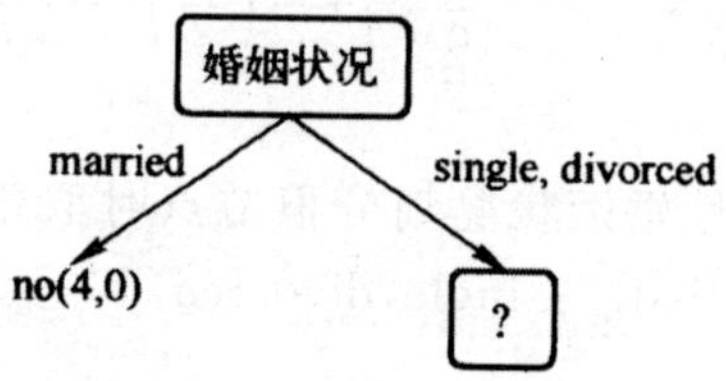

图 5-15 CART 算法结果(一)

假设当前节点为 t,它的 Gini 系数为

$$G(t)=1-\left(\frac{3}{6}\right)^2-\left(\frac{3}{6}\right)^2=0.5$$

①对是否有房属性。

$$\begin{aligned}&\Delta G(\text{是否有房},t)\\&=G(t)-\frac{|S_{\text{是否有房}=no}|}{|S_{\text{是否有房}=yes}|+|S_{\text{是否有房}=no}|}G(t_{\text{是否有房}=no})-\\&\frac{|S_{\text{是否有房}=yes}|}{|S_{\text{是否有房}=yes}|+|S_{\text{是否有房}=no}|}G(t_{\text{是否有房}=yes})\\&=0.5-\frac{4}{6}\times\left[1-\left(\frac{3}{4}\right)^2-\left(\frac{1}{4}\right)^2\right]-\frac{2}{6}\times 0\\&=0.25\end{aligned}$$

②对婚姻状况属性。

分别计算三个不同的分组划分当前节点的差异性损失。对{married}/{single,divorced}

$$\begin{aligned}&\Delta G(\text{婚姻状况},r)\\&=G(r)-\frac{|S_{\text{婚姻状况}=\text{single}}|}{|S_{\text{婚姻状况}=\text{single}}|+|S_{\text{婚姻状况}=\text{divorced}}|}G(r_{\text{婚姻状况}=\text{single}})-\\&\frac{|S_{\text{婚姻状况}=\text{divorced}}|}{|S_{\text{婚姻状况}=\text{single}}|+|S_{\text{婚姻状况}=\text{divorced}}|}G(r_{\text{婚姻状况}=\text{divorced}})\\&=0.5-\frac{4}{6}\times\left[1-\left(\frac{1}{2}\right)^2-\left(\frac{1}{2}\right)^2\right]-\frac{2}{6}\times\left[1-\left(\frac{1}{2}\right)^2-\left(\frac{1}{2}\right)^2\right]\\&=0\end{aligned}$$

同理,计算其他分组的差异性损失,结果分别为:

对{single)/{married,divorced}的结果为:0.056。

对{divorced}/{single,married}的结果为:0.1。

根据计算结果,取差异性损失最大的分组作为该属性的分组,即{married}/{single,divorced}。

③对年收入属性属性,计算结果如表 5-9 所示。

表 5-9 CART 对年收入属性候选划分节点的计算

拖欠贷款	no	no	yes	yes	no	no
年收入	70	85	90	95	125	220
相邻值中点	77.5	87.5	92.5	110	172.5	
差异性损失	0.1	0.25	0.05	0.25	0.1	

根据计算知道，三个属性划分当前节点差异性损失最大值为 0.25，并且在三个属性上都为这个值，根据属性出现的先后顺序，选择是否有房作为当前节点划分的决策属性，此时得到第二次划分，结果如图 5-16 所示。

(3)类似于步骤(2)的方法，计算三个属性对剩下数据子集的划分，取差异性损失最大的划分属性作为当前节点的决策属性，最后的 CART 决策树如图 5-17 所示。

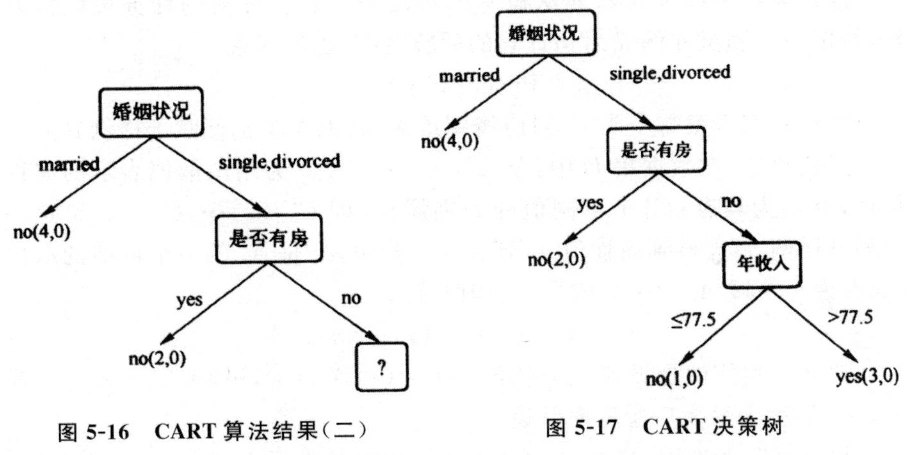

图 5-16 CART 算法结果(二)

图 5-17 CART 决策树

5.4 贝叶斯分类算法

5.4.1 贝叶斯定理

设某一未知的数据样本为 X，其中的某个假设为 H，且特定的类别 C 中含有数据样本，则 $P(H|X)$就是分类问题，数据样本 X 获取后，假 H 成立的概率。

后验概率 $P(H|X)$为 X 条件下的 H 概率。假设以水果为数据样本，

水果的属性可以用颜色和形状来描述，若 X 为红色、圆形，X 为苹果的假设是 H，则 $P(H|X)$ 就表示，X 是苹果的确信度受到在 X 是红色和圆状的直接影响。

在 H 条件下的 X 成立概率用 $P(X|H)$ 来表示，若已知 X 是苹果的一种，则 $P(X|H)X$ 为圆状和红色的概率。

从训练数据集合中便可得到 $P(X)$、$P(H)$ 和 $P(X|H)$ 的概率值，贝叶斯定理描述了如何根据 $P(X)$、$P(H)$ 和 $P(X|H)$ 计算获得的 $P(X|H)$，公式定义如下：

$$P(H|X)=\frac{P(X|H)P(H)}{P(X)}$$

5.4.2 朴素贝叶斯分类

监督学习可以很自然地从概率的角度来认识。分类的任务可以被看作，给定一个测试样例 d 后估计它的后验概率，也就是说

$$\Pr(C=C_i|d)$$

然后我们考察哪个类 C_i 对应概率最大，将那个类别便赋予样例 d。

形式化地，在数据集 D 中，令 $A_1,A_2,\cdots,A_{|A|}$ 为用离散值表示的属性集合，令 C 为具有 $|C|$ 个不同值的类别属性，即 $C_1,C_2,\cdots,C_{|C|}$。给定一个测试样例 d，观察到属性值 a_1 到 $a_{|A|}$，其中，a_i 是 A_i 的一个可能的取值（或者说是领域 A_i 中一个成员），也就是说，

$$d=\langle A_1=a_1,\cdots,A_{|A|}=a_{|A|}\rangle$$

那么预测值就是类别 C_i，使得 $\Pr(C=C_i|A_1=a_1,\cdots,A_{|A|}=a_{|A|})$ 最大。C_i 被称为最大后验概率假设。

根据贝叶斯准则，概率 $\Pr(C=C_i|d)$ 可以被表示为

$$\begin{aligned}&\Pr(C=C_i|A_1=a_1,\cdots,A_{|A|}=a_{|A|})\\&=\frac{\Pr(A_1=a_1,\cdots,A_{|A|}=a_{|A|}|C=C_i)\Pr(C=C_i)}{\Pr(A_1=a_1,\cdots,A_{|A|}=a_{|A|})}\\&=\frac{\Pr(A_1=a_1,\cdots,A_{|A|}=a_{|A|}|C=C_i)\Pr(C=C_i)}{\sum_{k=1}^{|C|}(A_1=a_1,\cdots,A_{|A|}=a_{|A|}|C=C_k)\Pr(C=C_k)}\end{aligned}$$

$\Pr(C=C_i)$ 是类别 C_i 的先验概率，它可以用训练样本估计，可以简单地用在训练集 D 中、属于类别 C_i 的比例估计这个先验概率。

如果仅仅对分类感兴趣，那么 $\Pr(A_1=a_1,\cdots,A_{|A|}=a_{|A|})$ 对于作出分类决策就无关紧要了，因为它对于每个类都是一样的。所以，只需要计算 $\Pr(A_1=a_1,\cdots,A_{|A|}=a_{|A|}|C=C_i)$ 即可，这个概率可以展开为

$$\begin{aligned}&\Pr(A_1=a_1,\cdots,A_{|A|}=a_{|A|}\mid C=C_i)\\&=\Pr(A_1=a_1\mid A_2=a_2,\cdots,A_{|A|}=a_{|A|},C=C_i)\times\\&\quad\Pr(A_2=a_2,\cdots,A_{|A|}=a_{|A|}\mid C=C_i)\end{aligned}$$

上式第二项 $\Pr(A_2=a_2,\cdots,A_{|A|}=a_{|A|}\mid C=C_i)$同样可以递归地展开，即 $\Pr(A_2=a_2\mid A_3=a_3,\cdots,A_{|A|}=a_{|A|},C=C_i)\times\Pr(A_3=a_3,\cdots,A_{|A|}=a_{|A|}\mid C=C_i)$，依此类推。但是，为了进一步推导，需要作一个重要的假设。

条件独立假设：假设所有属性都是条件独立于类别 $C=C_i$。准确地说，假设

$$\Pr(A_1=a_1\mid A_2=a_2,\cdots,A_{|A|}=a_{|A|},C=C_i)=\Pr(A_1=a_1\mid C=C_i)$$

类似地对 A_2 到 $A_{|A|}$ 都有相同的结论。于是得到

$$\begin{aligned}&\Pr(A_1=a_1\mid A_2=a_2,\cdots,A_{|A|}=a_{|A|},C=C_i)\\&=\prod_{i=1}^{|A|}\Pr(A_i=a_i\mid C=C_i)\Pr(C=C_i\mid A_1=a_1,\cdots,A_{|A|}=a_{|A|})\\&=\frac{\Pr(C=C_i)\prod_{i=1}^{|A|}\Pr(A_i=a_i\mid C=C_i)}{\sum_{k=1}^{|C|}\Pr(C=C_k)\prod_{i=1}^{|A|}\Pr(A_i=a_i\mid C=C_k)}\end{aligned}$$

然后，需要从训练数据中估计先验概率 $\Pr(C=C_i)$和条件概率 $\Pr(A_i=a_i\mid C=C_i)$，这些估计可以直接得到

$$\Pr(C=C_i)=\frac{\text{属于类别 } C_i \text{ 的样例总数}}{\text{数据集中的样例总数}}$$

$$\Pr(A_i=a_i\mid C=C_i)=\frac{A_i=a_i \text{ 并且属于 } C_i \text{ 的样子总数}}{\text{属于类别 } C_i \text{ 的样例总数}}$$

如果仅仅需要总体上最可能的类别为所有测试样例做预测，只需要 $\Pr(C=C_i)\prod_{i=1}^{|A|}\Pr(A_i=a_i\mid C=C_i)$即可，因为 $\sum_{k=1}^{|C|}\Pr(C=C_k)\prod_{i=1}^{|A|}\Pr(A_i=a_i\mid C=C_k)$ 对每一个类别都是一样的。所以，给定一个测试样例，通过计算下式来决定最有可能的类别

$$C=\underset{C_i}{\operatorname{argmax}}\Pr(C=C_i)\prod_{i=1}^{|A|}\Pr(A_i=a_i\mid C=C_i)\tag{5-1}$$

为了研究实际可用的朴素贝叶斯分类器，需要解决一些别的问题：如果处理数值属性、估计产生的零概率，和丢失的数据。接下来，逐个解决它们。

数值属性：以上对朴素贝叶斯学习的推导，都假设所有的属性都是离散的。但是，在真实数据中存在数值属性。所以，为了使用朴素贝叶斯算法，所有的数值属性需要被离散化，形成区间。这种做法和类别关联准则挖掘

是一样的。

估计产生的零概率:一个在测试数据中出现属性值可能并不在训练数据中出现。如果估计时将该属性值对应的概率计为0的话,分类时会出现问题,因为该概率值与其他概率相乘时,会使式(5-1)或者式(5-1)结果等于0。一个主要的解决办法是对所有概率加入一个小样本校正。

令 n_{ij} 为同时满足 $A_i=a_i$ 和 $C=C_i$ 的样本数量,令 n_i 为训练数据中 $C=C_i$ 的数据总数。$\Pr(A_i=a_i \mid C=C_i)$ 未校正的估计是 n_{ij}/n_i,校正后的估计是

$$\Pr(A_i=a_i \mid C=C_i)=\frac{n_{ij}+\lambda}{n_i+\lambda m_i} \tag{5-2}$$

其中,m_i 是 A_i 可能值的总数(例如,对于布尔属性 m_i 为2),λ 是一个因子,一般设为 $\lambda=\frac{1}{n}$ (n 是训练数据的总数)。当 $\lambda=1$ 时,就得到著名的 Laplace 延续率(Laplace's Law of Succession)。式(5-2)的一般校正形式(又称为平滑)被称为 Lidstone 延续率。根据 $\lambda=1/n$ 校正丢失的数据:丢失的数据可以被忽略,无论是在训练时估计概率还是分类时计算概率。

5.5 人工神经网络(ANN)

5.5.1 人工神经网的结构

1. 生物神经元

生物神经元为生物神经系统的基本单元神经细胞,简称神经元。如图5-18所示细胞体、树突、轴突共同构成神经元。

神经网络间相互连接的接口部分为突触,也就是一个神经元的树突与另一个神经末梢接触的交接面,它是轴突的终端,位于神经元的神经末梢尾端。

整合是神经元将来自不同树突的抑制性活兴奋性输入信号累加求和的过程 。神经元的整合可以看作是一种时空整合,是因为信号的输入影响会持续毫秒级的时间。神经元好比一个阈值逻辑器件,神经元处于兴奋状态,神经元时空整合产生的膜电位比阈值电位高,产生兴奋电脉冲,并经轴突输出;处于抑制状态时,无电脉冲的产生。

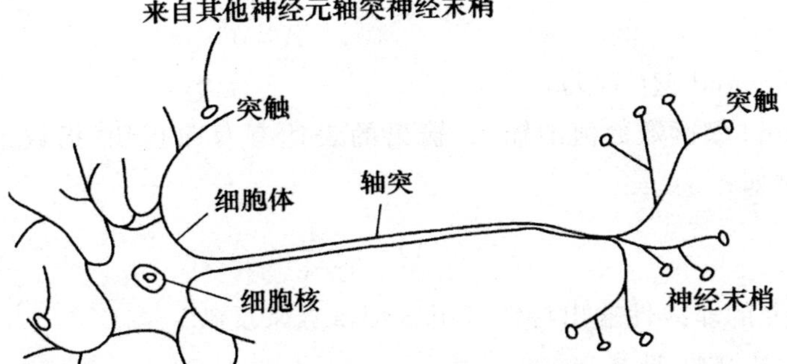

图 5-18　生物神经元的基本结构

2. 人工神经元

人工神经元是在生物神经元的基础上经过功能抽象化和结构简单化后得到的，图 5-19 为人工神经元的模型。它是一个多输入单输出的非线性阈值器件。其中神经元的 n 个输入信号量用 $x_1, x_2, \cdots, x_n$ 表示；对应权值表示各信号源神经元与该神经元的连接强度，用 $\omega_1, \omega_2, \cdots, \omega_n$ 表示；神经元的输入总和用 A 表示，A 被称作激活函数，其作用与生物神经细胞的膜电位相似；神经元的阈值用 θ 来表示，经元的输出为 y。可以将人工神经元的输入、输出关系描述为以下形式：

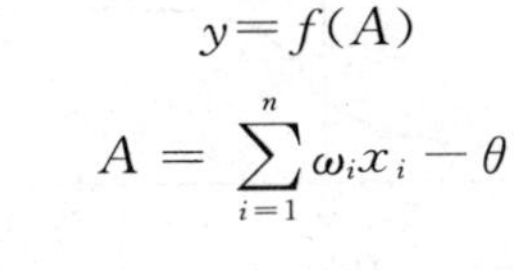

$$y = f(A)$$

$$A = \sum_{i=1}^{n} \omega_i x_i - \theta$$

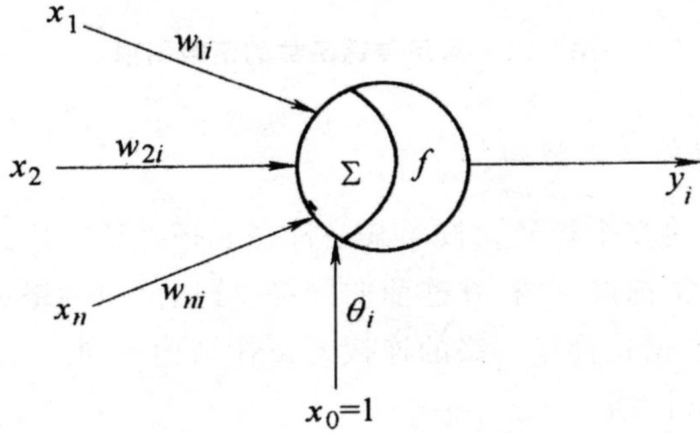

图 5-19　人工神经元结构模型

函数 $y = f(A)$ 称为特殊函数，常见的特殊函数的类型有以下几种：

(1)阈值型

阈值型的表达式如下

$$y=f(A)=\begin{cases}1, & A\geqslant 0\\0, & A<0\end{cases}$$

(2)Sigmoid 型(S 型)

Sigmoid 型函数数值的输入-输出的表达有双曲正切、指数、对数等多种形式,例如:

$$y=f(A)=\frac{1}{1+\mathrm{e}^{-A}}$$

神经元的非线性输出特性可用 S 型函数来反映。

(3)分段线性型

神经元的输入-输出特性满足一定的区间线性关系,其特性函数表达为

$$y=f(A)=\begin{cases}0, & A\leqslant 0\\KA, & 0\leqslant A\leqslant A_k\\1, & A_k\leqslant A\end{cases}$$

式中,K、A_k 均为常量。

图 5-20(a)、(b)、(c)分别代表了以上三种特性函数的图形表达。通常根据特殊函数将分为分段线性型、S 型和阈值型三类。此外还有一种二值性神经元——概率型神经元。概率型神经元其输出状态为 0 或 1 是根据激励函数值的大小,按照一定的概率确定的。

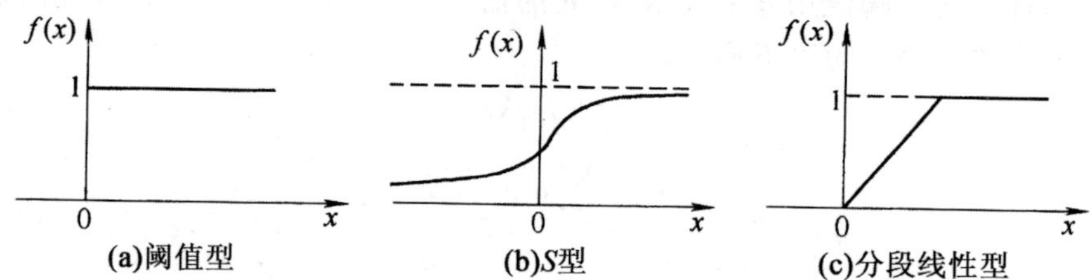

图 5-20　常用传递函数的函数图形

3. 神经网络的互连结构

神经网络是将多个神经元按照某一神经元拓扑结构所连接起来的。将神经网络分为反馈前向网络、互连前向网络、分层前向网络和广泛互连网络四大类,其分类依据是神经网络的连接的拓扑结构不同。

(1)分层前向网络

这是一种由若干神经元组成的,包括输入层、输出层和中间层等多个层,图 5-21(a)是分层前向网络。之所以称为分层前网络是因为信息严格地按照输入层进,经过中间层,从输出层出的方向流动,并且各层次之间也是按照顺序连接的。输入层用来接收外部信息,连接网络与外部环境;神经网

络的中间处理层用于处理神经网络的模式变换能力，完成神经网络的分类、模式完善和特征抽取等中间内容，网络的输出接口为输出层。

(2)反馈前向网络

反馈前向网络也是一种分层前向网络，其结构图如图 5-21(b)所示。与分层前向网络不同的是其输入层与输出层之间有反馈连接。反馈连接将其转化为一个封闭的环路，仅能实现其内部输出，形成的反馈单元被称为隐单元。

(3)互连前向网络

互连前向网络是同层神经元之间相互连接的一种分层向前网络，如图 5-21(c)是它的结构图。由于有同层单元之间的相互连接，使同层的网络单元彼此牵制。

(4)广泛互连网络

广泛互连网络如图 5-21(d)所示，是任意两个神经元之间存在连接路径。著名的波尔茨曼模型结构、Hopfield 网络都属于广泛互连网络。

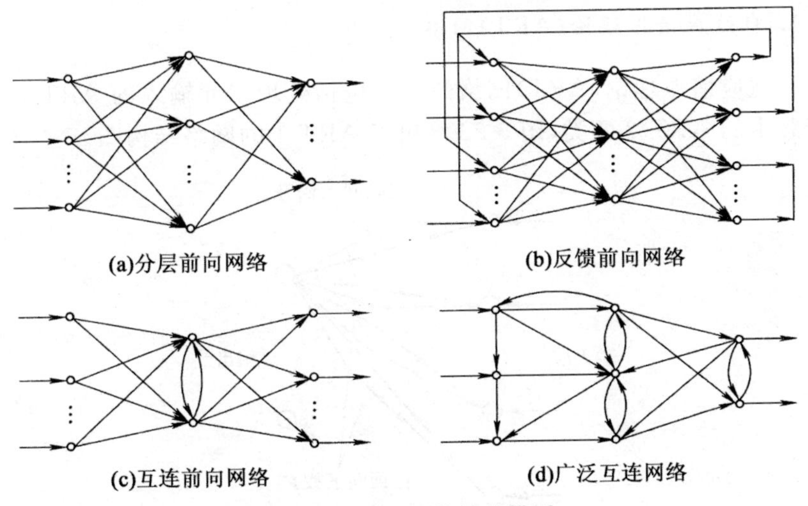

图 5-21　神经网络结构模型

4. 人工神经网络的主要学习算法

神经网络的主要学习方法有指导式学习和非指导式学习两类，强化学习算法也是神经网络学习中的一种特殊算法，将其可以划分为有师学习的一种特例。

(1)有师学习

有师学习算法中神经元间连接的强度或权是通过期望的和实际的网络输出(对应于给定输入)之间的差来调整的。因此，提供目标或期望输出信号是老师或导师在有师学习中的主要任务。广义 Δ 规则、Δ 规则、反向传播算法和 LVQ 算法等都是有师学习算法的例子。

(2)无师学习

无师学习算法中神经网络能自行将训练过程中提供的输入模式自动地选择连接权,并以相似的模式将分组聚集,这一过程中并不需要知道期望输出。Carpenter-Grossberg 自适应谐振理论(ART)和 Kohonen 算法等都是无师学习算法的典型例子。

(3)强化学习

强化学习是有师学习的一种,属于有师学习的一个特例,老师并不需要给出它的学习目标。强化学习的神经输出值及质量因数需要一个“评论员”来评价给定。遗传算法(GA)是强化学习算法的一个例子。

5.5.2 人工神经网的经典模型

1. 自适应谐振理论(ART)网络

自适应谐振理论(ART)网络的方案包括处理二元输入的 ART-1 和用于新版本的 ART-2 两类,图 5-22 给出了 ART-1 的网络结构图。

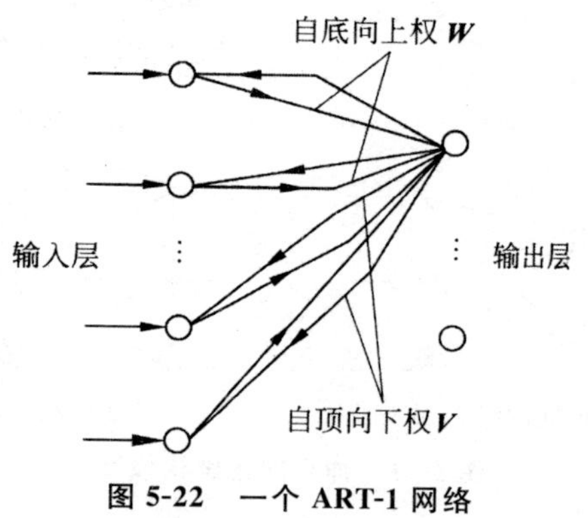

图 5-22 一个 ART-1 网络

由图 5-22 可知,ART-1 网络由输入层和输出层两个层构成,沿着正向和反馈两个方向将输入层和输出层完全连接。当神经元 i 的权矢量 W_i 输出它所表示的类的一个样本时,停止自底向上的连接。用于选择优胜的神经元,将全部权矢量 W_i 构成网络的长期存储器中与权矢量 W_i 当前输入模式最为相似。矢量 V_i(自顶向下)与 i(输出神经元)连接,其作用是用来检测已存储的样本能检测某个输入模式,即警戒测试。警戒矢量 V_i 构成了网络的短期存储器。V_i 和 W_i 有关,W_i 是 V_i 的一个规格化副本,即

$$W_i = \frac{V_i}{\varepsilon + \sum V_{ji}}$$

式中，V_{ji} 为 V_i 的第 j 个分量；ε 为一个小的常数。

2. BP 网络模型

误差反向传播网络简称为 BP 网络，它是由美国加州大学的麦克莱兰和鲁梅尔哈特，于 1985 年在研究并行分布式信息处理方法时所提出的一种网络模型。其网络结构如图 5-23 所示，它是一个多层向前的拓扑网络结构，其层与层之间是全互连的方式，并且可以调节各层之间的连接权值，同层节点之间并不相互连接。明斯基的多层网络的设想是通过 BP 网络所实现的，并且也是 BP 网络模型称为神经网络模型中使用最为广泛的一种。

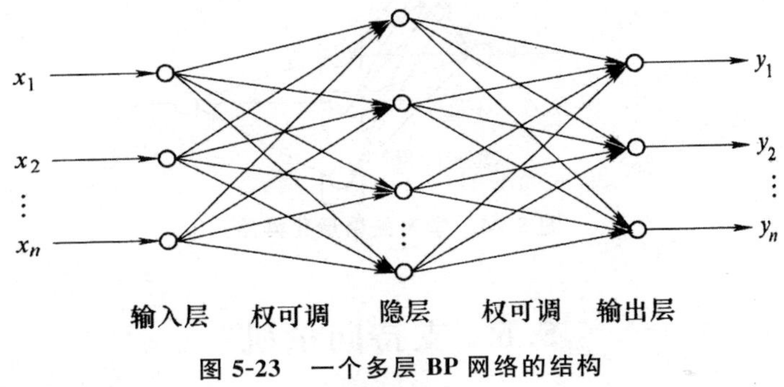

图 5-23　一个多层 BP 网络的结构

在 BP 网络中，非线性输入/输出关系是每个处理单元的基本关系，可微的 Sigmoid 函数是其功能函数通常采用的形式，如

$$f(x) = \frac{1}{1 + e^{-x}}$$

BP 学习过程是由正向传播的工作信号和反向传播的误差信号组成的。若网络在传播的过程中所得到的输出模式和期望模式之间存在误差，网络将会沿着误差的反方向传播。误差反向传播是指误差信号从输出层开始传播，慢慢地逐层将信号传递给输入层，各神经元中的连接权值也同时会被修改，误差信号将变成最小值。在 BP 网络模型中上述正向传播和方向传播的过程是不选重复进行的，若得到了所期望的输出模式，便可停止重复操作。

3. 学习矢量量化(LVQ)网络

学习矢量量化(LVQ)网络由输入转换层、隐含层和输出层三层神经元组成，如图 5-24 所示，这一网络模型中每个输出神经和隐含神经之间以组相连，输入层与隐含层之间完全连接，隐含层与输入层间是通过部分连接连接起来的，它们之间的连接权限固定值为 1。这些权值在网络训练过程中都可以被修改。二进制输出值存在于输出神经元和隐含神经元(又称为 Kohonen 神经元)之间。当网络接受到某个输入模式时，在最接近输入模式的隐含神经元被激发赢得参考矢量，产生一个“1”。其他神经元产生“0”，是因为受到被迫。

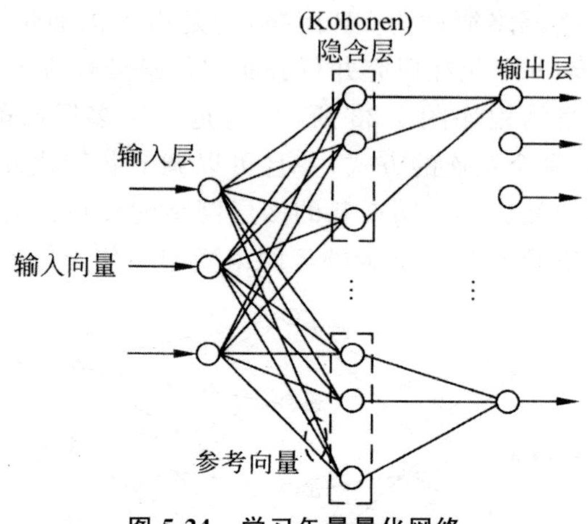

图 5-24 学习矢量量化网络

5.6 支持向量机

一般来说，支持向量机是一个线性的学习系统，可以用于两类的分类问题。令训练集合 D 为

$$\{(\boldsymbol{x}_1, y_1), (\boldsymbol{x}_2, y_2), \cdots, (\boldsymbol{x}_n, y_n)\}$$

其中，$\boldsymbol{x}_i=(x_{i1}, x_{i2}, \cdots, x_{ir})$是一个 r 维的输入向量，属于实数空间 $X\subseteq\mathscr{R}^r$，$\boldsymbol{y}_i$ 是它的类标记(输出值)并且 $\boldsymbol{y}_i\in\{1,-1\}$。1 表示正类，$-1$ 表示负类。

为了构造一个分类器，支持向量机寻找一个线性函数

$$\boldsymbol{f}(\boldsymbol{x})=\langle\boldsymbol{w}\cdot\boldsymbol{x}\rangle+b$$

如果 $f(\boldsymbol{x}_i)>0$，那么 $\boldsymbol{x}_i$ 被赋予正类，否则赋予负类，即

$$y_i=\begin{cases}1, \langle\boldsymbol{w}\cdot\boldsymbol{x}_i\rangle+b\geqslant 0\\ -1, \langle\boldsymbol{w}\cdot\boldsymbol{x}_i\rangle+b<0\end{cases} \tag{5-5}$$

$f(\boldsymbol{x})$是一个实值函数 $f: X\subseteq\mathscr{R}^r\subseteq\mathscr{R}$。$\boldsymbol{w}=(w_1, w_2, \cdots, w_r)\in\mathscr{R}^r$ 被称为权重向量。$\boldsymbol{b}\in\mathscr{R}$ 被称为偏置。$\langle\boldsymbol{w}\cdot\boldsymbol{x}\rangle$表示 $\boldsymbol{w}$ 和 $\boldsymbol{x}$ 的点积(或者称为欧氏内积)。

本质上支持向量机是在寻找一个超平面

$$\langle\boldsymbol{w}\cdot\boldsymbol{x}\rangle+b=0$$

这个超平面能够区分正类和负类的样例，被称为决策边界(Decision

Boundary)或者决策面(Decision Surface)。

几何上看,这个超平面$\langle \boldsymbol{w} \cdot \boldsymbol{x} \rangle + b = 0$将输入空间分为两个空间:一半是正类的样例,另一半是负类的样例。二维空间中超平面是一条线,三维空间中则是一个面。

图 5-25(a)展示了一个二维的例子。正例(也被称为正例点)被表示为涂黑的小长方形,负例被表示为空白的小圆圈。中间的粗线则是决策边界超平面(这个例子中是一条线),它分割了正例(线的上方)和负例(线的下方)。式(5-5)被称为支持向量机的决策准则,用来为测试样例做分类决策。

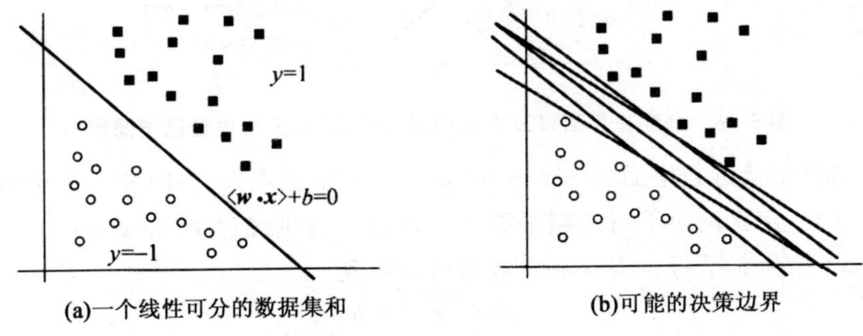

(a)一个线性可分的数据集和　　(b)可能的决策边界

图 5-25　二维超平面的例子

从图 5-25(a)可以看出两个有趣的问题:

①如图 5-25(b)所示,有无数条线都可以分割正例和负例。应该选择哪条线?

②超平面分类器只适用于正例和负例可以线性分割的情况。如何处理线性不可分的情况?或者需要非线性的决策边界?

5.6.1　线性支持向量机:可分的情况

首先假定正例和负例线性可分。在$\langle \boldsymbol{w} \cdot \boldsymbol{x} \rangle + b = 0$中,$\boldsymbol{w}$定义了垂直于超平面的方向(图 5-26)。$\boldsymbol{w}$被称为超平面的法向量。不改变法向量$\boldsymbol{w}$,可以通过变化$b$来平移超平面。注意到$\langle \boldsymbol{w} \cdot \boldsymbol{x} \rangle + b = 0$含有内在的自由度。通过加入参数,$\langle \lambda \boldsymbol{w} \cdot \boldsymbol{x} \rangle + \lambda b = 0$,其中$\lambda \in \mathscr{R}^{+}$,可以调节超平面,并且不改变函数(超平面)。

因为支持向量机要最大化正例和负例之间的边距,那要找到这个边距。令d_{+}(或d_{-})为分割超平面($\langle \boldsymbol{w} \cdot \boldsymbol{x} \rangle + b = 0$)离正例(或者负例)的最近距离。超平面的边距为$(d^{+} + d^{-})$。支持向量机寻找具有最大边距的分割超平面,也被称为最大边距超平面,把该超平面选作最终的决策平面。用这个超平面作为决策边界是因为，计算学习理论中结构风险最小化的结论显示，最大化边距可以最小化分类错误的上界。

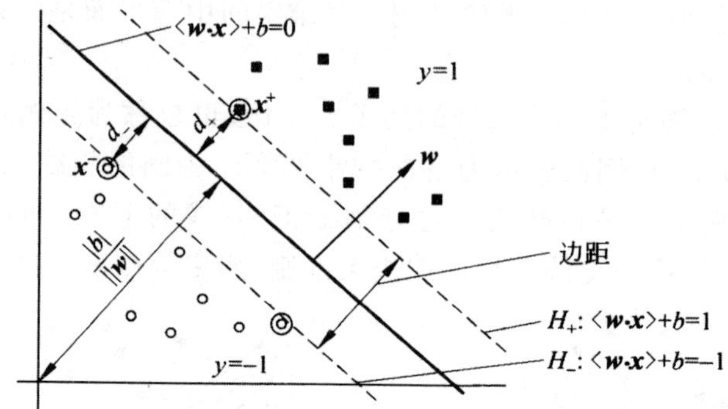

图 5-26　分离超平面以及支持向量机的边距：支持向量已被圈出

考察最接近超平面$\langle \boldsymbol{w} \cdot \boldsymbol{x} \rangle + b = 0$的一个正例点$(x^+, 1)$和一个负例点$(x^-, 1)$。定义两个平行的超平面$H_+$和$H_-$，分别经过$\boldsymbol{x}^+$和$\boldsymbol{x}^-$点，并且与$\langle \boldsymbol{w} \cdot \boldsymbol{x} \rangle + b = 0$平行。将$\boldsymbol{w}$和$b$放缩可以得到

$$H_+ : \langle \boldsymbol{w} \cdot \boldsymbol{x}^+ \rangle + b = 1$$

$$H_- : \langle \boldsymbol{w} \cdot \boldsymbol{x}^- \rangle + b = -1$$

使得

$$\langle \boldsymbol{w} \cdot \boldsymbol{x}_i \rangle + b \geqslant 1 \text{ 当 } y_i = 1$$

$$\langle \boldsymbol{w} \cdot \boldsymbol{x}_i \rangle + b \leqslant -1 \text{ 当 } y_i = -1$$

这样，在H_+和H_-之间不存在训练样本。

现在来计算两个边缘超平面(Margin Hyperplanes)之间的距离，被称为边距$(d_+ + d_-)$。在线性代数的向量空间中，点$\boldsymbol{x}_i$到超平面$\langle \boldsymbol{w} \cdot \boldsymbol{x} \rangle + b = 0$的垂直欧式距离是

$$\frac{|\langle \boldsymbol{w} \cdot \boldsymbol{x}_i \rangle + b|}{\| \boldsymbol{w} \|} \tag{5-6}$$

其中，$\| \boldsymbol{w} \|$是$\boldsymbol{w}$的欧式范数，$\| \boldsymbol{w} \| = \sqrt{\langle \boldsymbol{w} \cdot \boldsymbol{w} \rangle} = \sqrt{w_1^2 + w_2^2 + \cdots + w_r^2}$。

为了计算d_+，并没有选择计算从$\boldsymbol{x}^+$到分割超平面$\langle \boldsymbol{w} \cdot \boldsymbol{x} \rangle + b = 0$的距离，而是反过来计算在$\langle \boldsymbol{w} \cdot \boldsymbol{x} \rangle + b = 0$上任意一点$x_s$到$\langle \boldsymbol{w} \cdot \boldsymbol{x} \rangle + b = 1$的距离。根据式(5-6)和$\langle \boldsymbol{w} \cdot \boldsymbol{x}_s \rangle + b = 0$，可得

$$d_+ = \frac{|\langle \boldsymbol{w} \cdot \boldsymbol{x}_s \rangle + b - 1|}{\| \boldsymbol{w} \|} = \frac{1}{\| \boldsymbol{w} \|}$$

类似地，可以计算$\boldsymbol{x}_s$到$\langle \boldsymbol{w} \cdot \boldsymbol{x}^+ \rangle + b = -1$的距离为$d_- = \dfrac{1}{\| \boldsymbol{w} \|}$。所以决策边界$\langle \boldsymbol{w} \cdot \boldsymbol{x} \rangle + b = 0$在$H_+$和$H_-$之间一半的地方。边距为

$$\text{margin}=d_{+}+d_{-}=\frac{2}{\|\boldsymbol{w}\|}$$

事实上，可以通过很多其他方法来计算边距。例如，可以计算原点到这三个超平面的距离，或者将 $x_2^- - x_1^+$ 投影到法向量 $\boldsymbol{w}$ 上。

支持向量机寻找最大边距的分割超平面，这是一个优化问题。最大化边距等价于最小化$\frac{\|\boldsymbol{w}\|^2}{2}=\frac{\langle \boldsymbol{w}\cdot\boldsymbol{w}\rangle}{2}$。可以采用如下方法推导可分情况下的支持向量机。

定义(线性支持向量机：数据可分的情况)：给定一组线性可分的训练样本，$D=\{(\boldsymbol{x}_1,y_1),(\boldsymbol{x}_2,y_2),\cdots,(\boldsymbol{x}_n,y_n)\}$，学习问题就是解决下列约束最小化问题(Constrained Minimization Problem)。

最小化：$\frac{\langle \boldsymbol{w}\cdot\boldsymbol{w}\rangle}{2}$

满足：
$$y_i(\langle \boldsymbol{w}\cdot\boldsymbol{x}_i\rangle+b)\geqslant 1 \quad i=1,2,\cdots,n \tag{5-10}$$

注意到约束 $y_i(\langle \boldsymbol{w}\cdot\boldsymbol{x}_i\rangle+b)\geqslant 1 \quad i=1,2,\cdots,n$ 囊括了以下两点：

$$\langle \boldsymbol{w}\cdot\boldsymbol{x}_i\rangle+b\geqslant 1 \text{ 当 } y_i=1$$
$$\langle \boldsymbol{w}\cdot\boldsymbol{x}_i\rangle+b\leqslant -1 \text{ 当 } y_i=-1$$

解决问题(5-10)可以得到 $\boldsymbol{w}$ 和 b 的解，于是得到了具有最大边距$\frac{2}{\|\boldsymbol{w}\|}$的超平面$\langle \boldsymbol{w}\cdot\boldsymbol{x}_i\rangle+b=0$。

因为目标函数是二次(Quadratic)和凸(Convex)的，并且约束在 $\boldsymbol{w}$ 和 b 上线性的，可以用标准拉格朗日乘子(Lagrangian Multiplier)方法来解决。

拉格朗日算符被表示为目标函数减去正拉格朗日乘子与约束的积，即

$$L_p=\frac{1}{2}\langle \boldsymbol{w}\cdot\boldsymbol{w}\rangle-\sum_{i=1}^{n}\alpha_i[y_i(\langle \boldsymbol{w}\cdot\boldsymbol{x}_i\rangle+b)-1] \tag{5-11}$$

其中，$\alpha_i>0$ 就是拉格朗日乘子。

优化理论中，式(5-11)的最优解需要满足一定条件(被称为 Kuhn-Tucker 条件)，这在约束优化中起到了关键作用。在此简单地介绍一下。令一个一般的优化问题为：

最小化：　$f(\boldsymbol{x})$

满足：
$$g_i(\boldsymbol{x})\leqslant b_i \quad i=1,2,\cdots,n \tag{5-12}$$

其中，f 是目标函数，g_i 是约束函数。式(5-12)的拉格朗日算符是

$$L_p=f(x)+\sum_{i=1}^{n}\alpha_i[g_i(x)-b_i] \tag{5-13}$$

式(5-13)的最优解必须满足以下必要(非充分)条件：

$$\frac{\partial L_p}{\partial x_j}=0 \quad j=1,2,\cdots,r \tag{5-14}$$

$$g_i(\boldsymbol{x})-b_i\leqslant 0 \quad i=1,2,\cdots,n \tag{5-15}$$

$$\alpha_i\geqslant 0 \quad i=1,2,\cdots,n \tag{5-16}$$

$$\alpha_i[b_i-g_i(\boldsymbol{x}_i)]=0 \quad i=1,2,\cdots,n \tag{5-17}$$

这些条件称为 Kuhn-Tucker 条件。注意式(5-15)是式(5-12)中的原始约束。条件(5-17)被称为互补条件(Complementarity Condition),它说明在解中,

如果 $\alpha_i>0$,那么 $g_i(\boldsymbol{x})=b_i$;

如果 $g_i(\boldsymbol{x})>b_i$,那么 $\alpha_i=0$。

这些条件意味着,对有效的约束,$\alpha_i>0$,反之对无效的约束,$\alpha_i=0$。将看到这些约束对支持向量机来说是很好的性质。

对于式(5-10)的问题,Kuhn-Tucker 条件是式(5-18)~式(5-22):

$$\frac{\partial L_p}{\partial w_j}=w_j-\sum_{i=1}^{n}y_i\alpha_i x_{ij}=0 \quad j=1,2,\cdots,r \tag{5-18}$$

$$\frac{\partial L_p}{\partial b}=-\sum_{i=1}^{n}y_i\alpha_i=0 \tag{5-19}$$

$$y_i(\langle \boldsymbol{w}\cdot\boldsymbol{x}_i\rangle+b)-1\geqslant 0 \quad i=1,2,\cdots,n \tag{5-20}$$

$$\alpha_i\geqslant 0 \quad i=1,2,\cdots,n \tag{5-21}$$

$$\alpha_i[y_i(\langle \boldsymbol{w}\cdot\boldsymbol{x}_i\rangle+b)-1]=0 \quad i=1,2,\cdots,n \tag{5-22}$$

不等式(5-20)就是原来的约束。另外注意到尽管对每一个训练样例点都有对应的拉格朗日乘子 α_i,但是互补条件(5-22)表明仅仅在边缘超平面(即 H_+ 和 H_-)上的数据点才能使 $\alpha_i>0$,因为对这些点来说 $y_i(\langle \boldsymbol{w}\cdot\boldsymbol{x}_i\rangle+b)-1=0$。这些点被称为支持向量,这是支持向量机名字的来历。而对其他的数据,$\alpha_i=0$。

要将主问题转化为对偶问题,方法可以是令主问题中的主变量(即 $\boldsymbol{w}$ 和 b)拉格朗日算符式(5-11)的偏微分等于 0,然后将它们代回拉格朗日算符。简单地替换式(5-18)

$$w_j=\sum_{i=1}^{n}y_i\alpha_i x_{ij} \quad j=1,2,\cdots,r \tag{5-23}$$

替换式(5-19)

$$\sum_{i=1}^{n}y_i\alpha_i=0 \tag{5-24}$$

代入原始的拉格朗日算符式(5-11),去除主变量后可以得到对偶的目标函数(称为 L_D)。

$$L_D=\sum_{i=1}^{n}\alpha_i-\frac{1}{2}\sum_{i,j=1}^{n}y_iy_j\alpha_i\alpha_j\langle x_i\cdot x_j\rangle \tag{5-25}$$

L_D 只含有对偶变量,并且可以在简单的约束式(5-18)、式(5-19)和

$\alpha_i \geqslant 0$ 下被优化。注意到式(5-18)已经不需要了,因为它已经被替换进目标函数 L_D 了。这样,主问题式(5-10)的对偶问题是

$$\text{最大化:}\quad L_D = \sum_{i=1}^{n}\alpha_i - \frac{1}{2}\sum_{i,j=1}^{n} y_i y_j \alpha_i \alpha_j \langle \boldsymbol{x}_i \cdot \boldsymbol{x}_j \rangle$$

$$\text{满足:}\quad \sum_{i=1}^{n} y_i \alpha_i = 0, \alpha_i \geqslant 0 \quad i = 1,2,\cdots,n \tag{5-26}$$

这个对偶问题被称为 Wolfe 对偶(Wolfe Dual)。对于主问题的凸优化函数和线性约束,Wolfe 对偶有如下性质,使得 L_D 最大的 α_i 可以推出使得主 L_p 最小时的 $\boldsymbol{w}$ 和 b。

解式(5-26)后,可以得到 α_i,进而可以通过式(5-18)和式(5-22)来计算 $\boldsymbol{w}$ 和 b。实现时,使用所有的支持向量来计算 b,取其平均作为最后的结果,而不是仅仅依靠一个支持向量。因为计算 α_i 可能会带来数值误差。最终的决策边界(最大边距超平面)是

$$\langle \boldsymbol{w} \cdot \boldsymbol{x} \rangle + b = \sum_{i \in sv} y_i \alpha_i \langle \boldsymbol{x}_i \cdot \boldsymbol{x} \rangle + b = 0 \tag{5-27}$$

其中,sv 是训练数据中所有支持向量的下标集。测试:使用式(5-27)来分类。给定一个测试样例 z,可以如下分类:

$$\text{sign}\langle \boldsymbol{w} \cdot \boldsymbol{x} \rangle + b = \text{sign}\Big(\sum_{i \in sv} y_i \alpha_i \langle \boldsymbol{x}_i \cdot \boldsymbol{x} \rangle + b\Big) \tag{5-28}$$

如果式(5-28)返回 1,那么 z 就被分到正类;否则被分为负类。

5.6.2　线性支持向量机:数据不可分的情况

数据线性可分的情况是一种理想情况。实际上,训练数据是有噪声的,也就是说,因为某些原因存在误差。比如说,一些样例被错误地标记了。或者说,实际问题中可能会有一定程度的随机性。即使是同样的两个输入向量,它们的类标也有可能不同。

为了使支持向量机更有效,它必须允许训练数据中的噪声。但是,线性可分的支持向量机是无法从嘈杂的数据找到解的,因为约束是不能满足的。例如,图 5-27 中有一个负例(圈中)在正例的区域内,一个正例在负例的区域里。很明显,这个问题是没有解的。

回忆在线性可分的情况下的主问题是

$$\text{最小化:}\quad \frac{\langle \boldsymbol{w} \cdot \boldsymbol{w} \rangle}{2}$$

$$\text{满足:}\quad y_i(\langle \boldsymbol{w} \cdot \boldsymbol{x}_i \rangle + b) \geqslant 1 \quad i=1,2,\cdots,n \tag{5-29}$$

要允许数据中的误差,需要放松边距的约束,引入松弛变量 $\xi > 0$,如下所示:

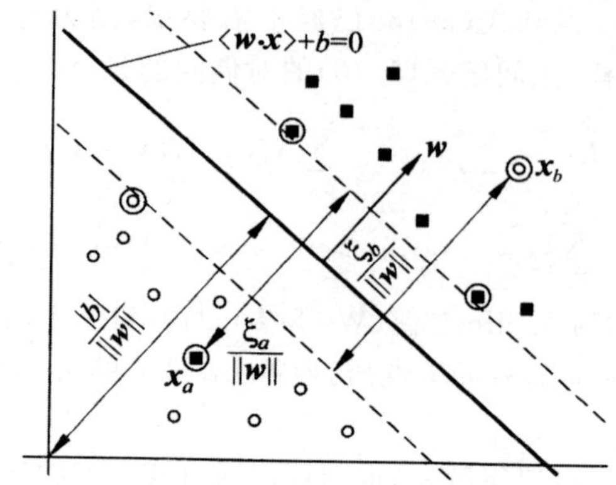

图 5-27　数据不可分的情况：x_a 和 x_b 为误差数据点

$$\langle \boldsymbol{w} \cdot \boldsymbol{x}_i \rangle + b \geqslant 1 - \xi_i \quad \text{当 } y_i = 1$$

$$\langle \boldsymbol{w} \cdot \boldsymbol{x}_i \rangle + b \leqslant -1 + \xi_i \quad \text{当 } y_i = -1$$

所以使用新的约束：

满足：$y_i(\langle \boldsymbol{w} \cdot \boldsymbol{x}_i \rangle + b) \geqslant 1 - \xi_i, \xi_i \geqslant 0 \quad i = 1, 2, \cdots, n$

它的几何解释如图 5-27 所示，图中有两个误差数据点 $\boldsymbol{x}_a$ 和 $\boldsymbol{x}_b$（圈中），它们处在错误的区域。

同样需要在目标函数中为误差加入惩罚项。自然的方法是添加一个误差的代价，将目标函数改为

最小化：
$$\frac{\langle \boldsymbol{w} \cdot \boldsymbol{w} \rangle}{2} + C\left(\sum_{i=1}^{n} \xi_i\right)^k \tag{5-30}$$

其中，$C \geqslant 0$ 是一个可以事先指定的参数。得到的优化问题仍然是一个凸优化的问题。经常使用 $k=1$，这样在对偶问题中 ξ_i 和它的拉格朗日算符都不会出现。下文中只讨论 $k=1$ 的情况。

新的优化问题是：

最小化：
$$\frac{\langle \boldsymbol{w} \cdot \boldsymbol{w} \rangle}{2} + C\left(\sum_{i=1}^{n} \xi_i\right)^k$$

满足：
$$y_i(\langle \boldsymbol{w} \cdot \boldsymbol{x}_i \rangle + b) \geqslant 1 - \xi_i, \xi_i \geqslant 0 \quad i = 1, 2, \cdots, n \tag{5-31}$$

这些公式称作软边距支持向量机（Soft-margin SVM），它的主拉格朗日算符（记为 L_p）如下所示。

$$L_p = \frac{1}{2}\langle \boldsymbol{w} \cdot \boldsymbol{w} \rangle + C\left(\sum_{i=1}^{n} \xi_i\right)^k - \sum_{i=1}^{n} \alpha_i [y_i(\langle \boldsymbol{w} \cdot \boldsymbol{x}_i \rangle + b) - 1 + \xi_i] - \sum_{i=1}^{n} \mu_i \xi_i \tag{5-32}$$

其中，$\alpha_i, \mu_i > 0$ 是拉格朗日乘子。优化的 Kuhn-Tucker 条件如下所示：

$$\frac{\partial L_p}{\partial w_j} = w_j - \sum_{i=1}^{n} y_i \alpha_i x_{ij} = 0 \quad j = 1, 2, \cdots, r \tag{5-33}$$

$$\frac{\partial L_p}{\partial b}=-\sum_{i=1}^{n}y_i\alpha_i=0 \tag{5-34}$$

$$\frac{\partial L_p}{\partial \xi_i}=C-\alpha_i-\mu_j=0\quad i=1,2,\cdots,n \tag{5-35}$$

$$y_i(\langle \boldsymbol{w}\cdot\boldsymbol{x}_i\rangle+b)-1+\xi_i\geqslant 0\quad i=1,2,\cdots,n \tag{5-36}$$

$$\xi_i\geqslant 0\quad i=1,2,\cdots,n \tag{5-37}$$

$$\alpha_i\geqslant 0\quad i=1,2,\cdots,n \tag{5-38}$$

$$\mu_i\geqslant 0\quad i=1,2,\cdots,n \tag{5-39}$$

$$\alpha_i[y_i(\langle \boldsymbol{w}\cdot\boldsymbol{x}_i\rangle+b)-1+\xi_i]=0\quad i=1,2,\cdots,n \tag{5-40}$$

$$\mu_i\xi_i=0\quad i=1,2,\cdots,n \tag{5-41}$$

与线性可分的情况类似，通过令主变量（即 $\boldsymbol{w}$、b 和 ξ_i）对应式(5-32)的偏微分等于零，然后替换原来的拉格朗日算符，可以把主拉格朗日算符转化成它的对偶。也就是说，把式(5-33)、式(5-34)和式(5-35)代入式(5-32)。从式(5-35)的 $C-\alpha_i-\mu_j=0$ 可以得到 $\alpha_i\leqslant C$，因为 $\mu_i\geqslant 0$。所以式(5-31)的对偶是

最大化：　$$L_D(a)=\sum_{i=1}^{n}\alpha_i-\frac{1}{2}\sum_{i,j=1}^{n}y_iy_j\alpha_i\alpha_j\langle \boldsymbol{x}_i\cdot\boldsymbol{x}_j\rangle \tag{5-42a}$$

满足：　$$\sum_{i=1}^{n}y_i\alpha_i=0,0\leqslant\alpha_i\leqslant C\quad i=1,2,\cdots,n \tag{5-42b}$$

有趣的是，ξ_i 和它的拉格朗日乘子 μ_i 并没有出现在对偶问题中，而且对偶函数和线性可分情况下是一样的。唯一的区别是有约束 $\alpha_i\leqslant C$（可以从 $C-\alpha_i-\mu_j=0$ 和 $\mu_i\geqslant 0$ 得到）。

对偶问题式(5-42)也可以用数值方法求解，得到的 α_i 可以用来求解 $\boldsymbol{w}$ 和 b。$\boldsymbol{w}$ 可以从式(5-33)得到，b 可以从 Kuhn-Tucker 互补条件式(5-40)和式(5-41)得到。还不知道 ξ_i，因此需要求解它。从式(5-35)、式(5-40)和式(5-41)可以看到如果 $0\leqslant\alpha_i\leqslant C$，那么 $\xi_i=0$，并且 $y_i(\langle \boldsymbol{w}\cdot\boldsymbol{x}_i\rangle+b)-1+\xi_i=0$。然后使用任意训练数据点 $0\leqslant\alpha_i\leqslant C$ 和式(5-40)（其中 $\xi_i=0$）来计算 b：

$$b=\frac{1}{y_i}-\sum_{i=1}^{n}y_i\alpha_i\langle \boldsymbol{x}_i\cdot\boldsymbol{x}_j\rangle \tag{5-43}$$

同样的，考虑到数值误差，计算所有的 b 然后取它们的平均作为最后的结果。注意到式(5-35)、式(5-40)、式(5-41)实际上说明：

$$\begin{cases}\alpha_i=0\Rightarrow y_i(\langle \boldsymbol{w}\cdot\boldsymbol{x}_i\rangle+b)\geqslant 1 \text{ 并且 } \xi_i=0\\ 0\leqslant\alpha_i\leqslant C\Rightarrow y_i(\langle \boldsymbol{w}\cdot\boldsymbol{x}_i\rangle+b)=1 \text{ 并且 } \xi_i=0\\ \alpha_i=C\Rightarrow y_i(\langle \boldsymbol{w}\cdot\boldsymbol{x}_i\rangle+b)\leqslant 1 \text{ 并且 } \xi_i\geqslant 0\end{cases} \tag{5-44}$$

与在可分情况下的支持向量类似，(5-44)说明支持向量机的一个重要的性质：解在 α_i 上是稀疏的。大多数数据点在边距外，即它们的 α_i 为 0。只有在边缘上的数据（即 $y_i(\langle \boldsymbol{w}\cdot\boldsymbol{x}_i\rangle+b)=1$，在线性可分的情况下为支持

向量)，和在边距内的数据(即 $\alpha_i = C$ 并且 $y_i(\langle \boldsymbol{w} \cdot \boldsymbol{x}_i \rangle + b) < 1$)，以及误差数据，它们的 α_i 是非零的。如果没有稀疏性，支持向量机对于大数据集可能并不实用。

最后的决策边界是(其中很多 α_i 为 0)

$$\langle \boldsymbol{w} \cdot \boldsymbol{x} \rangle + b = \sum_{i=1}^{n} y_i \alpha_i \langle \boldsymbol{x}_i \cdot \boldsymbol{x} \rangle + b = 0 \tag{5-45}$$

分类的决策准则和可分情况下一样，即 $\mathrm{sign}(\langle \boldsymbol{w} \cdot \boldsymbol{x} \rangle + b)$。式(5-45)和(5-43)中 $\boldsymbol{w}$ 不需要直接计算，这对使用核函数来解决非线性决策边界是很关键的。

最后，参数 C 仍然需要确定。一般的做法是，从一个范围中尝试一些值来构造分类器，然后再用验证集测试，选择分类效果最好的值作为最终的参数。交叉验证也是经常使用的方法。

5.6.3 非线性支持向量机：核方法

为了解决非线性分割的数据，需要将原始的输入数据变换到另一个空间(通常是一个更高维的空间)，这样在变换后的空间中可以用线性决策边界分割正例和负例，这个新的空间被称为特征空间。原始的数据空间称为输入空间。

这样，基本的想法是将数据从输入空间 X 通过一个非线性的映射 ϕ 映射到另一个空间 F。

$$\phi: X \to F$$
$$\boldsymbol{x} \mapsto \phi(\boldsymbol{x})$$

映射后，原始训练数据 $\{(\boldsymbol{x}_1, y_1), (\boldsymbol{x}_2, y_2), \cdots, (\boldsymbol{x}_n, y_n)\}$ 变成了：

$$\{[\phi(\boldsymbol{x}_1), y_1], [\phi(\boldsymbol{x}_2), y_2], \cdots, [\phi(\boldsymbol{x}_n), y_n]\} \tag{5-46}$$

与线性支持向量机相同的解法同样适用于 F。图 5-28 显示了这个过程。在输入空间中(左图)，训练数据不能线性分割。在变换后的特征空间(右图)，它们可以线性分割。

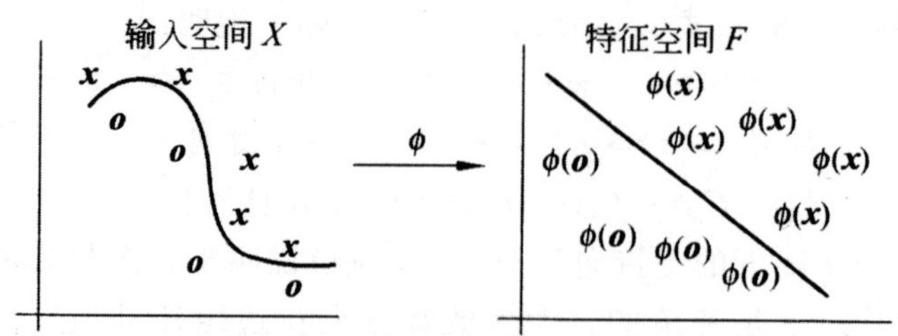

图 5-28 从输入空间变换到特征空间

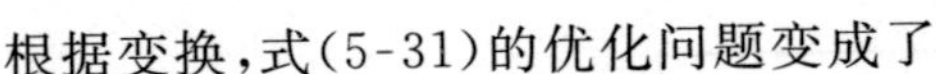

根据变换,式(5-31)的优化问题变成了

最小化：$$\frac{\langle \boldsymbol{w} \cdot \boldsymbol{w} \rangle}{2} + C\sum_{i=1}^{n}\xi_i$$

满足：$y_i[[\boldsymbol{w} \cdot \varphi(\boldsymbol{x}_i)] + b] \geqslant 1 - \xi_i, \xi_i \geqslant 0 \quad i = 1,2,\cdots,n$　　(5-47)

对应的对偶是

最大化：$$L_D(a) = \sum_{i=1}^{n}\alpha_i - \frac{1}{2}\sum_{i,j=1}^{n} y_i y_j \alpha_i \alpha_j \langle \varphi(\boldsymbol{x}_i) \cdot \varphi(\boldsymbol{x}_j) \rangle \tag{5-48a}$$

满足：$$\sum_{i=1}^{n} y_i \alpha_i = 0, 0 \leqslant \alpha_i \leqslant C \quad i = 1,2,\cdots,n \tag{5-48b}$$

最终的分类决策准则是

$$\sum_{i=1}^{n} y_i \alpha_i \langle \varphi(\boldsymbol{x}_i) \cdot \varphi(\boldsymbol{x}_j) \rangle + b \tag{5-49}$$

5.7　粗糙集与模糊集

5.7.1　粗糙集

1. 粗糙集数据推理框架

粗糙集理论(Rough Set Theory)的基本思想是基于等价关系的粒化与近似的数据分析方法,将数据库这样的元组数据根据属性不同的属性值分成相应的子集,然后进行集合的上、下近似运算,即上近似算子和下近似算子(又称上、下近似集),以生成各子类的判定规则。目前,主要有构造化方法(Constructive Method)与公理化方法(Axiomatic Method)两种研究方法来定义近似算子。

粗糙集是关于数据推理的理论。通过对概念的形式化定义,粗糙集理论建立起了一个数据推理的基本框架,如图 5-29 所示。

2. 基于粗糙集的属性约简

(1)属性约简的有关概念

1)正域

在信息表 S 中,对于属性集 $P,Q \subseteq A$,则 Q 的 P 正域 $\mathrm{POS}_P(Q) = \bigcap_{X \in \frac{U}{Q}} \overline{P}(X)$。

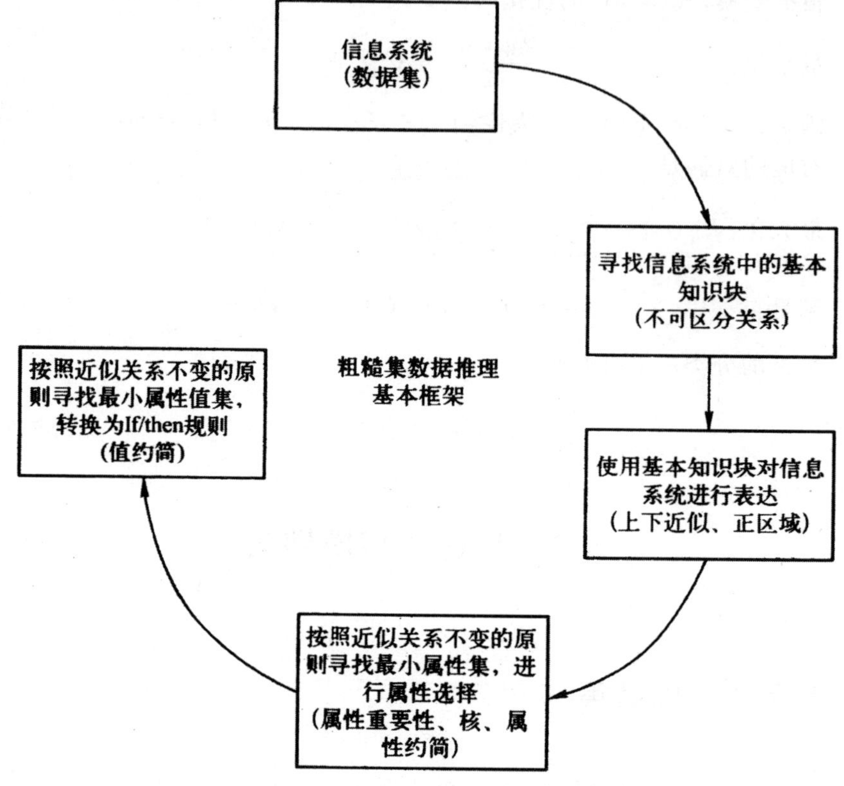

图 5-29　粗糙集数据推理基本框架

2)属性约简

在决策表 L 中，若存在属性集 $R \subset C$，称 R 为相对于决策属性 D 的条件属性集 C 的约简，当且仅当满足两个条件：

①$POS_R(D)=POS_C(D)$；

②不存在 $r \in R$，使得 $POS_{R-\{r\}}(D)=POS_C(D)$。

它表示相对约简后的部分条件属性形成的相对于决策属性的分类和所有条件属性形成的相对于决策属性的分类一致，即和所有条件属性相对于决策属性有相同的分类能力。

3)最小属性约简

若决策表 L 的一个相对约简中所含条件属性个数为所有相对约简中最少的，则称该相对约简为决策表 L 的最小相对属性约简。

4)属性核

在决策表 L 中，相对于决策属性集的条件属性的约简不一定是唯一的，设 $RED_D(C)$ 为 C 的所有 D 约简簇，则称 $\bigcap RED_D(C)$ 为 C 的 D 核，简称为决策表的相对属性核，记为 $CORE_D(C)$。

(2)基于粗糙集的几种属性约简算法。

①属性逐步删除约简算法。

②属性逐步增加约简算法。

③基于互信息的属性约简算法。

④基于可辨识矩阵和逻辑运算的属性约简算法

3. 基于粗糙集的决策规则约简

(1)决策规则的定义

信息表中的对象(元组)x 按条件属性与决策属性关系看成一条决策规则,写成

$$\wedge f_{C_i}(x) \rightarrow f_d(x)$$

其中,C_i 表示多个条件属性;d 表示决策属性;$f_{C_i}(x)$表示对象 x 在属性 C_i 的取值,∧表示逻辑“与”关系。

(2)决策规则的约简

利用粗糙集理论可以得到以下决策规则约简命题:

若属性集 C 中存在若干个属性,关于这些属性的等价类的交集为相应决策属性 D 的等价类的交集的子集,即

$$\cap [x]_a \subseteq \cap [y]_d$$

则由这些条件属性和全部决策属性构成的新决策规则是原决策规则的约简。

5.7.2　模糊集

1. 模糊集方法

模糊集方法(Fuzzy Set Method)是把普通集合中的决定隶属关系灵活化,使元素对“集合”的隶属度从集合(0,1)中的值扩充为[0,1]中,即将二值逻辑(0 和 1)推广到无穷多值逻辑([0,1]间任何实数)。所谓模糊概念是指这个概念的外延具有不确定性,或者说它的外延是不清晰的,是模糊的。利用模糊集方法对实际问题进行模糊评判、模糊决策、模糊模式识别、模糊关联分析和模糊聚类分析等,将模糊集与其他方法结合起来设计非精确系统的知识挖掘问题。模糊集是通过隶属函数来定义的,能处理不完全数据、噪声或不精确数据。对于同一个模糊概念,有不同的方法建立隶属度函数。

2. 模糊逻辑推理及应用

(1)模糊判断句及其逻辑演算

设:X 为语言对象的集合;T 为表示概念的词(单词或词组)的集合。

定义 5.2 称形如“x 是 a”的陈述句为判断句,记为(a)。这里 $x\in X$,$a\in T$。称

$$A=\{x\in X\mid (a)\text{对于} x \text{为真}\}$$

为判断句(a)的真域,若 $A=X$,则称判断句(a)永真;若 $A=\varnothing$,则称判断句(a)永假。

定义 5.3 在判断句(a)中,若 a 所表示的概念是清晰的,则称(a)是一个普通判断句。若 a 所表示的概念是模糊的,则称(a)是一个模糊判断句。

定义 5.4 若(a)是一个模糊判断句,则$\forall x\in X$,“x 是 a”即为一模糊命题,记为$(a)(x)$,记真值为 $T((a)(x))\in[0,1]$。定义模糊集 $A\in F(X)$,使得

$$\forall x\in X, A(x)=T((a)(x))$$

则称 A 为模糊判断句(a)的真域。

模糊判断句同模糊命题一样,可以通过逻辑演算组成新的判断句。

定理 5.1 设模糊判断句(a),(b)的真域分别为 $A,B\in F(X)$,则$(a)\vee(b)$的真域为 $A\cup B$;$(a)\wedge(b)$的真域为 $A\cap B$;$\neg a$ 的真域为 A^c。

(2)模糊推理句

定义 5.5 称形如“x 是 a,则 x 是 b”的陈述句为推理句,记做$(a)\rightarrow(b)$,如果 a,b 所表示的概念都是清晰的,则称$(a)\rightarrow(b)$普通推理句,如果 a,b 所表示的概念是模糊的,则称$(a)\rightarrow(b)$为模糊推理句。

如果赋予变元 x 一个特定对象 x_0,那么“若 x_0 是 a,则 x_0 是 b”就是一个模糊命题,记为$[(a)\rightarrow(b)](x_0)$。设$(a)\rightarrow(b)$对 x 的真值为 $T([(a)\rightarrow(b)](x))\in[0,1]$。定义模糊集 $S\in F(X)$如下

$$\forall x\in X, S(x)=T([(a)\rightarrow(b)](x))$$

则称 S 为$(a)\rightarrow(b)$的真域。

设(a),(b)为普通判断句,其真域分别为 A,B,则

$$(a)\rightarrow(b)\Leftrightarrow(a)\wedge(b)\text{或}\neg a$$

若设(a),(b),$(a)\rightarrow(b)$的真域分别为 A,B,S,则

$$S=(A\cap B)\cup A^c=A^c\cup B$$

若$(a)\rightarrow(b)$永真,即 $S=X$,则称该推理句为定理。对于定理推理有下列规则。

①$(a)\to(b)$是定理$\Leftrightarrow A\subseteq B$。

②$(a)\to(b)$是定理，$(b)\to(c)$是定理$\Rightarrow(a)\to(c)$是定理，即 $A\subseteq B$，$B\subseteq C\Rightarrow A\subseteq C$。

③$(a)\to(b)$是定理，(a)对 x 真$\Rightarrow b$ 对 x 真，即 $A\subseteq B,x\in A\Rightarrow x\in B$。

④$(a)\to(b)$是定理，(b)对 x 假$\Rightarrow a$ 对 x 假，即 $A\subseteq B,x\notin B\Rightarrow x\notin A$。

由于在模糊情形，$A^c\cup B$ 与 $A^c\cup(A\cap B)$未必相等．则将上述讨论推广到模糊推理句情形时引入以下定义。

定义 5.6 设$(a)\to(b)$为模糊推理句，分别记

$$R_1\triangleq T_1[(a)\to(b)]=A^c\cup B$$

$$R_2\triangleq T_2[(a)\to(b)]=A^c\cup(A\cap B)$$

则称 R_1,R_2 分别为$(a)\to(b)$的第一种真域和第二种真域。又若 $T=T_1$ 或 $T=T_2$，且 $T([(a)\to(b)](x))>\frac{1}{2}$，则称$(a)\to(b)$对 x 为模糊真；若 $T([(a)\to(b)](x))<\frac{1}{2}$，则称$(a)\to(b)$对 x 为模糊假；若$\forall x\in X$，$(a)\to(b)$对 x 为模糊真，则称$(a)\to(b)$为模糊恒真，此时也称$(a)\to(b)$为模糊定理；若$\forall x\in X$，$(a)\to(b)$对 x 为模糊假，则称$(a)\to(b)$为模糊恒假。

以模糊恒真的推理句$(a)\to(b)$（即模糊定理）作为依据，可以进行如下的模糊推理。

定理 5.2 下列诸结论成立：

①肯定前件（条件）的假言推理（MP）：如果$(a)\to(b)$是模糊定理且(a)对 x 为模糊真，则(b)对 x 为模糊真，且

$$T((b)(x))\geqslant T([(a)\to(b)](x))$$

②否定后件（结论）的假言推理（MT）：如果$(a)\to(b)$是模糊定理且(b)对 x 为模糊假，则(a)对 x 为模糊假，且

$$T((a)(x))=1-T([(a)\to(b)](x))$$

③复合规则：如果$(a)\to(b)$与$(b)\to(c)$都是模糊定理，则$(a)\to(c)$是模糊定理，且

$$T([(a)\to(c)](x))\geqslant T([(a)\to(b)](x))\wedge T([(b)\to(c)](x))$$

(3)不同变元的模糊推理句

定义 5.7 设 a,b 所表示的概念是模糊的，则称推理句$(a(x))\to(b(y))$为二元模糊推理句，其真域 $R\in F(X\times Y)$为

$$T[(a(x))\to(b(y))]\triangleq R=(A^c\times Y)\cup(A\times B)$$

这里 $A\in F(X)$，$B\in F(Y)$分别是(a)，(b)的真域，并且

$$T[(a(x))\to(b(y))](x,y)=R(x,y)=(1-A(x))\vee(A(x)\wedge B(y))$$

同样有以$(a(x))\to(b(y))$为依据的模糊推理规则。

定理 5.3 下列结论成立：

①(MP)：如果$(a(x))\to(b(y))$对(x,y)为模糊真且(a)对x为模糊真，那么(b)对y为模糊真，而且

$$T((b)(y))\geqslant T[(a(x))\to(b(y))](x,y)$$

②(MT)：如果$(a(x))\to(b(y))$对(x,y)为模糊真且(b)对y为模糊假，那么(a)对x为模糊假，而且

$$T((a)(x))=1-T[(a(x))\to(b(y))](x,y)$$

③复合规则：如果$(a(x))\to(b(y))$对(x,y)为模糊真且$(b(y))\to(c(z))$对(y,z)为模糊真，则$(a(x))\to(c(z))$对(x,z)为模糊真，而且

$$T[(a(x))\to(c(z))]\geqslant T[(a(x))\to(b(y))](x,y)\wedge T[(b(y))\to(c(z))](y,z)$$

(4)似然推理

在实际应用中，常用这样的近似推理方法：以“若x小，则y大”为依据，如果x很小就判断y很大，如果x略小就判断y略大，这种推理过程可以视为一种模糊变换，该变换将“x很小”与“x略小”的真域A_1和A_2分别变换到“y很大”和“y略大”的真域B_1和B_2，这种推理方法称为似然推理。

似然推理的规则为：

①(“若x是a，则y是b”，“x是a'”)⇒“y是b'”；其中，如果$(a(x))\to(b(y))$的真域为$R\in F(X\times Y)$，(a')的真域为A'，则(b')的真域为$B'=A'\circ R$。

②(“若x是a，则y是b”，“y是b'”)⇒“x是a'”；其中，如果$(a(x))\to(b(y))$的真域为$R\in F(X\times Y)$，(b')的真域为B'，则(a')的真域为$A'=B'\circ R^{-1}$。

这两种似然推理相当于模糊逻辑推理中的(MP)与(MT)，似然推理可以想象为转换器(图 5-30)，给定某个“输入”，得到一定的“输出”。

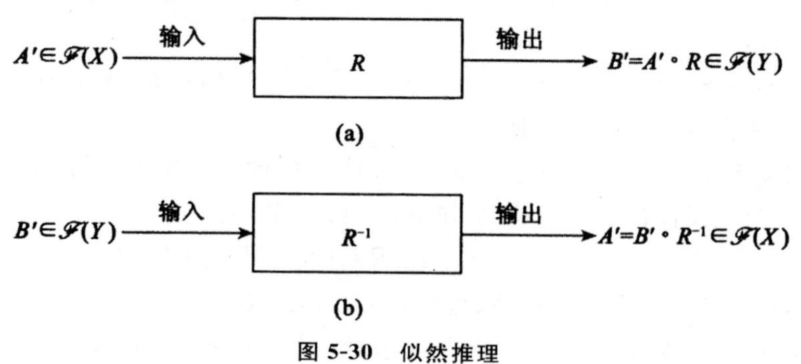

图 5-30 似然推理

似然推理模型如下：

模型1：　$R_1=(A^c\times Y)\cup(A\times B)$

其中，$R_1(x,y)=(1-A(x))\vee(A(x)\wedge B(x))$

模型2：　$R_2=(A^c\times Y)\cup_{\perp}(X\times B)$

其中，$R_2(x,y)=\perp((1-A(x)),B(x))$；$\perp$为$t$-余模。

模型3：　$R_3(x,y)=(1-A(x))\vee A(x)B(y)$

模型4：　$R_4(x,y)=\begin{cases}1, A(x)\leqslant B(y)\\ B(y), A(x)>B(y)\end{cases}$

模型5：　$R_5(x,y)=\begin{cases}1, A(x)\leqslant B(y)\\ 0, A(x)>B(y)\end{cases}$

模型6：　$R_6(x,y)=\begin{cases}\dfrac{B(y)}{A(x)}\wedge 1, A(x)>0\\ 0, A(x)=0\end{cases}$

模型7：$R_7(x,y)=\begin{cases}1, A(x)\leqslant B(y)\\ B(y)\wedge(1-A(x)), A(x)>B(y)\end{cases}$

当$A(x)$，$B(y)$限制在$\{0,1\}$中取值时，有

$$R_k(x,y)=\begin{cases}1, A(x)=B(y)=1\text{ 或 }A(x)=0\\ 0, A(x)=1\text{ 且 }B(y)=0\end{cases}$$

其中，$k=1,2,\cdots,7$。因此它们都可以视为二值逻辑的推广。

(5)条件语句

设A，B，C分别表示(a)，(b)，(c)的真域，那么条件语句

“若(a)则(b)，否则(c)”

可用$X\times Y$上的一个二元关系R表示。

1)普通条件语句的真域

句型“如果(a)则(b)，否则(c)”，它的集合表示为

$$R=(A\rightarrow B)\cap(\overline{A}\rightarrow C)$$

其中，A是论域X上的普通集合，B，C是论域Y上的普通集合。

按照“如果(a)则(b)”的集合表示，有

$$\begin{aligned}R&=(A\rightarrow B)\cap(\overline{A}\rightarrow C)\\&=[(A\times B)\cup(\overline{A}\times Y)]\cap[(\overline{A}\times C)\cup(A\times Y)]\\&=[(A\times B)\cap(\overline{A}\times C)]\cup[(A\times B)\cup(A\times Y)]\cup\\&\quad[(\overline{A}\times Y)\cap(\overline{A}\times C)]\cup[(\overline{A}\times Y)\cap(A\times Y)]\\&=\varnothing\cup(A\times B)\cup(\overline{A}\times C)\cup\varnothing\\&=(A\times B)\cup(\overline{A}\times C)\end{aligned}$$

这是条件语句“如果(a)则(b)，否则(c)”的真域。

2)模糊条件语句的真域

将普通条件语句的真域推广到模糊情形,那么,模糊条件语句

“若(a)则(b),否则(c)”

的真域 R 是 $X\times Y$ 上的模糊子集(简称模糊集),于是有

$$R \triangleq (A\times B)\cup(\overline{A}\times C)$$

其隶属函数为

$$R(x,y)=(A(x)\wedge B(y))\vee((1-A(x))\wedge C(y))$$

把 R 作为转换器,输入 A',可得输出

$$B'=A'\circ R$$

这里,运算符“$\circ$”代表模糊关系的合成。

3)多重条件语句

设(a_1),(a_2),…,(a_n)的真域分别为 $A_1,A_2,\cdots,A_n$;(b_1),(b_2),…,(b_n)的真域分别为 $B_1,B_2,\cdots,B_n$,有多重条件语句:

若(a_1)则(b_1)否则

若(a_2)则(b_2)否则

……

若(a_n)则(b_n)

表示 X 到 Y 的一个模糊关系 R

$$R \triangleq (A_1\times B_1)\cup(A_2\times B_2)\cup\cdots\cup(A_n\times B_n)$$

其隶属函数为

$$R(x,y)=\bigvee_{i=1}^{R}(A_i(x)\wedge B_i(y))$$

对于模糊关系 R,若给出输入 A,则有输出 B

$$B=A\circ R$$

在实际应用中,还会遇到所谓复合条件语句,形如:

若(a_1)且(b_1)则(c_1)

若(a_2)且(b_2)则(c_2)

……

若(a_n)且(b_n)则(c_n)

a_i 对应 $A_i\in F(X)$,b_i 对应 $B_i\in F(Y)$,c_i 对应 $C_i\in F(Z)$ $(i=1,2,\cdots,n)$。这个语句是 $X\times Y\times Z$ 上的一个三元关系 R,其隶属函数为

$$R(x,y,z)=\bigvee_{i=1}^{n}(A_i(x)\wedge B_i(y)\wedge C_i(z))$$

在系统中,当输入两个量 A,B,输出一个量 C 时,它们的关系就可用这种语句。

5.8 预测和分类中的准确率、误差的度量

5.8.1 分类器准确率度量

由于学习算法对数据的过于拟合，使用训练数据导出分类器或预测器，然后评估结果学习模型的准确率可能错误地导致过于乐观的估计。准确率最好在检验集上评估。检验集由在训练模型时未使用的类标记的元组组成。分类器在给定检验集的准确率是分类器正确分类的检验集元组所占的百分比。在模式识别文献中，也称分类器的总体识别率（Recognition Rate），即反映分类器对各类元组的识别情况。

分类器 M 的误差率或误分类率是 1-Acc(M)，其中 Acc(M)是 M 的准确率。如果使用训练集评估模型的误差率，则该量称为再代入误差（Resubstitution Error）。这种误差估计是实际误差率的乐观估计（类似地，对应的准确率估计也是乐观的），因为并未在没有见过的任何样本上对模型进行检验。

混淆矩阵是分析分类器识别不同类元组情况的一种有用工具。两个类的混淆矩阵显示在表 5-10 中。给定 m 个类，混淆矩阵（Confusion Matrix）至少是 $m\times m$ 的表。m 行 m 列的表目 CM_{ij} 表示类 i 用分类器分到类 j 的元组数。理想地，对于具有高准确率的分类器，大部分元组应当用混淆矩阵对角线上的表目（从 CM_{11} 到 CM_{mm}）表示，而其他表目接近于零。该表还可以有一些附加的行或列，提供每个类的合计或识别率。

表 5-10　buys_computer＝yes 和 buys_computer＝no 的混淆矩阵

类	buys_computer＝yes	buys_computer＝no	合计	识别率(%)
buys_computer＝yes	6954	46	7000	99.34
buys_computer＝no	412	2588	3000	86.27
合计	7366	2634	10000	94.82

给定两类，可以使用术语正元组（感兴趣的主类的元组，如 buys_computer＝yes）和负元组（如 buys_computer＝no）。真正（True Positives）指分类器正确标记的正元组，而真负（True Negatives）是分类器正确标记的负元组。假正（False Positives）是错误标记的负元组（如类 buys_computer＝no 的元组，分类器预测为 buys_computer＝yes）。类似地，假负（False Negatives）

是错误标记的正元组(如类 buys_computer＝yes 的元组,分类器预测为 buys_computer＝no)。这些术语在分析分类器的能力时是有用的,并汇总在表 5-11 中。

表 5-11　正、负元组的混淆矩阵

	C_1(预测的类)	C_2(预测的类)
C_1(实际的类)	真正	假负
C_2(实际的类)	假正	真负

假设已经训练的分类器将医疗数据元组分类为“cancer”或“not_cancer”。90％的准确率使该分类器看上去相当准确,但是,如果实际只有 3％～4％的训练元组是“cancer”,显然,90％的准确率是不能接受的,比如,该分类器只能正确地对“not_cancer"的元组分类。换一种方式,希望能够评估分类器识别“cancer”元组(称做正元组)的情况和识别“not_cancer”元组(称做负元组)的情况。为此,可以分别使用灵敏性(Sensitivity)和特效性(Specificity)度量。灵敏度也称真正率(即正确识别的正元组的百分比),而特效性是真负率(即正确识别的负元组的百分比)。此外,可以使用精度(Precision)标记为“cancer”,实际是“cancer”的元组的百分比。这些度量定义为

$$\text{Sensitivity}=\frac{\text{t\_pos}}{\text{pos}}$$

$$\text{Specificity}=\frac{\text{t\_neg}}{\text{neg}}$$

$$\text{Precisicion}=\frac{\text{t\_pos}}{\text{t\_pos}+\text{f\_pos}}$$

其中,t_pos 是真正(正确地分类的“cancer”元组)数,pos 是正(“cancer”)元组数,t_neg 是真负(正确地分类的“not_cancer”元组)数,neg 是负(“not_cancer”)元组数,而 f_pos 是假正(错误地标记为“cancer”的“not_cancer”元组)数。可以证明正确率是灵敏性和特效性的函数。

$$\text{Accuracy}=\text{sensivity}\times\frac{\text{pos}}{\text{pos}+\text{neg}}+\text{specificity}\times\frac{\text{neg}}{\text{pos}+\text{neg}}$$

真正、真负、假正和假负也可以用于评估与分类模型相关联的代价和收益(或风险和增益)。分类模型与假负(如错误地预测癌症患者未患癌症)相关联的代价比与假正(不正确地但保守地将非癌症患者分类为癌症患者)大得多。在这种情况下,通过赋予每种错误不同的代价,可以使一种类型的错误比另一种更重要。这些代价可以看做对病人的危害、导致治疗的高费用和其他医院开销。类似地,与真正决策相关联的收益也可能不同于真负。

到目前为止，为计算分类器的准确率，一直假定真正与真负具有相等的代价，并用真正和真负之和除以检验元组总数。作为选择，通过计算每种决策的代价(或收益)，可以纳入代价和收益。涉及代价-收益分析的其他应用包括贷款申请决策和针对销售广告邮寄。例如，贷款给一个拖欠者的代价远超过拒绝贷款给一个非拖欠者导致的商机损失的代价。类似地，在试图识别可能响应促销邮寄广告的家庭的应用中，向大量不理睬广告的家庭邮寄广告的代价可能比不向本来可能响应的家庭邮寄广告导致的商机损失的代价更重要。在总体分析中考虑的其他代价包括收集数据和开发分类工具的开销。

5.8.2　预测器误差度量

设 D 是形如 $(X_1, y_1), (X_2, y_2), \cdots, (X_{\|D\|}, y_{\|D\|})$ 的检验集，其中 X_i 是 n 维检验元组，在响应变量 y 上具有已知值 y_i，$\|D\|$ 是 D 中的元组数。由于预测器返回连续值，而不是分类标号，很难准确地说 X_i 的预测值 y_i' 是否正确。使用损失函数(Loss Function)度量实际值 y_i 与预测值 y_i' 之间的误差来检测 y_i' 与 y_i 的差异。

最常见的损失函数是：

绝对误差：　$|y_i - y_i'|$

平方误差：　$(y_i - y')^2$

基于上式，检验误差(率)或泛化误差(Generalization Error)是整个检验集的平均损失。这样，得到如下误差率：

均值绝对误差：　$$\frac{\sum_{i=1}^{\|D\|} |y_i - y'_i|}{\|D\|}$$

均方误差：　$$\frac{\sum_{i=1}^{\|D\|} (y_i - y')^2}{\|D\|}$$

均方误差放大了离群点的存在，而均值绝对误差不会。如果取均方误差的平方根，则结果误差度量称做均方根误差(Root Mean Squared Error)。这是有用的，因为它使误差的度量与被预测的量为同一量级。

有时，可能希望误差是相对的，相对于从训练数据 D 预测 y 的均值 $\overline{y}$。换句话说，可以除以由预测均值导致的总损失来规范化总损失。相对误差度量包括两类：

相对绝对误差：　$$\frac{\sum_{i=1}^{\|D\|} |y_i - y'_i|}{\sum_{i=1}^{\|D\|} |y_i - \overline{y}|}$$

相对平方误差：$$\frac{\sum_{i=1}^{\|D\|}(y_i-y')^2}{\sum_{i=1}^{\|D\|}(y_i-\overline{y})^2}$$

其中，$\overline{y}$ 是训练数据中 y 的均值，即 $\overline{y}=\frac{\sum_{i=1}^{\|D\|}y_i}{\|D\|}$。可以取相对平方误差的根，得到相对平方根误差(Root Relative Squared Error)，使得结果误差与被预测的量为同一量级。

5.9 评估分类器或预测器的准确率

5.9.1 保持方法

保持方法是目前为止讨论准确率时默认的方法。其执行步骤如下。

以无放回抽样方式把数据集分为两个相互独立的子集：训练集和测试集。其中，训练集用于构建分类器，测试集用于评估分类器的性能。在通常情况下，指定 2/3 的数据作为训练集，其余 1/3 的数据作为测试集。保持方法评估过程如图 5-31 所示。

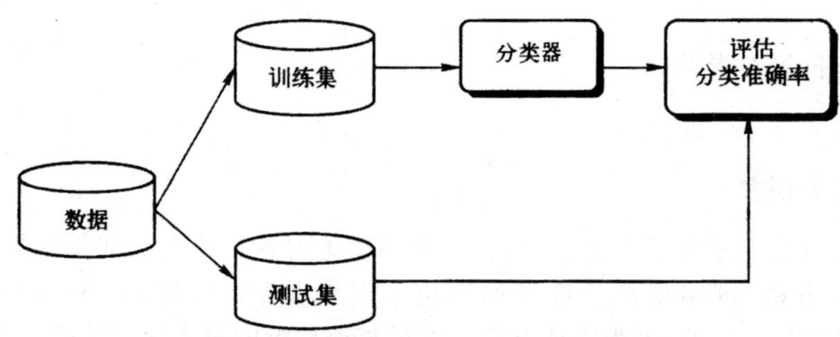

图 5-31 用保持方法评估分类器性能的流程

5.9.2 随机子抽样

随机子抽样方法可以看成是保持方法的多次迭代，并且每次都要把数据集分开，随机抽样形成测试集和训练集。其执行步骤如下：

①以无放回抽样方式从数据集 D 中随机抽取样本。这些样本形成新

的训练集 D_1,D 中其余的样本形成测试集 D_2。通常,D 中的 2/3 数据作为 D_1,而剩下的 1/3 数据作为 D_2。

②用 D_1 来训练分类器,用跳来评估分类准确率。

③步骤①、②循环 k 次,k 越大越好。总准确率估计取每次迭代准确率的平均值。

随机子抽样方法和保持方法有同样的问题,因为在训练阶段也没有利用尽可能多的数据。并且由于它没有控制每个记录用于训练和测试的次数,因此有些样本用于训练可能比其他样本更加频繁。

5.9.3 k-折交叉验证

k-折交叉验证(k-fold Cross-Validation)方法的思想是:将初始数据集随机划分成 k 个互不相交的子集 $D_1,D_2,\cdots,D_k$,每个子集的大小大致相等,然后进行 k 次训练和检验过程。

第 1 次,使用子集 $D_2,D_3,\cdots,D_k$ 一起作为训练集来构建模型,并在 D_1 子集上检验。

第 2 次,使用子集 $D_1,D_2,\cdots,D_k$ 一起作为训练集来构建模型,并在 D_2 子集上检验。

在第 i 次迭代,使用子集 D_i 检验,其余划分子集一起用于训练模型。

如此下去,直到每个划分都用于一次检验。

k-折交叉验证方法的一种特殊情况是令 $k=N$(N 为样本总数),这样每个检验集只有一个记录,该方法被称为留一方法。留一方法的优点是使用尽可能多的训练记录,检验集之间是互斥的,并且有效地覆盖了整个数据集。留一方法的缺点是整个过程重复 N 次,计算上开销很大,因为每个检验集只有一个记录,性能估计度量的方差偏高。

与保持和随机子抽样方法不同,这里每个样本用于训练的次数都为 $k-1$ 次,并且用于检验一次。较常用的是 10-折交叉验证,因为它具有相对较低的偏倚和方差。

5.9.4 自助法

与准确率估计方法不同,自助法(Bootstrap Method)从给定训练元组中有放回地均匀抽样。也就是说,每当选中一个元组,它等可能地被再次选中并再次添加到训练集中。例如,想象一台从训练集中随机选择元组的机器,在有放回的抽样中,允许机器多次选择同一个元组。

自助方法有多种，常用的一种是0.632自助法，其方法如下：设给定的数据集包含d个元组。该数据集有放回地抽样d次，产生d个样本的自助样本集或训练集。原数据元组中的某些元组很可能在该样本集中出现多次。没有进入该训练集的数据元组最终形成检验集。假设进行这样的抽样多次。其结果是，在平均情况下，63.2%的原数据元组将出现在自助样本中，而其余36.8%的元组将形成检验集(因此称0.632自助法)。

假定每个元组被选中的概率是$1/d$，因此未被选中的概率是$(1-1/d)$。要挑选d次，一个元组在全部d次挑选都未被选中的概率是$(1-1/d)^d$。如果d很大，该概率近似为$e^{-1}=0.368$。这样，36.8%的元组未被选为训练集而留在检验集中，其余的63.2%将形成训练集。

可以重复抽样过程k次，每次迭代，使用当前的检验集得到从当前自助样本得到的模型的准确率估计。模型的总体准确率则用下式估计

$$\mathrm{Acc}(M)=\sum_{i=1}^{k}[0.632\times\mathrm{Acc}(M_i)_{\mathrm{test\_set}}+0.368\times\mathrm{Acc}(M_i)_{\mathrm{train\_set}}]$$

其中，$\mathrm{Acc}(M_i)_{\mathrm{test_set}}$是自助样本$i$得到的模型用于检验集$i$的准确率。$\mathrm{Acc}(M_i)_{\mathrm{train_set}}$是自助样本$i$得到的模型用于原数据元组集的准确率。对于小数据集，自助法效果很好。

第6章 时间序列与序列模式挖掘算法的实现

数据挖掘的应用领域非常广泛，同时，数据挖掘也应用了大量其他学科的技术。本章介绍的内容是与事件发生的顺序及时间顺序有关的技术，这类数据处理的不是一个时间点上的数据，而是大量时间点上的数据。本章介绍了时间序列和序列模式挖掘的概念以及常用的算法。

6.1 时间序列挖掘概述

时间序列指的是按照一定的时间顺序所测得的一系列数值，其中的时间，可以有两种具体含义，一种是指在时间上进行先后排序，另一种是指在空间上进行先后排序。

时间序列挖掘是在时间序列数据库(Time-series Database)中观察较为类似的或有规律可循的模式、趋势、突变以及离群点等，从而发现事物发展变化的本质，有助于人类更加科学地看待客观世界以及解决现实问题。

6.1.1 时间序列分析的应用

时间序列分析的目的是分析时间序列数据的一种十分有效的方法。其目的见图 6-1。

1. 趋势分析

时序变量 Y 表示为时间 t 的函数，即 $Y=F(t)$。此函数可以图示为一个时序图，如图 6-2 所示，它描述了股票市场中某股每日收盘价随时间变化的情况。

目前一般有四种主要的变化或成分用于刻画时序数据。

(1)长期或趋势变化

趋势能够理解为属性值随时间进行的、系统的、无重复的改变(线性的或非线性的)，主要用于反映时间序列图在长时间间隔运动的一般变化方向。这种变化反映为一种趋势线或趋势曲线。

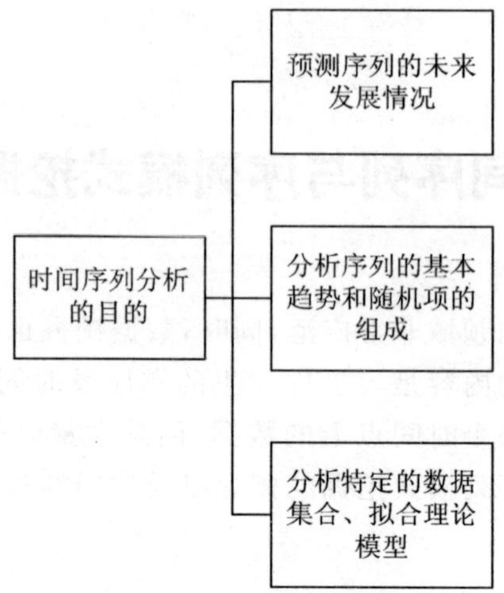

图 6-1　时间序列分析的目的

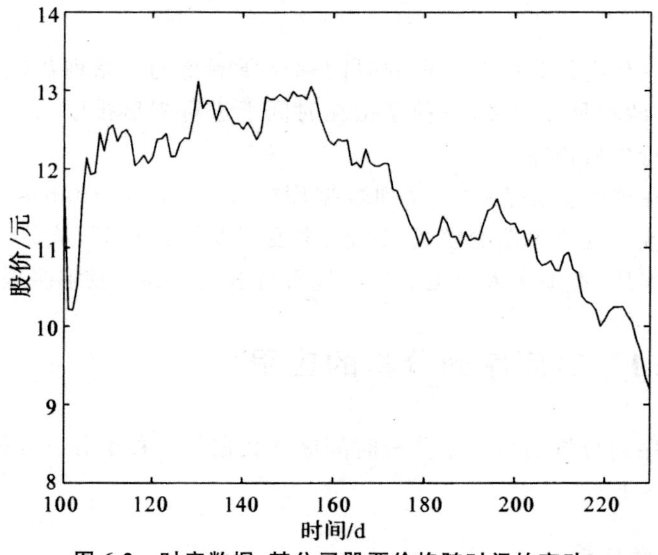

图 6-2　时序数据:某公司股票价格随时间的变动

(2)周期运动或变化

这里所讲的周期主要指循环型,即趋势线或曲线在长期时间内呈摆动迹象,它可以是也可以不是周期性的。

(3)季节性变动或变化

季节性变动是指同一或近似同一的模式,在相继年份的对应月份或时期重复出现。

(4)非规则或随机变化

这里指反映由于随机或偶然事件引起的零星时序变化。

以上有关趋势、周期、季节性和非规则的变动，可以分别用变量 T、C、S 和 I 表示。

2. 相似性搜索

相似性搜索用于找出数据库中与给定查询序列最相近的数据序列。给定时间序列集合 S，主要可以进行子序列匹配和全序列匹配两种类型的相似性搜索。在金融市场分析、医疗诊断分析和科学与工程数据库分析等方面，时序分析中的相似性搜索具有非常广泛的应用。

3. 周期分析

周期分析是指对周期模式的挖掘，即在时序数据库中找出重复出现的模式。周期模式可以应用于许多重要的领域。例如季节，潮汐，行星轨道，每日能源消耗，每日交通状况等。

周期模式挖掘的问题可分为三类，如图 6-3 所示。

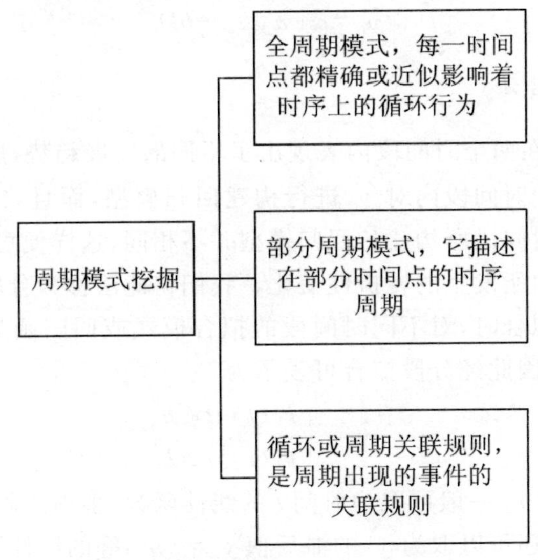

图 6-3　周期模式挖掘的三类模式

6.1.2　时间序列数据建模

为了便于建模，可以假设时间序列 $y_t(t=1,2,\cdots,n)$ 在所有时间区域内呈现两种变化趋势（当然，若具有更多的变化趋势时也采用同种方法解决），分界点或转折点是 k，即当 $t=1,2,\cdots,k$ 时，y_t 按某一模式变化，而当 $t=k+1$，

$k+2,\cdots,n$ 时，y_t 按另一模式变化。这里，分界点或转折点 k 常可通过观察分析 y 的散点图或曲线图来确定。

1. 虚拟变量法

此种方法的主要过程为选取转折点左右具有不同特征的虚拟变量 D_t，利用 D_t 来对 y_t 进行回归建模，则实现了使用 D_t 来表达 y_t 的发展趋势。常用下面的形式来表示虚拟变量 D_t：

$$D_t=\begin{cases}0,t\leqslant k\\1,t>k\end{cases} \tag{6-1}$$

这样以 t 和 D_t 为自变量和解释变量，y_t 为因变量和解释变量，即可建立起回归模型。往往需要构建下面几类模型，分别是线性回归模型、指数回归模型以及自回归模型：

$$\hat{y}_t=c+at+bD_t \tag{6-2}$$

$$\hat{y}_t=c\mathrm{e}^{at+bD_t} \tag{6-3}$$

$$\hat{y}_t=c+ay_{t-1}+bD_t \tag{6-4}$$

2. 分段拟合法

考虑到 y_t 在两个时间段内表现出了不同的发展趋势，所以我们常常会想到分别在两个时间段内对 y_t 进行构建回归模型，而且，针对具有不同发展趋势的不同时间段所构建的回归模型并不相同，这样便可以体现出 y_t 在整个时间范围内所发生的转折性变化。我们将此法称为分段拟合法。

采用分段拟合时，对不同时间段的拟合模式或回归函数类型没有明确要求是否相同，因此经分段拟合可表示为

$$\hat{y}_t=\begin{cases}f_1(t),t\leqslant k\\f_2(t),t>k\end{cases} \tag{6-5}$$

这里，f_1 和 f_2 一般可取为时间 t 的线性函数、多项式函数或指数函数，在某些情况下，还可以取为 y_t 的滞后值 y_{t-1}、y_{t-2} 等的线性函数或上述函数所构成的混合函数。

3. 样条函数法

通常采用上面提到的两种方法，所进行的 y_t 的回归建模，在 $t=k$ 处并不连续，以模型(6-2)式来说，$\hat{y}_t$ 在 $t=k$ 处的左极限(也就是 t 由 k 的左边趋于 k 时的极限)为

$$\lim_{t\to k^-} y_t=c+ak \tag{6-6}$$

而 $\hat{y}_t$ 在 $t=k$ 处的右极限(即当 t 从大于 k 处或 k 的右边趋于 k 时的极限)为

$$\lim_{t\to k^+} y_t=c+ak+b \tag{6-7}$$

由于 $b\neq 0$,因此(6-6)式和(6-7)式不相等,即 $\hat{y}_t$ 在 $t=k$ 处不连续。而从现实角度来考虑,该不连续性并不符合实际,这一点尤其突出地表现在社会经济问题中。所以将前面提到的两种方式综合起来解决实际问题时并不能得到较好的结果。下面要介绍的样条函数法则可以较为容易地解决此类问题,此法是以多项式分段拟合为基础,再融入多项式在点 $t=k$ 处的连续性和可微性而提出的。

下面我们给出实际中常用的几种样条函数拟合模型的形式,它们的具体推导就不在此详述了。一次、二次、三次样条函数拟合模型分别为

$$\hat{y}_t=\begin{cases}c+at, & t\leqslant k\\ c+at+b(t-k), & t>k\end{cases} \tag{6-8}$$

$$\hat{y}_t=\begin{cases}c+at+bt^2, & t\leqslant k\\ c+at+bt^2+d(t-k)^2, & t>k\end{cases} \tag{6-9}$$

$$\hat{y}_t=\begin{cases}c+at+bt^2+dt^3, & t\leqslant k\\ c+at+bt^2+dt^3+f(t-k)^3, & t>k\end{cases} \tag{6-10}$$

如果引入(6-1)式中的虚拟变量 D_t,则上述三个模型可以简写为

$$\hat{y}_t=c+at+bD_t(t-k) \tag{6-11}$$

$$\hat{y}_t=c+at+bt^2+dD_t(t-k)^2 \tag{6-12}$$

$$\hat{y}_t=c+at+bt^2+dt^3+fD_t(t-k)^3 \tag{6-13}$$

依据所给出的简写公式,再结合实际问题中提供的数据,则可以轻而易举地求出三种模型的系数,因此可以较易得到最为合适的样条函数拟合模型。

6.2　基于 ARMA 模型的序列匹配方法

在各种时序方法中,ARMA 模型称得上是最基本、适用性最强的时序模型。该类模型由最初的 AR 模型,逐渐发展到 ARMA 模型,直到如今的多维 ARMA 模型,主要用于预测方面。

6.2.1　基本概念

1. ARMA 模型

对于满足平稳、正态、零均值要求的时序 $X=\{x_t\mid t=0,1,2,\cdots,n-1\}$

来说，如果 X 在 t 时刻所取的数值取决于前 n 步的取值 $x_{t-1},x_{t-2},\cdots,x_{t-n}$ 以及前 m 步的干扰项 $\alpha_{t-1},\alpha_{t-2},\cdots,\alpha_{t-m}(n,m=1,2,\cdots)$，那么依据多元线性回归的思想，则产生了较为基础的 ARMA(n,m)模型：

$$x_t = \sum_{i=1}^{n}\varphi_i x_{t-i} - \sum_{j=1}^{m}\theta_j \alpha_{t-j} + \alpha_t \tag{6-14}$$

其中，$\alpha_t \approx \mathrm{NID}(0,\delta_a^2)$。

2. AR 模型

若上式中，取 $\theta_j=0$，则得到

$$x_t = \sum_{i=1}^{n}\varphi_i x_{t-i} + \alpha_t \tag{6-15}$$

其中 $\alpha_t \approx \mathrm{NID}(0,\delta_a^2)$。对于此种模型，其图像中不会出现滑动平均现象，故常称为 n 阶自回归模型，记作 AR(n)，属于 ARMA(n,m)模型的一种特殊情况。

3. MA 模型

若 ARMA(n,m)模型的表达式中，取 $\varphi_i=0$，则得到

$$x_t = \alpha_t - \sum_{j=1}^{m}\theta_j \alpha_{t-j} \tag{6-16}$$

其中，$\alpha_t \approx \mathrm{NID}(0,\delta_a^2)$。对于此种模型，其图像中不会出现自回归现象，故常称为 m 阶滑动平均模型，记作 MA(m)，属于 ARMA(n,m)模型的另一种特殊情况。

由这三种模型的表达式中不难发现，AR 模型所表达的是系统过去的自身状态，MA 模型所表达的是在过去的时间内进入系统的噪声，而 ARMA 模型则是系统对过去自身状态以及各时刻进入的噪声的记忆。

6.2.2 利用基本概念建立模型

应用此类模型解决实际问题的过程中，最基础也是最为重要的一步就是针对不同的序列构建相应的 ARMA 模型，之后建立出所需要的判别函数，从而完成序列的匹配。当然，若仅注重计算的速度，则构建 AR 模型不失为最为经济有效的方法。

建立 AR 模型的最常用方法是最小二乘法。具体过程为

对于 AR(n)模型，有

$$x_t=\varphi_1 x_{t-1}+\varphi_2 x_{t-2}+\cdots+\varphi_n x_{t-n}+\alpha_t \tag{6-17}$$

其中 $\alpha_t \approx \mathrm{NID}(0,\delta_a^2)$，那么我们能够将其表示为如下的线性方程组：

$$\begin{aligned} x_{n+1} &= \varphi_1 x_n + \varphi_2 x_{n-1} + \cdots + \varphi_n x_1 + \alpha_{n+1} \\ x_{n+2} &= \varphi_1 x_{n+1} + \varphi_2 x_n + \cdots + \varphi_n x_2 + \alpha_{n+2} \\ &\vdots \\ x_N &= \varphi_1 x_{N-1} + \varphi_2 x_{N-2} + \cdots + \varphi_n x_{N-n} + \alpha_N \end{aligned} \tag{6-18}$$

此外，还可以用矩阵的方式表示为

$$\boldsymbol{y} = \boldsymbol{x\varphi} + \boldsymbol{\alpha} \tag{6-19}$$

其中

$$\boldsymbol{y} = [x_{n+1} \quad x_{n+2} \quad \cdots \quad x_N]^{\mathrm{T}}$$

$$\boldsymbol{\varphi} = [\varphi_1 \quad \varphi_2 \quad \cdots \quad \varphi_n]^{\mathrm{T}}$$

$$\boldsymbol{\alpha} = [\alpha_{n+1} \quad \alpha_{n+2} \quad \cdots \quad \alpha_N]^{\mathrm{T}}$$

$$\boldsymbol{x} = \begin{bmatrix} x_n & x_{n-1} & \cdots & x_1 \\ x_{n+1} & x_n & \cdots & x_2 \\ \vdots & \vdots & \vdots & \vdots \\ x_{N-1} & x_{N-2} & \cdots & x_{N-n} \end{bmatrix}$$

结合多元线性回归理论，参数矩阵 $\boldsymbol{\varphi}$ 的最小二乘估计为

$$\hat{\boldsymbol{\varphi}} = (x^{\mathrm{T}} x)^{-1} x^{\mathrm{T}} y \tag{6-20}$$

6.2.3　构造判别函数

应用上述的各种模型，我们能够得到待测序列 $X=\{x_t \mid t=0,1,2,\cdots,n-1\}$ 的参数模型 $\boldsymbol{\varphi}_X$，以及其他序列 Y_i 的参数模型 $\boldsymbol{\varphi}_{Y_i}$。其中的参数模型均为 n 维向量，也就是说可以将其看作处于 n 维空间中的点，故序列的相似性问题便可以划分为 n 维空间 R^n 中的距离问题。在构建判别函数时可以应用基于距离的判别函数，具体方法有如下几类。

1. Euclide

令 $\boldsymbol{\varphi}_X$ 代表待测序列的参数模型，$\boldsymbol{\varphi}_Y$ 代表数据库中其他序列的参数模型，此时，进行序列的相似性查找可以看作求 $\boldsymbol{\varphi}_X$ 与 $\boldsymbol{\varphi}_Y$ 的 Euclide 距离问题。这两者间的 Euclide 距离可以表示为

$$D_E^2(\boldsymbol{\varphi}_X, \boldsymbol{\varphi}_Y) = (\boldsymbol{\varphi}_X - \boldsymbol{\varphi}_Y)^{\mathrm{T}} (\boldsymbol{\varphi}_X - \boldsymbol{\varphi}_Y) \tag{6-21}$$

如果 $\boldsymbol{\varphi}_X$ 与某一参数模型 $\boldsymbol{\varphi}_Y$ 具有最小的 Euclide 距离，我们可以得出这样的结论，该参数模型的序列与待测序列最为相似。

采用 Euclide 来解决此类问题，具有一个很大的弊端，就是容易忽略掉

各向量 $\boldsymbol{\varphi}$ 中所含元素重要性的区别，也就是说，常常将向量中包含的各项进行统一的处理。我们为了弥补这一不足，需要对 Euclide 函数实施加权处理，进行加权处理后的 Euclide 距离可以表示为

$$D_{\omega}^{2}(\boldsymbol{\varphi}_X,\boldsymbol{\varphi}_Y)=(\boldsymbol{\varphi}_X-\boldsymbol{\varphi}_Y)^{\mathrm{T}}\boldsymbol{W}(\boldsymbol{\varphi}_X-\boldsymbol{\varphi}_Y) \tag{6-22}$$

式中，$\boldsymbol{W}$ 为相应的加权矩阵。

2. 残差偏移距离判别

在 ARMA 模型中具有一种残差向量 $\boldsymbol{\alpha}$，该向量可以描述时间序列与自回归参数两者的信息，那么我们也能够采用这一向量进行距离判别函数的构建。

$\boldsymbol{\varphi}_X$ 与 $\boldsymbol{\varphi}_Y$ 之间的残差偏移距离函数为

$$D_{\alpha}^{2}(\boldsymbol{\varphi}_X,\boldsymbol{\varphi}_Y)=N(\boldsymbol{\varphi}_X-\boldsymbol{\varphi}_Y)^{\mathrm{T}}\boldsymbol{r}_X(\boldsymbol{\varphi}_X-\boldsymbol{\varphi}_Y) \tag{6-23}$$

式中，$\boldsymbol{r}_X$ 为待检序列的协方差矩阵；N 为待检序列的长度。

3. Mahalanobis 距离判别

$\boldsymbol{\varphi}_X$ 与 $\boldsymbol{\varphi}_Y$ 之间的 Mahalanobis 距离函数为

$$D_{Mh}^{2}(\boldsymbol{\varphi}_X,\boldsymbol{\varphi}_Y)=\frac{N}{\delta_Y^2}(\boldsymbol{\varphi}_X-\boldsymbol{\varphi}_Y)^{\mathrm{T}}\boldsymbol{r}_Y(\boldsymbol{\varphi}_X-\boldsymbol{\varphi}_Y) \tag{6-24}$$

式中，$\boldsymbol{r}_Y$ 是参考序列的协方差矩阵。

4. Mann 距离判别

$\boldsymbol{\varphi}_X$ 与 $\boldsymbol{\varphi}_Y$ 之间的 Mann 距离函数为

$$D_{Mn}^{2}(\boldsymbol{\varphi}_Y,\boldsymbol{\varphi}_X)=\frac{N}{\delta_X^2}(\boldsymbol{\varphi}_Y-\boldsymbol{\varphi}_X)^{\mathrm{T}}r_X(\boldsymbol{\varphi}_Y-\boldsymbol{\varphi}_X) \tag{6-25}$$

式中，$\boldsymbol{r}_X$ 为待检序列的协方差矩阵；δ_X^2 为待测时序的方差。

6.3 基于离散傅里叶变换的时间序列相似性快速查找

在介绍此类问题的解决方法之前，先给出序列及序列的相似性问题中用到的符号及其意义。

$X=\{x_t \mid t=0,1,2,\cdots,n-1\}$代表一个序列。

Len(X)代表序列 X 的长度。

First(X)代表序列 X 的首个元素。

Last(X)代表序列 X 的终了元素。

$X[i]$代表 X 在 i 时刻的取值，$X[i]=x_i$。

序列上元素之间的“<”关系，在序列 X 上，如果 $i<j$，那么 $X[i]<X[j]$。

子序列间的“<”关系，X_{Si}，X_{Sj} 为 X 的子序列，如果 $\text{First}(X_{Si})<\text{First}(X_{Sj})$，则称 $X_{Si}<X_{Sj}$。

所谓的序列相似性查找，就是在序列数据库中找到与待测序列最为相似的序列。进行此类查找的主要思想如图 6-4 所示。所构建的序列 X 与 Y 的相似性判别函数常用距离函数 $D(X,Y)$来表示。

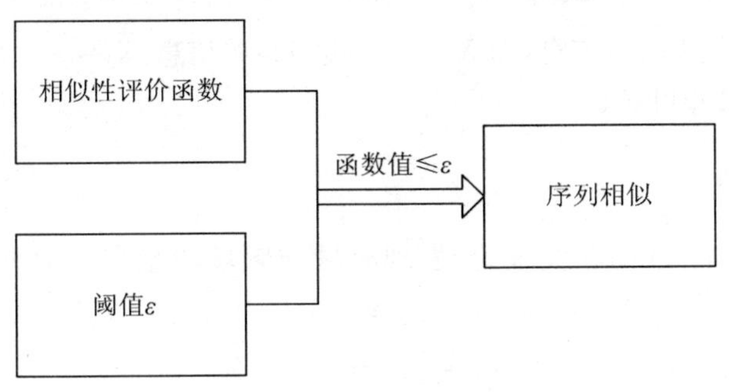

图 6-4　序列相似性的判断

一般来说，常对相似性匹配进行如下分类，如图 6-5 所示。

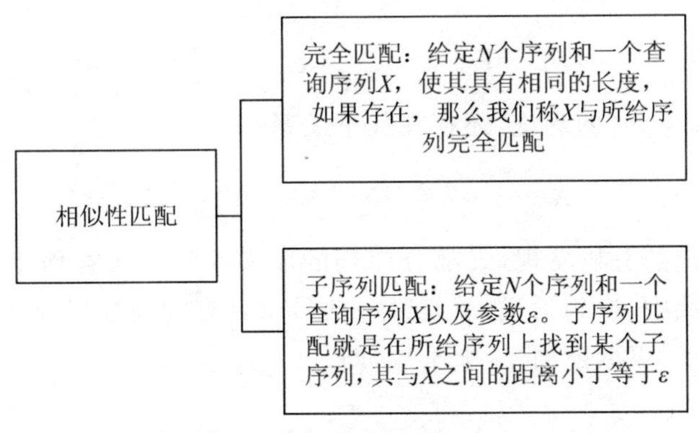

图 6-5　相似性匹配的分类

傅里叶变换是一种重要的积分变换，早已被广泛应用。给定一个时间序列，可以用离散傅里叶变换把其从时域空间变换到频域空间。根据 Parseval 的理论，时域能量函数与频域能量谱函数是等价的。这样就可以把比较时域空间的序列相似性问题转化为比较频域空间的频谱相似性问题。

6.3.1 完全匹配

1. 特征提取

给定一个时间序列 $X=\{x_t \mid t=0,1,2,\cdots,n-1\}$，对 X 进行离散傅里叶变换，得到

$$X_f = 1/\sqrt{n}\sum_{t=0}^{n-1} x_t \exp(-i2\pi ft/n), \quad f=0,1,\cdots,n-1 \tag{6-26}$$

这里 X 与 x_t 代表时域信息，而 $\vec{X}$ 与 X_f 代表频域信息，$\vec{X}=\{x_f \mid f=0,1,2,\cdots,n-1\}$，$X_f$ 为傅里叶系数。

2. 首次筛选

依据 Parseval 的相关理论，发现时域与频域能量谱函数两者存在等量关系，所以

$$\| X-Y \|^2 \equiv \| \vec{X}-\vec{Y} \|^2 \tag{6-27}$$

通常来说，判断两序列相似性时可以采用欧氏距离。若所判断的两序列所距离的欧式距离不大于 ε，那么我们就认为此两序列相似，也就是说，满足序列相似的条件为

$$\| X-Y \|^2 = \sum_{f=0}^{n-1} |x_t - y_t|^2 \leqslant \varepsilon^2 \tag{6-28}$$

按照 Parseval 的理论，还存在如下关系：

$$\| \vec{X}-\vec{Y} \|^2 = \sum_{f=0}^{n-1} |X_f - Y_f|^2 \leqslant \varepsilon^2 \tag{6-29}$$

通过一定的分析发现，大部分序列的能量往往聚集在傅里叶变换之后的前几个系数中，换句话说，就是某一信号所具有的高频部分并不拥有较高的地位。所以，仅取前面 f_c 个系数，即

$$\sum_{f=0}^{f_c-1} |X_f - Y_f|^2 \leqslant \sum_{f=0}^{n-1} |X_f - Y_f|^2 \leqslant \varepsilon^2 \tag{6-30}$$

因此，

$$\sum_{f=0}^{f_c-1} |X_f - Y_f|^2 \leqslant \varepsilon^2 \tag{6-31}$$

在进行首次筛选这一步骤的过程中，需要在进行了特征提取的频域空间中查找出符合上述式子要求的序列。这样便排除了大量与待测序列的欧式距离超过 ε 的序列。

3. 最终验证

进行最终验证，就是计算所有首次筛选得到的序列与待测序列在时域空间中的欧氏距离，若该距离不超过 ε，则首次筛选得到的序列符合要求。

通过大量的实际数据发现，这种完全匹配方法非常适用于相似性快速查找，并且仅需要用到 1～3 个系数即可以收到满意的结果，需要强调的一点是，此种方法更加适用于序列数目较大、序列长度较长的序列。

6.3.2　子序列匹配

子序列匹配在 n 个长度不同的序列 $Y_1, Y_2, \cdots, Y_n$ 中找到与给定查询序列 X 相似的子序列。1994 年，Faloutsos、Ranganathan 和 Manolopolous 在前人工作的基础上，首次提出时间窗口（Time Window）概念，将长度为序列映射到特征空间（Feature Space）中的一条轨迹（Trail），对窗口内的子序列进行特征提取，再用 R^* 树结构对模式进行有效匹配，提出了基于离散傅里叶子序列快速匹配的方法。

为了提高查询速度，可以把给定序列所形成的轨迹进行分段，每段用最小边界矩形 MBR（Minimum Bounding（hyper）-Rectangle）来表示，用 R^* 树来存储和检查这些 MBR。当提出一个查找子序列请求时，首先在 R^* 上进行检索，避免对整个轨迹的搜索。

在序列轨迹分段时，可以根据事先给定值或函数进行，但效果不好，为此，Faloutsos 等提出了一个基于贪心算法（Greedy Algorithm）的自适应分段方法：将划分序列轨迹的前两个点作为基准，来表示第一个 MBR，采用代价函数求得边界代价函数值，然后选择划分序列轨迹的第三个点，从而求新的边界代价函数值，若该值有所增加，就重新选择下一个 MBR，否则，把此点纳入第一个 MBR 中，接着执行该过程。

图 6-6 和图 6-7 显示了一个有 9 个点的轨迹的分段情况，若按 $\sqrt{\mathrm{Len}(S)}$（$\mathrm{Len}(S)$ 表示序列的长度）划分轨迹，则分段如图 6-6 所示，显然它不如图 6-7。图 6-6 中每个 MBR 所包含的点的个数属于自适应的。

根据所建立索引，可以进行查找，若查找长度等于 ω，将待查找序列 X 映射为特征空间上的点 X'，得到一个以 X' 为中心，ε 为半径的球体，对于待查找序列 X 的长度大于 ω 的情况，可以采用前缀查找（Prefix Search）或多段查找（Multipiece Search）进行处理。

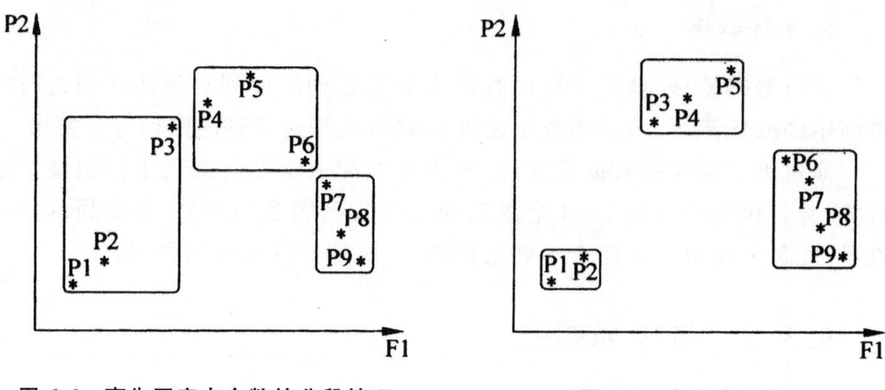

图 6-6　事先固定点个数的分段情况　　　　图 6-7　自适应分段

6.4　序列挖掘及 GSP 算法

6.4.1　序列模式挖掘的相关概念

项目集(Itemset)是各种项目组成的集合。一个项目集是一个非空的项目的集合。

序列(Sequence)是不同项目集(Itemset)的有序排列，序列 s 可以表示为 $s=\langle s_1, s_2, \cdots, s_n \rangle$，$s_j$ $(1 \geqslant j \geqslant n)$ 为项目集(Itemset)，也称为序列 s 的元素。

序列的元素(Element)可表示为 $(x_1, x_2, \cdots, x_m)$，x_k $(1 \leqslant k \leqslant m)$ 为不同的项目，如果一个序列只有一个项目，则括号可以省略。

序列的长度是指一个序列包含的所有项目的个数。长度为 l 的序列记为 l-序列。

子序列：设 $\alpha=\langle a_1, a_2, \cdots, a_n \rangle$，$\beta=\langle b_1, b_2, \cdots, b_m \rangle$，如果存在整数 $1 \leqslant j_1 < j_2 < \cdots < j_n \leqslant m$，使得 $a_1 \subseteq b_{j1}, a_2 \subseteq b_{j2}, \cdots, a_n \subseteq b_{jn}$，则称序列 α 为序列 β 的子序列，又称序列 β 包含序列 α，记为 $\alpha \subseteq \beta$。

设序列数据库如表 6-1 所示。

其中，序列 $\langle a(bc)(df) \rangle$ 是序列 $\langle a(abc)(ac)d(cf) \rangle$ 的子序列，序列 $\langle (ab)c \rangle$ 是长度为 3 的序列模式。

表 6-1　序列数据库

Sequence_id	Sequence
10	$\langle a(abc)(ac)d(cf)\rangle$
20	$\langle (ad)c(bc)(ae)\rangle$
30	$\langle (ef)(ab)(df)cb\rangle$
40	$\langle eg(af)cbc\rangle$

6.4.2　数据源的形式

1. 带交易时间的交易数据库

此类数据源主要包括以下几类内容,如图 6-8 所示。

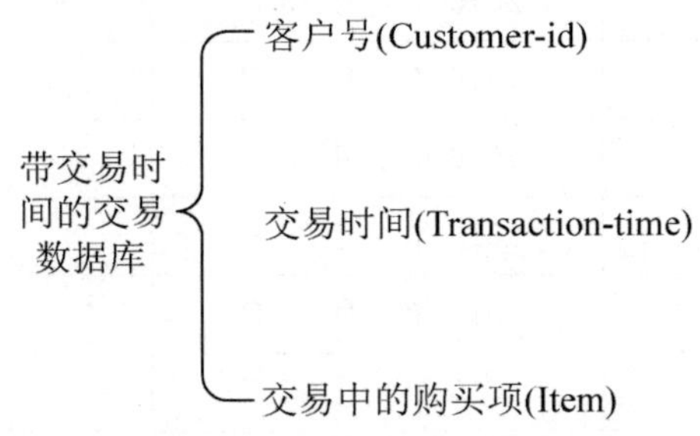

图 6-8　带交易时间的交易数据库的形式

表 6-2 为一个原始数据库,表 6-3 则为包含客户号和交易时间的排序,表 6-4 为数据库的客户序列,表 6-5 为答案集。

表 6-2　原始数据库

事务发生的时间	客户标识	购买项
2016 年 6 月 10 日	2	10,20
2016 年 6 月 12 日	5	90
2016 年 6 月 15 日	2	30
2016 年 6 月 20 日	2	40,60,70
2016 年 6 月 25 日	4	30
2016 年 6 月 25 日	3	30,50,70

续表

事务发生的时间	客户标识	购买项
2016 年 6 月 25 日	1	30
2016 年 6 月 30 日	1	90
2016 年 6 月 30 日	4	40,70
2016 年 7 月 25 日	4	90

此类数据源往往应该得到一定的形式化整理，通常采用的处理方式为将每个顾客的交易依据交易时间进行排序，如表 6-3 所示。

表 6-3　由客户标识及事务发生的时间为关键字进行排序的数据库

客户标识	事务发生的时间	购买项
1	2016 年 6 月 25 日	30
1	2016 年 6 月 30 日	90
2	2016 年 6 月 10 日	10,20
2	2016 年 6 月 15 日	30
2	2016 年 6 月 20 日	40,60,70
3	2016 年 6 月 25 日	30,50,70
4	2016 年 6 月 25 日	30
4	2016 年 6 月 30 日	40,70
4	2016 年 7 月 25 日	90
5	2016 年 6 月 12 日	90

表 6-4　数据库的客户序列

客户标识	客户序列
1	〈(30)(90)〉
2	〈(10,20)(30)(40,60,70)〉
3	〈(30,50,70)〉
4	〈(30)(40,70)(90)〉
5	〈(90)〉

表 6-5　答案集

支持度>25%的序列模式
〈(30)(90)〉
〈(30)(4070)〉

2. 系统调用日志

在对系统的安全性进行评价的过程中，比较重视对操作系统及其进程的调用。通过研究正常情况的调用序列能够对后续进程中出现的系统调用序列以及存在异常的调用进行及时的预测。所以进行序列挖掘是在系统调用等操作系统审计数据中发现有用模式的一个理想的技术。表 6-6 所示为某系统调用数据的示例。

表 6-6　系统进程调用数据示例

进程号(Pro_id)	调用时间(Call_time)	调用号(Call_id)
744	04:01:10:30	23
744	04:01:10:31	14
1069	04:01:10:32	4
9	04:01:10:34	24
1069	04:01:10:35	5
744	04:01:10:38	81
1069	04:01:10:39	62
9	04:01:10:40	16
−1		

表 6-6 中的数据源能够在进行了一定的数据整理之后成为调用序列，再采取一定的数据挖掘算法从而完成对审计数据的跟踪、分析。表 6-7 为得到的某调用序列，其中，针对每个进程分别按照调用时间构成了序列。

表 6-7　系统调用序列数据表示例

进程号(Pro_id)	调用序列(Call_sequence)
744	〈(23,14,81)〉
1069	〈(14,24,16)〉
9	〈(4,5,62)〉

3. Web 日志

Web 日志中对用户的访问信息进行了详细的记录，其中主要有进行访问的 IP 地址、访问时间、URL 调用及访问方式等。通过分析用户的 URL 调用顺序，并且从中总结出相应的规律，能够为完善站点以及加强系统的安全性给予一定的帮助。对 URL 调用进行整理之后能够得到其相应的序列，若这些序列是按照一定的时间顺序进行整理得到的，就可以得到如表 6-8 所示的序列库。

表 6-8　Web 日志文件对应序列整理示例

IP 地址	URL 调用序列
192.168.120.10	$\langle a(bc)d\rangle$
192.168.120.20	$\langle bc(de)\rangle$
192.168.120.30	$\langle (ab)d\rangle$

在表 6-8 中，诸如(bc)这类含有一个以上的序列元素记录了在采集的时间间隔内被访问的 URL 的全体。

6.4.3　序列模式挖掘的一般步骤

序列的长度是序列中的项目集的个数，一个长度为 k 的序列称为 k 序列。由两个序列 x 与 y 拼接起来所形成的序列定义为 x，y。

通常按照下述过程来解决序列模式挖掘的问题。

1. 排序阶段

对收集到的数据库需要进行预处理，也就是排序处理，此过程往往依靠其他预处理手段起到一定的辅助作用。通过排序处理之后，能够把原始数据库转换为序列数据库。上面的表 6-2 就是将表 6-1 中每个客户的交易按照交易时间进行了排序。

2. 大项目集阶段

在本阶段需要寻找到全部的大项目集 L，在进行该过程中也就能够寻找到全部大序列的集合，这是由于该集合恰好为 $\{\langle l\rangle \mid l\in L\}$。

在应用序列模式来处理上述顾客序列事务时，需要了解的是，在序列模式中，对项集支持度的解释为每一事务中购买该项集的顾客数与总顾客数

之比，即便出现同一顾客多次购买同一项集的情况，也要将其看为一个顾客。

上面查找到的大序列的集合能够映射为一组相邻的整数集合，且每个大序列项目有一个整数与之对应。在表 6-2 这一原始数据库中，其中的大项集为(30)、(40)、(70)、(40 70)及(90)，将该大项集映射为如表 6-9 所示的整数集合。由于比较大项目集耗时较多，形成单独的数据库可以减少检查一个序列是否被包含于一个客户序列中的时间，因此，构成这样的映射仅有一个目的，即为了提高处理此类问题的效率和便捷性。

表 6-9　大项目集映射成整数示例

大项目集	映射
(30)	1
(40)	2
(70)	3
(40 70)	4
(90)	5

3. 转换阶段

为了进一步确认哪一大项集存在于顾客序列中，常常需要将所有的顾客序列进行转换，使其成为可以起到替换作用的代表符，这样能够提高解决问题的效率。

在已经得到转换的客户序列中，所有的事务均由该事务所包含的大数据项目集来代替。若出现不含有大数据项目集的事务，那么应在经转换处理的序列中去除此事务。若一个客户序列不含有任何大项目集，那么也应在经转换处理的序列中去除此序列，不过，需要注意的是，在统计客户总数时应将其包含在内。一个客户序列现在由一个大项目集的队列来代表，每一个大项目集的集合用$\{l_1, l_2, \cdots l_n\}$来表示，其中 l_i 是一个大项目集。

这个已转换的数据库称为 D_T，根据磁盘空间的大小，可以生成这个已转换的数据库，或者在一个遍历期间，读每一个客户序列时通过快速查找来完成这个转换。

表 6-10 给出了表 6-4 数据库经过转换后的数据库。从表中不难发现，在对客户标识为 2 的序列进行转换的过程中，其中的(10,20)被除去了，这是由于在该事务中没有大项目集；而{(40),(70),(40 70) }则取代了(40,60,70)的位置。

表 6-10　已转换的数据库

客户标识	原始客户序列	转换后的客户序列	映射后
1	〈(30)(90)〉	〈{(30)(90)}〉	〈{1}{5}〉
2	〈(10 20)(30)(40 60 70)〉	〈{(30)}{(40),(70),(40 70)}〉	〈{1}{2,3,4}〉
3	〈(30 50 70)〉	〈{(30),(70)}〉	〈{1,3}〉
4	〈(30)(40 70)(90)〉	〈{(30)}{(40),(70),(40 70)}{(90)}〉	〈{1}{2,3,4}{5}〉
5	〈(90)〉	〈{(90)}〉	〈{5}〉

4. 序列阶段

利用转换后的数据库寻找频繁的序列,即大序列(Large Sequence)。

5. 最大阶段

此阶段是在大序列中查找出长度最长的序列。在上一阶段中已经寻找到了大序列,其集合为 S,通常利用如下的方法查找出最长序列。

不妨将最长序列的长度记为 n,有

```
for (k=n;k>l;k−−)do
    for (每一个 k−序列 s_k)do
        从 S 中删除 s_k 的所有子序列
```

6.4.4　GSP 算法

1996 年,Srikant 和 Agrawal 开发了一种序列模式挖掘算法 GSP(Generalized Sequential Pattern),该算法引入了时间约束、滑动时间窗和分类层次技术,增加了扫描的约束条件,将约束作为剪枝的手段,和基于最小支持度剪枝过程结合起来,有效地减少了需要扫描的候选序列的数量,更切合实际,减少多余的无用模式的产生。

GSP 算法是一个迭代的过程。在每次迭代中,首先通过大$(k-1)$阶序列生成候选的 k-序列,对大$(k-1)$序列集合中的两个序列 s_1 和 s_2,如果分别删除 s_1 的第一个单项和 s_2 中的最后一个单项得到的两个子序列相同,则可将 s_1 和 s_2 用来进行连接,对候选 k 序列 s,若其任$(k-1)$子序列不是一个大序列,则该序列可被剪枝,然后扫描序列数据库计算每个候选序列的支持

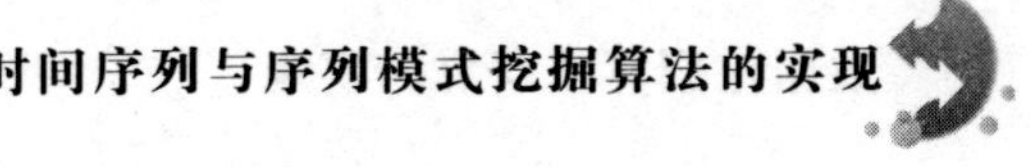

度，以确定哪些候选序列是大序列。

1. GSP 算法描述

GSP 算法主要包括 3 个步骤：

①对序列数据库进行扫描处理，可以形成长度为 1 的序列模式 L_1，便将其称作初始的种子集。

②根据长度为 i 的种子集 L_i 通过连接操作和剪切操作生成长度为 $i+1$ 的候选序列模式 C_{i+1}；然后扫描序列数据库，计算每个候选序列模式的支持数，产生长度为 $i+1$ 的序列模式 L_{i+1}，并将 L_{i+1} 作为新的种子集。

③重复第 2 步，直到没有新的序列模式或新的候选序列模式产生为止。

其中，产生候选序列模式主要分两步，如图 6-9 所示。

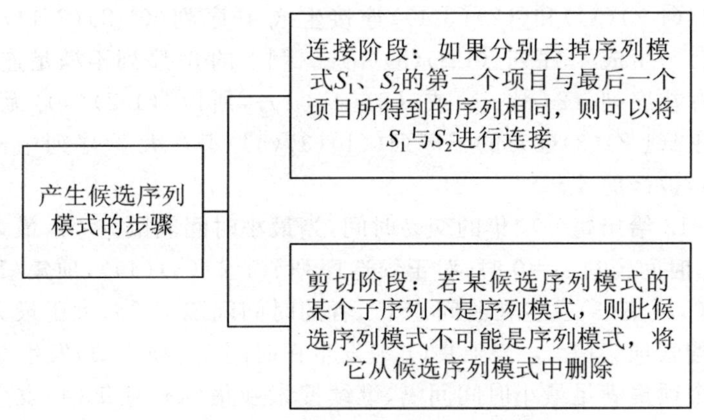

图 6-9　产生候选序列模式的步骤

2. 算法举例

例 6-1　表 6-11 演示了从长度为 3 的序列模式产生长度为 4 的候选序列模式的过程。表 6-11 为由大 3-序列生成候选 4-序列的例子。

在连接阶段，序列〈(1,2),3〉可以与〈2,(3,4)〉连接，因为〈(＊,2),3〉与〈2,(3,＊)〉两者一样，两序列连接后为〈(1,2),(3,4)〉,〈(1,2),3〉与〈2,3,5〉连接，得到〈(1,2),3,5〉。剩下的序列是不能和任何长度为 3 的序列相连的，比如〈(1,2),4〉不能与任何长度为 3 的序列连接，这是因为其他序列没有〈(2),(4,＊)〉或者〈(2),(4)(＊)〉的形式。

在修剪阶段〈(1,2),3,5〉将被剪掉，这是因为〈1,3,5〉并不在 L 中，而〈(1,2),(3,4)〉的长度为 3 的子序列都在 L，因而被保留下来。

表 6-11　由大 3-序列生成候选 4-序列

大 3-序列	候选 4-序列	
	连接后	剪枝后
〈(1 2)(3)〉	〈(1 2)(3 4)〉	〈(1 2)(3 4)〉
〈(1 2)(4)〉	〈(1 2)(3)(5)〉	
〈(1)(3 4)〉		
〈(1 3)(5)〉		
〈(2)(3 4)〉		
〈(2)(3)(5)〉		

序列〈(1 2)(3)〉和〈(2)(3 4)〉连接生成 4-序列〈(1 2)(3 4)〉，和序列〈(2)(3)(5)〉生成 4-序列〈(1 2)(3)(5)〉。剩下的 3-序列不满足连接条件，比如，不存在序列〈(2)(4 x)〉或〈(2)(4)(x)〉，所以〈(1 2)(4)〉无法连接。之后，由于〈(1 2)(3)(5)〉的子序列〈(1)(3)(5)〉不在大 3-序列中，所以〈(1 2)(3)(5)〉被修剪掉。

表 6-12 给出每一项集的交易时间，当最小时间间隔 $a=5$，最大时间间隔 $b=30$，时间窗口 $\omega=0$ 时，对于候选序列〈(1 2)(3)(4)〉，项集(1 2)发生在时间 10，项集(3)发生在时间 45，二者的时间间隔为 35，大于最大时间间隔，继续搜索项集(1 2)，当项集(1 2)发生在时间 50，项集(3)发生在时间 65 时，这两个项集满足最小时间间隔，继续搜索项集(4)，项集(4)发生时间为 90，满足时间间隔。之后，扫描数据库，对候选序列计算支持度计数，若满足最小支持度阈值，则为序列模式。

表 6-12　交易数据库

交易时间	项集
10	1,2
25	4,6
45	3
50	1,2
65	3
90	2,4
95	6

3. GSP 算法分析

如果序列数据库的规模比较大，则有可能会产生大量的候选序列模式。需要对序列数据库进行循环扫描。

对于序列模式的长度比较长的情况，由于其对应的短的序列模式规模太大，算法很难处理。

6.5　互联网信息流时间序列挖掘算法的实现

6.5.1　互联网金融信息流时间序列

最简单的互联网金融信息流的强度可以定义为金融信息的数目。也就是说，互联网上的金融信息条数越多，我们认为互联网金融信息流的强度越大。如果要更精确地计算互联网金融信息流的强度，我们则需要借助计算机自然语言处理技术，理解相应金融信息的含义，例如，利多利空，经过一些运算，得到互联网金融信息流的强度。

一般地说，基于自然语言理解的互联网金融信息流的强度比基于金融信息数目的互联网金融信息流的强度能够更好地和股市挂钩。更重要的是，基于金融信息数目的互联网金融信息流的强度只能和股市是否波动挂钩，而不能和股市波动方向挂钩；然而，基于自然语言理解的互联网金融信息流的强度则对上述两个任务都能够做到。

1. 基于金融信息数目的互联网金融信息流的强度

在互联网之前，因为不易对所有报纸和电视的股市信息实行每日甚至每小时的搜集，人们并不能从全局的角度来分析股市信息总强度 W 的特性，及其与股市的关系。现如今，计算机技术发展迅速，对于 Web 页面的操作方面更加便捷，处理股市的整体信息十分简便。

由此看来，互联网的发展令我们能够轻松地处理之前无法轻易解决的问题。互联网基本上能够涵盖所有媒体的内容，因此，互联网在有效地处理股市信息总强度 W 特性的同时，还可以从其他方面来研究股市整体信息数量的特性，及其与股价的关系。

对互联网金融信息的挖掘，可能会带给我们一些新的东西。例如，原来靠人工逐条分析少数信息，现在依靠计算机可以进行大规模的互联网金融信息挖掘，金融信息流强度——这个新的计算机-金融变量可能会给我们带来一些新结果。

2. 基于自然语言理解的互联网金融信息流的强度

互联网产生之前，如果要处理报纸上的股市信息，首先需要进行以图像形态存在的文字识别。如果需要处理电视上的金融新闻，首先需要进行语音识别。互联网的快速发展和普及迅速地改变着人类生活和工作的方方面面。在互联网上，文字是以内码方式存在并在网上传输的。要处理股市信息，以上识别工作就不再需要。其下一步借助自然语言处理领域已有研究成果，用计算机可以识别互联网股市的文字(编码)信息含义。由于 NLP 使用在金融这个特定领域，词汇集中在金融上，所以处理的准确性就更大大提高了。于是，便实现了利用计算机大量地扫描处理海量的互联网股市信息，从而为学者们研究信息和股市关联提供了新的手段和数据。事实上，反过来，正是由于对互联网文字信息处理的迫切要求，自然语言处理方法的研究得到了前所未有的重视，并得到了迅猛发展。

6.5.2 互联网金融信息流强度时间序列挖掘问题

互联网上的股市信息主要分布在两处。一处是在网站上直接发布在该上市公司的分页位置。例如，在新浪网的金融分页上，方正科技的子位置是 http://finance.sina.com.cn/realstock/sh600061.html。另一处是在通用栏内，但文题中含有上市公司名字(包括别名、简称和代号)，或行业名称，或影响股市整体(例如宏观指标变化)的信息。在实际的研究工作中，我们搭建采集机，采集上述两类信息，并建立我国金融信息的数据库。

为论述方便，在下面的讨论中，设 t 以股市的交易日做单位，我们以此时间间隔说明方法，例如 t=2016-09-29，2016-09-30，2016-10-08，2016-10-09，2016-10-10，2016-10-13，……当然，在实际应用时，此时间间隔应更小些，例如，小时，甚至分钟。

1. 研究金融信息流强度 W 的特性

(1)分析算法

通过已有成熟的自然语言处理方法，确定第 1 条股市信息是利多(+)还是利空(-)信息，并从用词中确定其量度大小，并根据其他 hints，例如信息长度等，得其强度 W。具体地说，我们令在时间 t，在互联网上有关第 i 支股票的第 1 条股市信息的强度为 $W_{l,i,t}\in[-1,+1]$。对于利多信息，我们令

$W_{l,i,t}>0$；对于利空信息，我们令 $W_{l,i,t}<0$。利多利空的程度由 $|W_{l,i,t}|$ 确定，程度越大，我们令 $|W_{l,i,t}|$ 越大。W 的分析算法的目的就是建立一个互联网股市文字信息与 W 的关系，所以，校准定义 W，使之和经济变量密切挂钩是一个相当重要的子课题。

(2)W 的特性研究

我们推测，W 取整后，应该是服从泊松(Poisson)分布的。我们用实证的方法得出了 NASDAQ 股市中，公司股市信息数目服从泊松分布。

此外，在每日的信息流强度变化中，系统地引入一个"噪声"项 ε_t；建立更细化的信息流强度的 ARMA(p,q)及 GARCH(p,q)模型；可讨论模型中的 ε_t、"厚尾"现象、自相关性、异方差性、稳定性分析等。

W_t 本身是一个新的时间变量，形成一条时间曲线，并和股价曲线"平行"运动。和股价曲线相比，该曲线应具有更大的自相关性。例如，一条"重要"的利多股市新闻在当天会有不少伴随利多新闻的"炒作"，常常此后接连几天(以衰减方式)继续进行利多的"炒作"。然而，如果股价某日有较大涨幅，难以预计此后几天是否还会有较大涨幅，或甚至大幅下挫，这就是学者们使用 X_t^2 去验证相关性的一个原因。我们认为，金融信息流强度 W 与股市收益率 R 关系可能会有以下几种情况，如图 6-10 至图 6-17 所示。

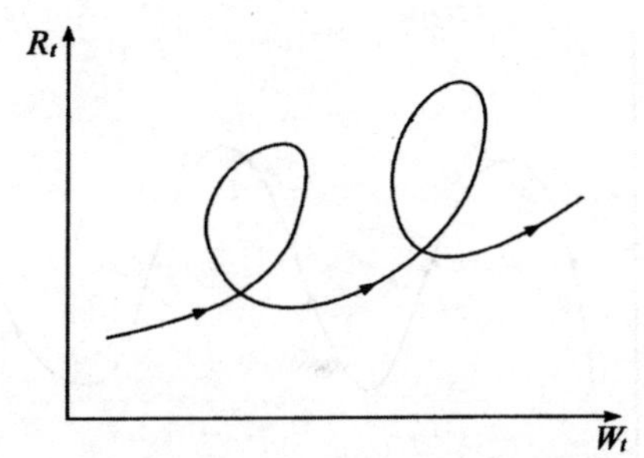

图 6-10　金融信息流强度与股市收益率关系(Ⅰ)

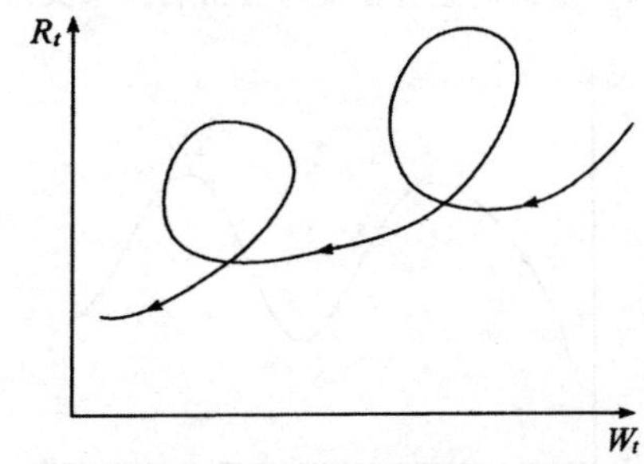

图 6-11　金融信息流强度与股市收益率关系(Ⅱ)

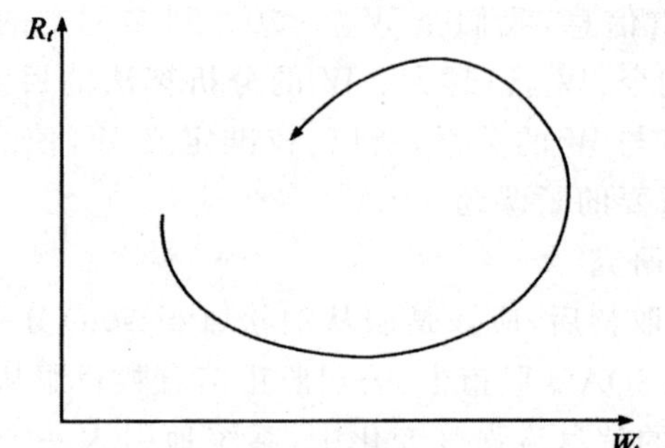

图 6-12 金融信息流强度与股市收益率关系(Ⅲ)

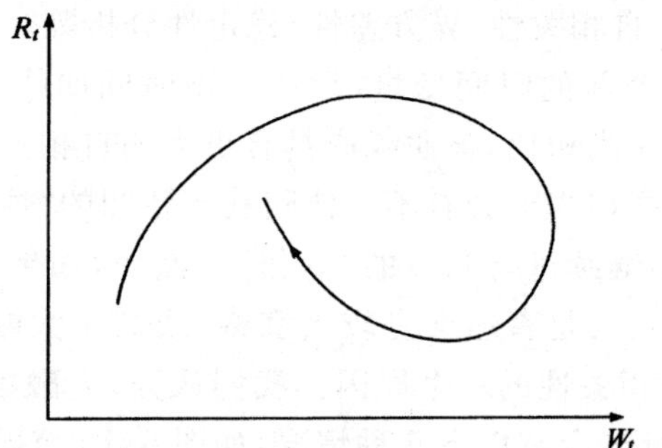

图 6-13 金融信息流强度与股市收益率关系(Ⅳ)

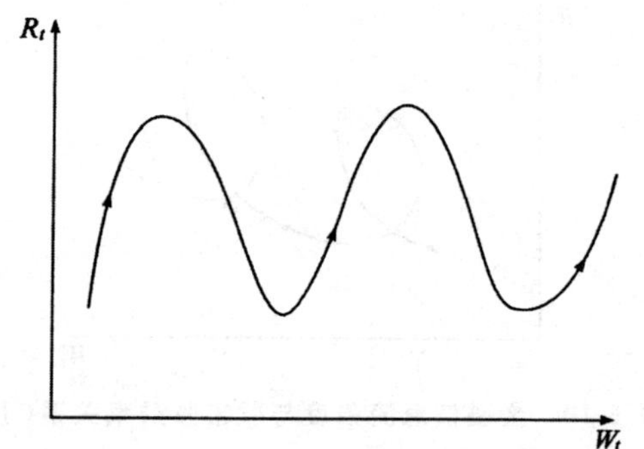

图 6-14 金融信息流强度与股市收益率关系(Ⅴ)

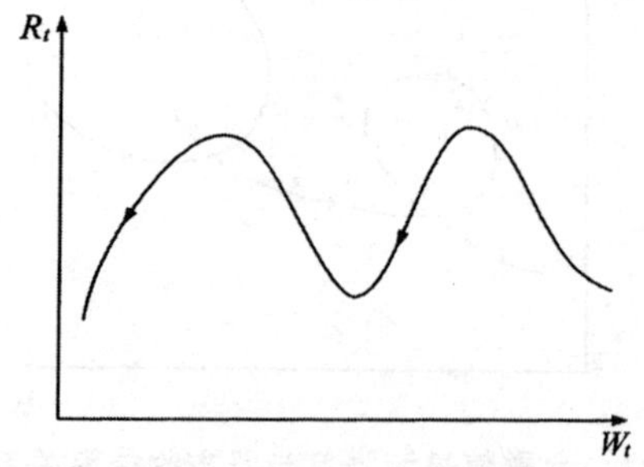

图 6-15 金融信息流强度与股市收益率关系(Ⅵ)

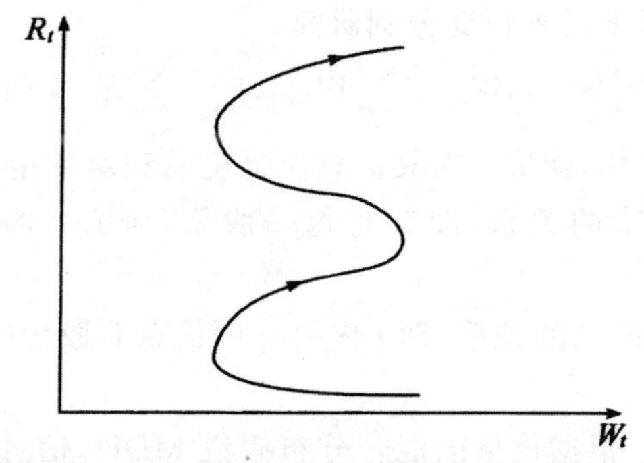

图 6-16　金融信息流强度与股市收益率关系(Ⅶ)

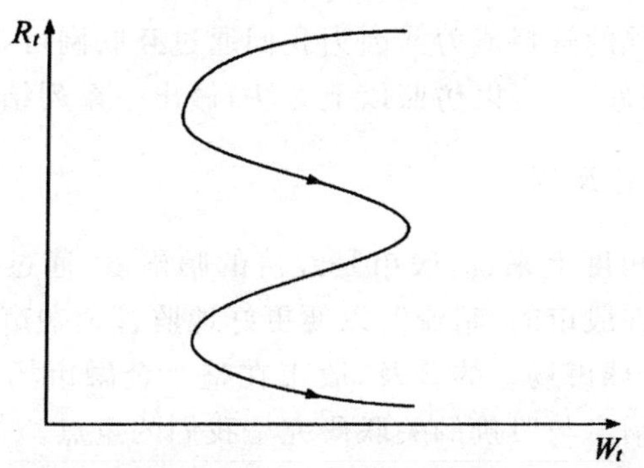

图 6-17　金融信息流强度与股市收益率关系(Ⅷ)

相似子时间序列分析。对固定长度为 L 的子序列,以移动窗口方式,挖掘相似子序列。对固定长度分别为 L_1、L_2($L_1 < L_2$)的子序列,研究如果将 L_2 压缩成 L_1,两子序列是否相似。

2. 金融信息流强度 W 与股市收益率 W-R 及与交易量 W-V 的关系

(1)研究 W_t-R_t

参照 EMH 中的事件研究法,在信息公布后,我们留 L 天作为观察窗口长度,$L \in \{0,1,\cdots,M\}$,一般 M 为几个单位时间,以这段时间的积累股票(按时间衰减)平均收益 $\overline{R} = \frac{1}{L}\sum_{s=0}^{L} e^{-s} R_{t+s}$ 加上股价原基值作为观察值,即 $\overline{R} + R_t$。为了方便,以下仍记为 R_t。注意到多条信息情况,按时间衰减率,应针对各条信息通过解方程组来分解总收益。

此外,我们将 R 分为 5 个区间:[-2,-1,0,$+1$,$+2$]表示[大跌,小跌,微调,小涨,大涨],每个值赋予一个合理的概率值。因为我们希望第一步可以较好地在一定概率上把握住 W-R 关系。以下提到 W-R 的关系,均指这种"模糊"关系。

我们计划对以下三种情况分别研究：

①令 $W_{i,t}=\sum_{l}W_{l,i,t}, W_{t}=\sum_{i}W_{i,t}, R_{t}=\sum_{i}R_{i,t}$，研究 W_t-R_t 的关系，即针对股市信息整体，研究 t 内其信息流强度总和对股指的影响。

②研究 $W_{i,t}$-$R_{i,t}$的关系，即针对每一股票，研究 t 内信息和对股价的影响。

③研究 $W_{l,i,t}$-$R_{l,i,t}$的关系，即 t 内每一则信息对股价的影响。

(2)研究 W_t-V_t

V_t 为交易量。根据价格的混合分布假说 MDH，信息流将同时引起 V_t 和 R_t 的波动。Lamourenx 和 Lastrapes 发现将 U 作为信息流的替代指标对价格波动有较强的解释能力。因为我们通过互联网可以较好地统计信息流，在这个有利条件下，可以仿照以上方法，做出一系列结果。

3. *研究逆问题 R-W*

从金融管理角度上来说，股市是经济的晴雨表，通过研究股市，管理人员可以迅速地掌握股市的“暗流”，以便更好地监管金融市场；对微观个体而言，由于股票在全球市场上的普及，股市在整个金融市场中极具代表性，因此互联网上股市信息与股价的关联研究是我们的重点。

W-R 的逆问题 R-W 的研究是一个金融管理问题，包建祥提出中央宏观管理机构使用信息，可以调控股市波动。但是，使用多少信息以及多大信息流强度可以(理论上)将股市调整到希望的位置，目前还没有这方面的研究成果。也就是说，中央宏观决策机构利用股价对股市信息的关系，反过来调节股价，或防止股市出现过大的波动。也就是说，决策者需要知道多大强度和方向的股市信息 w，可以遏制某些不想发生的金融市场起伏；或者使用适当强度和方向的 W，去鼓励金融市场的平稳发展。事实上，如果没有信息流强度的概念，想从量上调整股市，就无法度量。因此，逆问题 R-W 的研究，给中央宏观调控和管理提供了理论依据。

此外，如果把 R-W 当成反馈控制，把 W-R 当成被控制系统，于是，形成一个闭环的金融宏观调控控制系统。我们可以在此基础上探索一系列时域和频域的线性和非线性控制问题等。

第 7 章　数据聚类分析算法的实现

为了满足某些数据挖掘算法的需求，需要对连续的数据进行处理，这时就需对数据进行聚类处理。也就是说，对数据进行聚类分析是数据挖掘的一个功能，可用于模式识别、生物学研究、空间数据分析、Web 文档分类以及图像处理等领域。在数据挖掘中，聚类分析是一个较为活跃的领域，现已开发多个有效的聚类算法，本章将对这些算法进行简单的研究。

7.1　聚类分析概述

7.1.1　对聚类算法的一些要求

所谓的聚类是一种度量方式，指的是依据数据之间的属性值进行分类或簇的过程。同类或簇数据对象之间的属性值较为接近，不同类或簇数据对象之间的属性值差异较大。聚类分析主要用来获取数据分布的情况，不仅可以对简单的数据进行聚集，而且可以对复杂的数据结构进行标准化处理。聚类分析的应用范围目前较为广泛，数据挖掘、统计学已经处处可见其身影。

聚类分析具有很强的挑战性，其应用的领域对其也提出了一些特殊的要求：

(1)伸缩性

所谓伸缩性指的是聚类分析对大、小数据集都是有效的。这个特点要求聚类算法的时间复杂度不宜过高，否则对大规模数据进行聚类时，会导致偏差。

(2)处理不同字段类型的能力

聚类算法对不同字段类型都应具备处理的能力，包括数值型、非数值型、离散数据、连续域内的数据等。

(3)发现具有任意形状的聚类的能力

不同的聚类分析算法采用的计算距离不同，得到的类或簇的形状也就不一样。而数据库中的簇的形状是任意的，这就要求聚类算法能够忽略簇之间的差异，发现任意形状的聚类的能力。

(4)对输入参数的敏感

聚类算法在进行工作之前，多数都要求用户先输入一定的参数，聚类的结果对输入参数相当敏感，也就是说，用户输入的参数一定程度上影响着聚类结果。这就给算法的应用带来不便。一个好的聚类算法应能够克服这个问题。

(5)抗噪声的能力

现实数据库中的数据并非都是正常的，经常会出现不完整、未知甚至是错误的数据，聚类算法对这些噪声数据不应敏感，提高聚类结果的质量。

(6)对数据对象的输入顺序不敏感

有一些聚类算法，即使输入的数据是相同的，只要输入的顺序有所改变，聚类结果就有可能发生较大的变化。因此，我们希望聚类算法能够对输入数据的顺序不敏感。

(7)处理高维数据的能力

数据库中的数据一般都有很多的属性或者是说明。大多数聚类算法处理属性较少的数据时，结果质量尚好，但处理属性较多的数据时，聚类的结果就无法作出较为直观的判断，结果质量无法保证。这是因为，数据属性较多时，数据可能非常稀疏，数据对象在高维空间的聚类具有较高难度。

(8)增加限制条件后的聚类分析能力

现实的应用中经常会出现各种各样的限制条件，既要找到满足特定的约束，又要具有良好聚类特性的数据分组是一项具有挑战性的任务。

7.1.2 聚类分析中的数据类型

假设要聚类的数据集合包含 n 个数据对象，首先来看一下聚类算法中经常用到的如下两种有代表性的数据结构。

(1)数据矩阵(Data Matrix)

用 p 个变量(如年龄、体重、身高、种族、性别、学位等)表示 n 个对象。这种数据结构是 $n\times p$(n 个对象$\times p$ 个变量)的矩阵，或者可以看成关系表的形式，每一行表示一个对象的 p 个属性值，相当于一条记录，如式(7-1)所示。

$$\begin{bmatrix} x_{11} & \cdots & x_{1f} & \cdots & x_{1p} \\ \vdots & & & & \vdots \\ x_{i1} & \cdots & x_{if} & \cdots & x_{ip} \\ \vdots & & & & \vdots \\ x_{n1} & \cdots & x_{nf} & \cdots & x_{np} \end{bmatrix} \tag{7-1}$$

(2)相异度矩阵(Dissimilarity Matrix)

存放 n 个对象两两之间的相异程度的 $n\times n$ 的矩阵。

$$\begin{bmatrix} 0 & & & \\ d(2,1) & 0 & & \\ d(3,1) & d(3,2) & 0 & \\ \vdots & \vdots & \vdots & \vdots \\ d(n,1) & d(n,2) & \cdots & 0 \end{bmatrix} \tag{7-2}$$

其中,$d(i;j)$表示对象 i 和对象 j 之间的相异度的数值。对象 i 和对象 j 越相似,其值越接近于 0;反之,其值越大。另外,显然有 $d(i,j)=d(j,i)$及$d(i,i)=0$。因此,相异度矩阵只需用式(7-2)中的下三角形矩阵表达即可。

接下来,首先讨论数据对象中的所有变量都是同一类型的情况,然后讨论数据对象中的变量类型不同的情况。

1. 连续变量类型

连续变量就是取值在某区间内的数值型变量。典型的例子包括高度、温度和重量等。对连续变量而言,度量单位对聚类分析结果有直接影响。连续变量类型的数据一般需进行归一化处理。

(1)计算绝对偏差的平均值 s_f

$$s_f=\frac{1}{n}(|x_{1f}-m_f|+|x_{2f}-m_f|+\cdots+|x_{nf}-m_f|) \tag{7-3}$$

式中,$x_{1f},x_{2f},\cdots,x_{nf}$是 n 个对象在属性 f 的取值;$m_f=\frac{1}{n}(x_{1f}+x_{2f}+\cdots+x_{nf})$为 n 个对象在属性 f 上的平均值。

(2)将度量值标准化

$$z_{if}=\frac{x_{if}-m_f}{s_f} \tag{7-4}$$

在具体应用中,数据归一化不是必需的,根据是否处理连续变量及如何处理连续变量等具体情况而定。在对数据连续变量后(或者在某些应用中不需要连续变量),就可计算对象间的相异度了。对象间的相异度是通过对象间的距离来衡量的。最常用的距离是欧几里得距离,其计算公式为

$$d(x,y)=\sqrt{(x_1-y_1)^2+(x_2-y_2)^2+\cdots+(x_n-y_n)^2} \tag{7-5}$$

式中,$x=(x_1,x_2,\cdots x_n)$和 $y=(y_1,y_2,\cdots y_n)$是两个 n 维的数据对象。

另一种重要的度量距离是曼哈坦距离,其计算公式为

$$d(x,y)=|x_1-y_1|+|x_2-y_2|+\cdots+|x_n-y_n| \tag{7-6}$$

第三种距离是明考斯基距离，它是前两种距离的推广，其定义为

$$d(x,y)=(|x_1-y_1|^q+|x_2-y_2|^q+\cdots+|x_n-y_n|^q)^{\frac{1}{q}} \tag{7-7}$$

式中，q 为正整数。

当 $q=l$ 时，表示曼哈坦距离；当 $q=2$ 时，表示欧几里得距离。

另外，可以对每个属性根据其重要性赋予一个相应的权重，加权的明考斯基距离公式为

$$d(x,y)=(w_1|x_1-y_1|^q+w_2|x_2-y_2|^q+\cdots+w_n|x_n-y_n|^q)^{\frac{1}{q}} \tag{7-8}$$

2. 离散变量类型

离散变量的值域由有限个状态组成，例如，教师的职称有助教、讲师、副教授和教授等多个状态。

一个离散变量的状态可以用字母、符号甚至一组整数来表示。但整数在这里只是表示不同的状态，并不代表任何特定的顺序和大小。

全部由离散变量构成的两个对象的相异度可以用简单的匹配方法计算为

$$d(x,y)=\frac{p-m}{p} \tag{7-9}$$

式中，m 是对象 x 和 y 中属性值相匹配的属性个数；p 是全部属性的个数。

在数据挖掘中，有一些聚类算法是基于非数值的离散数据而提出的，包括 k-模（k-mode）、ROCK、CACTUS、STIRR。

3. 混合类型

如果数据对象中的属性类型不同，则数据为混合类型。假设数据集包含 p 个不同类型的属性，对象 x 和 y 的相异度 $d(x,y)$ 定义为

$$d_{xy}=\frac{\sum_{i=1}^{p}\delta_{xy}^{i}d_{xy}^{i}}{\sum_{i=1}^{p}\delta_{xy}^{i}} \tag{7-10}$$

式中，如果 x_i 或 y_i 缺失，则指标函数 $\delta_{xy}^{i}=0$；否则 $\delta_{xy}^{i}=1$。

d_{xy}^{i} 的计算方法与第 i 个属性的具体类型有关。

第 i 个属性为离散变量：如果 $x_i=y_i$，则 $d_{xy}^{i}=0$；否则 $d_{xy}^{i}=1$。

第 i 个属性为连续变量：$d_{xy}^{i}=\frac{|x_i-y_i|}{d_i}$，其中，$d_i$ 为第 i 个属性取值中的最大值与最小值之差。

7.1.3　距离的度量

设有两个类 C_a 和 C_b，元素个数分为为 m 和 h，中心点分别为 r_a 和 r_b。设元素 $x \in C_a$，$y \in C_b$，这两个元素间的距离记为 $d(x,y)$。可以采用不同的策略来定义类间距离，记为 $D(C_a,C_b)$。

(1)最短距离法

C_a 和 C_b 中最靠近的两个元素间的距离。

$$D_S(C_a,C_b)=\min\{d(x,y) \mid x \in C_a, y \in C_b\}$$

(2)最长距离法

C_a 和 C_b 中最远的两个元素间的距离。

$$D_L(C_a,C_b)=\max\{d(x,y) \mid x \in C_a, y \in C_b\}$$

(3)中心法

假如 C_i 是一个聚类，使用 C_i 的所有数据点 x，可以定义 C_i 的类中心 $\overline{x_i}$ 如下

$$\overline{x_i} = \frac{1}{n_i}\sum_{x \in C_i} x$$

其中，n_i 是第 i 个聚类中的点数。基于类中心，可以进一步定义两个类 C_a 和 C_b 的类间距离为

$$D_W(C_a,C_b)=d(r_a,r_b)$$

(4)类平均法

C_a 和 C_b 中任意两个元素间距离的平均值。

$$D_C(C_a,C_b)=\frac{1}{mh}\sum_{x \in C_a}\sum_{y \in C_b} d(x,y)$$

其中，m 和 h 是两个类 C_a 和 C_b 的元素个数。

(5)离差平方和

假设类 C_a 和 C_b 的直径分别为 r_a 和 r_b，类 $C_{a+b}=C_a \cup C_b$ 的直径为 r_{a+b}，则可定义类间距离的平方为

$$D_W^2(C_a,C_b)=r_{a+b}-r_a-r_b$$

7.2　划分聚类算法

7.2.1　划分聚类算法的基本思想及步骤

数据集 D 中有 n 个对象，要生成 k 簇，划分算法按照一定的目标准则

将对象组织划分为 k 簇($k<n$)。划分聚类算法根据预先指定的信息,通过反复迭代运算,使簇中数据对象之间的相似度高,簇与簇之间的差异度大,最终达到聚类结果。最具有代表性的算法为 k-平均(k-Means)算法和 k-中心点(k-Medoid)算法。

上述两种启发式方法适用于在中小规模的数据库中发现球形的簇而且簇的大小比较相近的情形。为了使其适用于大规模的数据库并且簇的形状较复杂的情形,需要对它们作进一步的扩展。

基于划分的聚类方法优点是收敛速度快,缺点是它要求类别数目 k 可以合理地估计,并且初始中心的选择和噪声会对聚类结果产生很大影响。

k 的确定常常需要使用者根据需要解决的具体问题和相应的专业知识来决定,需要针对具体情况具体分析。在下面对算法的讨论中,我们假定 k 已经给定。

在给定 k 的情况下,首先需要选择一批初始凝聚点,利用初始凝聚点将数据划分为 k 类作为初始分类,根据初始分类重新调整凝聚点,在此基础上对 k 类的划分进行调整,如此迭代,直到每个小类中的个体均不再改变或者达到最大迭代次数为止。图 7-1 所示的流程图展示了基于划分的聚类分析的基本步骤。

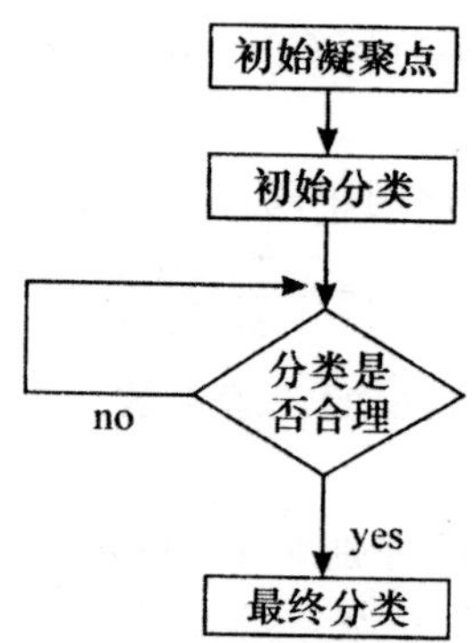

图 7-1　基于划分的聚类分析的基本步骤

7.2.2　k-平均算法

k-平均(k-Means)算法,也被称为 k-均值算法,是由 MacQueen 提出的一种聚类算法,应用广泛。k-平均算法以 k 为参数,随机选择 n 个对象,每个对象代表一个簇的初始平均值,随后将这些对象分为 k 个簇。将剩下的对象根据其距离各个簇的中心距离将其指派给最近的簇,以使簇内具有较高的相似度。这时,每个簇的平均值发生变化,重新计算平均值,不断重复

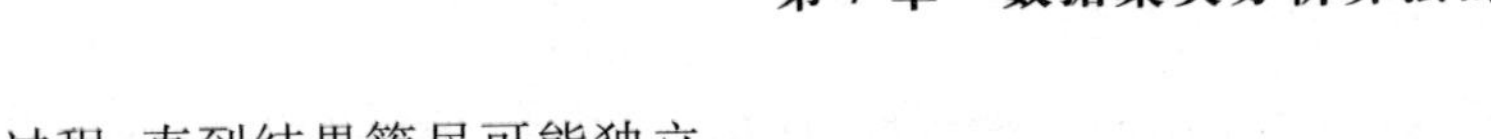

该过程，直到结果簇尽可能独立。

k-Means 算法的准则函数一般采用误差平方和进行定义

$$E=\sum_{i=1}^{k}\sum_{x\in C_i}|x-\overline{x_i}|^2$$

式中，E 是数据库所有对象的平方误差的总和；x 是空间中的点，表示给定的数据对象，i 是簇 C_i 的平均值。

1. 算法描述

k-平均算法的描述如图 7-2 所示。

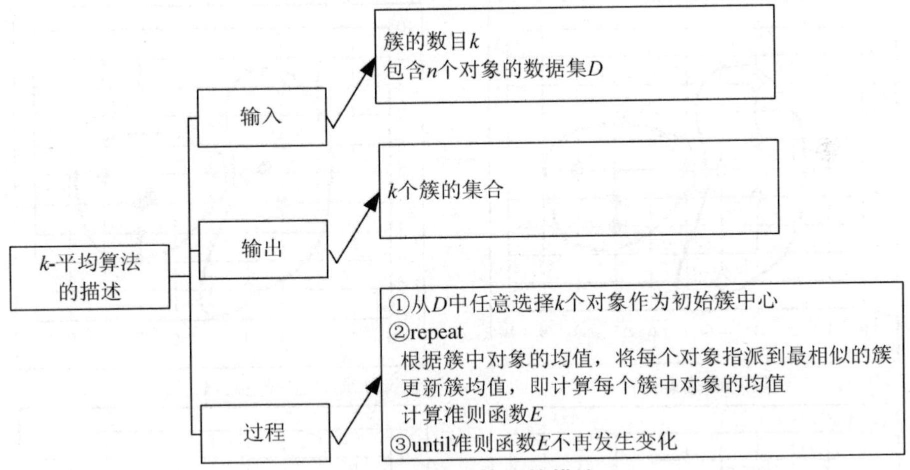

图 7-2　k-平均算法的描述

该算法的流程如图 7-3 所示。

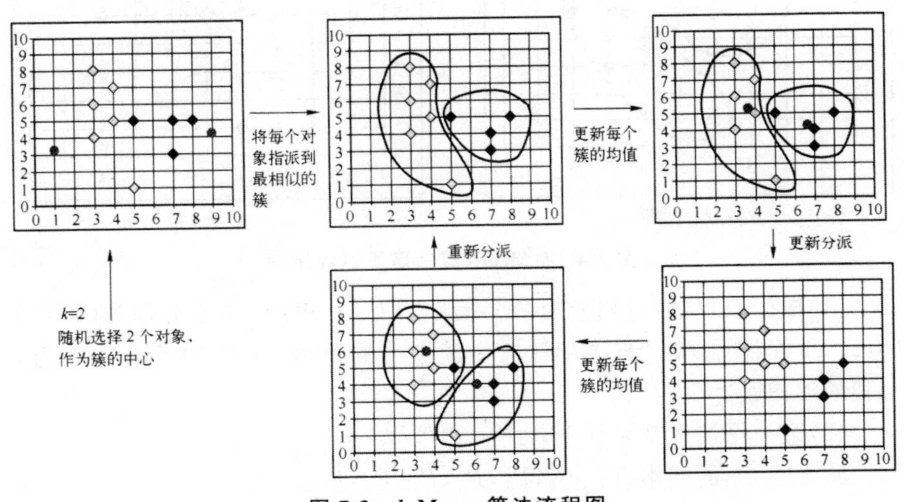

图 7-3　k-Means 算法流程图

例 7-1 对表 7-1 中的二维数据，使用 *k*-Means 算法将其划分为 2 个簇，假设初始簇中心选为 $P_7(4,5)$，$P_{10}(5,5)$，距离使用曼哈顿距离。

表 7-1 *k*-Means 聚类过程示例数据集 1

	P_1	P_2	P_3	P_4	P_5	P_6	P_7	P_8	P_9	
x	3	3	7	4	3	8	4	4	7	5
y	4	6	3	7	8	5	5	1	4	5

解：图 7-4 显示了对于给定的数据集 *k*-Means 聚类算法的执行过程。

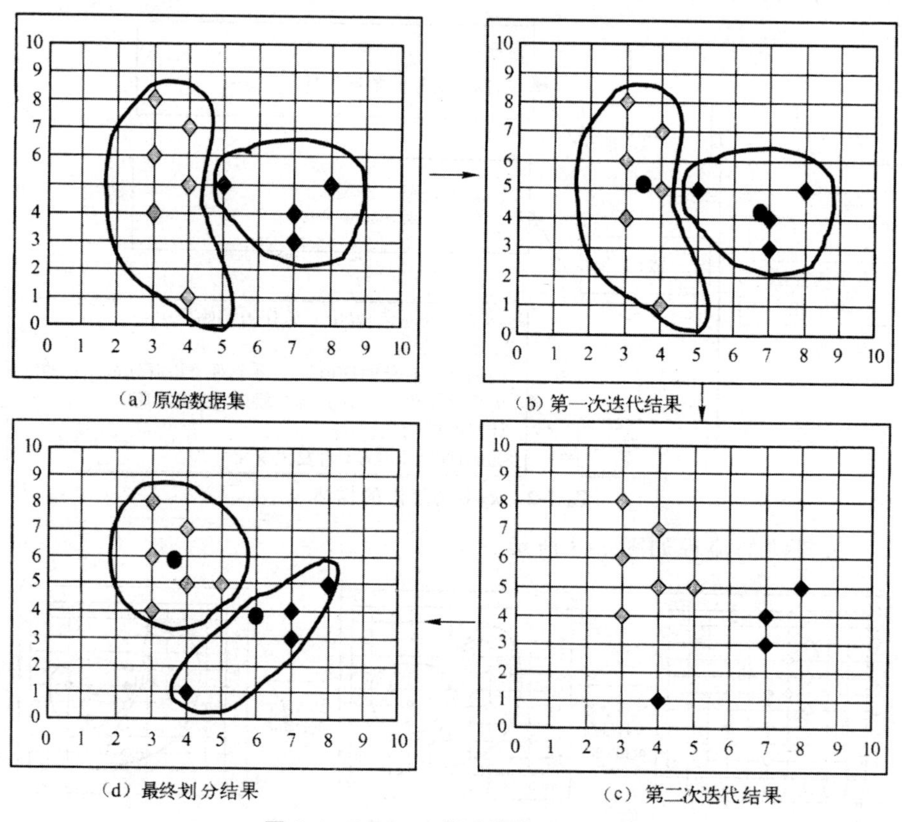

(a) 原始数据集　(b) 第一次迭代结果　(c) 第二次迭代结果　(d) 最终划分结果

图 7-4 *k*-Means 算法聚类过程示例

(1)根据题目，假设划分的两个簇分别为 C_1 和 C_2，中心分别为(4,5)和(5,5)，下面计算 10 个样本到这 2 个簇中心的距离，并将 10 个样本指派到与其最近的簇。

(2)第一轮迭代结果如下。

属于簇 C_1 的样本有：$\{P_7, P_1, P_2, P_4, P_5, P_8\}$。

属于簇 C_2 的样本有：{ P_{10} , P_3 , P_6 , P_9 }。

重新计算新的簇的中心：C_1 的中心为(3.5,5.1 67)，C_2 的中心为(6.75,4.25)。

(3)继续计算 10 个样本到新的簇的中心的距离，重新分配到新的簇中，第二轮迭代结果如下。

属于簇 C_1 的样本有：{ P_1 , P_2 , P_4 , P_5 , P_7 , P_{10} }。

属于簇 C_2 的样本有：{ P_3 , P_6 , P_8 , P_9 }。

重新计算新的簇的中心：C_1 的中心为(3.67,5.83)，C_2 的中心为(6.5,3.25)。

(4)继续计算 10 个样本到新的簇的中心的距离，重新分配到新的簇中，发现簇中心不再发生变化，算法终止。

2. 算法的性能分析

k-平均算法是聚类任务使用非常频繁的一类算法，具有描述简单、实现容易等优点，但也存在不足，具体如图 7-5 所示。

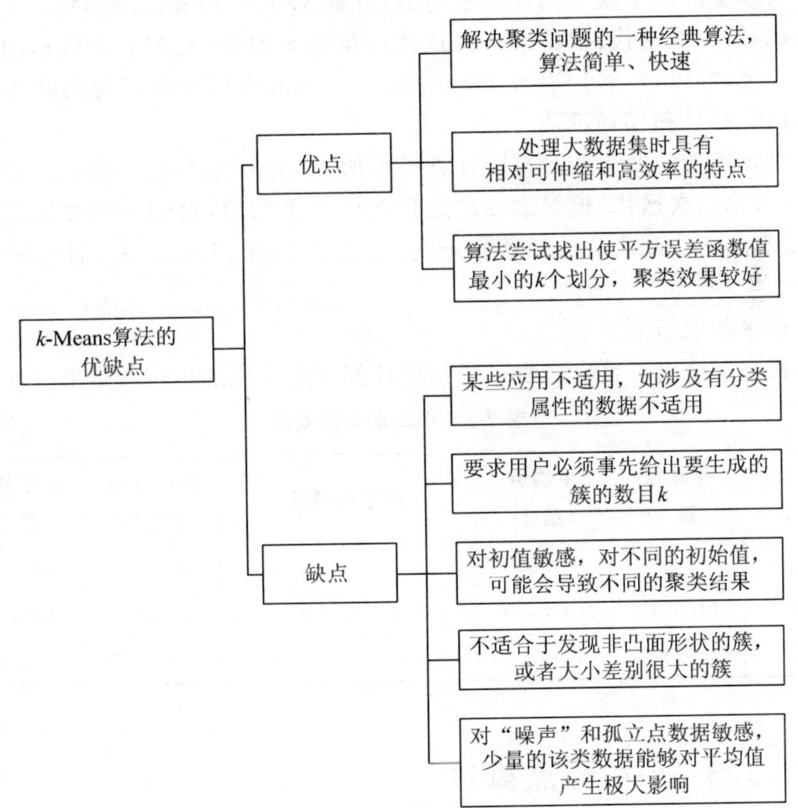

图 7-5　*k*-平均算法的优缺点

3. 算法执行示例

例 7-2 下面给出一个样本事务数据库(表 7-2),并对它实施 k-平均算法。

表 7-2 样本事务数据库

序号	属性 1	属性 2	序号	属性 1	属性 2
1	1	1	5	4	3
2	2	1	6	5	3
3	1	2	7	4	4
4	2	2	8	5	4

根据表中数据执行 k-平均算法(设 $n=8,k=2$),算法的执行过程如下:

(1)第一次迭代:任意选取两个数据对象,假定将序号 1 和序号 3 作为选取的对象,找到离两点最近的对象,分别产生两个簇{1,2}和{3,4,5,6,7,8}。

对产生的两个簇分别计算平均值,分别为(1.5,1)和(3.5,3)。

(2)第二次迭代:根据第一次迭代产生的平均值,对剩下的数据的对象重新分类,即以(1.5,1)、(3.5,1)为新的平均值进行分配。得到两个新的簇:{1,2,3,4}和{5,6,7,8}。

对新产生的两个新簇重新计算平均值,分别为(1.5,1.5)和(4.5,3.5)。

(3)第三次迭代:根据第二次迭代产生的平均值,对剩下的数据进行分类,发现重新分配之后的新簇依旧为{1,2,3,4}和{5,6,7,8},且准则函数收敛。

程序迭代结束。

表 7-3 给出了整个过程中平均值计算和簇生成的过程和结果。

表 7-3 样本事务数据库

迭代次数	平均值(簇 1)	平均值(簇 2)	产生的新簇	新平均值(簇 1)	新平均值(簇 2)
1	(1,1)	(1.2)	{1,2},{3,4,5,6,7,8}	(1.5.1)	(3.5.3)
2	(1.5,1)	(3.5,3)	{1,2,3,4},{5,6,7,8}	(1.5,1.5)	(4.5,3.5)
3	(1.5,1.5)	(4.5,3.5)	{1.2,3,4},{5,6,7,8}	(1.5.1.5)	(4.5.3.5)

7.2.3 k-中心点算法

k-均值算法对一些数据,如孤立点,非常敏感,这是因为极端数值对平

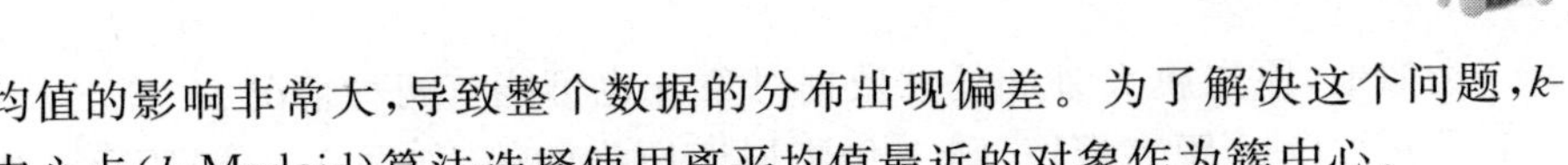

均值的影响非常大,导致整个数据的分布出现偏差。为了解决这个问题,k-中心点(k-Medoid)算法选择使用离平均值最近的对象作为簇中心。

1. 算法描述

k-中心点算法的基本过程如图 7-6 所示。

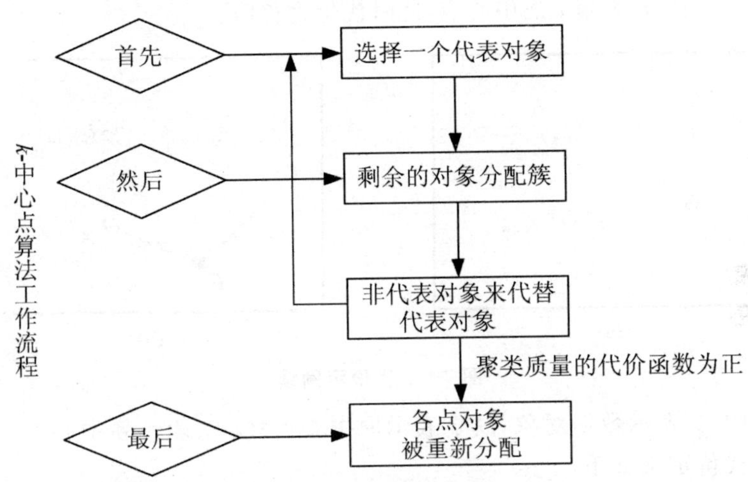

图 7-6　k-中心点算法的基本过程

由 k-中心点算法的基本过程可知,最关键的步骤是选择合适的中心点。选择中心点时,有以下几种情形:

①p 与 O_{c_new} 的距离仍然小于与其他各簇中心点的距离,因此 p 仍属于簇 C,如图 7-7(a)所示。如果用 O_{c_new} 代替 O_{c_old},数据对象 p 的代价为 $d(p,O_{c\_new})-d(p,O_{c\_old})$,$d$ 表示两点之间的距离。

②p 与其他某一簇 r 的中心点的距离最短,则 p 将改属于簇 r,如图 7-7(b)所示。如果用 O_{c_new} 代替 O_{c_old},数据对象 p 的代价为 $d(p,O_r)-d(p,O_{c\_old})$,其中 O_r 为簇 r 的中心点,此时代价为正值。

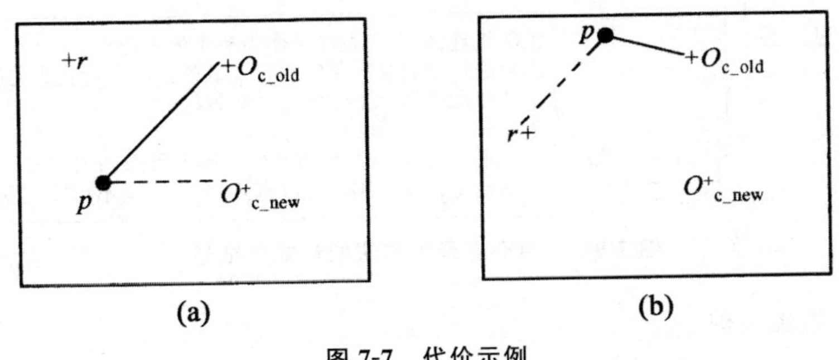

图 7-7　代价示例

类似地，原先簇 C 外的任意数据对象 p 也可能有两种情况：

①p 与 O_{c_old} 距离最短，则 p 仍将属于原先的簇，如图 7-8(a)所示。如果用 O_{c_new} 代替 O_{c_old}，数据对象 p 的代价不变。

②在所有簇的中心点中，p 与 O_{c_new} 的距离最短，则 p 将改属于簇 O_{c_new}，如图 7-8(b)所示。如果用 O_{c_new} 代替 O_{c_old}，数据对象 p 的代价为 $d(p,O_{c\_new})-d(p,O_r)$，其中 O_r 为簇 r 的中心点，此时代价为负值。

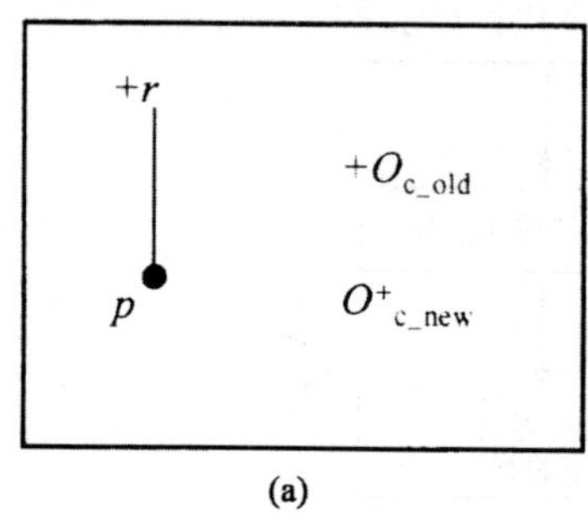

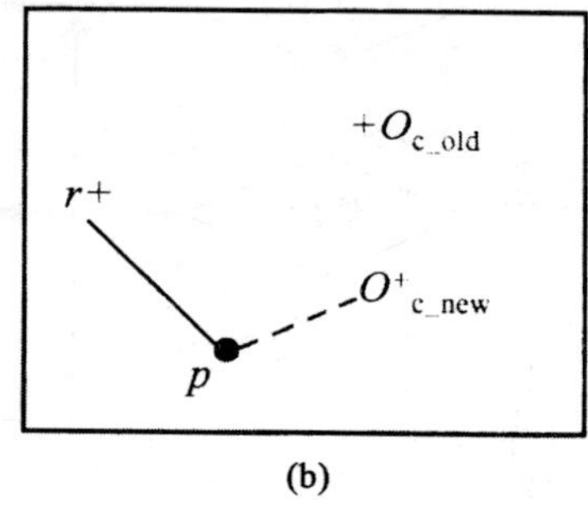

图 7-8　代价示例续

其中，p 表示数据对象；O_{c_old} 表示原中心点；O_{c_new} 表示新中心点。

总代价定义如下

$$TC = \sum_{j=1}^{k} \sum_{p \in C_j}^{n} |p - O_j|$$

其中，O_j 表示簇 C_j 中的代表对象。

下面给出 k-中心点聚类方法的形式化描述，如图 7-9 所示。

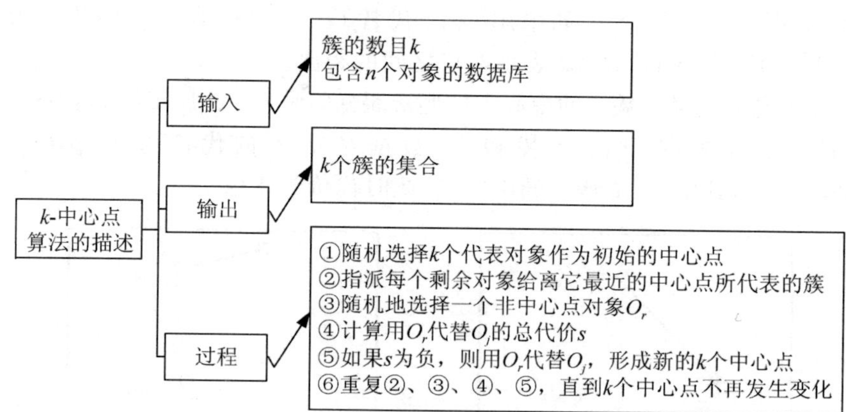

图 7-9　k-中心点聚类方法的形式化描述

2. 算法实例

假如空间中的五个点(A,B,C,D,E)，分布如图 7-10 所示，各点之间的距离

关系如表 7-4 所示，根据所给的数据对其运行算法实现聚类划分（设 $k=2$）。

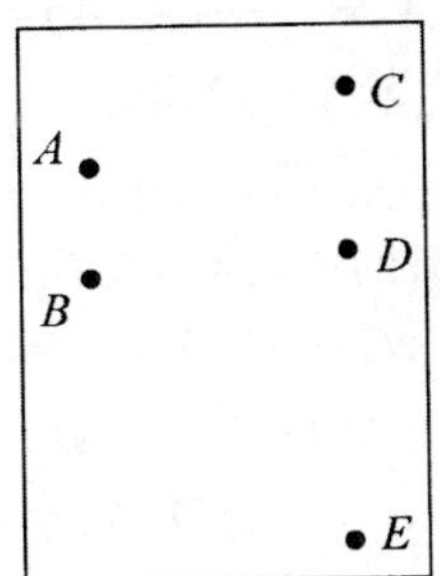

图 7-10　样本点

表 7-4　样本点间距离

样本点	A	B	C	D	E	样本点	A	B	C	D	E
A	0	1	2	2	3	D	2	4	1	0	3
B	1	0	2	4	3	E	3	3	5	3	0
C	2	2	0	1	5						

算法执行步骤如下：

第一步建立阶段：从题中所给数据对象随意选择 A、B 两点作为中心点，因 C、E 点到 A、B 两点的距离分别一致，可将 C 其随机分入以 A 点为中心点的样本数据中，E 点被随机被划分入以 B 点为中心点的样本数据中，则样本被划分为（A，C，D）和（B，E）两个簇。

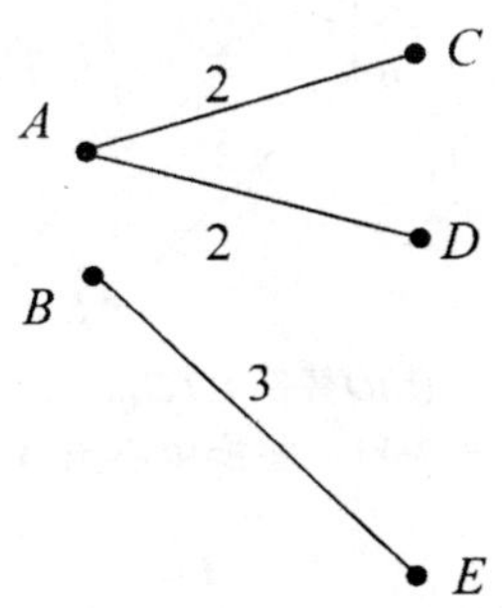

第二步交换阶段：假定中心点 A，B 分别被非中心点（C，D，E）替换，根据算法需要计算下列代价 TC_{AC}，TC_{AD}，TC_{AE}，TC_{BC}，TC_{BD}，TC_{BE}。其中 TC_{AC} 表示中心点 A 被非中心点 C 代替后的总代价。下面以 TC_{AC} 为例说明计算过程。

当 A 被 C 替换以后，看各对象的变化情况。

1）A：C 成为新的中心点，$d(A,B)>d(A,C)$，A 被重新分配进入以 B

点为中心点的样本数据。

$$C_{AAC}=d(A,B)-d(A,A)=1-0=1$$

2)B:B 不受影响,故代价不发生变化。

$$C_{BAC}=0$$

3) C:替换后,C 点成为新的中心点,变换后代价发生变化。

$$C_{CAC}=d(C,C)-d(A,C)=0-2=-2$$

4) D:替换后,D 点离新的中心 C 点更近。

$$C_{DAC}=d(D,C)-d(D,A)=1-2=-1$$

5)E:替换后,E 点离中心 B 点的距离仍然是最近。

$$C_{EAC}=0$$

因此,

$$TC_{AC}=C_{AAC}+C_{BAC}+C_{CAC}+C_{DAC}+C_{EAC}=1+0-2-1+0=-2$$

同理,可以计算出 $TC_{AD}=-2$,$TC_{AE}=-1$,$TC_{BC}=-2$,$TC_{BD}=-2$,$TC_{BE}=-2$。在上述代价计算完毕后,我们要选取一个最小的代价,显然有多种替换可以选择,选择第一个最小代价的替换(也就是 A 替换 C),这样,样本被重新划分为(A,B,E)和(C,D)两个簇。

这样,样本点被重新划分为(A,B,E)和(C,D)两个簇,如图 7-11(a)所示。图 7-11(b)和图 7-11(c)分别表示了 D 替换 A,E 替换 A 的情况和相应的代价。

图 7-12(a)、(b)、(c)分别表示了用 C、D、E 替换 B 的情况和相应的代价。

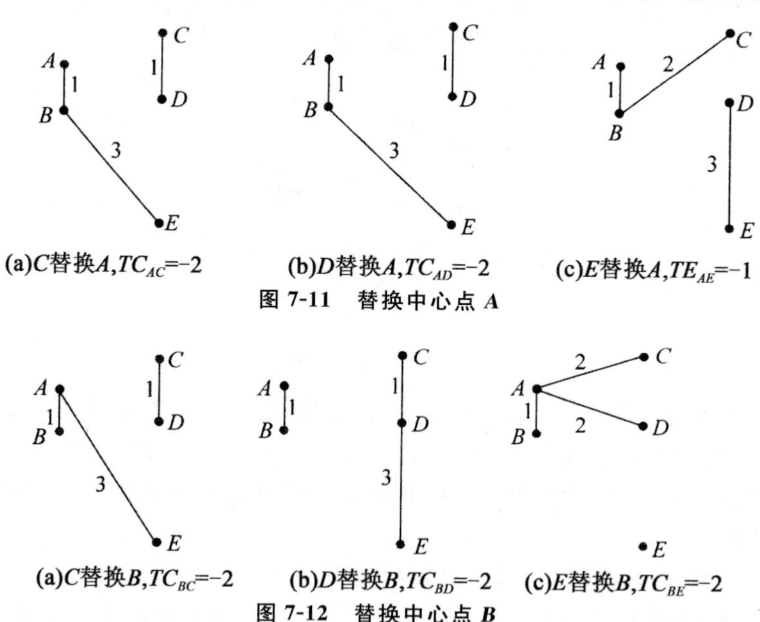

图 7-11 替换中心点 A

图 7-12 替换中心点 B

通过上述计算，已经完成了算法的第一次迭代。在下一次迭代中，将用其他的非中心点(A,D,E)替换中心点(B,C)，找出具有最小代价的替换。一直重复上述过程，直到代价不再减少为止。

3. 基于遗传算法的 k-中心点聚类算法

k-平均值聚类对"噪声"和孤立点数据敏感，收敛到局部最优值。k-中心点克服了 k-平均值聚类的这些缺点，但算法时间复杂度高。基于遗传算法的 k-中心点聚类算法把遗传算法和 k-中心点聚类算法相结合，利用它们各自的优点，达到对"噪声"和孤立点数据不敏感，收敛到全局最优值的目的。

(1)数据集的划分

设 $X=\{x_1,x_2,\cdots,x_n\}\subset \boldsymbol{R}^s$ 为待聚类样本的全体(称为论域)，$x_k=(x_{k1},x_{k2},\cdots,x_{kn})^{\mathrm{T}}\in \boldsymbol{R}^s$ 为观测样本 $\boldsymbol{x}_k$ 中对应的数据点，一般为特征矢量或模式矢量，x_{kj} 为特征矢量 x_k 的第 j 维特征取值。

聚类通过对样本进行分析，对其中的相似度进行比较，将 n 个数据样本 $\boldsymbol{x}_1,\boldsymbol{x}_2,\cdots,\boldsymbol{x}_n$ 按亲疏关系把划分成 c 个子集(也称为族)$\boldsymbol{X}_1,\boldsymbol{X}_2,\cdots,\boldsymbol{X}_c$，并满足如下条件

$$\left.\begin{array}{l}\boldsymbol{X}_1\cup\boldsymbol{X}_2\cup\cdots\cup\boldsymbol{X}_n=\boldsymbol{X}\\ \boldsymbol{X}_i\cap\boldsymbol{X}_j\neq\varnothing,1\leqslant i\neq j\leqslant c\\ \boldsymbol{X}_i\neq\varnothing,\boldsymbol{X}_i\neq\boldsymbol{X},1\leqslant i\leqslant c\end{array}\right\}$$

如果用隶属函数 $\mu_{ik}=\mu_{X_i}(x_k)$表示样本 $\boldsymbol{x}_k$ 与子集 $\boldsymbol{X}_i(1\leqslant i\leqslant c)$的隶属关系，则

$$\mu_{X_i}(\boldsymbol{x}_k)=\mu_{ik}=\begin{cases}1 & \boldsymbol{x}_k\in\boldsymbol{X}_i\\ 0 & \boldsymbol{x}_k\notin\boldsymbol{X}_i\end{cases}$$

这样子集 c 划分也可以用隶属函数来表示，即用 c 个子集的特征函数值构成的矩阵 $\boldsymbol{U}=[\mu_{ik}]_{c\times n}$来表示矩阵 $\boldsymbol{U}$ 中的第 i 行为第 i 个子集的特征函数，而矩阵 $\boldsymbol{U}$ 中的第 k 列为样本 $\boldsymbol{x}_k$ 对于 c 个子集的隶属函数。于是 $\boldsymbol{X}$ 的硬 c 划分空间为

$$M_{hc}=\left\{\boldsymbol{U}\in\boldsymbol{R}^{cn}\mid\mu_{ik}\in\{0,1\},\forall i,k;\sum_{i=1}^{c}\mu_{ik}=1,\forall k;0<\sum_{i=1}^{c}\mu_{ik}<n,\forall i\right\}$$

在模糊划分中，样本集被划分成 c 个模糊子集$\widetilde{\boldsymbol{X}}_1,\widetilde{\boldsymbol{X}}_2,\cdots,\widetilde{\boldsymbol{X}}_c$，而且样本的隶属函数 μ_{ik} 从$\{0,1\}$二值扩展到$[0,1]$区间，从而把硬 c 划分概念推广到模糊 c 划分，因此 $\boldsymbol{X}$ 的模糊 c 划分空间为

$$M_{fc}=\left\{\boldsymbol{U}\in\boldsymbol{R}^{cn}\mid\mu_{ik}\in[0,1],\forall i,k;\sum_{i=1}^{c}\mu_{ik}=1,\forall k;0<\sum_{i=1}^{c}\mu_{ik}<n,\forall i\right\}$$

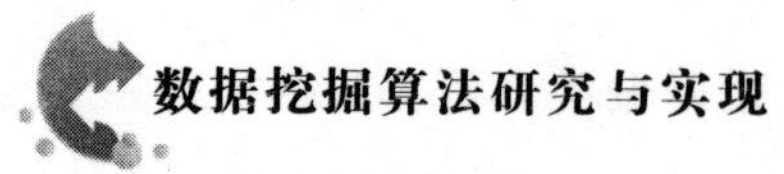

(2)聚类目标函数

在硬划分时,聚类准则是最小平方误差和。假设 $\boldsymbol{U}=[\mu_{ik}]_{c\times n}$ 为硬划分矩阵,典型样本集 $\boldsymbol{P}=\{p_1,p_2,\cdots,p_c\}\subset\boldsymbol{R}^s$,$p_i=(p_{i1},p_{i2},\cdots,p_{is})^{\mathrm{T}}\in\boldsymbol{R}^s(i=1,2,\cdots,c)$表示第 i 类的代表(典型)矢量或聚类原型(Clustering Prototype)矢量,对应样本特征空间任意一点。则硬聚类分析的目标函数为

$$\begin{cases}J_1(\boldsymbol{U},\boldsymbol{R})=\min\left\{\sum_{k=1}^{n}\sum_{i=1}^{c}\mu_{ik}(d_{ik})^2\right\}\\ \text{s. t.}\,\boldsymbol{U}\in M_{hc};\boldsymbol{P}\subset\boldsymbol{R}^s\end{cases}\tag{7-11}$$

式中,d_{ik} 表示第 i 类中样本 $\boldsymbol{x}_k$ 与第 i 类的典型样本 p_i 之间的欧氏距离。聚类准则变为在满足约束 $\mu_{ik}\in M_{hc}$ 和 $\boldsymbol{P}\subset\boldsymbol{R}^s$ 条件下,寻求最佳组合$(\boldsymbol{U},\boldsymbol{P})$使得 $J_1(\boldsymbol{U},\boldsymbol{P})$最小。

(3)聚类问题的编码方式

由聚类的目标函数 $J_m(\boldsymbol{U},\boldsymbol{R})$可知,聚类是在目标函数最优的条件下获得样本集 $\boldsymbol{X}$ 的划分矩阵 $\boldsymbol{U}$ 和聚类原型 $\boldsymbol{P}$,而 $\boldsymbol{U}$ 和 $\boldsymbol{P}$ 是相关的,即已知其一则可求另一个。因此,可以有两种编码方案。

①对划分矩阵 $\boldsymbol{U}$ 进行编码。设 n 个样本要分成 c 类,使用硬划分方法,用基因串

$$\alpha=\{\alpha_1,\alpha_2,\cdots\alpha_i,\cdots,\alpha_n\}\tag{7-12}$$

来表示某一分类结果,其中 $\alpha_i\in\{1,2,\cdots,c\}$,$i=1,2,\cdots,n$。当 $\alpha_i=k$ $(1\leqslant k\leqslant c)$时,表示第 i 个样本属于 k 类。假设使用模糊划分方法,则式(7-12)中的 $\alpha_i\in[0,1]$,$i=1,2,\cdots,n$。

②对聚类原型矩阵 $\boldsymbol{P}$ 进行编码,把 c 组表示聚类原型的参数连接起来,根据各自的取值范围,将其量化值(用二进制串表示)编码成基因串

$$\begin{aligned}b&=Ec\{p_1,p_2,\cdots,p_c\}\\&=\underbrace{\{\beta_{11},\beta_{12},\cdots,\beta_{1k}}_{Ec(p_1)},\cdots\underbrace{\beta_{i1},\beta_{i2},\cdots,\beta_{ik}}_{Ec(p_i)},\cdots\underbrace{\beta_{c1},\beta_{c2},\cdots,\beta_{ck}\}}_{Ec(p_c)}\end{aligned}\tag{7-13}$$

其中,每一个聚类原型 p_i 都有一组参数与之对应。例如:对于 HCM 和 FCM 聚类来说,就是对聚类中心点号进行量化编码。

在数据量较大时,第一种编码方案的搜索空间就会很大,第二种编码方案则只与聚类原型 p_i 参数数目 k(特征数目)和类数 c 有关,而与样本数无直接关系,搜索空间往往比第一种方案要小得多。因而,使用遗传算法来解决聚类问题一般采用第二种编码方案。

(4)划分矩阵 $\boldsymbol{U}$ 和聚类原型 $\boldsymbol{P}$ 的关系

假设给定聚类类别数 c,$1\leqslant c\leqslant n$,n 是数据个数,$x_k=(x_{k1},x_{k2},\cdots,x_{ks})^{\mathrm{T}}\in\boldsymbol{R}^s$ 为观测样本 $\boldsymbol{x}_k$ 的特征矢量或模式矢量,$\boldsymbol{U}=[\mu_{ik}]_{c\times n}$ 为划分矩阵,

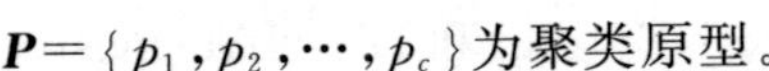

$\boldsymbol{P}=\{p_1,p_2,\cdots,p_c\}$为聚类原型。

对于硬划分方法，则 $\boldsymbol{U}$ 和 $\boldsymbol{P}$ 之间的函数关系如下：

$$\mu_{ik}=\begin{cases}1 \text{ if } d_{ik}=\min\{d_{1k},d_{2k},\cdots,d_{ck}\} \\ 0 \text{ else}\end{cases} \tag{7-14}$$

式中，d_{ik} 为样本点是与聚类原型 p_i 间的距离。

$$p_i=\frac{\sum_{k=1}^{n}\mu_{ik}\times x_k}{x_k} \tag{7-15}$$

对于模糊划分方法，$\boldsymbol{U}$ 和 $\boldsymbol{P}$ 之间的函数关系如下

$$\mu_{ik}=\begin{cases}\left\{\sum_{j=1}^{c}\left[\left(\frac{d_{ik}}{d_{jk}}\right)^{\frac{1}{m-1}}\right]\right\}^{-1} \text{ if } d_{ik}>0 \\ 1 \text{ if } d_{ik}=0 \text{ 且对于 } j\neq i \text{ 有 } \mu_{jk}=0\end{cases}$$

$$p_i=\frac{\sum_{k=1}^{n}\mu_{ik}^{m}\times x_k}{\sum_{k=1}^{n}\mu_{ik}^{m}}$$

划分矩阵 $\boldsymbol{U}$ 和聚类原型 $\boldsymbol{P}$ 之间的关系是遗传算法解决基于目标函数的聚类问题的关键因素。当然由于基于目标函数的聚类方法的不同，它们之间的关系是不同的。

7.3　层次聚类算法

7.3.1　概述

层次聚类方法是将数据对象组成一棵树，按照自底向上（合并）还是自顶向下（分裂）的策略将算法分为凝聚算法和分裂算法。

凝聚算法在初始时每一个数据对象都是一个单独的簇，依据某种原则，在迭代过程中，将相互邻近的簇进行合并，直到满足条件为止。

分裂算法在初始时将所有的数据对象看作一个簇，在接下来的迭代过程中，根据某种原则，将簇进行分裂，直到最终的新簇只包含一个对象或满足条件为止。

在实际应用中，凝聚算法应用更为广泛一些。

层次凝聚的代表是 AGNES 算法，层次分裂的代表是 DIANA 算法。

图 7-13 显示了 AGNES(AGglomerative NESting)和 DIANA(Divisive ANAlysis)在一个包含 5 个对象的数据集{a,b,c,d,e}上的处理过程。

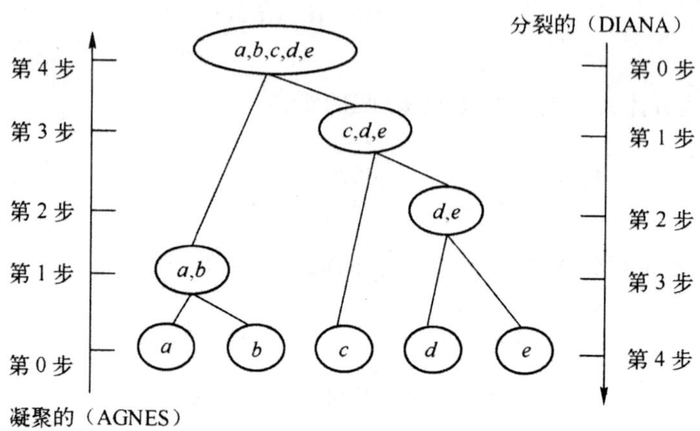

图 7-13　数据对象{a,b,c,d,e}凝聚的层次聚类和分裂的层次聚类

在将簇一步步地合并(或分裂)的过程中,一般要按照一定的准则。例如,如果簇 C_1 中的一个对象与簇 C_2 中的一个对象之间的距离是所有属于不同簇中的对象之间距离最小的,C_1 和 C_2 可能被合并。这是一种称作单连接的簇间距离度量方法,它由分别属于两个簇中的距离最近的数据点对的距离来确定。

在凝聚或分裂的层次聚类方法中,有如下 4 种常用的簇间距离度量方法。

(1)最小距离

$$d_{\min}(C_i,C_j)=\min_{p\in C_i,p'\in C_j}|p-p'|$$

(2)最大距离

$$d_{\max}(C_i,C_j)=\min_{p\in C_i,p'\in C_j}|p-p'|$$

(3)均值距离

$$d_{\text{mean}}(C_i,C_j)=|m_i-m_j|$$

(4)平均距离

$$d_{\text{avg}}(C_i,C_j)=\frac{1}{n_i n_j}\sum_{p\in C_i}\sum_{p'\in C_j}|p-p'|$$

其中 $|p-p'|$ 是两个对象或点 p 和 p' 之间的距离,m_i 是簇 C_i 的均值,而 n_i 是簇 C_i 中对象的数目。

当算法使用最小距离 $d_{\min}(C_i,C_j)$ 衡量簇间距离时,有时称它为最近邻聚类算法。此外,如果当最近的簇之间的距离超过某个阈值时,聚类过程就会终止,则称其为单连接算法。

通常，使用一种称作树状图(Dendrogram)的树形结构表示层次聚类的过程。它展示出对象是如何一步步分组的。图 7-14 显示图 7-13 中的 5 个对象的树状图，其中，$l=0$ 显示在第 0 层，5 个对象都作为单元素簇。在 $l=1$，对象 a 和 b 聚在一起形成第一个簇，并且在以后各层仍留在同一个簇中。还可以用一个垂直的数轴来显示簇间的相似度尺度。例如，当两组对象$\{a,b\}$和$\{c,d,e\}$之间的相似度大约为 0.16 时，它们合并形成一个簇。

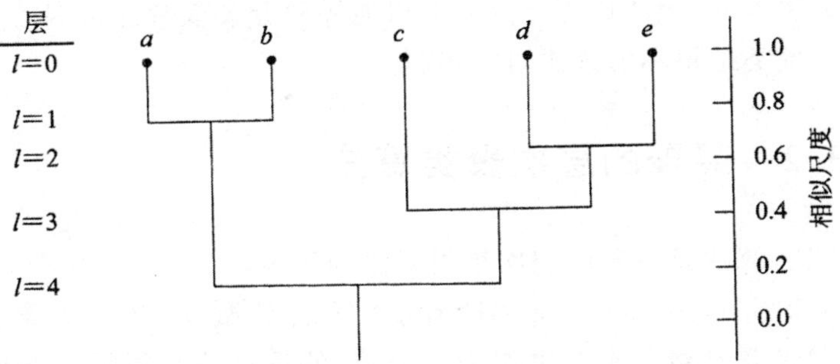

图 7-14　数据对象$\{a,b,c,d,e\}$层次聚类的树状图表示

接下来，对分裂的层次聚类算法作进一步说明。分裂的层次聚类算法的一个简单的情形是利用最小生成树(Minimum Spanning Tree，MST)。

例 7-3　设数据集合$\{M,B,C,D,E\}$的相异度矩阵为

$$\begin{bmatrix} 0 & 1 & 2 & 2 & 3 \\ 1 & 0 & 2 & 4 & 3 \\ 2 & 2 & 0 & 1 & 5 \\ 2 & 4 & 1 & 0 & 3 \\ 3 & 3 & 5 & 3 & 0 \end{bmatrix}$$

由此，不难得到以 A,B,C,D,E 为节点，以相异度为边的权重的最小生成树，见图 7-15。

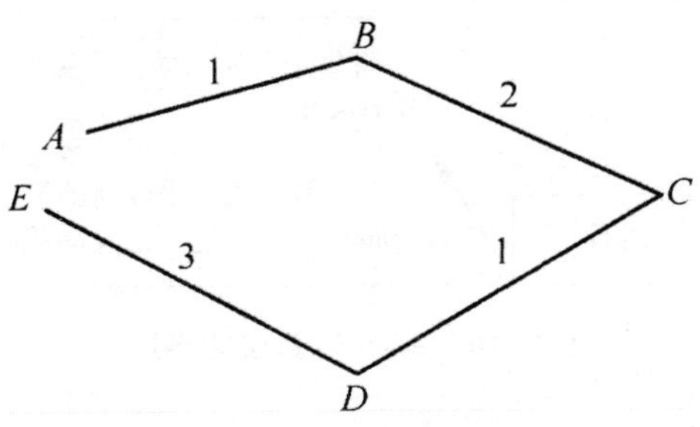

图 7-15　得到的最小生成树

利用此最小生成树，可以对数据集合$\{A,B,C,D,E\}$进行分裂的层次聚类。首先，删除权重最大的边 DE，得到$\{A,B,C,D\}$和$\{E\}$两个簇。然后

在剩下的边中删除权重最大的边 BC，得到簇$\{A,B\}$，$\{C,D\}$，$\{E\}$。剩下的边 AB 和 CD 的权重都是 1，可选择任意一条删除，如删除 AB，得到簇$\{A\}$，$\{B\}$，$\{C,D\}$和$\{E\}$。最后删除边 CD，得到簇$\{A\}$，$\{B\}$，$\{C\}$，$\{D\}$和$\{E\}$。

使用层次聚类分析算法时，能够按照用户的要求对簇的粒度进行调整，结构十分清晰，聚类方法简单。

层次聚类算法的缺点是无法回退修正，也就是说，当分裂或者合并一旦执行，就无法返回，无法修正。这就有可能导致分类或合并得到的簇不是好的选择时，聚类结果不够理想，质量较低。

7.3.2 凝聚的层次聚类算法

AGNES 算法是凝聚的层次聚类算法的代表。

AGNES(AGglomerative NESting)算法是凝聚的层次聚类方法。AGNES 算法最初将每个对象作为一个簇，然后这些簇根据某些准则被一步步地合并，直到得到期望的簇数目才会停止。

1. 算法描述

AGNES(自底向上凝聚算法)算法的描述如图 7-16 所示。

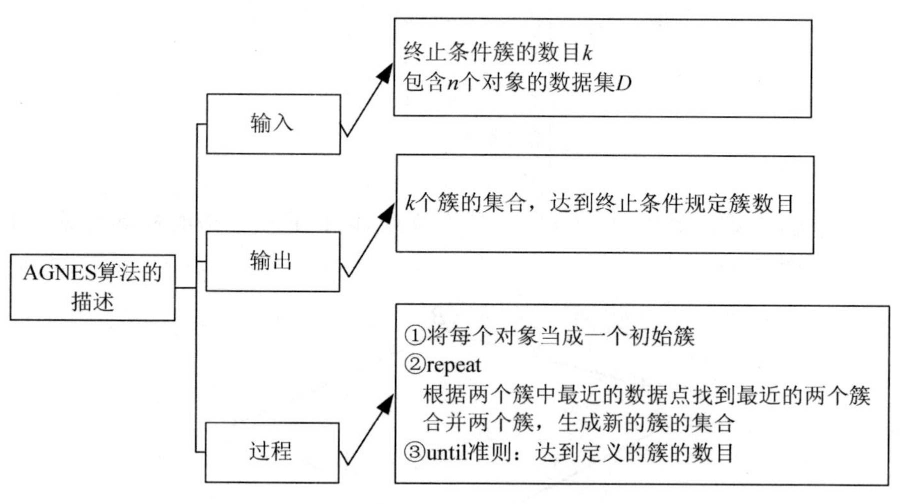

图 7-16　AGNES 算法的描述

2. 算法执行例子

例 7-4　下面给出一个样本事务数据库(表 7-5)，并对它实施 AGNES 算法。

表 7-5　样本事务数据库

序号	属性 1	属性 2	序号	属性 1	属性 2
1	1	1	5	3	4
2	1	2	6	3	5
3	2	1	7	4	4
4	2	2	8	4	5

在所给的数据集上运行 AGNES 算法，表 7-6 为算法的步骤（设 $n=8$，用户输入的终止条件为两个簇）。初始簇{1}，{2}，{3}，{4}，{5}，{6}，{7}，{8}。

表 7-6　执行过程

步骤	最近的簇距离	最近的两个簇	合并后的新簇
1	1	{1}，{2}	{1,2}，{3}，{4}，{5}，{6}，{7}，{8}
2	1	{3}，{4}	{1,2}，{3,4}，{5}，{6}，{7}，{8}
3	1	{5}，{6}	{1,2}，{3,4}，{5,6}，{7}，{8}
4	1	{7}，{8}	{1,2}，{3,4}，{5,6}，{7,8}
5	1	{1,2}，{3,4}	{1,2,3,4}，{5,6}，{7,8}
6	1	{5,6}，{7,8}	{1,2,3,4}，{5,6,7,8}结束

在第 6 步中，合并的簇的数目为 2，达到用户要求，程序结束。

7.3.3　分裂的层次聚类

DIANA（Divisive ANAlysis）算法属于分裂的层次聚类。它的执行策略与凝聚的层次聚类相反。

1. 算法描述

DIANA 算法的描述如图 7-17 所示。

2. 算法执行例子

例 7-5　下面给出一个样本事务数据库（表 7-7），并对它实施 DIANA 算法。

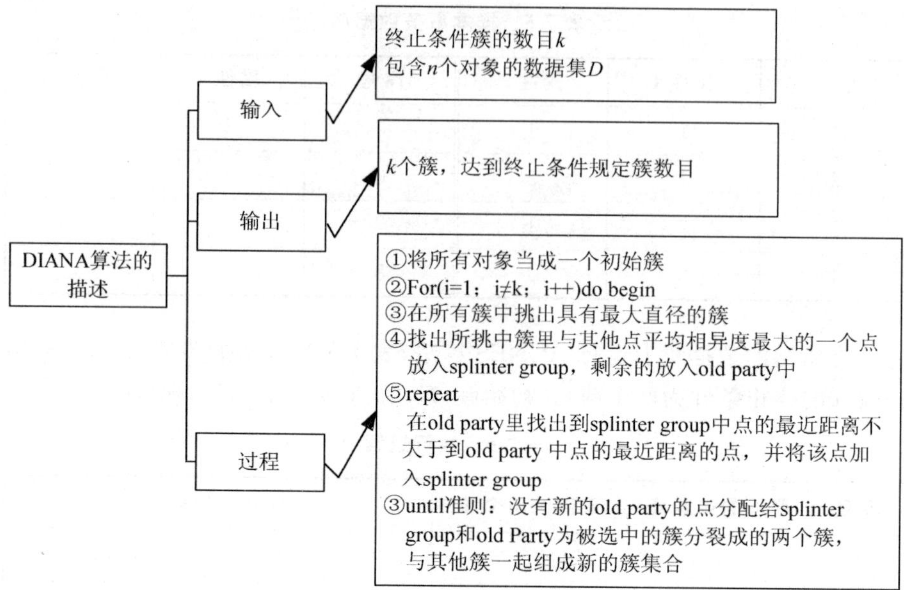

图 7-17　DIANA 算法的描述

表 7-7　样本事务数据库

序号	属性 1	属性 2	序号	属性 1	属性 2
1	1	1	5	3	4
2	1	2	6	3	5
3	2	1	7	4	4
4	2	2	8	4	5

对所给的数据进行 DIANA 算法，表 7-8 为算法的步骤（设 $n=8$，用户输入的终止条件为两个簇）。初始簇为{1,2,3,4,5,6,7,8}。

表 7-8　执行过程

步骤	具有最大直径的簇	splinter group	old party
1	{1,2,3,4,5,6,7,8}	{1}	{2,3,4,5,6,7,8}
2	同上	{1,2}	{3,4,5,6,7,8}
3	同上	{1,2,3}	{4,5,6,7,8}
4	同上	{1,2,3,4}	{5,6,7,8}
5	同上	{1,2,3,4,5}	{5,6,7,8}终止

7.3.4　改进层次聚类方法

层次聚类方法还可与其他聚类方法结合形成多阶段聚类，一般有 BIRCH、CURE、ROCK、Chameleon 四种方法，都基于这一想法。

1. BIRCH 聚类算法

BIRCH 算法主要采用树结构描述记录对象子聚类信息，并在此基础之上与其他聚类方法结合得到聚类结果。

BIRCH 算法为了便于描述簇的整体特征，引入了聚类特征（CF）和聚类特征树（CF 树）的概念。这二者不仅能够促使聚类方法在大型数据库中取得好的速度和伸缩性，而且使其能够有效地处理在线聚类和动态聚类。

（1）聚类特征

给定簇中 n 个 d 维的数据对象或点，可以用以下公式定义该簇的质心 x_0，半径 R 和直径 D

$$x_0=\frac{\sum_{i=1}^{n}x_i}{n}$$

$$R=\sqrt{\frac{\sum_{i=1}^{n}(x_i-x_0)^2}{n}}$$

$$D=\sqrt{\frac{\sum_{i=1}^{n}\sum_{j=1}^{n}(x_i-x_0)^2}{n(n-1)}}$$

其中 R 是成员对象到质心的平均距离，D 是簇中成对的平均距离。R 和 D 都反映了质心周围簇的紧凑程度。

聚类特征（CF）是一个三维向量，将对象簇的信息全部汇总。在给定簇中，n 个 d 维对象或点 $\{x_i\}$，则该簇的 CF 定义如下：

$$\mathrm{CF}=\langle n,LS,SS\rangle$$

其中，n 是簇中点的数目，LS 是 n 个点的线性和（即 $\sum_{i=1}^{n}x_i$），SS 是数据点的平方和（即 $\sum_{i=1}^{n}x_i^2$）。

聚类特征具有可加性，定理如下：

假设 $\mathrm{CF}_1=\langle n_1,LS_1,SS_1\rangle$ 与 $\mathrm{CF}_2=\langle n_2,LS_2,SS_2\rangle$ 分别为两个簇的聚类特征，合并后新簇的聚类特征为 $\mathrm{CF}_1+\mathrm{CF}_2=(n_1+n_2,LS_1+LS_2,SS_1+SS_2)$。

假定在簇 C_1 中有三个点(2,5),(3,2)和(4,3)。C_1 的聚类特征如下:

$$CF_1 = \langle 3,(2+3+4,5+2+3),(2^2+3^2+4^2,5^2+2^2+3^2)\rangle$$
$$= \langle 3,(9,10),(29,38)\rangle$$

假定 C_2 是与 C_1 不相交的簇,$CF_2 = \langle 3,(35,36),(417,440)\rangle$。$C_1$ 和 C_2 合并形成一个新的簇 C_3,其聚类特征便是 $CF_1 + CF_2$,即

$$CF_3 = \langle 3+3,(9+35,10+36),(29+417,38+440)\rangle$$

聚类特征所汇总的信息是经高度压缩处理过的,其存储的信息量因此要比簇的实际信息量小。与此同时,CF 的三维结构使得簇与簇之间的差异、距离的计算变得十分容易。

(2)CF-tree

聚类特征树具有高度平衡的特点,具有分支因子和阈值 T 两个参数。分支因子包括两个参数:非叶节点 CF 条目最大个数 B 和叶节点中 CF 条目的最大个数 L。这两个参数影响结果树的大小,其目标是通过参数调整,将 CF 树保存在内存中。每个非叶节点最多容纳 B 个形为[CF_i,$Child_i$]($i=1,2,\cdots,B$)的 CF 条目,$Child_i$ 是一个指向它的第 i 个子节点的指针,CF_i 是由这个 $Child_i$ 指向的子节点所代表的子聚类的 CF。一个叶节点最多容纳 L 个 CF 条目。每一个叶节点中包含两个指针:prev、next,分别指向前面节点和后面节点,由此形成数据链表,数据扫描非常方便。CF-tree 图形具体如图 7-18 所示,具体当 $B=5$,$L=6$ 时的一棵 CF-tree 的图形如图 7-19 所示。

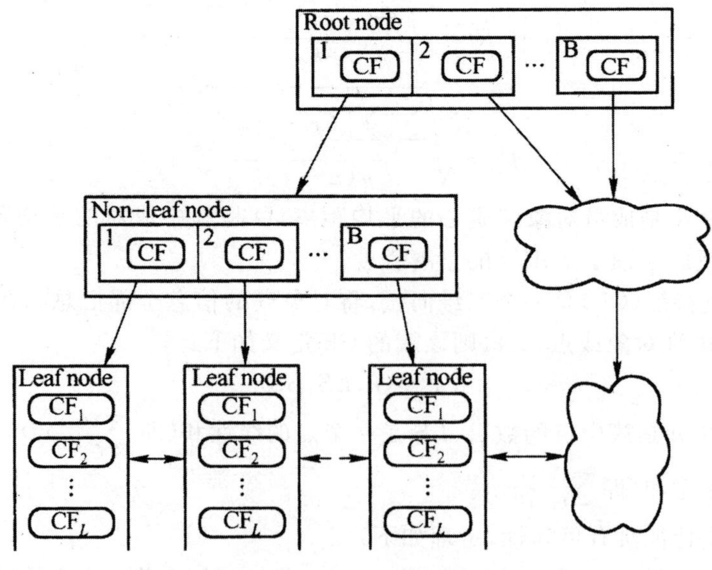

图 7-18 CF-N 结构图

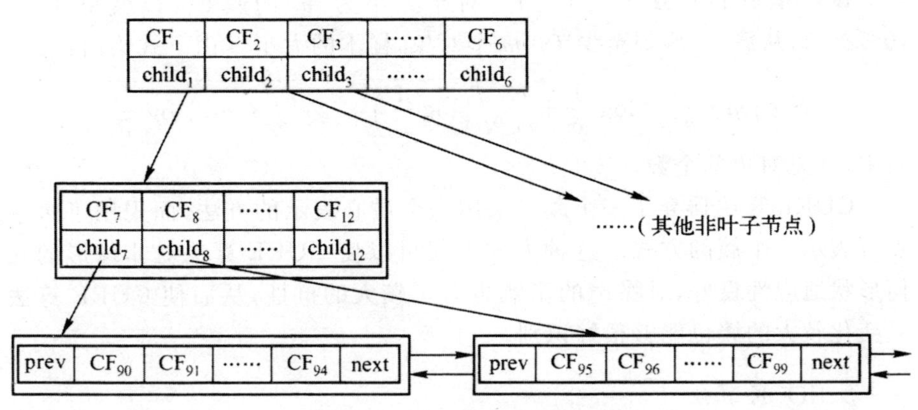

图 7-19　$B=5, L=6$ 的 CF 树结构图

2. CURE 聚类算法

CURE 算法主要利用已固定数目的对象代表子簇，并按照预定分数以聚类中心为依托进行收缩，通过此方法区别非球状簇和尺寸不同的簇。CURE 方法在很大程度上解决了对孤立点敏感的问题，对一些非相似大小的聚类也可有效地处理。

CURE 算法流程如图 7-20 所示。

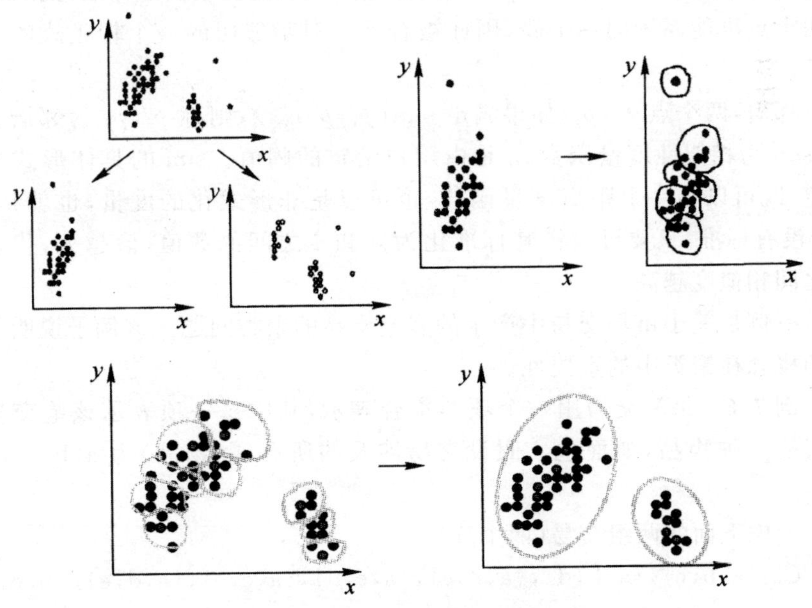

图 7-20　CURE 算法流程示意图

设 f 是一个分数，$0\leqslant f\leqslant 1$。对于大小为 m_i 的簇 C_i，以概率 $1-\delta$ $(0\leqslant\delta\leqslant 1)$ 从簇 C_i 得到至少 $f\times m$ 个对象，样本的大小 S 由下式给出：

$$S=fm+\frac{m}{m_i}\times\log\frac{1}{\delta}+\frac{m}{m_i}\sqrt{\left(\log\frac{1}{\delta}\right)^2+2\times f\times m_i\times\log\frac{1}{\delta}}$$

其中，m 是对象的个数。

CURE 算法摒弃了一个簇只采用一个质心表示的方法，而采用了多个点可表示一个簇的方式。这种方式不仅可以使 CURE 算法对非球形的几何形状适应性良好，对噪声的影响也有了较大的抗性，从而使 CURE 算法对变化较大的簇也能够很好识别。

3. ROCK 算法

ROCK 算法的主要功能是比较度量簇间的相似度，它通过簇间的互连性与用户定义的静态互连性模型相比较来度量簇间的相似度。它克服了 CURE 不能处理分类属性的缺陷。

传统聚类算法大都以距离函数来作为度量来表示对象间的相异度。然而，此种方式在有些情况下的误差较大，使合并发生错误。例如，几个显著不同的、距离大致相等的点，由于点与点之间的距离近似，容易被传统聚类算法认为可以合并在一起，产生错误。为了避免此类情况，ROCK 算法引入邻居的概念。如果两个点不仅它们本身相似，而且它们的邻居也相似，则这两个点可能属于同一个簇，因此被合并。对于邻居的一个较正式的定义如下。

邻居：两个点 p_i，p_j，如果满足 $\mathrm{sim}(p_i,p_j)\geqslant\lambda$，则称 p_i，p_j 为邻居。其中，sim 为相似性度量函数，λ 是由用户给定的阈值。sim 的具体形式并不固定，既可以是一个距离度量函数，也可以是非形式化的度量，也就是说，sim 没有标准，只要可以将其标准化为 0 和 1 之间的数值，值越大，代表二者之间相似度越高。

下例是关于市场交易中产生的多笔交易的聚类问题。该例子说明了邻居的概念在聚类中的重要性。

例 7-6 每笔交易用一个项的集合表示，其中每一项表示该笔交易中购买的一种物品，如面包。假设交易涉及的所有项(物品)为 a，b，c，d，e，f，g。

考虑下面的两组交易(两个簇)。

C_1：{a，b，c}，{a，b，d}，{a，b，e}，{a，c，d}，{a，c，e}，{a，d，e}，{b，c，d}，{b，c，e}，{b，d，e}{c，d，e}。

C_2：{a，b，f}，{a，b，g}，{a，f，g}，{b，f，g}。

其中，C_1，C_2 涉及的项分别为〈a，b，c，d，e〉和〈a，b，f，g〉。对于两笔交易 T_i 和 T_j，它们之间的相似度，可利用 Jaccard 系数定义为

$$\mathrm{sim}(T_i, T_j) = \frac{T_i \cap T_j}{T_i \cup T_j}$$

利用上式，C_1 中的交易{a，c，c}和{b，d，e}是 1/5＝0.2，事实上，C_1 中的任意一对交易之间的 Jaccard 系数都不超过 0.5。而分别属于 C_1 和 C_2 的一对交易，如 C_1 中的{a，b，c}和 C_2 中的{a，b，g}，它们之间的 Jaccard 系数为 0.5。因此，只利用 Jaccard 系数得不到聚类结果簇 C_1 和 C_2。

而基于连接和邻居的 ROCK 算法却能够成功地将这些交易分成合适的簇。不难发现，对于每个交易 T，与该交易有最多相同邻居的交易 T' 总是与 T 在同一个簇中。例如，令阈值 $\lambda=0.5$，C_2 中的交易{a，b，f}与同一簇中的交易{a，b，g}有 5 条连接（它们的共同邻居为{a，b，c}，{a，b，d}，{a，b，e}，{a，f，g}及{b，f，g}）。而{a，b，f}与 C_1 中的{a，b，c}只有 3 条连接（它们的共同邻居为{a，b，d}，{a，b，e}和{a，b，g}）。因此，基于连接的方法不仅考虑对象之间的相似度，也考虑它们邻居的信息，从而能正确地区分这两个簇。

基于上述想法，ROCK 算法在大型数据集合上的聚类大致分为 3 步。

1）随机选择一个样本。

2）在样本上利用凝聚算法进行聚类，簇的合并是基于簇间的相似度，即基于来自不同簇而有相同邻居的点的数目。

3）将其余每个数据根据它与每个簇之间的连接，判断它应归属的簇。

4. Chameleon 算法

Chameleon（Hierarchical clustering using dynamic modeling，利用动态模型的层次聚类）由 G. Karypis、E. H. Han 和 V. Kumar 于 1999 年提出，是一种在层次聚类中采用动态模型的聚类算法。Chameleon 算法是基于对 CURE 和 ROCK 的缺点的观察提出的。它采用图划分算法将数据对象分为一定数量的子簇，后采用凝聚层次算法进行合并，由此得到真正的簇。

在 Chameleon 算法中，簇中的连接情况以及簇与簇之间的近邻性是相似度的划分依据。只要两个簇符合互连性和近邻性的要求，就可以将它们合并，避免依赖用户提供的模型，能够自动适应被合并簇的内部特征。

Chameleon 算法流程如图 7-21 所示，图中的顶点表示数据对象，如果一个数据对象与另一个数据对象之间具有相似度，则在二者之间加一条加权边，用以反映相似度。

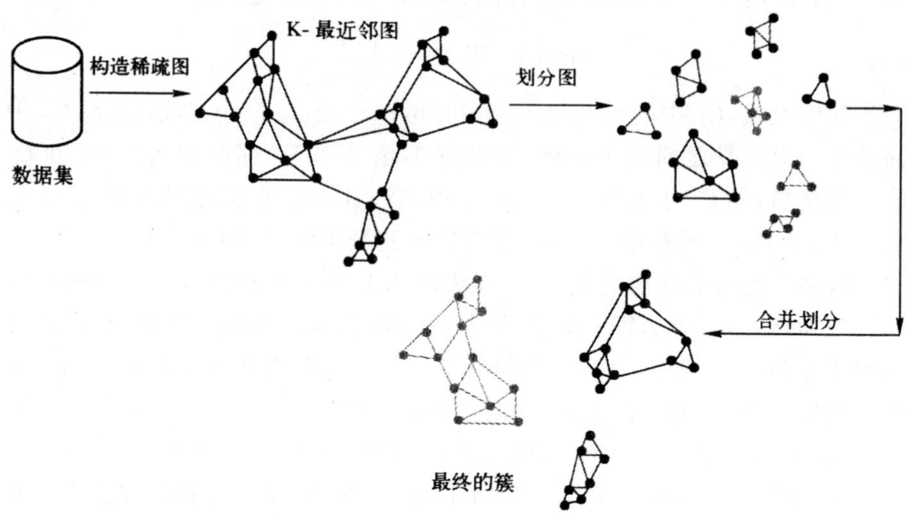

图 7-21 Chameleon 算法流程示意图

Chameleon 算法中，簇间相似度的决定因素有二：相对互连度 $RI(C_i,C_j)$ 和相对接近度 $RC(C_i,C_j)$。

相对互连度 $RI(C_i,C_j)$ 定义为 C_i 和 C_j 之间的绝对互连度关于两个簇的内部互连度的规范化，即

$$RI(C_i,C_j)=\frac{|EC_{\{C_i,C_j\}}|}{\frac{1}{2}(|EC_{C_i}|+|EC_{C_j}|)}$$

其中，$EC_{\{C_i,C_j\}}$ 是包含 C_i 和 C_j 的簇分裂为 C_i 和 C_j 的割边，EC_{C_i}（或 EC_{C_j}）是它的最小截断等分线的大小。

相对接近度 $RC(C_i,C_j)$ 定义为 C_i 和 C_j 之间的绝对接近度关于两个簇的内部接近度的规范化，即

$$RC(C_i,C_j)=\frac{\overline{S}_{EC_{\{C_i,C_j\}}}}{\frac{|C_i|}{|C_i|+|C_j|}\overline{S}_{EC_{C_i}}+\frac{|C_j|}{|C_i|+|C_j|}\overline{S}_{EC_{C_j}}}$$

其中，$\overline{S}_{EC_{\{C_i,C_j\}}}$ 是连接 C_i 和 C_j 顶点的边的平均权值，$\overline{S}_{EC_{C_i}}$ 是 C_i 的最小二等分的边的平均权值。由以上分析过程可知，Chameleon 算法对高质量的任意形状的聚类具有更强大的处理能力，缺点是处理所需的时间代价较大。

7.4　密度聚类算法

密度聚类算法认为簇可以看作一种高密度区域，这种区域被低密度区域分割。这种做法能够将“噪声”和孤立点数据的影响忽略，不管什么形状的簇都能被发现。

7.4.1　DBSCAN 算法

DBSCAN(Density-Based Spatial Clustering of Applications with Noise)算法是一种利用高密度连接区域划分簇的密度聚类算法。该算法中，簇具有密度相连的点的最大集以及高密度区域等特征。在了解高密度相连的含义之前，需先理解以下定义。

(1)邻域

给定一个对象 p，p 的 N_ε 邻域 $N_\varepsilon(p)$ 定义为以 p 为核心，以 ε 为半径的 d 维超球体区域，即

$$N_\varepsilon(p)=\{q\in D \mid dist(p,q)\leqslant N_\varepsilon\}$$

其中，D 为 d 维实空间上的数据集，$\mathrm{dist}(p,q)$ 表示 D 中的两个对象 p 和 q 之间的距离。

(2)核心点与边界点

对于对象 $p\in D$，给定一个整数 MinPts，如果 p 的 ε 邻域内的对象数满足 $|N_\varepsilon(p)|\geqslant$Minpts，则称 p 为(ε，MinPts)条件下的核心点；不是核心点但落在某个核心点的 ε 邻域内的对象称为边界点。

(3)直接密度可达

如图 7-22 所示，给定(ε=1cm，MinPts=5)，如果对象 p 和 q 同时满足如下条件：

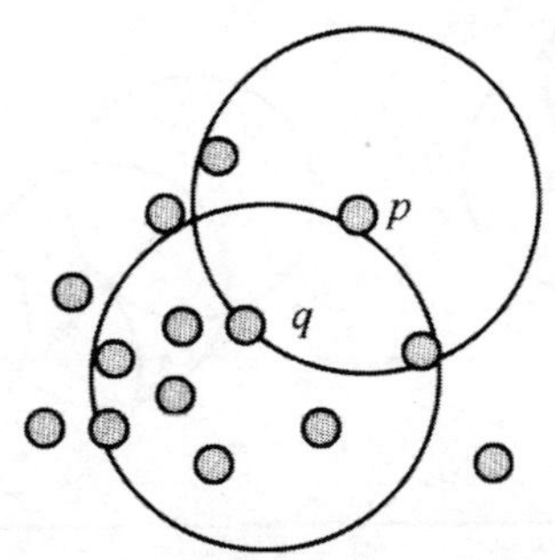

图 7-22　直接密度可达示意图

①$p \in N_\varepsilon(p)$。

②$|N_\varepsilon(q)| \geqslant \text{MinPts}$（即 q 是核心点），则称对象 p 是从对象 q 出发直接密度可达的。

(4)密度可达

如图 7-23 所示，给定数据集 D，当存在一个对象链 $p_1, p_2, p_3, \cdots, p_n$，其中 $p_1 = q, p_N = p$，对于 $p_i \in D$，如果在条件(ε，MinPts)下 p_{i+1} 从 p_i 直接密度可达，则称对象 p 从对象 q 在条件(ε，MinPts)下密度可达。密度可达是非对称的，即 p 从 q 密度可达不能推出 q 也从 p 密度可达。

(5)密度相连

如图 7-24 所示，如果数据集 D 中存在一个对象 o，使得对象 p 和 q 是从 D 在(ε，MinPts)条件下密度可达的，那么称对象 p 和 q 在(ε，MinPts)条件下密度相连。密度相连是对称的。

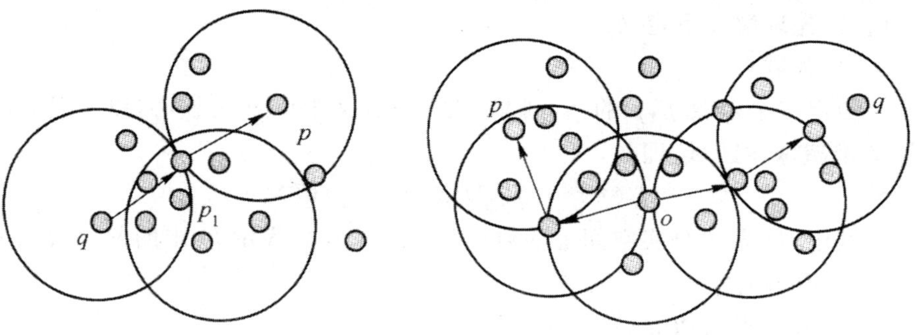

图 7-23　密度可达示意图　　图 7-24　密度相连示意图

给定圆的半径 ε，当 MinPts＝3 时，密度可达和密度相连的示例如图 7-25 所示。

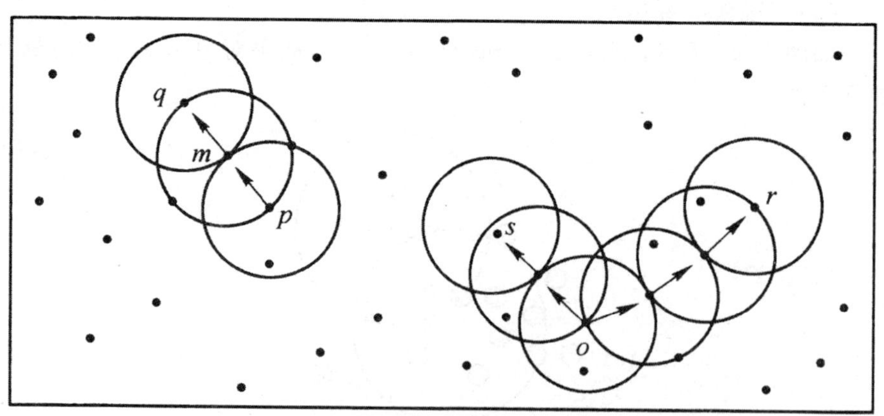

图 7-25　基于密度聚类中的密度可达和密度相连性

在聚类过程中，DBSCAN 将密度相连的最大对象集合作为簇，不包含在任何簇中的对象被认为是“噪声”。

例 7-7　表 7-9 所示二维平面的数据集如图 7-26，取 $\varepsilon=3$，MinPts＝3，演示 DBSCAN 算法的聚类过程(使用曼哈顿距离)。

表 7-9　聚类过程示例数据集 3

p_1	p_2	p_3	p_4	p_5	p_6	p_7	p_8	p_9	p_{10}	p_{11}	p_{12}	p_{13}
1	2	2	4	5	6	6	7	9	1	3	5	3
2	1	4	3	8	7	9	9	5	12	12	12	3

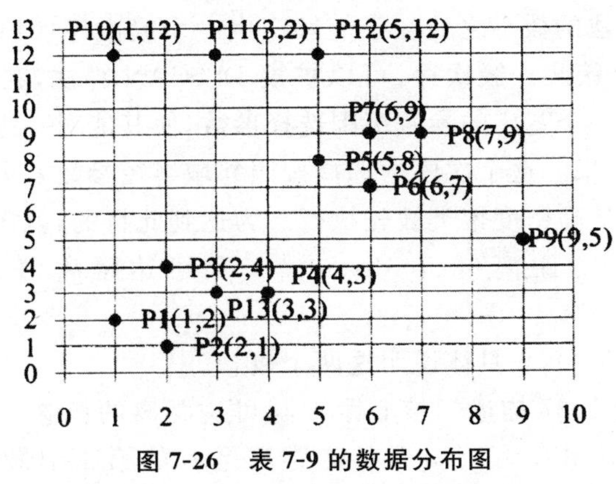

图 7-26　表 7-9 的数据分布图

解：

1)随机选择一个点，如 $p_1(1,2)$，其 ε 邻域中包含 $\{p_1,p_2,p_3,p_{13}\}$，p_1 是核心点，其邻域中的点构成簇 1 的一部分，依次检查 p_2、p_3、p_{13} 的 ε 邻域，进行扩展，将点 p_4 并入，p_4 为边界点。

2)检查点 p_5，其 ε 邻域中包含 $\{p_5,p_6,p_7,p_8\}$，p_5 是核心点，其邻域中的点构成簇 2 的一部分，依次检查 p_6、p_7、p_8 的 ε 邻域，进行扩展，每个点都不是核心点，不能扩展。

3)检查点 p_9，其 ε 邻域中包含 $\{p_9\}$，p_9 为噪声点或边界点。

4)检查点 p_{10}，其 ε 邻域中包含 $\{p_{10},p_{11}\}$，p_{10} 为噪声点或边界点。

5)检查点 p_{11}，其 ε 邻域中包含 $\{p_{10},p_{11},p_{12}\}$，p_{11} 为核心点，其邻域中的点构成簇 3 的一部分；进一步检查，p_{10}、p_{12} 为边界点。

所有点标记完毕，p_9 没有落在任何核心点的邻域内，为噪声点。

最终识别出三个簇，p_9 为噪声点。簇 1 包含 $\{p_1,p_2,p_3,p_4,p_{13}\}$，$p_4$ 为边界点，其他点为核心点；簇 2 包含 $\{p_5,p_6,p_7,p_8\}$，其全部点均为核心点；簇 3 包含 $\{p_{10},p_{11},p_{12}\}$，p_{10}、p_{12} 为边界点，p_{11} 为核心点。

如果 MinPts=4,则簇 3 中的点均被识别成噪声点。

7.4.2 OPTICS 算法

由上节分析可知,DBSCAN 算法虽然可以有效地避免“噪声”和孤立点数据的影响,然而,其依然受到参数 ε 和 MinPts 的限制影响。参数 ε 和 MinPts 的值一般由用户依据经验来自行确定,故聚类结果往往不尽如人意。特别是高维数据集合,其数据分布不均,密度差别很大,需要多个参数才能表现出各个局部的聚类结构。这种情况下,就需采用 OPTICS(Ordering Points To Identify the Clustering Structure)聚类算法。

OPTICS 算法的核心之处在于能够产生一个簇次序(Cluster Ordering),而并非产生一个簇集。簇次序,可以扩展 DBSCAN 算法,利用它包含的信息,用户能够从一个宽广的参数范围选择参数,使其能对一组参数值同时产生相应的聚类结果。这个次序的选择按照邻域半径参数 ε 从小到大的顺序来进行,其目的是高密度聚类被先执行。为达到此目的,就需为每个对象存储两个值,即核心距离(Core-distance)[①] 和可达距离(Reachability-distance)[②]。

下面通过例 7-8 来具体说明这两个概念。

例 7-8 图 7-27 描述了核心距离与可达距离的概念。这里给定邻域半径 ε=6mm,MinPts=5。p 的核心距离是 p 的第 4 个最近点与 p 的距离,即 ε'=3mm。q_1 关于 p 的可达距离是 p 的核心距离(即 ε'=3mm),这是因为 p 的核心距离比 p 与 q_1 的欧氏距离要大。因为 p 与 q_2 的欧氏距离大于 p 的核心距离,因此 q_2 关于 p 的可达距离是 p 与 q_2 的欧氏距离。

数据集合上的这种聚类次序可以用图形来表示,以帮助理解。例如,图 7-28 是一个简单的二维数据集合的可达性图,它表达了对数据结构化和进行聚类的一般观点。图 7-28 中,水平轴表示数据对象的簇次序,纵轴表示可达距离。图 7-28 中 3 个明显的凹陷部分反映了数据集中的 3 个簇,如箭头所示,每个凹陷部分对应一个簇。已开发出的一些方法,能够为在不同的细节层次上观察高维数据的聚类结构提供了方便。

---

① 核心距离:对一个给定的 MinPts 值,一个对象 p 的核心距离是使得 p 成为核心对象的最小的邻域半径。如果 p 不可能成为核心对象,p 的核心距离没有定义。

② 可达距离:对象 q 关于另一个对象 p 的可达距离是对象 p 的核心距离和对象 p 与对象 q 的欧氏距离之间的较大者。如果 p 不是核心对象,p 与 q 之间的可达距离没有定义。

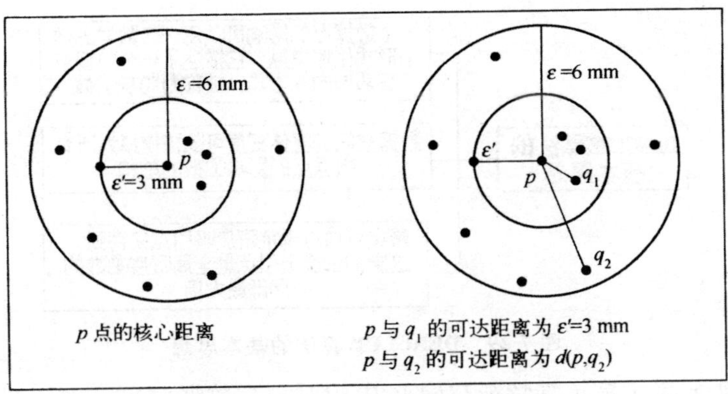

图 7-27　核心距离与可达距离

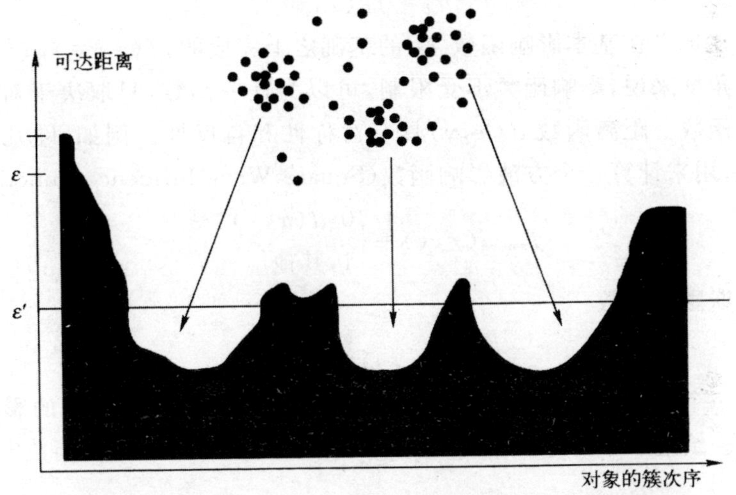

图 7-28　OPTICS 算法中的簇次序

OPTICS 算法与 DBSCAN 算法的结构是等价的，故二者的时间复杂度一般也一致，为 $O(n^2)$。

7.4.3　DENCLUE 算法

DENCLUE(DENsity-based CLUstEring)算法是一种基于密度的聚类算法，它是对 k-Means 聚类算法的一个推广：k-Means 算法得到的是对数据集的一个局部最优划分，而 DENCLUE 得到的是全局最优划分。

该算法基本思想如图 7-29 所示。

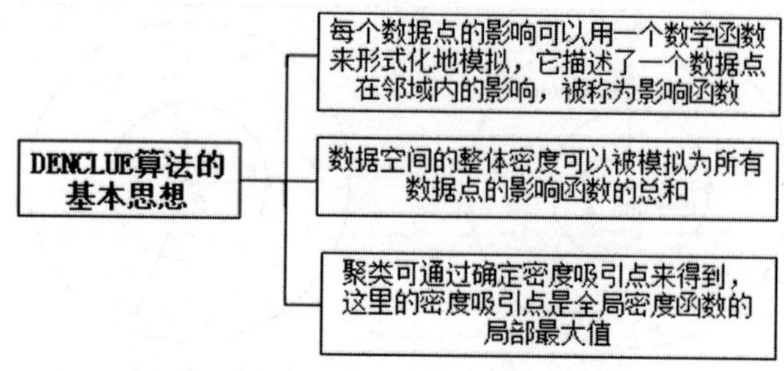

图 7-29 DENCLUE 算法的基本思想

假设 x 和 y 是 d 维特征空间 B 中的对象。数据对象 y 对 x 的影响函数定义为

$$f_B^y = f_B(x,y)$$

上述定义在基本影响函数 f_B 的基础之上完成的，$f(x)=f_B(x,y)$，从一般的角度来说，影响函数不受限制，可以为任一函数，只取决于对象之间的距离函数。距离函数 $d(x,y)$ 具有对称性和自反性。例如，欧几里得距离函数，用来计算一个方波影响函数(Square Wave Influence Function)

$$f_{\text{square}}(x,y)=\begin{cases}0, d(x,y)>\sigma \\ 1, \text{其他}\end{cases}$$

高斯影响函数

$$G_{\text{gaus}}(x,y)=\mathrm{e}^{-\frac{d(x,y)^2}{2\sigma^2}}$$

在一个对象 $x(x\in F_d)$ 上的密度函数被定义为所有数据点的影响函数的总和。给定 n 个对象，$D=\{x_1,\cdots,x_n\}\subset F_d$，在 x 上的密度函数定义为

$$f_B^D(x)=\sum_{i=1}^{n} f_B^{x_i}(x)$$

例如，根据高斯影响函数得出的密度函数为

$$f_{\text{gaus}}^D(x)=\sum_{i=1}^{n}\mathrm{e}^{-\frac{d(x,y)^2}{2\sigma^2}}$$

根据密度函数，能够定义该函数的梯度和密度吸引点(全局密度函数的局部最大)。一个点 x 是被一个密度吸引点 x^* 密度吸引的，如果存在一组点 $x_0,x_1,\cdots,x_k,x_0=x,x_k=x^*$，对 $0<i<k$，x_{i-1} 的梯度是在 x_i 的方向上。对一个连续的、可微的影响函数，用梯度指导的爬山算法能用来计算一组数据点的密度吸引点。图 7-30 显示了一个二维数据集的高斯密度和密度吸引点。

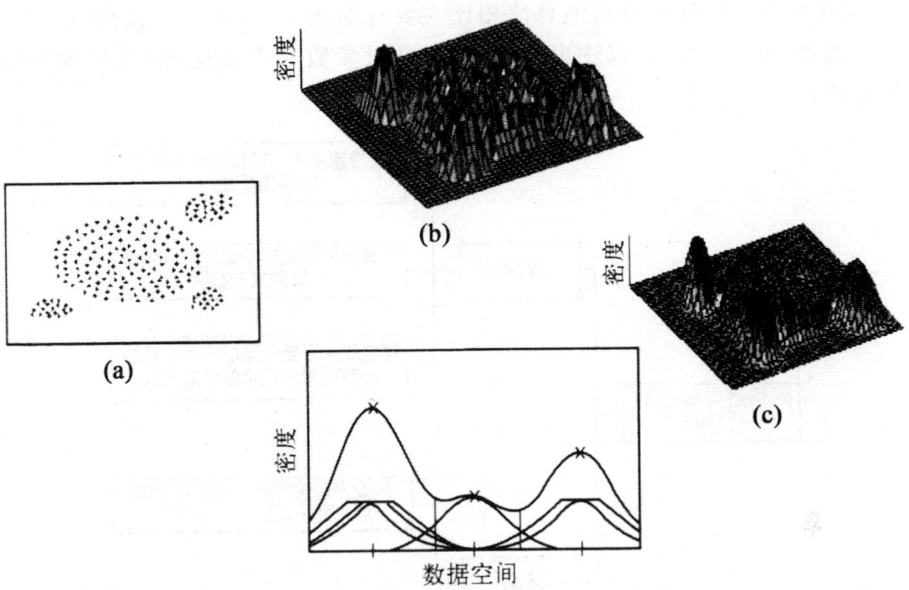

图 7-30　高斯密度和密度吸引点示意图

基于这些概念，中心定义的簇(Center-Defined Cluster)和任意形状的簇(Arbitrary Shape Cluster)能够被形式化地定义。一个根据密度吸引点 x^* 中心定义的聚类是一个被 x^* 密度吸引的子集 C，在 x^* 的密度函数不小于一个阈值 ξ，否则(即如果它的密度函数值小于孝)，它被认为是孤立点。一个任意形状的簇是一组子集 C，每一个是密度吸引的，有不小于阈值手的密度函数值，从每个区域到另一个都存在一条路径 P，该路径上每个点的密度函数值都不小于 ξ。中心定义和任意形状的簇的示例如图 7-31 所示。

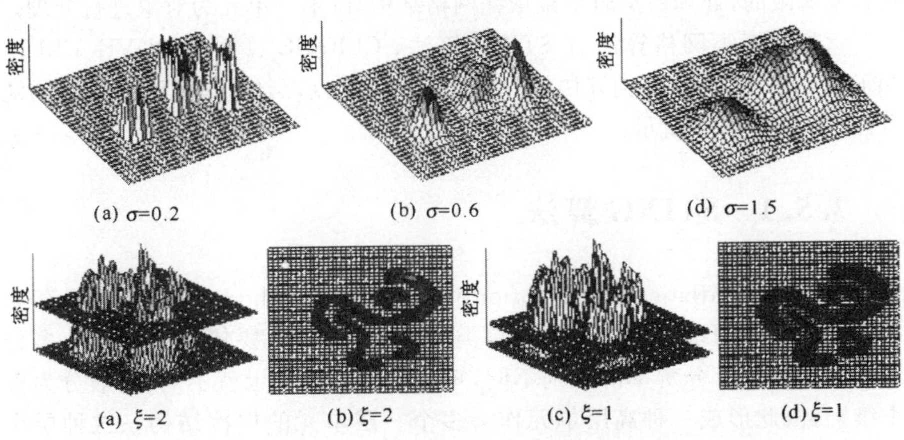

图 7-31　中心定义的簇(顶部)和任意形状的簇(底部)示意图

DENCLUE 算法与其他算法相比主要有如图 7-32 所示的优点。

当然,DENCLUE 算法也有缺点,就是对参数非常敏感,参数对聚类结果的质量影响很大。

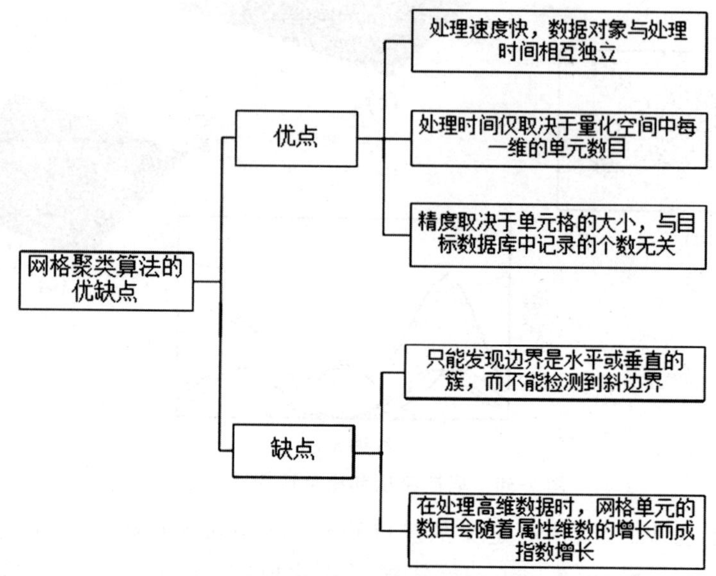

图 7-32　DENCLUE 算法的优点

7.5　网格聚类算法

顾名思义,网格聚类算法是将数据空间划分为单个单元的网格,网格的数目是有限的,处理数据时直接依托网格结构,以单个单元为对象进行处理。

常见的聚类网格算法有 STING 算法、CLIQUE 算法和 WAVE -CLUSTER 算法三种,网格聚类算法具有非常明显的优点,当然了,也存在一定的缺点,具体如图 7-33 所示。

7.5.1　STING 算法

STING(Statistical Information Grid based Method)是一类利用存储在网格单元中的统计信息来进行聚类处理的算法,主要依赖于网格的多分辨率聚类技术。分辨率的级别不同,矩形单元的级别也就不同,一般分为多个级别,由此形成一种高层单元作为多个一层单元的层次结构。这种层次结构能够快速方便地得到包括属性无关的参数 count、属性相关的参数 m

(平均值)、s(标准偏差)、min(最小值)、max(最大值)以及该单元中属性值遵循的分布类型等参数值。STING 算法中的计算是独立于查询的,因为每个单元中的统计信息不受汇总信息的影响,算法只需从存储在单元中获取信息即可。

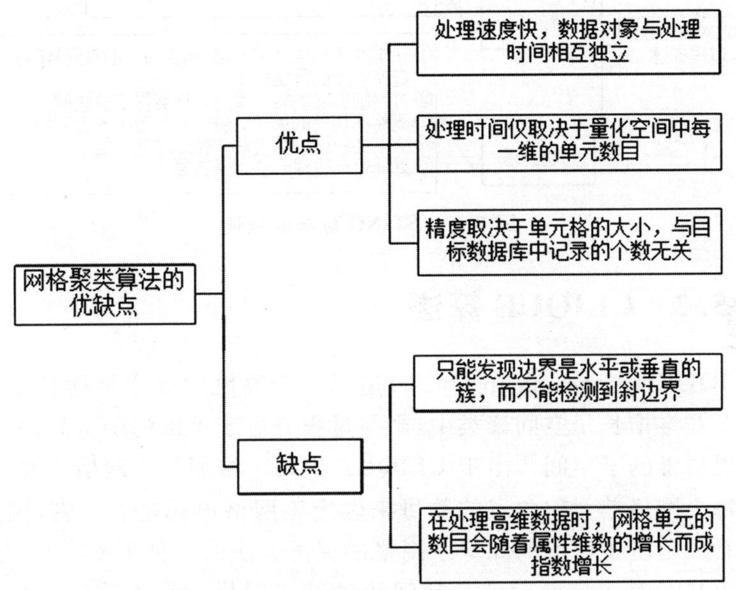

图 7-33 聚类网格算法的优缺点

图 7-34 显示了 STING 聚类的一个层次结构。

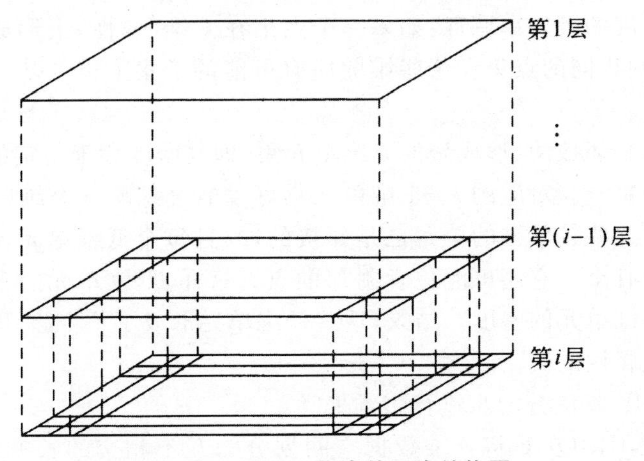

图 7-34 STING 聚类的层次结构图

统计参数的使用可以采用自顶向下的基于网格的方法回答空间数据查询。具体步骤描述如图 7-35 所示。

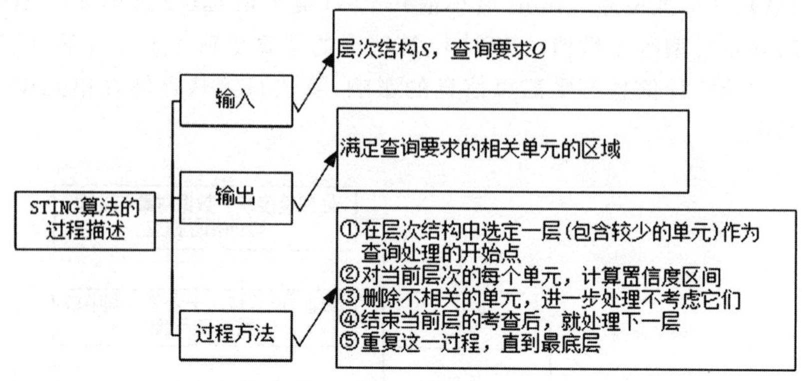

图 7-35　STING 算法的描述

7.5.2　CLIQUE 算法

CLIQUE(Clustering In Quest)是第一个高维空间中维增长子空间聚类算法。在维增长子空间聚类中，聚类过程开始于单维的子空间，并且向上增长至更高维的子空间。由于 CLIQUE 把每一维划分成网格状的结构，并且根据每个网格单元包含点的数目来确定该网格单元是否稠密，因此也可以把它看成是基于密度的和基于网格的聚类方法的一种集成。

CLIQUE 是系统地发现子空间簇的基于网格的聚类算法。检查每个子空间寻找簇是不现实的，因为这样的子空间的数量特别庞大，是维度的指数。CLIQUE 依赖如下性质。

基于密度的簇的单调性：如果一个点集在 k 维(属性)上形成一个基于密度的簇，则相同的点集在这些维的所有可能的子集上也是基于密度的簇的一部分。

考虑一个邻接的、形成簇的 k 维单元集，即其密度大于指定的阈值 ξ 的邻接单元的集合。对应的 $k-1$ 维单元集可以通过忽略 k 个维(属性)中的一个得到。这些较低维的单元也是邻接的，并且每个低维单元包含对应高维单元的所有点。它还可能包含附加的点。这样，低维单元的密度大于或等于对应高维单元的密度。结果，这些低维单元形成了一个簇，即点形成一个具有约减属性的簇。

CLIQUE 算法分两步进行多维聚类：

第一步，CLIQUE 将 n 维数据空间划分为互不相交的长方形单元，识别其中的密集单元＝该工作对每一维进行。图 7-36 显示了关于 age，salary 和 vacation 维的密集的长方形单元。代表这些密集单元的相交子空间形成了一个候选搜索空间，其中可能存在更高维度的密集单元。

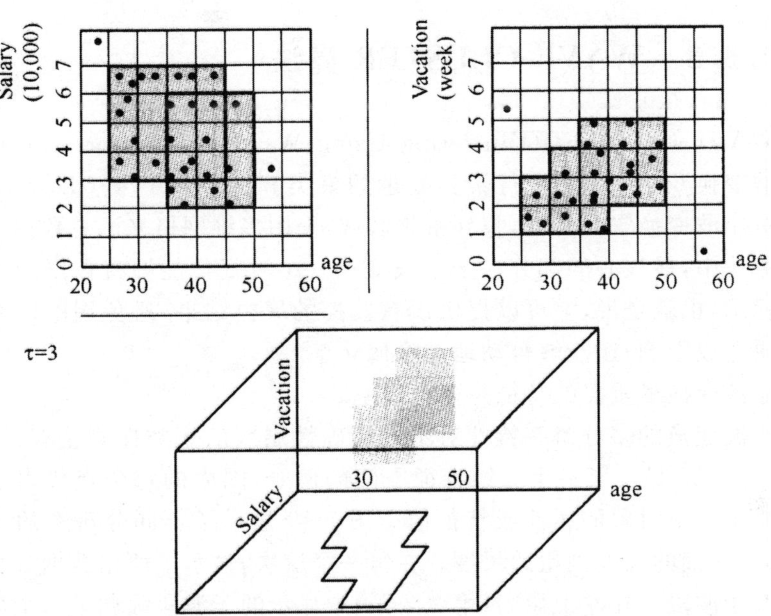

图 7-36　关于 age，salary 和 vacation 维的密集单元

第二步，CLIQUE 为每个簇生成最小化的描述。对每个簇，它确定覆盖相连的密集单元的最大区域，然后确定最小的覆盖。

CLIQUE 算法的优缺点如图 7-37 所示。

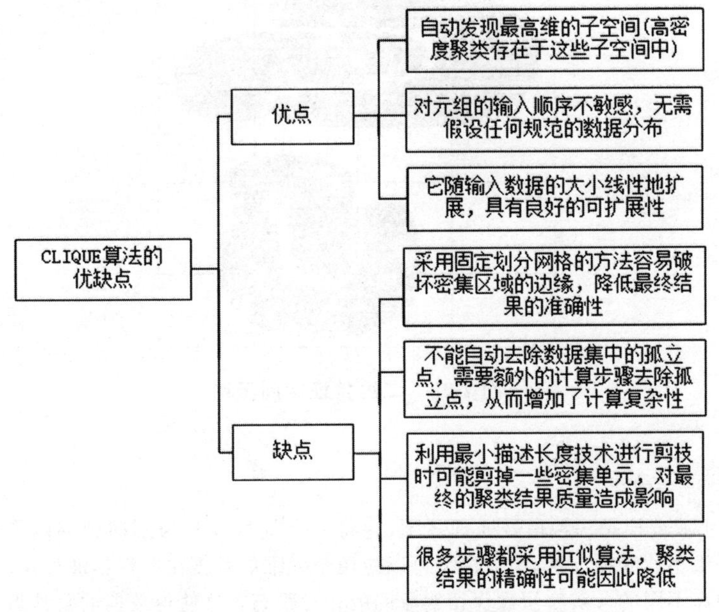

图 7-37　CLIQUE 算法的优缺点

7.5.3 WAVE-CLUSTER 算法

WAVE-CLUSTER(Clustering Using Wavelet Transformation)用一种小波变换[①]的方法来进行聚类处理的聚类算法。WAVE-CLUSTER 算法依据小波变换空间特征,找到密集区域,采用多维网格来汇总数据。

算法中,最核心的部分在于小波变换。小波变化能够将数据的聚类自动地显示,也就是说,它可以提供没有监控的聚类结果,避免周围区域对聚类结果造成影响;还能够自动地排除孤立点。

小波变换最重要的特征是多分辨率。

小波变换的多分辨率特性对不同精确性层次的聚类探测是有帮助的。例如,图 7-38 显示了一个二维特征空间的例子,图中的每个点代表了空间数据集中一个对象的属性或特征值。图 7-39 显示了不同分辨率的小波变换结果,从细的尺度到粗的尺度。在每一个层次,显示了原始数据分解得到的 4 个子波段。在左上象限(第 2 象限)中显示的子波段强调了每个数据点周围的平均邻域。右上象限(第 1 象限)内的子波段强调了数据的水平边。左下象限(第 3 象限)中的子波段强调了垂直边,而右下象限(第 4 象限)中的子波段强调了转角。

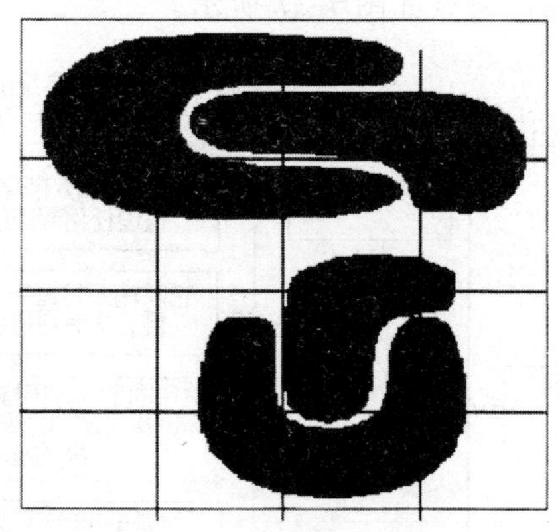

图 7-38 二维特征空间示例

① 小波变换是一种信号处理技术,它将一个信号分解为不同频率的子波段。通过应用一维小波变换 n 次,小波模型可以应用于 n 维信号。在进行小波变换时,数据被变换以便在不同的分辨率层次保留对象间的相对距离。这使得数据的自然聚类变得更加容易区别。通过在新的空间中寻找高密度区域,可以确定聚类。

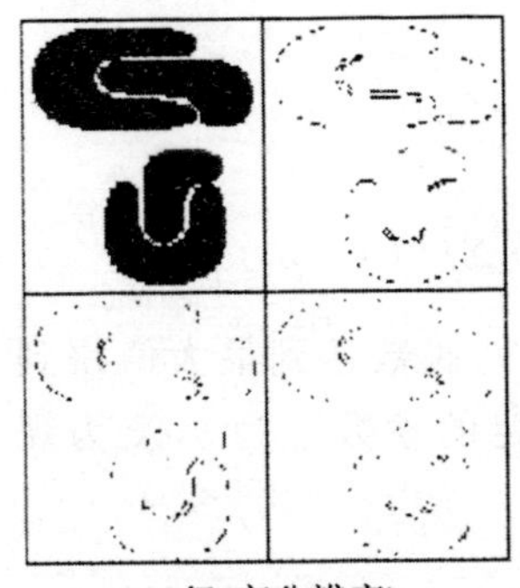

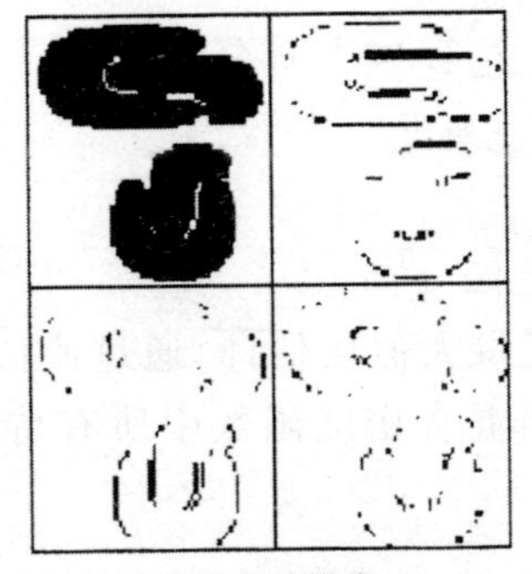

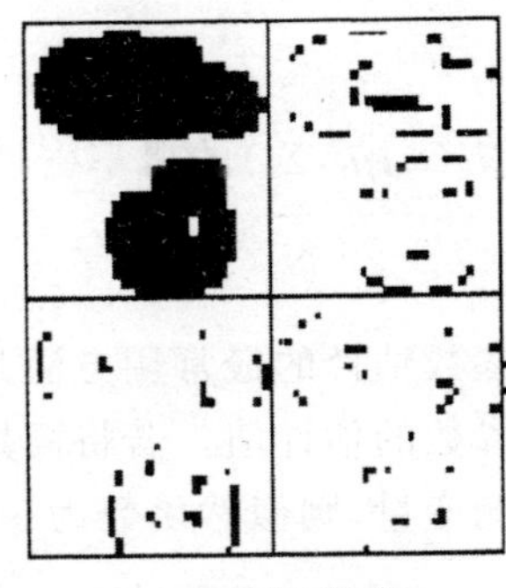

(a)1级(高分辨率)　(b)2级(中分辨率)　(c)3级(低分辨率)

图 7-39 特征空间的多分辨率的结果

7.6 模型聚类算法

基于模型的方法为每一个聚类假定了一个模型，寻找数据对给定模型的最佳拟合。一个基于模型的算法可能通过构建反映数据点空间分布的密度函数来定位聚类，也可能基于标准的统计数字决定聚类数目，并考虑“噪声”数据或孤立点，从而产生健壮的聚类方法。该方法试图优化给定的数据和某些数学模型之间的适应性。这样的方法常基于这样的假设——数据是根据潜在的概率分布生成的。基于模型的聚类方法主要有两类：统计学方法(如 EM 和 COBWEB 算法)和神经网络方法(如 SOM 算法)。

7.6.1 统计学方法

统计学方法主要有 EM 算法和 COBWEB 算法两种，本节主要介绍 EM 算法。

期望最大化(Expectation Maximization，EM)是一种基于模型的聚类算法。假设样本分布符合高斯混合模型，算法目的是确定各个高斯部件的参数，充分拟合给定数据，并得到一个模糊聚类，即每个样本以不同概率属于每个高斯分布，概率数值将由以上各个参数计算得到。

高斯混合模型被定义为 M 个高斯密度函数的线性组合

$$P(x)=\sum_{i=1}^{M}\zeta_i N_i(x;\mu_i,\Sigma_i)$$

其中，$N_i(x;\mu_i,\Sigma_i)$ 为均值为 μ_i、协方差为 Σ_i 的高斯分布，ζ_i 是混合参数，看作第 i 个高斯分布的权值，表征先验概率。

$$\sum_{i=1}^{M}\zeta_i = 1 \text{ 且 } 0 \leqslant \zeta_i \leqslant 1$$

$N_i(x;\mu_i,\Sigma_i)$的概率密度函数为

$$N_i(x)=\frac{1}{(2\zeta)^{d/2}\left|\Sigma_i\right|^{1/2}}\exp\left\{-\frac{1}{2}(x-\mu_i)^T\Sigma_i^{-1}(x-\mu_i)\right\}$$

参数估计的最常用方法是最大似然估计，通过使似然函数达到最大值得到参数的估计值。若将高斯混合密度函数中所有待定的参数记为 θ，X 为观测变量，则似然函数为

$$P(X\mid\theta)=\prod_{i=1}^{N}P(x_i\mid\theta)\Rightarrow\theta^* = \underset{\theta}{\operatorname{argmax}}P(X\mid\theta)$$

为了使问题简化，需要计算

$$\log P(X\mid\theta)=\sum_{i=1}^{N}\log(P(X\mid\theta))=\sum_{i=1}^{N}\log\Big(\sum_{k=1}^{K}\zeta_k N(x_i;\mu_k,\Sigma_k)\Big)$$

的最大值。

这里由于有和的对数，求导后形式复杂，因此不能使用一般的求偏导并令导数为零的方法。

令 Z 为隐形变量，假定可以观察到 Z，问题变为求上式的最大值

$$P(X,z\mid\theta)=\sum_{i=1}^{N}\log(P(x_i,z_i\mid\theta))=\sum_{i=1}^{N}\log\Big(\sum_{k=1}^{K}\zeta_i N(x_i;\mu_{z_i},\Sigma_{z_i})\Big)$$

但 Z 是观察不到的，因此 EM 算法假设 Z 的分布依据上一轮的估计参数确定，求取期望的最大值。定义

$$Q(\theta,\theta^{\text{old}})=E_z[P(X,z|\theta)\,|\,X,\theta^{\text{old}}]$$

通过计算可得

$$\sum_{k}^{\text{new}}=\frac{\sum_{i=1}^{N}\log P(k\mid x_i,\theta)(x_i-\mu_k^{\text{new}})(x_i-\mu_k^{\text{new}})^{\mathrm{T}}}{\sum_{i=1}^{N}\log P(k\mid x_i,\theta^{\text{old}})}$$

EM 算法的具体流程为重复执行以下两个步骤直到收敛：

①E 步骤。根据参数初始值或上一次迭代所得结果值来计算似然函数。

②M 步骤。将似然函数最大化以获得新的参数值，用 θ^{new} 更新 θ^{old} 使 $Q(\theta,\theta^{old})$ 最大化。

7.6.2 神经网络方法

神经网络方法的灵感来源于生物学。生物学神经网络所具备的一些特

性，能够在聚类分析中产生较为明显的作用。

一般认为，神经网络就是一组信息连接单元，用于输入/输出，每一个连接单元都会拥有一个相关联的权重。

神经网络能够用于聚类算法的主要原因有：

①神经网络是固有的并行和分布式处理结构。

②神经网络通过调整它们的相互连接的权重进行学习，从而更好地拟合数据。

③修改后的神经网络能够处理包含数值变量和分类变量的特征向量。

自组织特征映射(Seif-Organizing Feature Map，SOM)是最流行的神经网络聚类分析方法之一，有时候也称为 Kohonen 自组织特征映射(因其创建者 Teuvo Kohonon 而得名)或拓扑有序映射。

如图 7-40 给出了 SOM 神经网络基本结构，图 7-41 给出了结构中各输入神经元与竞争层神经元 j 的连接情况。

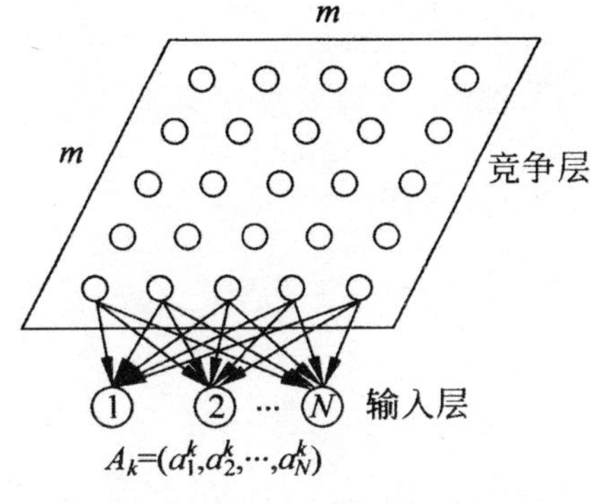

图 7-40　SOM 网络基本结构

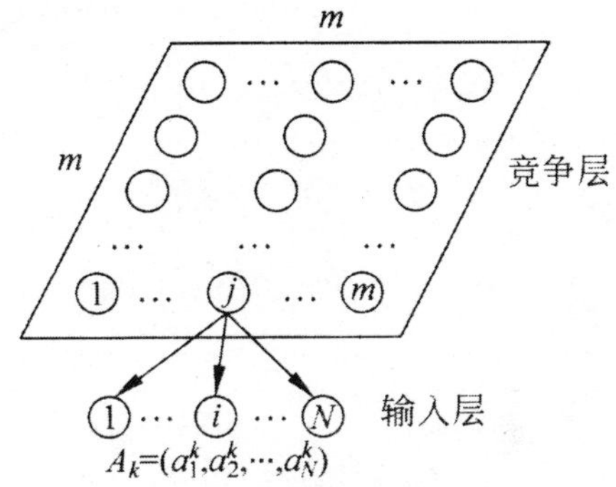

图 7-41　输入神经元与竞争层神经元 j 的连接情况

设网络的输入模式为 $A_k=(a_1^k,a_2^k,\cdots,a_N^k)$，$k=1,2,\cdots,p$；竞争层神经元向量为 $\boldsymbol{B}_j=(b_{j1},b_{j2},\cdots,b_{jm})$，$j=1,2,\cdots,m$；其中 A_k 为连续值，$\boldsymbol{B}_j$ 为数字量。网络的连接权为 $\{w_{ij}\}$，$i=1,2,\cdots,N$；$j=1,2,\cdots,M$。

SOM 网络寻找与输入模式 A_k 最接近的连接权向量 $\boldsymbol{W}_g=(w_{g1},w_{g2},\cdots,w_{gN})$，将该连接权向量 $\boldsymbol{W}_g$ 进一步朝与输入模式 $\boldsymbol{A}_k$ 接近的方向调整，而且还调整邻域内的各个连接权向量 W_j，$j\in \boldsymbol{N}_g(t)$。随着学习次数的增加，邻域逐渐缩小，最终得到聚类结果。

7.7　孤立点分析

在数据分析过程中，往往会发现这样一些数据对象，它们显著不同于其他数据对象，这样的数据对象被称作孤立点（Outliers）。

孤立点产生的原因很多，可能是由度量或记录错误导致，例如，气温为230℃，可能是温度计失灵或记录数据时发生笔误。另外，孤立点也可能是数据固有的变异性的结果，例如，数据产生于完全不同的机制。

孤立点分析与检测有着很广泛的应用。例如，电信服务和信用卡使用中的欺诈检测，医疗分析中对多种治疗方式的不寻常反应的检测及网络入侵检测中的病毒监控等，都是孤立点分析与检测的成功应用。

第 8 章　复杂类型的数据挖掘算法

传统数据挖掘技术与算法主要针对的是关系型数据。然而，随着数据采集设备和科学技术的发展，知识不仅以传统数据库的结构化数据形式出现，它还以各种各样的半结构化或非结构化数据形式存储、表现，诸如文本数据、空间数据、多媒体数据、Web 页面等。复杂结构的数据源中存在着大量的知识，其分析挖掘方法和流程不同于传统关系型数据，其相应的数据源、处理流程和挖掘技术也是各有特点。

就目前情况来看，将来的几个热点包括：网站的数据挖掘、文本挖掘、空间挖掘及其多媒体挖掘。下面就这几个方面加以简单介绍。

8.1　文本数据挖掘

随着互联网的大规模普及和企业信息化程度的提高，由来自各种数据源的大量文档组成的信息席卷而来。文本数据的数量急剧增长，使得人们迫切地需要研究出一种能简单、快速地提取出符合需要的文本信息，而文本挖掘就是为解决这个问题而开展研发出来的。

文本挖掘（Text Mining，TM）是指针对非结构化的文本数据进行挖掘提取出有价值的信息，是涉及数据挖掘、机器学习、模式识别、人工智能、统计学、计算机语言学、计算机网络技术、信息学等多个领域的交叉学科。文本挖掘的基本思想是：先利用文本切分技术抽取文本特征，将文本数据转化为能描述文本内容的结构化数据，然后利用聚类、分类技术和关联分析等数据挖掘技术进行分析。文本挖掘的过程主要包括文本的预处理、文本的表示、特征值的抽取、文本的分类、聚类等。目前，文本挖掘主要应用在网络浏览、文本检索、文本分类、文本聚类、文档总结等方面。

网络化环境下产生的海量文本数据带来了诸多问题和挑战。例如，由于网页间的不断转载，文档冗余严重。再如，信息查找困难，无法精确找出淹没在浩瀚的无序信息汪洋之中的有用信息。同时，信息污染、垃圾邮件以及垃圾短信泛滥，导致“信息爆炸但知识相对匮乏”。传统手工的文本信息提取、标注、分类、过滤和查找方式已经无法满足人们日益增长的信息需求。

因此,如何利用自动处理的文本挖掘技术及时、准确地发现有用信息和知识成为一个亟待解决的问题。

文本挖掘模型结构如图 8-1 所示。

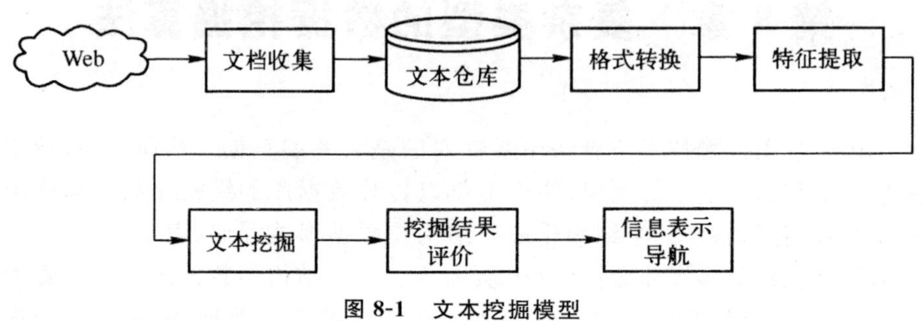

图 8-1 文本挖掘模型

8.1.1 文本数据的特点

文本数据不同于传统数据库中的数据,它具有自己的特点。

(1)半结构化

文本数据既不属于完全无结构的,也不属于完全结构化。例如文本可能包含结构字段,如标题、作者、出版日期、长度、分类等,也可能包含大量的非结构化的数据,如摘要和内容。

(2)高维

文本向量的维数一般都可以高达上万维,一般的数据挖掘、数据检索的方法由于计算量过大或代价高昂而不具有可行性。

(3)高数据量

一般的文本库中都会存在最少数千个文本样本,对这些文本进行预处理、编码、挖掘等处理的工作量是非常庞大的,因而手工方法一般是不可行的。

(4)语义性

文本数据中存在着一词多义、多词一义,在时间和空间上的上下文相关等情况。

8.1.2 文本挖掘的过程

文本挖掘过程如图 8-2 所示,主要步骤分为文本预处理、文本挖掘和模式评估这三个方面。文本挖掘能够从大量冗长的信息中迅速发现对自己有用的信息,但是在文本集中有时会包含一些没有意义的但使用频率较高的

词汇，因此文本预处理成为文本挖掘的中间枢纽。在完成预处理之后，可以利用数据挖掘和模拟识别等方法提取面向特点应用目标的知识或模式，再通过评估判断获取的知识或模式是否符合要求。

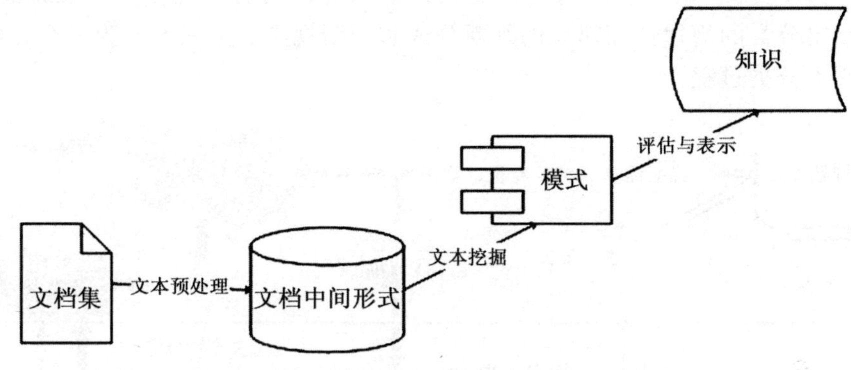

图 8-2　文本挖掘的一般过程

如果把文本挖掘看成一个独立的过程，则上面三个步骤可以细化为图 8-3 进行表示。

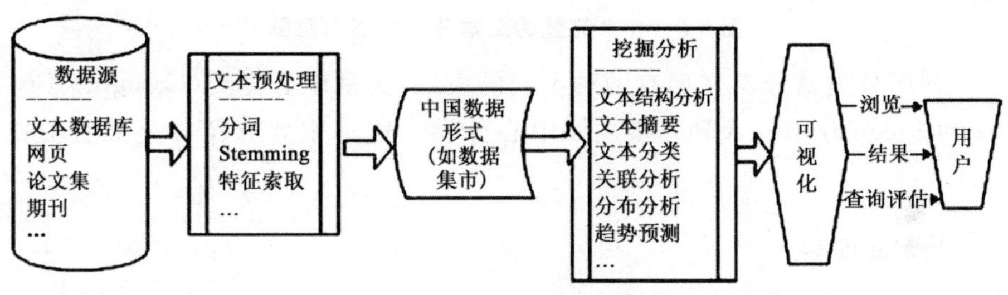

图 8-3　独立文本挖掘的表示方法

当文本内容简单地看成由基本语言单位组成的集合时，这些单位被称为项(Term)。由于中文与英文的文档存在着间隔符等差异，因此中、英文文档内容特征的提取步骤如图 8-4 所示。

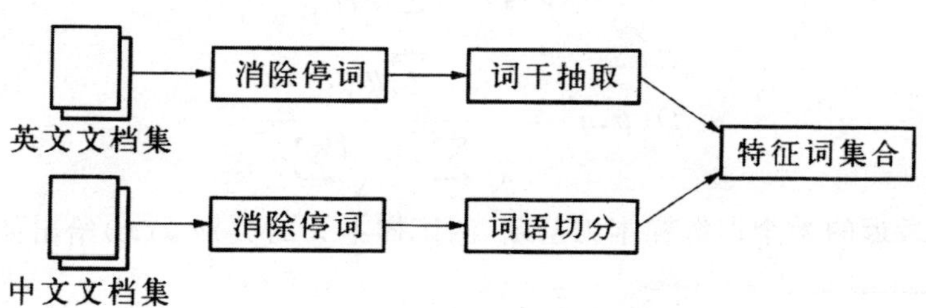

图 8-4　文本特征抽取的一般过程

8.1.3 文本分类

文本分类[①]的映射规则是系统根据掌握的每类若干样本的数据信息，总结出分类的规律性而建立的判断公式和判断规则。如图 8-5 为一个完整的文本分类过程。

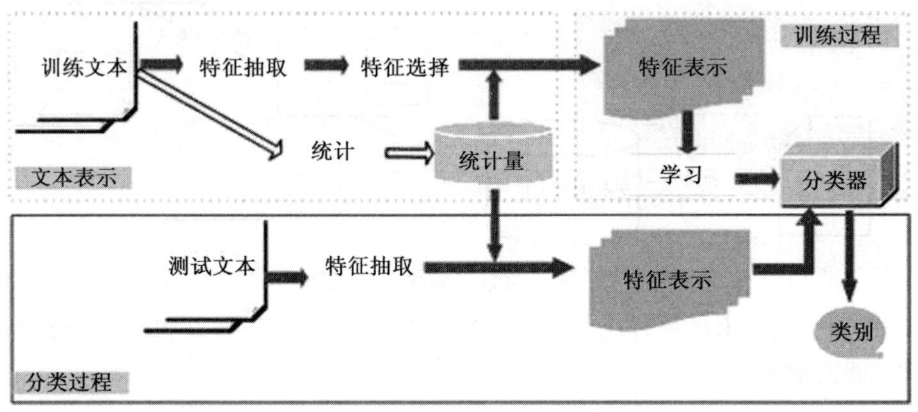

图 8-5 一个完整的文本分类过程示意图

利用分类器分类文档有两种不同的模式：类别中心分类（Category Pivoted Categorization，CPC）和文档中心分类。这里主要介绍以下几种分类方法。

1. k 最近邻

k 最近邻（kNN）是一种传统的模式识别方法，通常使用以下几种距离度量

$$D(\boldsymbol{p},\boldsymbol{q})=\sqrt{\sum_i (p_i-q_i)^2} \tag{8-1}$$

$$D(\boldsymbol{p},\boldsymbol{q})=\sum_i p_i q_i \tag{8-2}$$

$$D(\boldsymbol{p},\boldsymbol{q})=\frac{\sum_i p_i q_i}{\sqrt{\sum_i p_i^2}\sqrt{\sum_i q_i^2}} \tag{8-3}$$

以最近的 k 个训练样本为基础，测试样本 $\boldsymbol{x}$ 的类别 $y(\boldsymbol{x})$ 给出如下

① 文本分类（Text Categorization，TC）是为每个元组对 $\langle d_i, c_i\rangle \in D\times C$ 赋予一个布尔值的过程，其中 D 是文本域，$C=\{c_1,\cdots,c_{|C|}\}$ 是预定义的类别集。

$$y(\boldsymbol{x})=\operatorname{argmax}\{n(x_j,c_i) \mid x_j \in kNN\} \tag{8-4}$$

这里 $n(x_j,c_i)$ 是 k 最近邻集 kNN 中属于 c_i 类的训练样本的数量。

2. 支持向量机

支持向量机[①](SVM)是机器学习领域较新的一种学习方法，最先由 Vapnik 和他的合作者提出。

已知线性可分点集 $S=\{x_i\}, i=1,2,\cdots,N$，点 x_i 属于两个被标记成 $y_i \in \{-1,+1\}$ 中的一个，由公式求得

$$\boldsymbol{w} \cdot \boldsymbol{x}+b=0 \tag{8-5}$$

任何位于超平面上的点 x 和任一训练样本 $x_i \in S$ 满足

$$y_i(\boldsymbol{w} \cdot \boldsymbol{x}+b) \geqslant 1$$

SVM 学习的目标是找出最佳分离超平面(Optimal Separating Hyperplane,OSH)，使其距离两侧的空白边界最大，可以公式化为

$$\text{minimize } \frac{1}{2}\|\boldsymbol{w}\|^2 \tag{8-6}$$

其中：$y_i(\boldsymbol{w} \cdot \boldsymbol{x}+b) \geqslant 1$。

距 OSH 最近的点称为支持向量(图 8-6)。

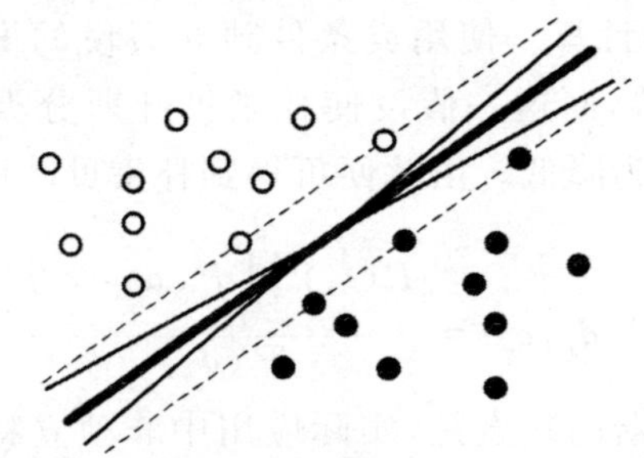

图 8-6　分离超平面

分离超平面(实线集)，最优分离超平面(粗实线)以及支持向量(虚线上的数据点)；虚线确定最大边缘

在分类过程中，SVM 能找出测试样本位于 OSH 的哪一边，为全局最佳分离超平面作出重要的决策。例如向量 $\boldsymbol{p}$ 和 $\boldsymbol{q}$ 的多项式函数(PolyNomial Function,PNF)

$$K(\boldsymbol{p},\boldsymbol{q})=\mathrm{e}^{-\gamma|p-q|^2} \tag{8-7}$$

和径向基函数(Radial Basis Function,RBF)

---

① 支持向量机是基于计算学习理论的结构风险极小化为原理，寻求一个决策面把训练数据点分成两类并且以训练集中选择的代表数据作为支持向量进行决策。

$$K(\boldsymbol{p},\boldsymbol{q})=[\gamma(\boldsymbol{p},\boldsymbol{q})+c]^d \tag{8-8}$$

3. 朴素贝叶斯

贝叶斯分类是统计学分类方法，可以预测给定样本属于一个特定类的概率。

例如，某向量形式的文档 $\boldsymbol{d}_j=(w_{1f},\cdots,w_{ml})$ 属于 c_i 类的概率，根据 Bayes 定理计算如下

$$P(c_i|\boldsymbol{d}_j)=\frac{P(c_i)P(\boldsymbol{d}_j|c_i)}{P(\boldsymbol{d}_j)} \tag{8-9}$$

式中，先验概率 $P(c_i)$ 是从文档集中随机选取的文档属于 c_i 类的概率，可以用 $P(c_i)=s_i/S$ 计算，其中 s_i 是 c_i 类的文档数，S 是文档总数。$P(\boldsymbol{d}_j)$ 是文档 $\boldsymbol{d}_j$ 在整个文档集中出现的概率。

如果文档特征的维数较高，$P(\boldsymbol{d}_j|c_i)$ 的计算开销可能非常大。为降低计算 $P(\boldsymbol{d}_j|c_i)$ 的开销，通常使用类条件独立假设，即假设特征值对给定类的影响独立于其他特征值。根据类条件独立假设，可以利用公式

$$P(\boldsymbol{d}_j|c_i)=\prod_{k=1}^{m}P(w_{kj}|c_i) \tag{8-10}$$

简化 $P(\boldsymbol{d}_j|c_i)$ 的计算。使用类条件独立假设的 Bayes 分类器称为朴素贝叶斯(NB)分类器，而这一假设使朴素贝叶斯分类器的计算开销比非朴素贝叶斯分类器大为降低。由此便可得到朴素贝叶斯公式

$$P(\boldsymbol{d}_j|c_i)=\frac{P(c_i)\prod_{k=1}^{m}P(w_{kj}|c_i)}{P(\boldsymbol{d}_j)} \tag{8-11}$$

朴素贝叶斯分类器的缺点是，实际应用中非独立特征也按独立特征对待，因此准确性难以保证。朴素贝叶斯分类器有许多种变形，其中最主要的、目前被广泛研究的是贝叶斯网分类器(Bayesian Network Classifiers, BNC)和基于频繁项集的贝叶斯分类器(Large Bayes Classifier, LBC)。

8.1.4 文本预处理

在经过对文本数据进行一系列的预处理以后，传统的数据挖掘方法同样可以应用于文本数据挖掘，下面简要介绍文本的预处理方法。

1. 文本分词

分词是中文信息处理从字符处理水平向语义处理水平迈进的关键。汉

语文本词与词之间没有空格间隔，同时汉语的构词方式、不同分词方式表达不同意义等特点，使得中文处理必须有分词这道工序。

汉语分词的难点主要表现在两个方面，即歧义切分和未登录词的切分。

(1)歧义切分

汉语字与字之间组词灵活，给分词带来了很大的困难。从上下文关系的角度看，其中只有一种切分结果是正确的。

(2)未登录词切分

未登录词主要是指分词系统的词典中未收录的词。不断出现的新词属于另外一类未登录词，反映在自然语言上就是大量的新词不断涌现。

分词技术主要包括如下几类。

(1)词典分词法

词典分词法主要用于主题相对集中的信息库，如某专业学科信息库。

就扫描的顺序而言，词语匹配方法有正向扫描匹配、逆向扫描匹配和正逆向结合扫描匹配；在进行词语匹配时，有最长匹配、最短匹配、长短匹配结合、词首匹配等多种策略。例如最短匹配是指以短字符串优先匹配词典。

(2)切分标记分词法

利用切分字典指导分词。切分字典是由能断开词和词组或表示汉字之间关系的汉字集合组成字典，包括的内容有词首字、词尾字等，也有的系统以非用字、条件用字等组成切分字典。

(3)基于统计的分词方法

用字与字相邻共现的频率来反映字符串确实是一个词的可信程度。在上下文中，相邻的字同时出现的次数越多，就越有可能构成一个词。

(4)基于语言规则的分词方法

在分词的过程中加入词法、语法以及语义规则等来提高分词的质量。一般都是人工添加规则，或者在人工添加的基础上再从有限的训练语料库中得到分词规则。

(5)智能分词法

利用人工智能的方法进行分词。常用的有中心词驱动分析法、分词语句法、语义分析同步处理法和分层理解分析法等。

2. 文本特征表示

文本特征指的是关于文本的元数据，分为两种：描述性特征，例如文本的名称、日期、大小、类型等；语义性特征，例如文本的作者、机构、标题、内容等。描述性特征易于获得，而语义性特征则较难得到。

3. 词频矩阵降维

下面介绍两种常用的词频矩阵降维方法。

(1)基于评估函数的方法

基于评估函数的特征集缩减算法一般使用特征独立性假设以简化特征选择。常见的评估函数有信息增益、期望交叉熵、互信息、文本频数、文本证据权、优势率、词频等。

(2)潜在语义索引(Latent Semantic Index,LSI)

对文本词条矩阵 $\boldsymbol{W}_{N\times M}$ 利用奇异值分解计算 $\boldsymbol{W}$ 的 r—秩近似矩阵 $\boldsymbol{W}_r$($r\ll\min(N,M)$)。LSI 分解图示如图 8-7 所示。

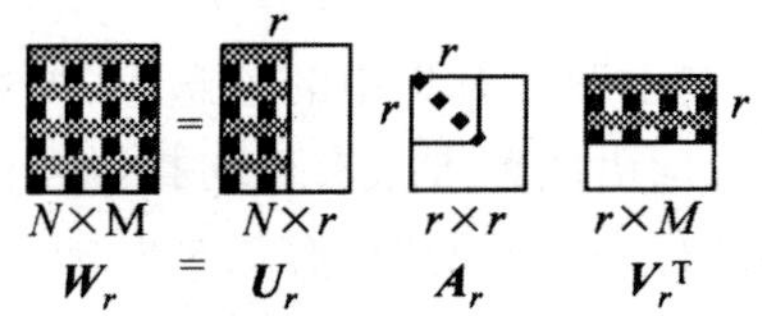

图 8-7　LSI 分解图示

经奇异值分解,矩阵 $\boldsymbol{W}$ 可表示为三个矩阵的乘积:$\boldsymbol{W}=\boldsymbol{UAV}^{\mathrm{T}}$,$\boldsymbol{U}$ 和 $\boldsymbol{V}$ 分别为与 $\boldsymbol{W}$ 矩阵对应的左、右奇异向量矩阵,$\boldsymbol{A}$ 为由矩阵 $\boldsymbol{W}$ 的奇异值按递减顺序排列构成的对角矩阵。取 $\boldsymbol{U}$ 和 $\boldsymbol{V}$ 最前面的列构建 r-秩近似矩阵 $\boldsymbol{W}_r$:

$$\boldsymbol{W}_r=\boldsymbol{U}_r\boldsymbol{A}_r\boldsymbol{V}_r^{\mathrm{T}} \tag{8-12}$$

用 $\boldsymbol{W}_r$ 近似表示文本词条矩阵 $\boldsymbol{W}$,$\boldsymbol{U}_r$ 和 $\boldsymbol{V}_r$ 行向量分别作为文本向量和词向量。在此基础上进行文本聚类或其他处理。

在信息检索领域,关键词(或特征项[①])组合在一起就成为一个文本。特征项主要是一些具有实际意义的名词,有时也可让文本中所有的词都作为特征项,这种情况下的文档逻辑视图称为全文(Full Text)。

4. 项权重

由于文本中不同的特征项具有不同的方式表示,所以起到的作用也大有区别。为了清楚地描述文本中的相关性,在这里特地引用了项权重(Term Weight)概念。

定义 8.1　令 m 表示文本集中特征项的数量,f_j 是其中一个特征项,$F=\{f_1,f_2,\cdots,f_m\}$ 是项集。文本 $\boldsymbol{d}_i$ 中的项 f_j 的权重 $w_{ij}>0$,如果 f_j 在

---

① 特征项是指文本集合中出现的关键词。

文本 $\boldsymbol{d}_i$ 中没有出现则权重 $w_{ij}=0$。

文本 $\boldsymbol{d}_i$ 可以表示成向量 $\boldsymbol{d}_i=(w_{i,1},w_{i,2},w_{i,3},\cdots,w_{i,m})$ 的形式，称为文本向量。文本特征值的计算方法主要是基于布尔值和基于词频，从而得到组成文本的特征矩阵：布尔矩阵或词频矩阵。

(1)布尔矩阵

利用 0,1 表示特征值，定义该文本特征向量第 j 个分量值 $w_j=0$，否则 $w_j=1$。

例如，在 m 维布尔特征空间中，n 个文本向量可以组成以下形式的特征矩阵，如图 8-8 所示。

$$\begin{array}{c} \\ \boldsymbol{d}_1 \\ \boldsymbol{d}_2 \\ \boldsymbol{d}_3 \\ \boldsymbol{d}_4 \\ \vdots \\ \boldsymbol{d}_n \end{array}\begin{array}{c} \begin{array}{ccccccc} f_1 & f_2 & f_3 & f_4 & \cdots & f_{m-1} & f_m \end{array} \\ \begin{pmatrix} 1 & 0 & 1 & 1 & \cdots & 1 & 1 \\ 1 & 1 & 1 & 0 & \cdots & 0 & 0 \\ 1 & 0 & 0 & 1 & \cdots & 0 & 1 \\ 0 & 0 & 1 & 1 & \cdots & 0 & 0 \\ \cdots & \cdots & \cdots & \cdots & \cdots & \cdots & \cdots \\ 0 & 0 & 1 & 1 & \cdots & 0 & 1 \end{pmatrix} \end{array}$$

图 8-8　文本集的布尔矩阵

(2) 词频矩阵

例如，如图 8-9 所示是一个绝对词频矩阵，每行代表一个文本向量，每列代表一个特征词。

$$\begin{array}{c} \\ \boldsymbol{d}_1 \\ \boldsymbol{d}_2 \\ \boldsymbol{d}_3 \\ \boldsymbol{d}_4 \\ \vdots \\ \boldsymbol{d}_n \end{array}\begin{array}{c} \begin{array}{ccccccc} f_1 & f_2 & f_3 & f_4 & \cdots & f_{m-1} & f_m \end{array} \\ \begin{pmatrix} 32 & 0 & 4 & 13 & \cdots & 20 & 2 \\ 14 & 21 & 7 & 0 & \cdots & 0 & 0 \\ 3 & 0 & 0 & 8 & \cdots & 0 & 5 \\ 0 & 0 & 23 & 2 & \cdots & 0 & 0 \\ \cdots & \cdots & \cdots & \cdots & \cdots & \cdots & \cdots \\ 0 & 0 & 12 & 5 & \cdots & 0 & 1 \end{pmatrix} \end{array}$$

图 8-9　文本集的词频矩阵

5. 文本特征评估函数

下面给出几种基于信息论和统计学原理的文本特征评估函数。

①信息增益[①]。信息增益记为 IG(f)，计算公式为

① 信息增益(Information Gain,IG)表示文本中包含某一特征时文本类的平均信息量，定义为某一特征在文本中出现前后的信息熵之差。

$$\mathrm{IG}(f)=-\sum_{c\in C}P(c)\log_2(P(c))+P(f)\sum_{c\in C}P(c|f)\log_2(P(c|f))+P(\overline{f})\sum_{c\in C}P(c|\overline{f})\log_2(P(c|\overline{f})) \tag{8-13}$$

式中，c 是文本集的类别变量；C 是类别集合；$\boldsymbol{d}$ 是文本集中的文本；f 是文本集的特征。

②交叉熵(Cross Entropy，CE)。交叉熵与信息增益相似，而最大的区别就是交叉熵仅考虑在一篇文档中出现的词。

$$\mathrm{CE}(f)=\sum_{c\in C}P(c|f)\log_2\frac{P(c|f)}{P(c)} \tag{8-14}$$

③互信息[①]。对于特征，f 其互信息记为 $\mathrm{MI}(f,c)$，为

$$\mathrm{MI}(f,c)=\log_2\left(\frac{P(f,c)}{P(c)P(f)}\right) \tag{8-15}$$

④χ^2 统计[②]。对于类别 c，特征 f 的 χ^2 统计值为

$$\chi^2(f,c)=\frac{P(f,c)P(\overline{f},\overline{c})-P(\overline{f},c)P(f,\overline{c})}{P(c)P(f)P(\overline{c})P(\overline{f})} \tag{8-16}$$

上述四种特征评估函数虽然都能表征某一类文本中的重要程度。为了更好地在全局中正确地打分，即要评估特征在整个文本集中的重要程度，具体的实施方法有两种：

①以特征在不同类中的评估函数值的平均值作为全局分值，如：

$$\chi^2_{\mathrm{avg}}(f)=\sum_{c\in C}p(c)\chi^2(f,c) \tag{8-17}$$

②以特征在不同类中的最大评估函数值作为该特征的全局分值，如：

$$\chi^2_{\max}(f)=\max_{c\in C}\{\chi^2(f,c)\} \tag{8-18}$$

6. 低频噪声特征的数量

这里介绍一种简单的方法既可以有效地减少不相关特征，也可以减少第二类不相关特征，即低频噪声特征的数量。该评估函数可以有效地减少噪声特征的数量。

(1)基于文档频的评估函数

文档频特征 f 的文档频是指出现特征的文档数，记为 DF，其评估函数中用到的概率公式计算方法为

---

① 互信息(Mutual Information，MI)是指特征 f 与类别 c 之间的相关性。

② χ^2 统计(Chi-square Statistic)用于表征两个变量间的相关性，同时它还考虑了特征在某类文档中存在与不存在时的情况。

$$\begin{cases} P(c)=\dfrac{|c|}{|D|} \\ P(f)=\dfrac{\mathrm{DF}(f,D)}{|D|} \\ P(\overline{f})=\dfrac{\mathrm{DF}(\overline{f},D)}{|D|} \\ P(c|f)=\dfrac{\mathrm{DF}(f,c)}{\mathrm{DF}(f,D)} \\ P(c|\overline{f})=\dfrac{\mathrm{DF}(\overleftarrow{f},c)}{\mathrm{DF}(\overline{f},D)} \end{cases} \tag{8-19}$$

式中，$\mathrm{DF}(f,D)$是类别c中出现特征f文档数；$\mathrm{DF}(\overleftarrow{f},c)$是类别$c$中未出现特征$f$文档数；$\mathrm{DF}(f,D)$是整个文本集$D$中出现特征$f$文档数；$\mathrm{DF}(\overline{f},D)$是整个文本集$D$中未出现特征$f$的文档数；$|c|$是类别$c$的文档总数；$|D|$是整个文本集$D$中的文档总数。

将公式(8-19)代入信息增益，互信息和χ^2统计公式，得到相应的基于文档频的特征评估函数。例如，基于文档频(DF)的互信息公式为

$$\begin{aligned} MI_{\mathrm{DF}}(f,c)&=\log_2\frac{p(f,c)}{p(f)p(c)} \\ &=\log_2\left(\frac{\dfrac{\mathrm{DF}(f,c)}{|D|}}{\dfrac{\mathrm{DF}(f,D)}{|D|}\times\dfrac{|c|}{|D|}}\right) \\ &=\log_2\frac{\mathrm{DF}(f,c)}{\mathrm{DF}(f,D)}+\log_2\frac{|D|}{|c|} \end{aligned} \tag{8-20}$$

(2)基于词频的评估函数

一篇文档中出现特征f的次数也称词频率，记为 TF。如果用词频(TF)计算特征评估函数中的概率，则

$$\begin{cases} P(c)=\dfrac{|c|}{|D|} \\ P(f)=\dfrac{\mathrm{TF}(f,D)}{|D|} \\ P(\overline{f})=\dfrac{\mathrm{TF}(\overline{f},D)}{|D|} \\ P(c|f)=\dfrac{\mathrm{TF}(f,c)}{\mathrm{TF}(f,D)} \\ P(c|\overline{f})=\dfrac{\mathrm{TF}(\overleftarrow{f},c)}{\mathrm{TF}(\overline{f},D)} \end{cases} \tag{8-21}$$

式中，$|c|$是c类文档集中特征词出现的次数；$|D|$是文档集D中特征词出

现的次数；$TF(f,c)$是 f 在 c 类文档中出现的次数；$TF(\overline{f},c)$是类别 c 中所有非 f 特征出现的次数；$TF(f,D)$是 f 文档集 D 中出现的次数；$TF(\overline{f},D)$是整个文档集 D 中所有非 f 特征出现的次数。

将公式(8-21)分别代入信息增益，互信息和 χ^2 统计，即得到基于词频的特征评估函数公式：

$$\begin{aligned} MI_{TF}(f,c) &= \log_2 \frac{p(f,c)}{p(f)p(c)} \\ &= \log_2 \frac{TF(f,c)\times|D|}{TF(f,D)\times|c|} \\ &= \log_2 \frac{TF(f,c)}{TF(f,D)} + \log_2 \frac{|D|}{|c|} \end{aligned} \tag{8-22}$$

基于词频的特征评估函数往往选取在某类别中比其他类别更频繁出现的词作为特征词，而忽视了词在不同文档中的出现情况。

(3)基于最小词频阈值的文档频评估函数

由于采用低频特征词中噪声所占的比例非常大，为此，可以利用最小词频阈值的方法，减少特征集中与内容无关的噪声特征，具体公式如

$$\begin{cases} P(c) = \dfrac{|c|}{|D|} \\ P(f) = \dfrac{DF_n(f,D)}{|D|} \\ P(\overline{f}) = \dfrac{DF_n(\overline{f},D)}{|D|} \\ P(c|f) = \dfrac{DF_n(f,c)}{DF_n(f,D)} \\ P(c|\overline{f}) = \dfrac{DF_n(\overleftarrow{f},c)}{DF(\overline{f},D)} \end{cases} \tag{8-23}$$

式中，$DF_n(f,c)$是类别 c 中，特征 f 至少出现 n 次的文档数；$DF_n(\overline{f},c)$是类别 c 中，特征 f 出现少于 n 次的文档数；$DF_n(f,D)$是在文档集 D 中，特征 f 至少出现 n 次的文档数；$DF_n(\overline{f},D)$是在文档集 D 中，特征 f 出现少于 n 次的文档数。

同样的，为了得到基于最小词频阈值的文档频(DF_n)评估函数，也可将公式(8-23)分别代入信息增益，互信息及 χ^2 统计公式。如果取最小词频阈值 $n=2$，则基于 DF_2 的互信息公式为

$$MI_{DF_2}(f,c) = \log_2 \frac{p(f,c)}{p(f)p(c)}$$

$$=\log_2\left(\frac{\dfrac{\mathrm{DF}_2(f,c)}{|D|}}{\dfrac{\mathrm{DF}_2(f,D)}{|D|}\times\dfrac{|c|}{|D|}}\right) \tag{8-24}$$

$$=\log_2\frac{\mathrm{DF}_2(f,c)}{\mathrm{DF}_2(f,D)}+\log_2\frac{|D|}{|c|}$$

公式(8-24)可以很容易地扩展到特征词在一篇文档中出现 n 次的情况($n=1,2,3,\cdots$),如公式

$$\mathrm{MI}_{\mathrm{DF}_n}(f,c)=\log_2\frac{p(f,c)}{p(f)p(c)}$$

$$=\log_2\left(\frac{\dfrac{\mathrm{DF}_n(f,c)}{|D|}}{\dfrac{\mathrm{DF}_n(f,D)}{|D|}\times\dfrac{|c|}{|D|}}\right) \tag{8-25}$$

$$=\log_2\frac{\mathrm{DF}_n(f,c)}{\mathrm{DF}_n(f,D)}+\log_2\frac{|D|}{|c|}$$

而且随着 n 的增加,得到的特征词数量逐渐减少。

8.1.5　文本挖掘方法

由于大多数算法都因为计算复杂度太高,而且都需要重新生成分类器,可扩展性差,因此不适合用于大规模的情况。基于上述考虑,这里引入互依赖和等效半径的概念,提出新的分类算法——基于互依赖和等效半径、简单但高效的分类算法 SECTILE(a Simple and Efficient Algorithm to Classify Texts Based On Equivalent Radius and Mutual Dependence)。SECTILE 的计算复杂度较低,响应速度快,而且扩展性能较好。

定理 8.1　(重心更新的线性)更新后的重心 $center_{ij}^{(1)}$ 与原有的重心 $center_{ij}^{(0)}$,存在如下的关系

$$center_{ij}^{(1)}=\frac{n\times center_{ij}^{(0)}+x_j}{n+1} \tag{8-26}$$

证明　由于更新前的重心为 $center_{ij}^{(0)}=\sum_{h=1}^{n}\frac{x_h}{n}$,所以 $\sum_{h=1}^{n}x_h=n\times center_{ij}^{(0)}$。则有

$$center_{ij}^{(1)}=\frac{\sum_{h=1}^{n}x_h+x_j}{n+1}=\frac{n\times center_{ij}^{(0)}+x_j}{n+1}$$

定理得证。

定理 8.2　(更新前后 R_{ij}^{-} 和 R_{ij}^{+} 的关系)更新后的 n_{ij}^{+1} 和 n_{ij}^{-1} 与原有的

n_{ij}^{+0}和n_{ij}^{-0}存在如下的关系

$$n_{ij}^{+1}=\begin{cases}n_{ij}^{+0}+\Omega, x_j<center_{ij}^{(0)}\\ n_{ij}^{+0}-\Omega+1, x_j\geqslant center_{ij}^{(0)}\end{cases} \tag{8-27}$$

$$n_{ij}^{-1}=\begin{cases}n_{ij}^{-0}-\Omega+1, x_j<center_{ij}^{(0)}\\ n_{ij}^{-0}+\Omega, x_j\geqslant center_{ij}^{(0)}\end{cases} \tag{8-28}$$

式中

$$\Omega=\begin{cases}\dfrac{(center_{ij}^{(0)}-center_{ij}^{(1)})\times n_{ij}^{-0}}{\mathrm{R}_{ij}^{equal(0)}}, x_j< center_{ij}^{(0)}\\ \dfrac{(center_{ij}^{(1)}-center_{ij}^{(0)})\times n_{ij}^{-0}}{\mathrm{R}_{ij}^{equal(0)}}, x_j\geqslant center_{ij}^{(0)}\end{cases} \tag{8-29}$$

证明更新前后R_{ij}^{-}和R_{ij}^{+}的变化有两种情况：

①当$x_j<center_{ij}^{(0)}$时，从数学平均值可得到$center_{ij}$和R_{ij}^{equal}，同时n_{ij}^{-}的变化量是远小于n的极小量，因而可以得到具有实际意义的n_{ij}^{-}的变化量

$$\Omega=\frac{(center_{ij}^{(0)}-center_{ij}^{(1)})\times n_{ij}^{-}}{R_{ij}^{\mathrm{equal}(0)}} \tag{8-30}$$

相应地更新n_{ij}^{+}和n_{ij}^{-}

$$n_{ij}^{-1}=n_{ij}^{-0}-\Omega+1; n_{ij}^{+1}=n_{ij}^{+0}+\Omega$$

②当$x_j\geqslant center_{ij}^{(0)}$时，同样可以得到具有实际意义的$n_{ij}^{+}$的变化量

$$\Omega=\frac{(center_{ij}^{(1)}-center_{ij}^{(0)})\times n_{ij}^{+}}{\mathrm{R}_{ij}^{\mathrm{equal}(0)}} \tag{8-31}$$

相应地更新n_{ij}^{+}和n_{ij}^{-}

$$n_{ij}^{+1}=n_{ij}^{+0}-\Omega+1; n_{ij}^{-1}=n_{ij}^{-0}+\Omega \tag{8-32}$$

定理得证。

定理 8.3 （更新前后的等效半径间的关系）更新后的等效半径$R_{ij}^{\mathrm{equal}(1)}$与原有的等效半径$R_{ij}^{\mathrm{equal}(0)}$存在如下的关系

$$R_{ij}^{\mathrm{equal}(1)}=\frac{n_{ij}^{+1}\times R_{ij}^{+(1)}+n_{ij}^{-1}\times R_{ij}^{-(1)}}{n+1} \tag{8-33}$$

式中

$$R_{ij}^{+(1)}=\begin{cases}R_{ij}^{+(0)}+center_{ij}^{(0)}-center_{ij}^{(1)}, x_j<center_{ij}^{(0)}+R_{ij}^{+(0)}\\ x_j-center_{ij}^{(1)}, x_j\geqslant center_{ij}^{(0)}+R_{ij}^{+(0)}\end{cases}$$

$$R_{ij}^{-(1)}=\begin{cases}center_{ij}^{(1)}-x_j, x_j<center_{ij}^{(0)}+R_{ij}^{-(0)}\\ R_{ij}^{-(0)}+center_{ij}^{(1)}-center_{ij}^{(0)}, x_j\geqslant center_{ij}^{(0)}+R_{ij}^{-(0)}\end{cases}$$

证明 由于n_{ij}^{+}和n_{ij}^{-}已经更新，因而有

$$R_{ij}^{\mathrm{equal}(1)}=\frac{n_{ij}^{+1}\times R_{ij}^{+(1)}+n_{ij}^{-1}\times R_{ij}^{-(1)}}{n+1}$$

下面需要更新R_{ij}^{-}和R_{ij}^{+}，对于R_{ij}^{+}有两种情况：

①当 $x_j < center_{ij}^{(0)} + R_{ij}^{+(0)}$ 时，有 $R_{ij}^{+(1)} = R_{ij}^{+(0)} + center_{ij}^{(0)} - center_{ij}^{(1)}$。

②当 $x_j \geqslant center_{ij}^{(0)} + R_{ij}^{+(0)}$ 时，有 $R_{ij}^{+(1)} = x_j - center_{ij}^{(1)}$。

对于 R_{ij}^{-} 也有两种情况：

①当 $x_j < center_{ij}^{(0)} + R_{ij}^{-(0)}$ 时，有 $R_{ij}^{-(1)} = center_{ij}^{(1)} - x_j$。

②当 $x_j \geqslant center_{ij}^{(0)} + R_{ij}^{-(0)}$ 时，有 $R_{ij}^{-(1)} = R_{ij}^{-(0)} + center_{ij}^{(1)} - center_{ij}^{(0)}$。

定理得证。

8.2　Web 挖掘

8.2.1　Web 数据挖掘的基本概念

近年来，由于因特网发展迅猛，各种信息可以以非常廉价的成本在网络中获取。Web 数据挖掘技术在 Web 环境下作用，几乎涉及所有的领域，包括 Web 技术、数据挖掘、信息科学等等。它从大量的、未知的、有潜用价值的数据集中获取隐含在当中的有实用价值的信息。

应当注意到基于 Web 数据挖掘和传统的基于数据仓库的挖掘有着截然不同的意义。Web 数据挖掘是一项综合的技术，在半结构化和无结构化文档中，仅仅依靠 HTML 语法对数据进行结构上的描述，在涉及的众多知识领域中，Web 数据挖掘是数据库、模式识别、自然语言处理等多个研究方向的交汇点，从 Web 文档结构和试用的集合中发现隐含的模式。

8.2.2　Web 数据挖掘的分类

要了解 Web 挖掘，首先要了解 Web 的体系结构，即用户的请求及服务器的响应在 WWW(World Wide Web)上的工作流程。WWW 的结构是基于客户/服务器模式，图 8-10 可以清楚了解 WWW 是怎样运行的。

Web 数据挖掘可以从 Web 文档和服务中自动发现和获取信息，包括 Web 文本、Web 图片、Web 视频和 Web 日志等各种媒体信息。由于 Web 上信息的多样化，因此 Web 上信息的多样性决定了 Web 挖掘任务的多样性，其分类如图 8-11 所示。

1. Web 内容挖掘

Web 内容挖掘[①]可以看作是 Web 信息检索(IR)和信息抽取(IE)的结

---

① Web 内容挖掘是指对 Web 上大量文档集合的“内容”进行总结、分类、聚类、关联分析以及利用 Web 文档进行趋势预测等，是从 Web 文档内容或其描述中抽取知识的过程。

合，可分为 Web 文本挖掘和 Web 多媒体挖掘。大多数 Web 挖掘模型都有类似的模型，可以从大量文档的集合的内容进行总结、分类，提取有实用价值的信息。Web 内容挖掘在很多企业中都有着非常重要的作用，其中一个便是可以快速获取同行竞争情报，为企业的发展带来高效的经济价值，过程如图 8-12 所示。

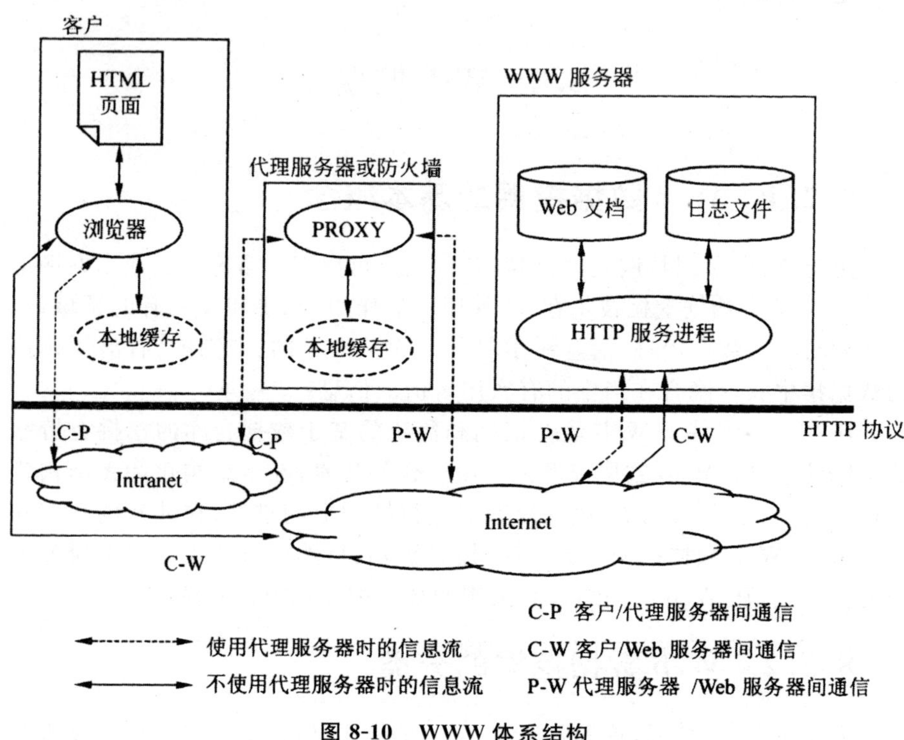

图 8-10　WWW 体系结构

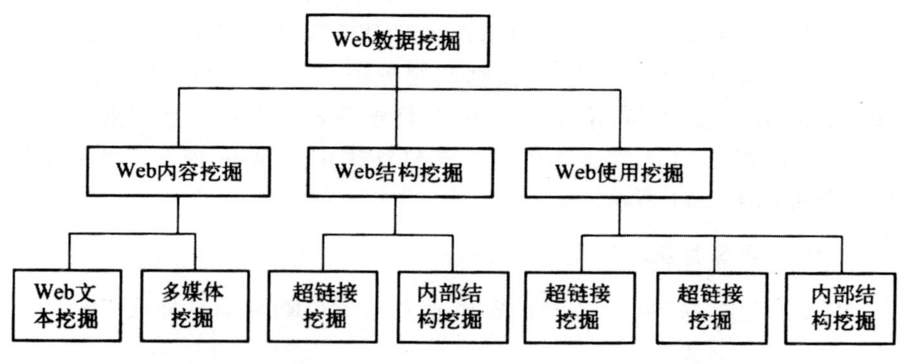

图 8-11　Web 数据挖掘的分类

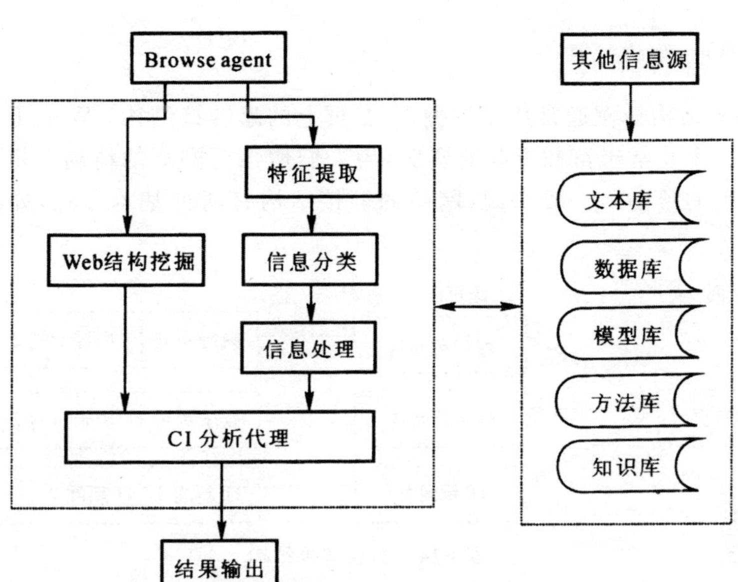

图 8-12　CI 模型的 Web 挖掘器（Web Miner for CI）

Web 文本挖掘不仅能对 Web 上大量信息进行总结、分析，还能利用 Web 文档上的信息进行预测。鉴于这些情况，页内文档结构的利用可以按照如图 8-13 所示进行分类。

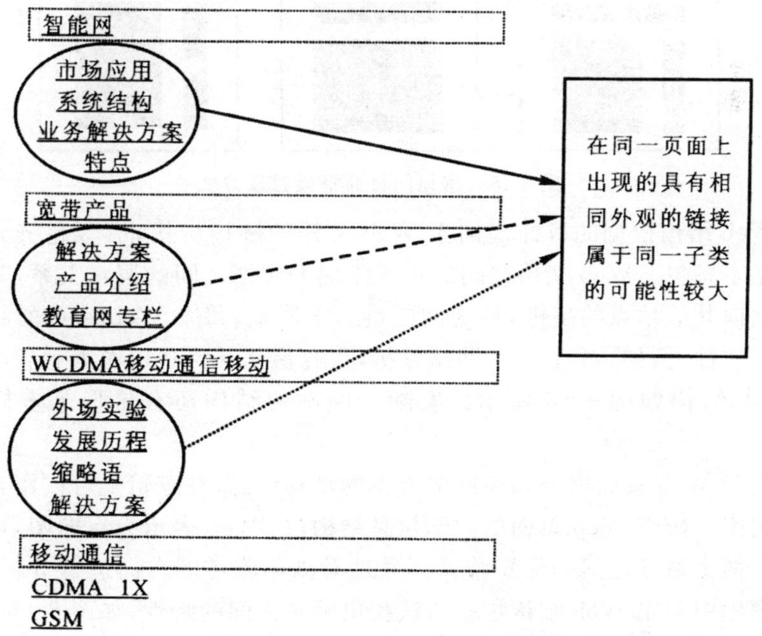

图 8-13　页内文档结构的利用

2. Web 结构挖掘

Web 结构挖掘通常用于挖掘 Web 页上的超链接结构，Web 上的超链结构是一个非常丰富和重要的资源，为人们增强对网页的精确分析处理提供了极大的帮助。一般来说，网站的链接结构有两种基本方式，如图 8-14 所示。

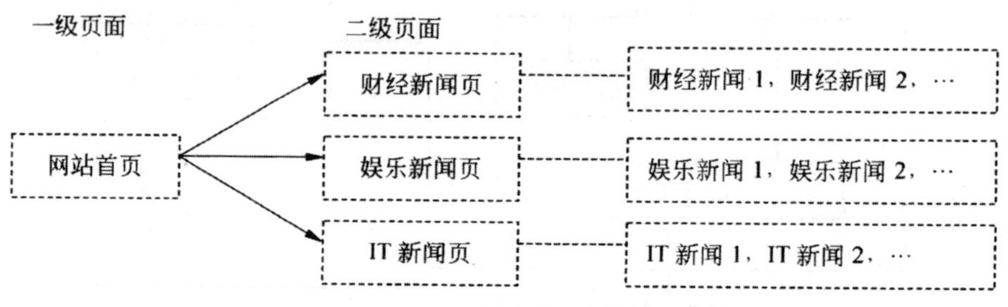

图 8-14　树状链接结构

由于许多网页都是由框架(Frame)组成而产生，导致 Web 结构挖掘拥有着简单的页面结构，常见的页面结构有以下几种(图 8-15)。页内结构，单个网页里面也存在一定层次结构，对页内文档结构的提取有助于分析页面内容，提取页面信息。

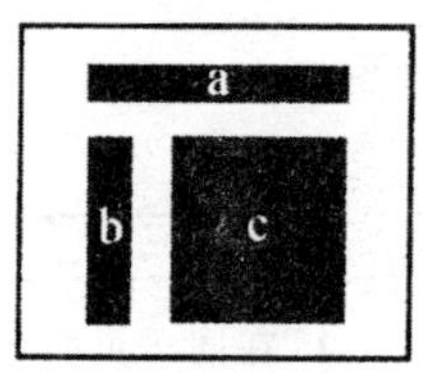

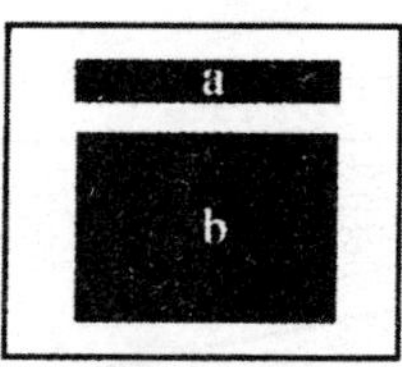

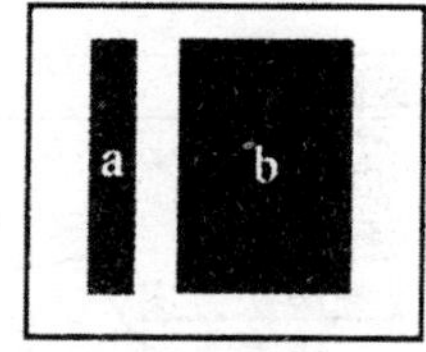

图 8-15　常见的页面框架组织方式

Web 结构挖掘的目标趋向于 Web 文档的链接结构，借鉴超链分析的一些基本思想。Web 文档之间的超链体现了文档之间的逻辑关系，其文档可以指向其他站点的超链，称为间超链。本质上，每个 Web 站点的结构都具有层次性，例如，对 Yahoo 网站分析，很容易从其目录层次得到它的网站结构，其结构如图 8-16 所示。实际上网站的结构还有星形等多样化的结构。

由于 Web 页面内部存在或多或少的结构信息，在逻辑上可以用有向图表示出来。研究 Web 页面的内部信息结构，把 Web 表示为有向图，可以得到任意两个站点之间的最短路径。通过对浏览路径的有向进行分析，便可在数据库中利用 Web 结构挖掘方法找出网页之间的特性，如图 8-17 所示。

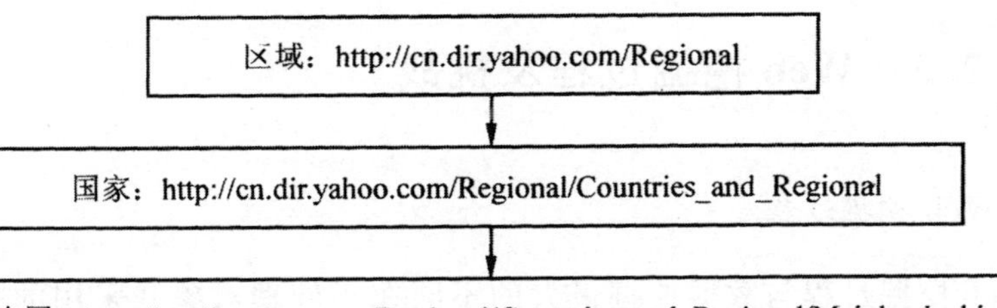

图 8-16　目录式网站结构

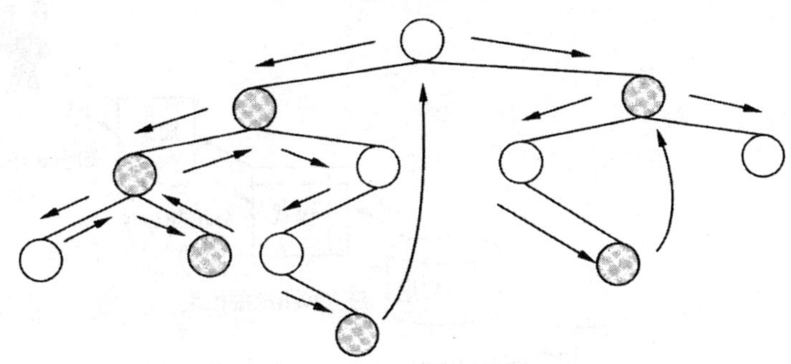

图 8-17　某个用户的浏览路径

3. Web 使用挖掘

只要用户访问了 Web，Web 服务器便能记录访问者的浏览行为，为站点管理人员提供各种有利于 Web 站点改进的信息。数据预处理完成原始的站点文件可分为四个阶段，如图 8-18 所示。该文件经过过滤、筛选及重组后，便可为用户提供最佳的浏览模式。

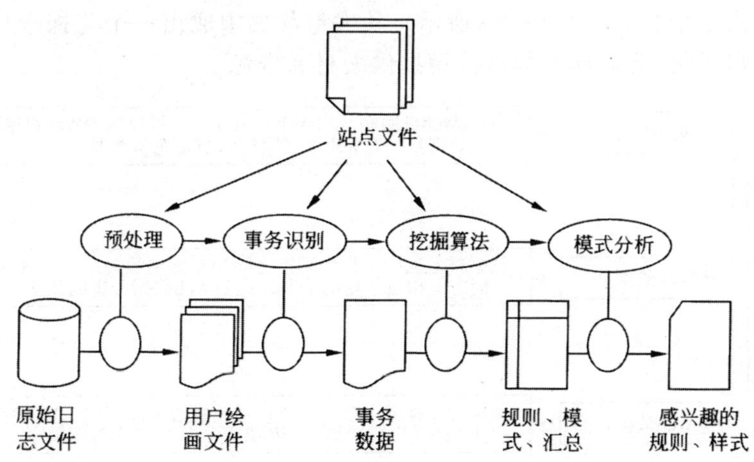

图 8-18　Web 日志挖掘的过程图

8.2.3 Web挖掘过程及挑战

1. Web挖掘过程

Web挖掘过程与数据挖掘最大的不同在于处理对象和采用的技术方法。通常而言，Web挖掘主要分为几步，如图8-19所示。

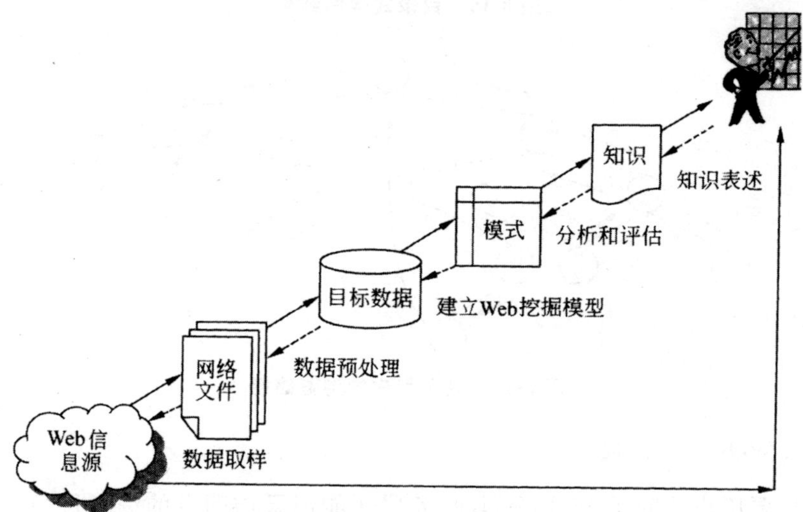

图8-19 Web挖掘流程

(1)数据取样

Web环境目前能提供的数据源繁多，若按照主题相关的原则，数据取样可分为三个步骤，如图8-20所示。从大量数据中取出一个与探索目标相关的数据子集，为后面的数据挖掘提供素材和资源。

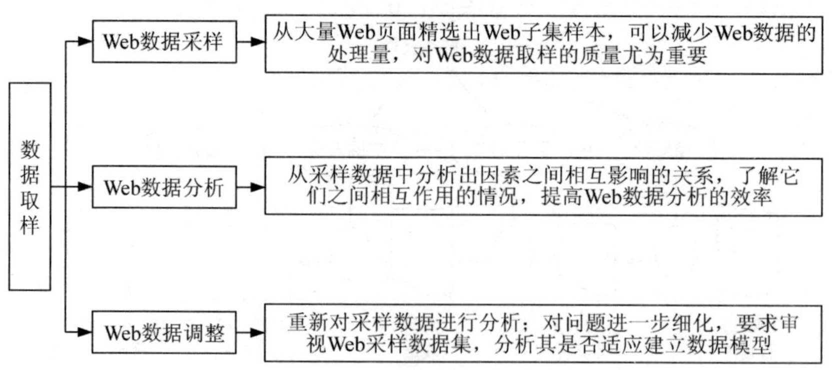

图8-20 Web数据取样的分类

(2)数据预处理

Web 使用的环节繁多,其核心就是筛选有价值的数据信息。但是大多数数据是参差不齐的,概念层次不清晰,此时便离不开一个环节——数据预处理。

预处理的对象是 Web 日志文件,将来自不同数据源的各类数据进行结合、存放到一个数据存储后,组织成为模式挖掘所必需的数据结构。数据预处理结果的好坏将直接影响 Web 使用的效果。一般情况下,Web 使用挖掘数据的预处理过程如图 8-21 所示,下面分析该过程的几个主要步骤。

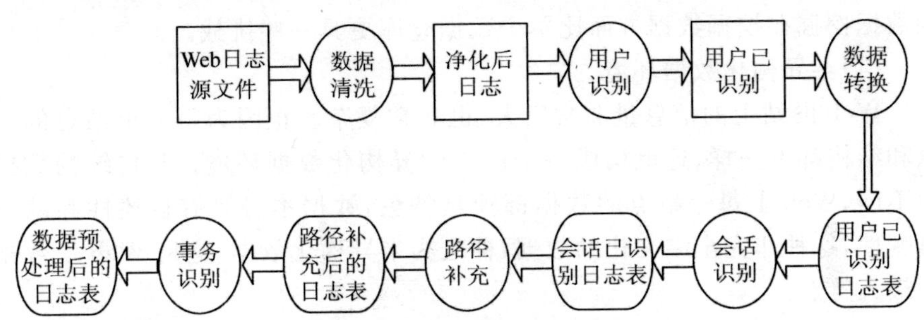

图 8-21　Web 使用挖掘数据的预处理过程

1)数据清洗

由于 Web 服务器对于任何的网络请求都会详细记录,因此在原始的 Web 服务器日志中记录了大量的无用信息。数据清理的任务就是删除那些对于日志分析无关的数据,避免无关数据对后续步骤的影响。虽然能在数据库中对于无效数据进行处理,但是由于网页中存储大量的信息(如 GIF、JPEG、JPG 等),其清理所要花费的时间都极为漫长。因此,相对于传统的处理方法,在日志中 HTML 文件和用户会话情况下,可以通过检查 URL 的后缀删除减少后续步骤所要处理的数据量,减少无效数据对挖掘过程的影响。

2)用户识别

对于用户识别,可以采用 Cookie 技术以及使用一些启发规则。对于用户会话识别可以采用超时识别方法,或者借助于网站的拓扑图检测是否此次访问的页面可以从上次访问的页面直接到达。

3)会话识别

会话识别是将用户的访问活动分解成多个的会话过程,可以将识别出的用户和会话需要存储起来,以备后续步骤进行挖掘时使用。这样以会话为基本单元将有助于模式的挖掘和分析。

(3)建立 Web 挖掘模型

运用各种 Web 挖掘技术,建立 Web 挖掘模型从经过预处理的数据中提取有效的且能被人理解的规则和模式。最常用的主流技术手段是统计方法,可以实现对网站数据及访问量、点击率等的统计分析。这些分析技术对日志文件进行有效的梳理,清晰地反映出用户的访问"轨迹",揭示已有数据间的新关系和隐藏的规律性,并预测它的发展趋势。

2. Web 挖掘的挑战

对于 Web 的数据而言,Web 上的数据最大特点就是半结构化。Web 的数据挖掘在挖掘数据方面比单个数据仓库更具一些挑战。

(1)半异构化数据环境

Web 网站上的信息量非常巨大,也非常复杂。正因为每一个站点的信息和结构都不一样,这就构成一个巨大的异构化数据环境。与传统的数据库不同,Web 上每一站点的数据都独具特色,数据本身具有自述性和动态可变性,这种非完全结构化的数据,称之为半异构化数据,这是 Web 上数据的最大特点。

(2)动态性极强的信息源

相对于数据(仓)库中的数据而言,Web 的数据量似乎过于庞大,仅 CNNIC 登记的中文 Web 站点已经从 1997 年的 1500 余个发展到了如今的近 60 万个,如图 8-22 所示。

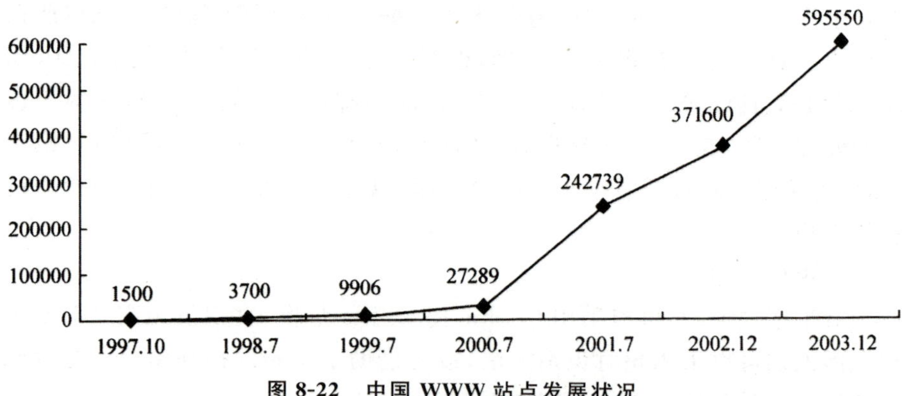

图 8-22　中国 WWW 站点发展状况

由图 8-22 所示,为了迎合时代的发展,Web 以极快的速度在增长,同时不断地更新自身的信息。Web 的数据量目前以太字节(TB)计算,其页面数目前已达数千亿,而且每天还在不断更新当中。因此,即使是大规模的搜索引擎,也很难全面收集到所有的信息,更何况是有效、快速、及时地跟踪信息源。

8.2.4　Web 挖掘技术分类

Web 挖掘继承了数据挖掘的大多数方法，如统计分析，由于 Web 挖掘与传统的数据挖掘相比有许多独特之处，因而，在 Web 挖掘中，这些技术方法有别于在传统数据挖掘中的应用。

统计分析是 Web 挖掘中最基础的方法，它通过求点击率、求平均和求中值等方法，统计最常访问的网页，以获得用户访问站点的基本信息。除此之外，统计分析还能提供有限的低层次的错误分析，找出最常见不变的 URL 等。

例 8-1　站点活动分析，主要按时间(日、周、月、年等进行)。例如，按当天 24 小时的统计结果如图 8-23 所示。

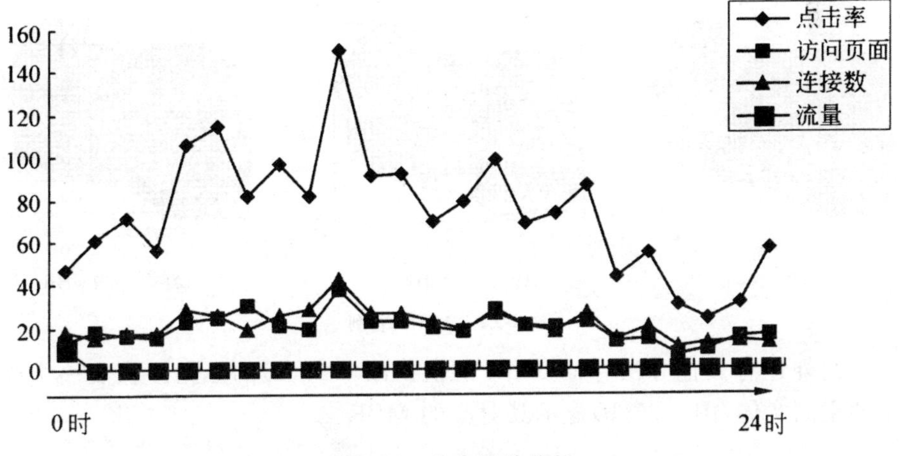

图 8-23　站点活动分析

8.3　空间数据挖掘

空间挖掘(Spatial Mining)在近年来的发展中显得越来越重要。对空间挖掘技术的理解需要相关的空间数据结构知识，而这些知识对于初学者来说并不是一件简单的事。

空间数据挖掘是指对空间数据库中非显式存在的知识、空间关系或其他有意义的模式等的提取。空间数据挖掘需要综合数据挖掘与空间数据库技术。

8.3.1 空间数据结构

1. 最小包围矩形

通过完整包含一个空间实体的最小包围矩形(Minimum Bounding Rectangle,MBR)来表示该空间实体。如图 8-24(a)显示为一湖泊的轮廓。如果用传统坐标系统来对这个湖定向,就可以把这个湖放在一个矩形里(边界与轴线平行),如图 8-24(b)所示。我们还可以通过一系列更小的矩形来表现这个湖,如图 8-24(c)所示,这样能提供与实际物体更接近的结果,不过这需要多个 MBR。另一种更简单的方法是用一对不相邻的顶点坐标来表示一个 MBR,如用{(x_1,y_1),(x_2,y_2)}来表示图 8-24(b)中的 MBR。

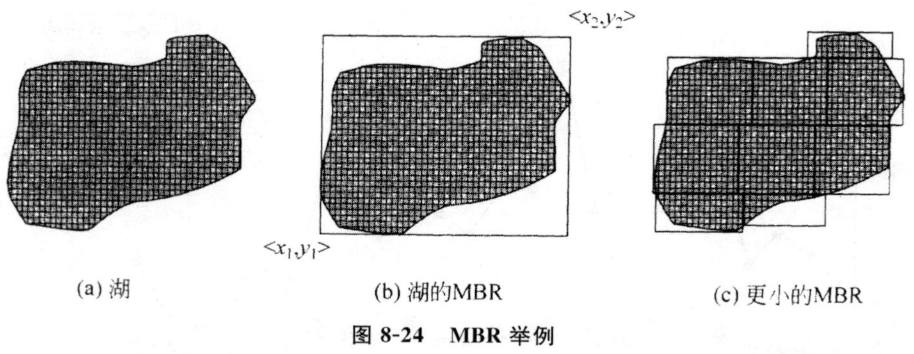

图 8-24 MBR 举例

此外还有其他方法存储 MBR 的值。图 8-25(a)的三角形代表一个简单的空间实体,图 8-25(b)显示其对应的 MBR。

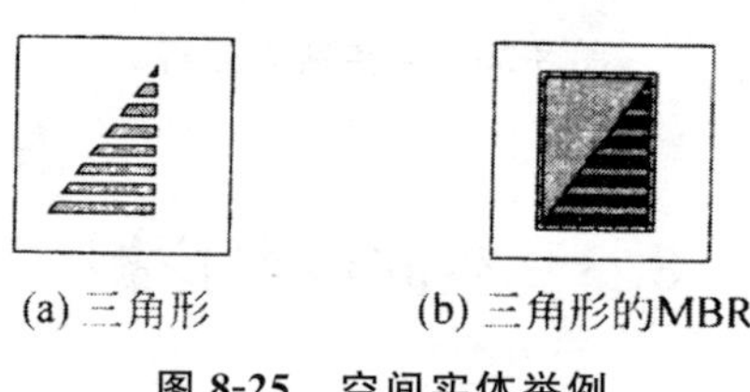

图 8-25 空间实体举例

2. 空间索引技术

非空间数据库查询使用传统的索引结构。传统数据库的 B 树是通过精确的匹配查询来访问数据的。然而,空间查询会用到基于空间实体相对位置的近似度量。为了有效地进行空间查询,比较明智的方法是把那些在空间中邻近的实体在磁盘上做聚类。最后,所考虑范围内的地理空间会按照邻近的关系分成若干单元,这些单元与存储位置(磁盘上的块)产生联系。

相应的数据结构就是基于这些单元构造的。

(1)网格文件

网格文件的基本思想是根据正交的网格划分 k 维的数据空间。k 维数据空间的网格由 k 个一维数组表示，这些数组称为刻度，将其保存在主存中。网格目录的每一网格单元包含一外存页的地址，这一外存页存储了该网格单元内的数据目标，称为数据页。一数据页允许存储多个相邻网格单元的目标。网格文件的查找简单，查找效率较高，适用于点目标的索引。图 8-26 给出网格文件结构示意图。

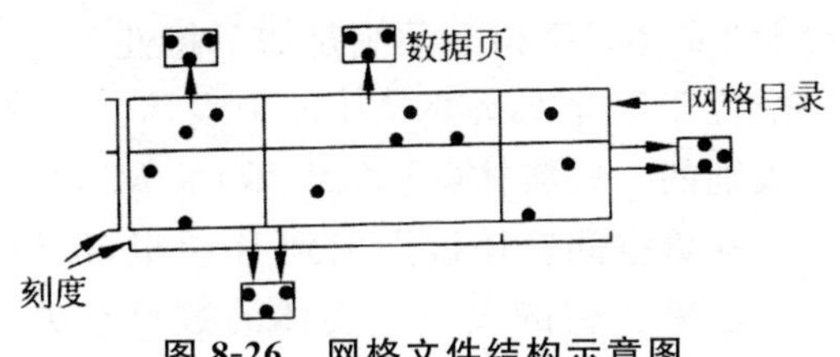

图 8-26　网格文件结构示意图

(2)四叉树

四叉树①通过把空间按等级分解成为区域(单元)来表示空间实体。如图 8-25(a)中的三角形，图 8-27(a)说明了这个处理过程。在这里，三角形是在三个加阴影的方块中显示出来的。空间区域分为两层分割区域。层的数量依赖于所需要的精确度。显然，层数越多，数据结构需要的开销就越多。四叉树中的每级对应一个层次级别。如果最低一级的区域中的某一个区域被阴影覆盖着，那么这一层四个区域中的每一个都会有一个指向下一级节点的指针。

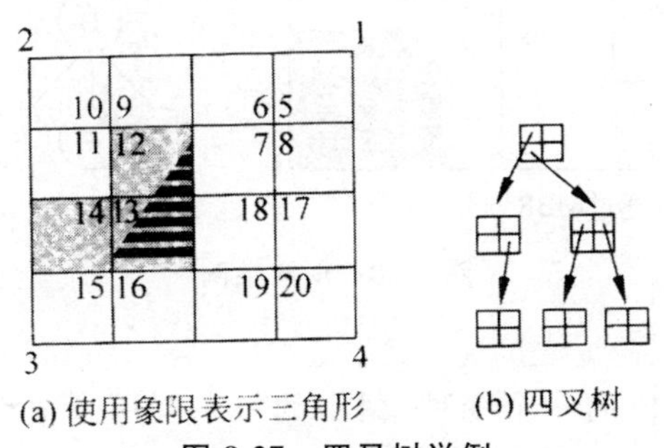

(a) 使用象限表示三角形　(b) 四叉树

图 8-27　四叉树举例

我们从图中右上方的区域开始，按逆时针方向标记每一级的四分区域。正方形 0 是整个区域。正方形 1 是第一级中的右上方部分。正方形 15 是

① 四叉树是指在足维数据空间中，每一节点有 2^k 棵子树，用于对空间点的表示与索引。

第二级中左下角的正方形区域。图中的三角形可用正方形 12、13 和 14 来表示，因为它与这三个正方形相交。图 8-27(b)所示的是此三角形的四叉树。四叉树的根节点对应第一级的 1、2、3 和 4 区域。由于只显示区域非空的节点，因此就没有区域 1、4 及其子区域的节点。其他的节点可以类似产生。

(3)R 树

R 树是 B 树在多维空间的扩展，可以在一定范围内对实体进行索引。R 树的叶子节点包含多个形式为(OI,MBR)①的实体，非叶子节点包含多个形式为(CP,MBR)②的实体。R 树必须满足如下特性。

一个实体由一个位于某个单元的 MBR 来表示。基本上，一个单元是包含分级中低一个级别的一些实体(或者 MBR)的 MBR。分级中每一级被看作是树中的一层。随着空间实体被添加到 R 树里，R 树通过类似构造 B 树的算法建造并维护起来。树的大小与实体的数量有关。图 8-28 给出一个例子。图中有 5 个实体，都用 MBR 表示出来，分别是 D、E、F、G 和 H。整体空间标记为 A，是图 8-28(b)中树的根节点。标为 B 的 MBR 包含了三个实体(D、E 和 F)，标为 C 的 MBR 包含了两个实体(G 和 H)。事实上，随着索引数据量的增加，包围矩形的重叠会增加。因此，在一个 R 树中，单元实际上可能重叠。

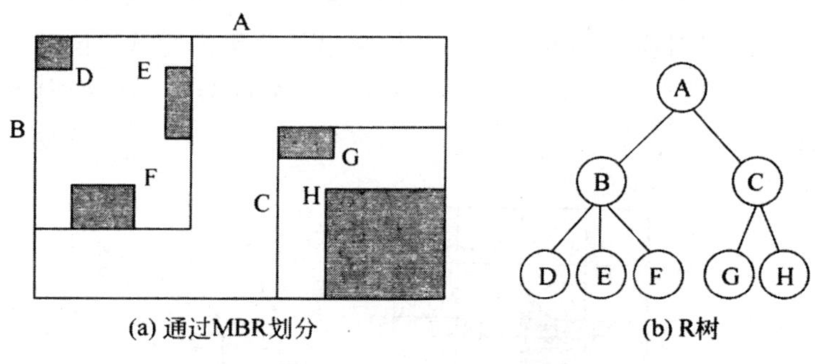

(a) 通过MBR划分　　(b) R树

图 8-28　R 树举例

(4)*k*-D 树

k-D 树是二叉树的一个变种，树中的每一层用来索引一个属性。如图 8-29(a)所示，和 R 树一样，每个最低级别的区间只有一个实体。但是，分割不是用 MBR 来进行的。此外，在这个例子中，我们可以从图 8-29(b)看到，

---

① OI 为空间目标标志，MBR 为该目标在 *k* 维空间中的最小包围矩形。

② CP 为指向子树根节点的指针，MBR 为包围其子节点中所有 MBR 的最小包围矩形。

每一个阶层是如何分割的。

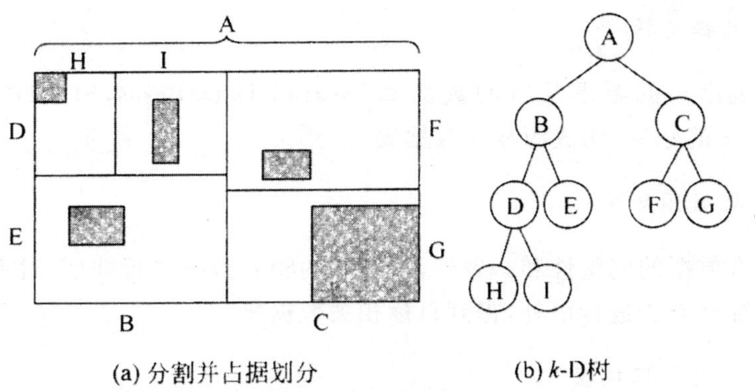

(a) 分割并占据划分　　(b) k-D树

图 8-29　k-D 树举例

为了更加简单、快速地查找多维空间的目标，在 k-D 树的前提下，构想了 k-D-B 树的方法。它是由 k-D 树与 B 树相结合，由两种基本的结构：区域页（非叶节点）和点页（叶节点）组成，如图 8-30 所示。

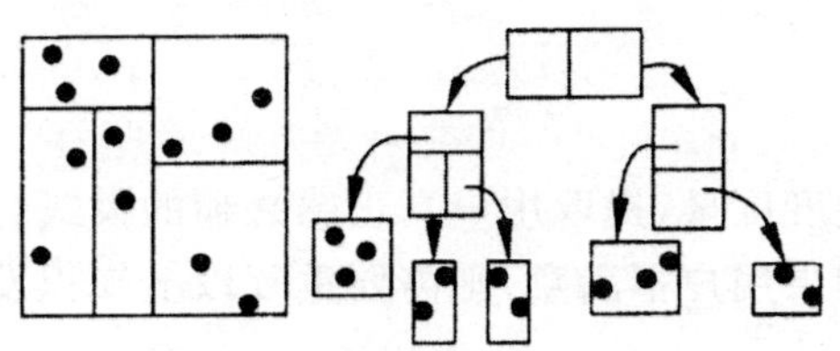

图 8-30　k-D-B 树的示意图

k-D-B 树适用于多维空间点的索引，如果用于索引线、面等其他形体的空间目标，需经过目标近似与映射，效率较低。

8.3.2　空间数据挖掘的过程

空间数据挖掘是空间数据知识发现过程中的一个重要步骤。空间知识发现过程如图 8-31 所示。

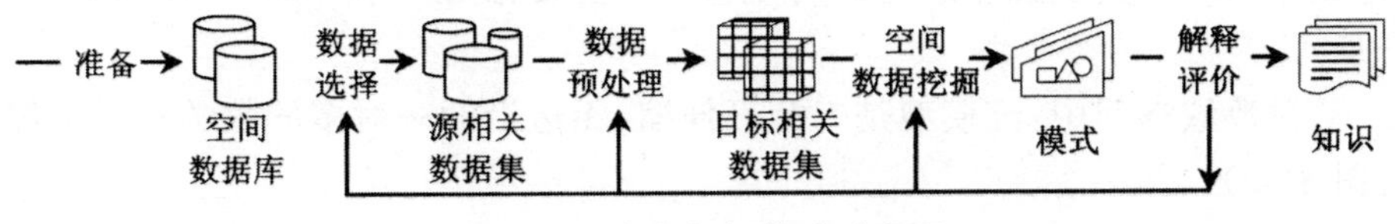

图 8-31　空间知识发现过程图

1. 准备

了解空间数据挖掘（Spatial Data Mining，SDM）的相关情况，熟悉有关背景知识，弄清用户的需求。

2. 数据选择

根据用户的要求从空间数据库(Spatial Data Bases, SDB)中提取与SDM相关的数据，构成源相关数据集。

3. 数据预处理

检查数据的完整性和一致性，对其中的噪音数据进行处理，对丢失的数据利用统计方法进行填补，得到目标相关数据集。

4. 空间数据挖掘

首先，根据用户的要求，确定SDM要发现的知识类型。然后，选择合适的知识发现算法，并使得选定算法与整个SDM的评判标准相一致。最后，运用选定的知识发现算法，从目标相关数据集中提取用户需要的知识。

5. 解释评价

根据某种兴趣度度量，提取用户真正感兴趣的模式，并通过决策支持工具提交给用户。如果用户不满意，则需要重复以上知识发现过程。

8.3.3 云模型

1. 云模型基本概念

云模型①是"数据-概念"之间的数学转换技术，具有期望 Ex(Expected Value)、熵 En(Entropy)和超熵 He(Hyper Entropy)三个数字特征，其思想是兼顾了随机性和模糊性的精确，本质单位是云滴组成的概念。对于论域 X 中的定性概念有贡献的定量值，主要落在区间 $[Ex-3En, Ex+3En]$。

在数域空间中，云模型是一朵可伸缩、无边沿的一对多的数学映射图像(图 8-32)。

① 云模型是用语言值表示的某个定性概念与其定量数据表示之间的不确定性转换模型，或者简单地说云模型是定性定量间转换的不确定性模型。

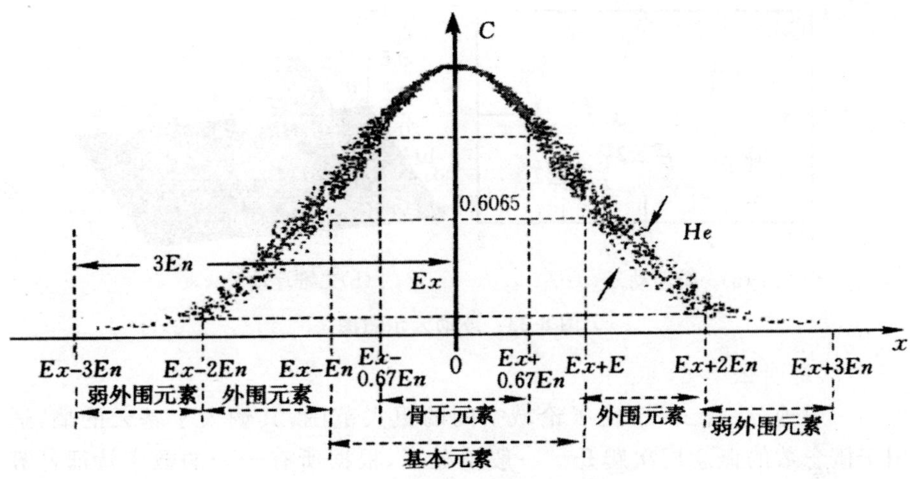

图 8-32　“滑坡稳定性”概念的云模型

2. 虚拟云模型

各种虚拟云模型①是表示和处理连续型数据与定性知识的有效工具。语言变量由论域上的原子概念组成，分布于整个论域空间中，表示原子概念的为基云。例如，语言变量 T 可由原子概念定义为：$T\{T_1(Ex_1, En_1, He_1), T_2(Ex_2, En_2, He_2), \cdots, T_n(Ex_n, En_n, He_n)\}$。虚拟云主要包括浮动云、综合云、分解云和几何云。

(1)浮动云

若在论域空间中存在两朵基云 $T_1(Ex_1, En_1, He_1)$ 和 $T_2(Ex_2, En_2, He_2)$，且 $Ex_1 \leqslant Ex_2$，则位于论域中 (Ex_1, Ex_2) 区间内任意位置 $Ex=u$ 的浮动云的数字特征可以定义为两朵基云的数字特征的距离加权和。

$$Ex=u; En=\frac{Ex_2-u}{Ex_2-Ex_1}\times En_1+\frac{u-Ex_1}{Ex_2-Ex_1}\times En_2$$

$$He=\frac{Ex_2-u}{Ex_2-Ex_1}\times He_1+\frac{u-Ex_1}{Ex_2-Ex_1}\times He_2$$

从定义公式可以看出，在已知两朵云的数字特征的前提下，浮动云是根据线性缺省假设生成的一朵给定期望值的新云。图 8-33 为利用定义公式生成的浮动云的示意图。

① 虚拟云模型是按照某种应用目标，对各个基云的数字特征进行计算，将得到的结果作为新的数字特征所构造的云。

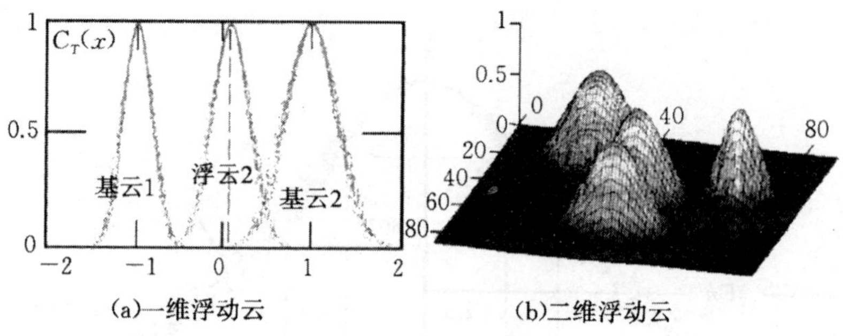

(a)一维浮动云　　(b)二维浮动云

图 8-33　浮动云示意图

(2)综合云

一般地,综合云[①]覆盖了论域空间的更大范围,其熵大于基云的熵,适用于概念数的概念层次爬升。一般情况下,根据所有子云的数字特征计算可以求得作为父云的综合云。例如在论域中存在 n 个同类型的基云 $\{T_1(Ex_1,En_1,He_1),T_2(Ex_2,En_2,He_2),\cdots,T_n(Ex_n,En_n,He_n)\}$,则由 $T_1,T_2,\cdots,T_n$ 可以生成一个同类型的综合云 T,T 覆盖了 $T_1,T_2,\cdots,T_n$ 所覆盖的所有范围。

设 $Ex_1\leqslant Ex_2$,En_1' 和 En_2' 和 $C_{T_2}(x)$、$C'_{T_1}(x)$ 和 $C'_{T_2}(x)$ 分别是 T_1 和 T_2 的截断熵、数学期望曲线、数学期望曲线的不重叠部分,则由 T_1、T_2 构造的综合云 T 的数字特征(Ex、En、He)定义为

$$Ex=\frac{Ex_1-E'n_1+Ex_2\times E'n_2}{E'n_1+E'n_2}$$

$$En=E'n_1+E'n_2$$

$$He=\frac{He_1-E'n_1+He_2\times E'n_2}{E'n_1+E'n_2}$$

若 $C'_{T_1}(x)=\begin{cases}C_{T_1}(x),当\ C_{T_1}(x)\geqslant C_{T_2}(x)\\0,其他\end{cases}$,

若 $C'_{T_2}(x)=\begin{cases}C_{T_2}(x),当\ C_{T_2}(x)\geqslant C_{T_1}(x)\\0,其他\end{cases}$,

则

$$E'n_1=\frac{1}{\sqrt{2\pi}}\int C'_{T_1}(x)\,\mathrm{d}x$$

① 综合云用于将两朵或多朵相同类型的子云进行综合,生成一朵新的高层概念的父云。其本质为提升概念,将两个或两个以上的同类型语言值综合为一个更广义的概念语言值。

$$E'n_2 = \frac{1}{\sqrt{2\pi}}\int C'_{T_2}(x)\,\mathrm{d}x$$

图 8-34 为利用该式生成的综合云的示意图。

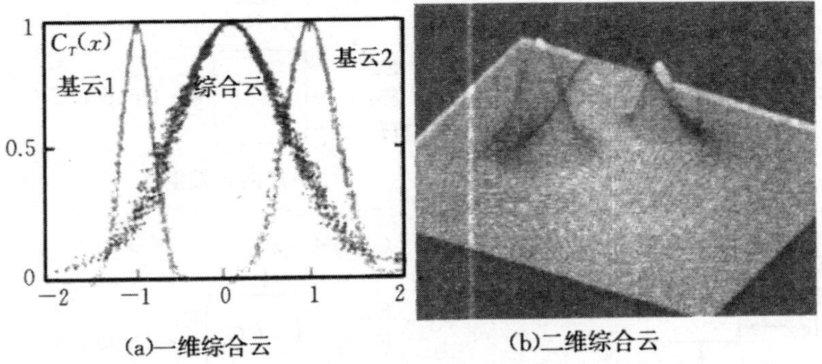

图 8-34　综合云示意图

(3)几何云

几何云根据云模型的已知局部特性,采用几何数学拟合法生成一个完整的新云,如图 8-35 所示。几何云只是根据局部特性生成虚拟云;而逆向云发生器是由某参数未知的云模型的云滴来估计其数字特征,需要较多的、精度较高的云滴。如果仅仅已知两个云滴$(x_1, C_T(x_1))$和$(x_2, C_T(x_2))$,则用下面的公式直接计算几何云的数字特征。

$$Ex=\frac{x_1\sqrt{-2\ln(C_T(x_2))}+x_2\sqrt{-2\ln(C_T(x_1))}}{\sqrt{-2\ln(C_T(x_1))}+\sqrt{-2\ln(C_T(x_2))}}$$

$$En=\frac{x_2-x_1}{\sqrt{-2\ln(C_T(x_1))}+\sqrt{-2\ln(C_T(x_2))}}$$

$$He=0$$

如果有多个云滴$(x_1, C_T(x_1)), (x_2, C_T(x_2)), \cdots, (x_n, C_T(x_n))$,则采用最小二乘法拟合期望曲线,即令 $\sum_{i=1}^{n}\left(C_T(x_i)-\mathrm{e}^{\frac{-(x_i-Ex)^2}{2En^2}}\right)^2=\min$,求得 Ex 和 En,然后再通过逆向云发生器生成 He 的方法可以计算得到 He。

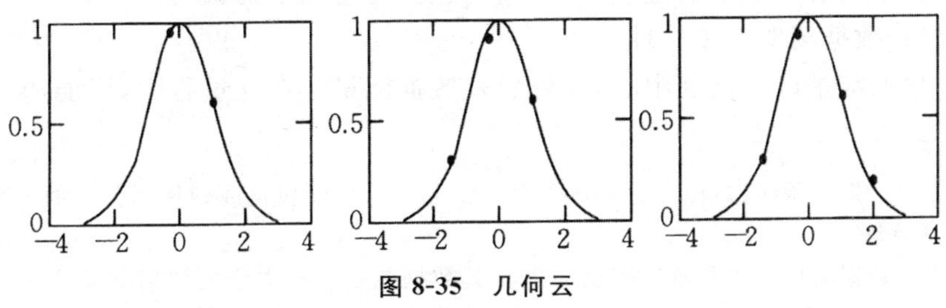

图 8-35　几何云

3. 云发生器

云发生器①建立起定性和定量之间相互联系的映射关系，其结构如图8-36所示。

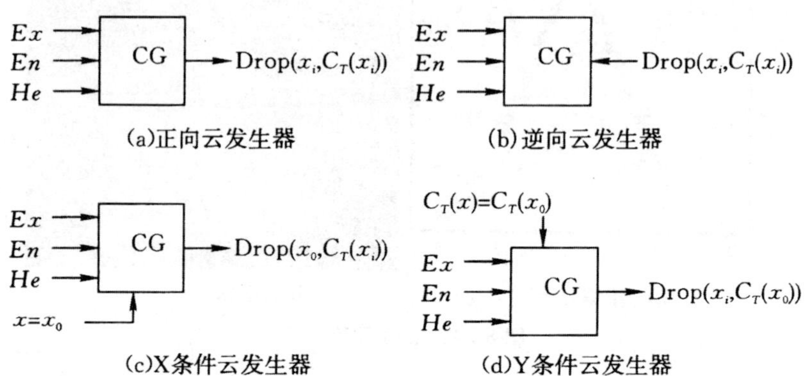

图 8-36　云发生器

云发生器是基于云模型的空间数据挖掘的基本工具。各种云模型可用于表达各种语言值和概念，既可能是一对一的，也可能是多对一，甚至是多对多。

8.3.4　数据场

1. 数据场的概念

数据场②可视为一个充满数据能量的空间。如果数据辐射的能量具有方向性，那么数据场就为矢量场，否则为标量场。此外，还可以扩展得到数据辐射的梯度场、散度场和旋度场等（图8-37）。

2. 数据场的性质

除了具有一般场的性质外，数据场还满足着以下几大性质。

（1）数据场要求独立性

数据都是以自己为中心，向外散发数据能量。在这过程中，可能产生类

---

① 云发生器（Cloud Generator，简称CG）指被软件模块化或硬件固化了的云模型的生成算法。

② 数据场是指数据通过数据辐射将其数据能量从样本空间辐射到整个母体空间，接受数据能量并被数据辐射所覆盖的空间。

似波的衍射现象,若无法逾越时,数据辐射就会终止;若障碍物上存在一个小孔,数据辐射就很有可能像电磁波一样越过小孔继续传递能量,这种现象称为类衍射(图 8-38)。

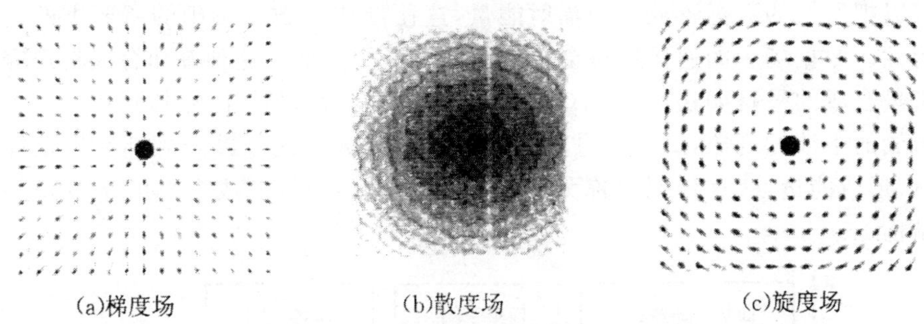

(a)梯度场　　(b)散度场　　(c)旋度场

图 8-37 数据辐射的梯度场、散度场和旋度场

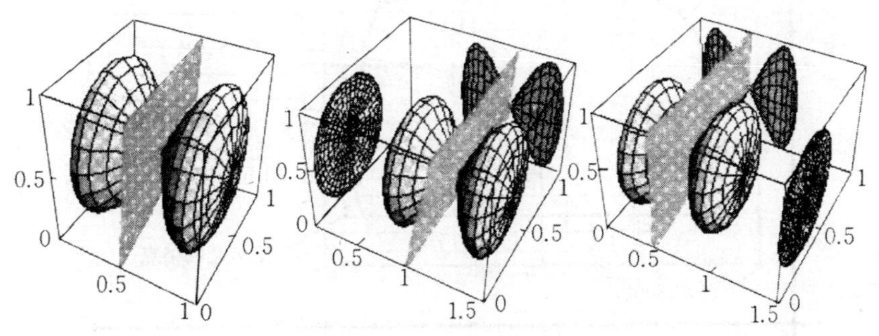

图 8-38 数据场的类衍射

(2)数据场要求就近性

在数域空间中,每个数据观测点不但向外辐射能量,还能接受其他数据的能量。基于就近性,每个数据辐射主动点的数据能量,都大于全部数据辐射被动点。如图 8-39 所示,在滑坡检测中,数据能量来自于定期观测,肯定大于没有监测点的滑坡区。

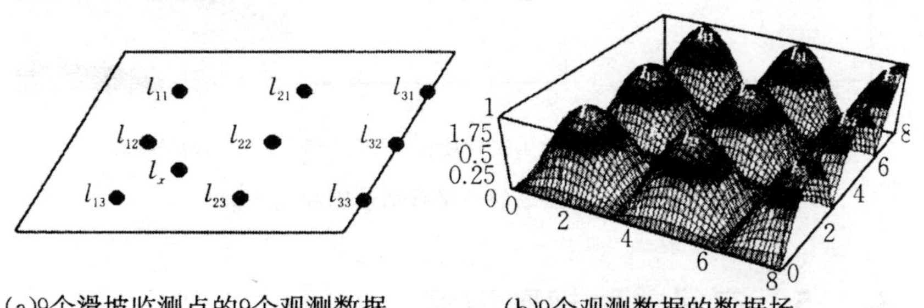

(a)9个滑坡监测点的9个观测数据　　(b)9个观测数据的数据场

图 8-39 数据场的就近性和衰减性

(3)数据辐射在数据场中要求遍历性和叠加性

数据辐射覆盖整个区域,构成了数据场。在数据场中每个未观测的点都有该数据的能量,把这些母体空间分成规则的卡迪尔网格(图 8-40),则可以把所有的数据置放其中辐射能量,这便形成了数据场中的所要求的遍历性。数据场中的遍历性将会导致数据能量的叠加。这种叠加合成将遵守矢量合成的平行四边形法则(图 8-41(a),(b)),在母体空间中可能发生类似波的干涉的现象,形成能量峰。另一些点的数据能量减弱到拥有恒定能量,形成能量谷,这种现象称为类干涉(图 8-41(c)),形成自然的特征拓扑结构。

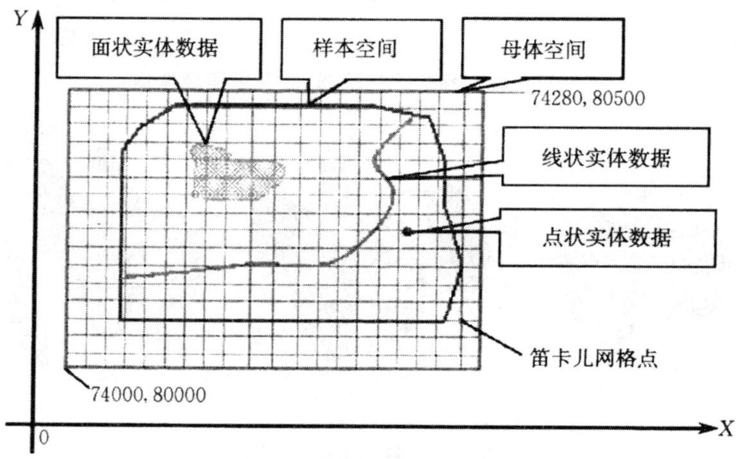

图 8-40　母体空间的笛卡儿网格划分

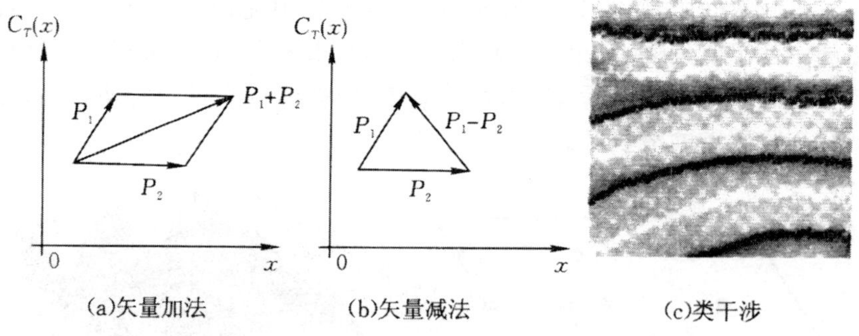

图 8-41　数据场的矢量叠加法则和类干涉

8.3.5　空间关联规则挖掘

下面将简要阐述空间规则挖掘的算法。

Koperski 和 Han 等人提出一种自顶向下，逐步求精的五步算法。

Input：算法输入由数据集、空间查询和一组阈值组成，具体如下：

（1）数据集

①一个空间数据库 SDB，它包含一组空间对象。

②一个关系数据库 RDB，它描述了空间对象的非空间性质。

③一组概念分层。

（2）空间查询

①查找参考对象。

②从数据库中找出与任务相关的空间对象集合。

③从数据库中找出与任务相关的空间关系集合。

（3）阈值

最小支持度（*minsup*[1]）和最小置信度（*minconf*[1]，1 是指第 1 层概念分层的相应阈值。

Output：用户感兴趣的多层空间关联规则。

Method：算法具体步骤

step1 *Task_relevant_DB*：= extract_task_relevant_objects（*SDB*，*RDB*）；

step2 *Coarse_predicate_DB*：= coarse_spatial_computation（*Task_relevant_DB*）；

step3 *Frequent_coarse_predicate_DB*：= filtering_with_minimum_support（*Coarse_predicate_DB*）；

step4 *Fine_predicate_DB*：= refine_spatial_computation（*Frequent_coarse_predicate_DB*）；

step5 Find_frequent_predicates_and_mine_rules（*Fine_predicate_DB*）

算法解释：step1 通过空间查询求出任务相关对象，并存储到任务相关对象数据集 *Task_relevant_DB* 中。step2 计算较高概念层上参考对象与任务相关对象之间的空间关系，获得粗略谓词集 *Coarse_predicate_DB*。step3 计算粗略谓词集当中每一个谓词的支持度，找到所有 1-频繁谓词集 *Frequent_coarse_predicate_DB*。step4 根据用户需要，采用更为有效的空间计算方法在较低概念层上进一步计算 step3 求出的频繁谓词集，找到较低概念层上更为具体的频繁谓词集。step5 采用 Apriori 方法求出各层上的所有 *k*-频繁谓词集，从而得到多层空间关联规则。

该算法的特点是“自顶向下，逐步求精”。与实际应用相结合，将复杂的空间计算问题划分为粗略计算和精化计算两大部分，在较高概念层可以计算较少数据集从而发现抽象规则，仅当用户有需求时再采用更为有效的空间计算方法在较低概念层上发现具体规则，因此，算法灵活，降低了算法时间复杂度。算法时间复杂度为 $O(C_c \times n_c + C_f \times n_f + C_{nonspatial})$，其中，$C_c$ 和 C_f 分别是粗略计算和精化计算过程中计算一个空间谓词所需的时间；n_c 和 n_f 分别是粗略计算和精化计算过程中需要计算的谓词数；$C_{nonspatial}$ 是整个算法计算过程中非空间计算耗费的时间。

算法的缺点是：要求用户给出明确的概念层次结构，并且在每一层上单独挖掘关联规则，找到的空间关联规则具有一定的局限性。

8.3.6 空间 CO-location 模式挖掘

1. 全连接算法基本思想

全连接算法的核心是候选模式生成和实例的生成。

其候选模式的生成过程：

通过连接两个前 $k-2$ 阶相同的 $k-1$ 阶模式，生成 k 阶模式。生成的 k 阶模式的每个 $k-1$ 阶子集模式都是频繁模式。

其实例的生成过程：

设 $k-1$ 项模式 c_1 和 $k-1$ 项模式 c_2 连接得到 k 项模式 c_3，则模式 c_3 对应的表实例是由模式 c_1 的表实例和模式 c_2 的表实例按前 $k-2$ 项相同进行连接，同时要求最后两个实例满足邻近关系 $R(last(c_1), last(c_2))$。

2. 全连接算法

空间 co-location 模式挖掘的全连接算法描述如下：

Input

1)E＝{Event-ID, Event-Type, Location in space}：空间事件(对象)的实例的集合；

2)ET＝{Set of K Boolean space event types}：空间事件(对象)的集合；

3)空间关系 R；

4)*min_prev*：最小支持度阈值(prevalence value threshold)；*min_cond_prob*：最小条件概率阈值(conditional probability threshold)；

Output

满足 *min_prev* 和 min_cond_prob 的所有空间 co-location 规则集

Variables

k：co-location 的阶(size)；

C_k：k 阶候选 co-location 集；

T_k：C_k 中 co-location 的表实例集；

P_k：k 阶 co-location 频繁集；

R_k：k 阶 co-location 规则集；

T_C_k：C_k 中 k 阶 co-location 的粗糙表实例集；

Steps

1) co-location size $k=1$; $C_1=\mathrm{ET}$; $P_1=\mathrm{ET}$;

2) T_1 = generate_table_instance(C_1, E);

3) if(fmul = TRUE) then

4) 　T_C_1 = generate_table_instance(C_1, multi_event(E));

5) Initialize data structure C_k, T_k, P_k, R_k, T_C_k to be empty for $1<k\leqslant K$;

6) **While**(not empty P_k and $k<K$) do{

7) 　C_{k+l} = gen_candidate_co-location(C_k, k);

8) 　if (fmul = TRUE) then

9) 　　C_{k+l} = multi_resolution_pruning(min_prev, C_{k+1}, T_C_k, multi_rel(R));

10) 　T_{k+1} = gen_table_instance(min_prev, C_{k+1}, T_k, R);

11) 　P_{k+1} = select_prevalence_co-location(min_prev, C_{k+1}, T_{k+1});

12) 　R_{k+1} = gen_co-location_rule(min_cond_prob, P_{k+1}, T_{k+1});

13) 　$k:=k+1$;

14) 　}

15) **Return** $\bigcup$(R2, …, R_{K+1});

算法解释如下：

算法输入：空间对象（事务类型）集合 ET，空间对象的实例集合 E、空间邻居关系 R、最小支持度阈值（min_prev）和最小可信度阈值（min_cond_prob）。

算法输出：一组频繁的 co-location 规则。

算法的第 1）和第 2）步给算法中将被使用的数据结构和变量赋初始值。我们注意到：所有一阶的 co-location 模式的参与度（PI）值都是 1，换句话说，所有一阶的 co-location 模式都是频繁的。因此，候选 1-阶 co-location 模式集 C_1 和频繁 1-阶 co-location 模式集 P_1 都被初始化为空间对象集 ET，接着产生 1-阶 co-location 模式的表实例集 T_1，并将其以空间对象的实例序排序。如果需要进行多分辨剪枝，则空间对象将被离散化为粗实例，所产生的 1-阶 co-location 模式的粗表实例集 T_C_1 也以空间对象的实例序排序。

挖掘算法重复地执行四个基本任务(循环语句6):产生候选 co-location 模式、产生候选 co-location 模式的表实例、剪枝和产生频繁 co-location 规则。第七次循环产生第七阶的候选模式、表实例和相应规则等,循环从2阶开始。

(1)产生候选 co-location 模式

首先,*join* 步(连接步),这一步骤的细节以类 SQL 描述如下:

insert into C_{k+1}

select $p.f_1, p.f_2, \cdots, p.f_k, q.f_k$, *p.table_instance_id*, *q.table_instance_id*

from $P_k p, P_k q$

where $p.f_1 = q.f_1, \cdots, p.f_{k-1} = q.f_{k-1}, p.f_k < q.f_k$;

其次,剪枝步,删除所有 C_{k+1} 中这样的候选模式 c,c 的 k 阶子集不是频繁的(即不在 P_k 中)。具体描述如下:

forall co_location $c \in C_{k+1}$ **do**

  forall size k subsets s of c **do**

    if(s is not in P_k)**then** delete c from C_{k+1};

上述描述中,P_k 的 f_i 是指表 P_k 中对应 co-location 模式的第 i 个对象,而表 P_k 的 table_instance_id 是指其对应的 co-location 的表实例。

(2)产生候选 co-location 模式的表实例

$(k+1)$阶候选 co-location 模式的表实例的计算描述为如下的 join 查询:

forall co_location $c \in C_{k+1}$ **do**

insert into T_c // T_c 是 co-location 模式 c 的表实例

select p. instance_1, p. instance_2, …, p. instance_k, q. instance_k

from c. $\text{table\_instance\_id}_1$ p, c. $\text{table\_instance\_id}_2$ q

where p. instance_1 = q. instance_1, …,

    p. instance_{k-1} = q. instance_{k-1}, (p. instance_k, q. instance_k) $\in$ R;

end

$(k+1)$阶候选 co-location 模式集 C_{k+1} 和 k 阶 co-location 模式的表实例 T_k 是上述计算的输入。上述描述中,$c.table\_instance\_id_1$ 和 $c.table\_instance\_id_2$ 指在产生候选模式 c 的过程中参与 join 的两个 co-location 模式的表实例。另外,在 join 的具体实现上,选用 sort-merge join(分类合并连接)方法,因为在 k 的循环迭代中,有序的表实例将自然保持到下一次的循环迭代中。Co-location 模式表及表实例的排序一般是基于表示空间对象的字母序和空间对象实例的数字序进行。最后,所有其表实例为空的

co-location 模式将从 C_{k+1} 集合中剔除。

(3)剪枝

候选可以使用给定的阈值 min_prev 剪枝，另外，多分辨剪枝(Multi-resolution Pruning)方法能被用于具有强自相关性的空间数据集(如，空间实例相互靠近)。

1)基于支持度的剪枝

首先，计算 T_{k+1} 中所有候选模式的参与度(PI)。参与度的计算方法：为模式 c 的每个空间对象建一个位图，其位数是相应空间对象的实例总数，扫描 c 的表实例，并对每一个空间对象在相应的位图的相应位上赋 1；扫描结束后，计算每个位图中 1 的个数，其数除以相应空间对象的实例总数，这就是参与率(PR)。

2)多分辨剪枝

其基本思想是：使用一种划分(如分页或格)方法对空间数据划分后，在空间数据的综合级(划分结果)上实施粗剪枝。具体：一种在划分上的基于空间邻近关系 R 的新的邻近关系 R^c 被引入，如果分别来自两个划分的任何两个实例均具有空间关系 R，则这两个划分具有空间邻近关系 R^c。在一种划分下的每一个划分 s 的一个空间对象 f 的所有实例看成粗实例空间的一个新的粗实例 $\langle s,f,m\rangle$，其中 m 是划分 s (或称细胞 s)中空间对象 f 的空间实例数目。多分辨剪枝将丢弃粗参与度低于给定阈值的 co-location 模式，因为粗参与度值不会低于实际参与度值。

为简单起见，以一个简单的线性正方格为例(作为划分方法)，说明这个多分辨剪枝策略。图 8-42(a)中，不同形状的图标表示不同的空间对象类型，而每一个实例在相应的空间对象类型中有一个唯一的 ID 号(编号)，在图中编号被标于对应图标之下。两个实例是邻近的，如果它们是在同一个 $d\times d$ 的正方形内。对数据所在的空间以长度 d 划分形成一个格，细胞 (i,j)是指那样的细胞，i 是 x 轴的划分，而 j 是 y 轴的划分。在这个格中，两个细胞被称为粗邻近，如果它们的中心是在同一个 $d\times d$ 的正方形内。这样的定义暗示一个细胞的 8-邻居细胞(北、南、东、西、东北、西北、东南、西南)与该细胞有粗邻近关系。具体的多分辨剪枝的过程阐述如下：

首先，在粗邻近关系下，通过粗表实例的连接产生 $k+1$ 阶候选模式的粗表实例；

其次，基于粗表实例，计算所有候选模式的参与度。计算方法如下：对于每个空间对象类型 f_i，累计每个粗实例中所含该空间对象的所有空间实例数，以此数除以整个研究区域该空间对象的实例总数。例如，在图 8-42(b)中，粗 $PR((\triangle,\Diamond),\triangle)=4/7$，因为在$(\triangle,\Diamond)$的粗实例中有两个含对象△的细胞，每一个细胞包含两个对象△的实例，而对象△的实例总数是7，类似地，粗 $PR((△,◇),◇)=4/4=1$。于是，得到粗参与度 $PI((△,◇))=\min(4/7,4/4)=4/7$。如图 8-42(b)所示，如果 min_prev 设置为 0.6，模式 c5 和 c6 将在对多分辨剪枝中剪去。从图 8-42 所示的计算中能清楚地看到，粗表实例的长度小于细化级(实际的)实例的长度，这就是说，通过对聚集数据实施多分辨剪枝将可能减少计算代价。最后，从图 8-42 的例子，我们还可以看到，粗参与率和粗参与度值将总是大于原始数据集的实际参与度值(这就保证了多分辨剪枝的正确性)。

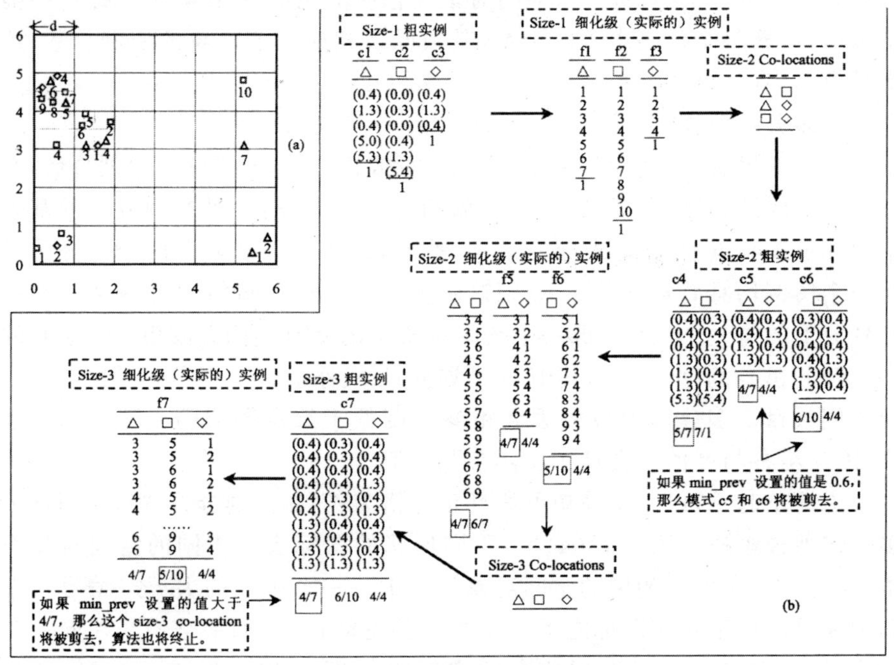

图 8-42　多分辨剪枝思想的说明

(4)产生 co-location 规则

算法中的 gen_co-location_rule 函数产生所有条件概率大于给定阈值 *min_cond_prob* 的 *co-location* 规则，计算参与度使用的位图方法能同样被用于产生 co-location 规则。

8.3.7　统计信息网格方法

统计学信息网格方法(Statistical Information Grid-based Method, STING)，使用了一种类似四叉树的分层技术，把空间区域分成矩形单元。

网格结构中的每个节点概括了该网格中所含内部属性的信息。通过获取这些信息,很多数据挖掘请求都可以通过检验单元统计得到响应。同时捕获了这些统计信息之后,不需要扫描整体的数据库。这样,当有多个数据挖掘请求访问数据时会提高效率。与归纳和逐步求精技术不同,STING 不用提供预定义的概念层次。

STING 方法可以看作是一种层次聚类技术。它的基础工作是建立一个分层表示(有点像树状图),它把空间分割成区域。层级的顶层的组成就是整体空间。最底层是代表每个最小单元的叶子节点。如果使用一个单元在下一层中拥有四个子单元(网格)的话,单元的分割与四叉树中是一样的。但是就一般而言,这个方法对所有空间的层次分解都适用。图 8-43 说明了构造的树中前三层的节点。

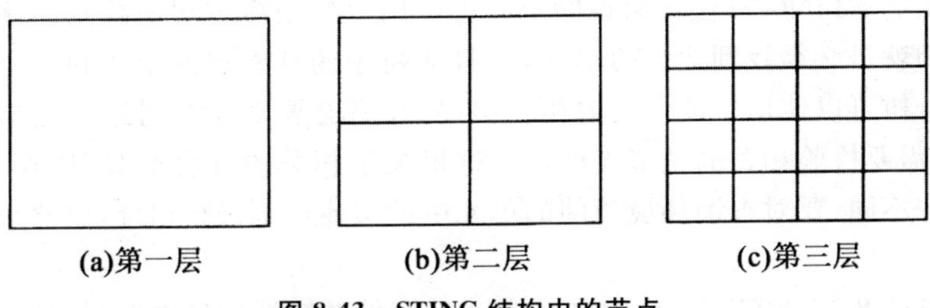

图 8-43　STING 结构中的节点

建造树的算法在算法 8-1 中给出,其中空间的每个单元对应树中的一个节点,单元同时描述为独立于属性(求和)的数据和依赖于属性(平均值、标准偏差、最小值、最大值、分布)的数据。随着数据导入数据库,层次就被建立起来。属性在单元中的放置完全取决于它的物理位置。算法 8-1 有两个部分:第一部分创建层级;第二部分填入相应值。

算法 8-1　STING BUILD

输入:将被放入层级结构中的数据 D;

最底层期望的单元个数 k。

输出:树 T。

(1)T=数据经初始化的根节点;//自顶向下创建一个空树,最初仅为根节点

(2)i=1;

(3)REPEAT

(4) FOR each node in level i DO

(5)　创建四个子节点,并初始化值;

(6) i=i+1;

(7)UNTIL 4i=k;

(8)FOR each item in D DO BEGIN//自底向上组装树

(9) 找到与数据 D 的位置相关联的叶子节点 j；

(10) 根据属性值更新 j 中的值；

(11)END

(12)i=$\log_4$(k)；

(13)REPEAT

(14) i=i-1；

(15) FOR each node j in level i DO

(16) 根据四个子节点的属性值更新 j 中的值；

(17)UNTIL i=1；

算法 8-1 是为了查询而建造表示树的算法，算法 8-2 给出了实际处理查询用的 STING 算法。附近的单元可以用一些距离方程来找到。这里最重要的就是必须找到适当的单元，并且从树中的这些单元中找到信息。检验这个树可以使用广度优先遍历。但是，没有必要对这个树进行完整的遍历，只需要检验相关的子节点即可。这里关于相关的概念类似 IR 查询，只是有些不同，要对查询环境访问的单元中的实体比例进行估计，以此来决定相关。

算法 8-2 STING(从建造好的树 T 存储的统计信息中得到响应)

输入：树 T；

查询 Q。

输出：相关的单元区域 R。

(1)i=1；

(2)REPEAT

(3) FOR each node in level i DO

(4) IF 此单元与 Q 相关 THEN 标记它；

(5) i=i+1；

(6)UNTIL 树的所有层都被访问过了；

(7)识别与相关单元临近的单元，并为之创建区域；

STING 算法的时间复杂度为 $O(k)$，k 代表最底层单元的数量。显然，这是由于树自身而花去的时间。当被用来作为聚类的时候，k 将是聚类产生的最大的数字。在计算一个单元是否与查询相关的可能性要基于单元中的实体满足查询约束条件的百分比。通过一个预定义的可靠区间，如果比例足够高，则此单元被标记为相关的。与这些相关单元联系着的统计信息用来响应查询。如果这个近似的响应还不够好，那么在数据库中联系着的相关实体可以经过检验而得到更精确的响应。

8.4　遗传算法

遗传算法(Genetic Algorithm,GA)是一类借鉴生物界的进化规律演化而来的随机化搜索方法。遗传算法是从代表问题可能潜在解集的一个种群开始的,整个进化过程是通过一代群体向下一代群体演化完成。遗传算法的构成要素有 3 种,如图 8-44 所示。

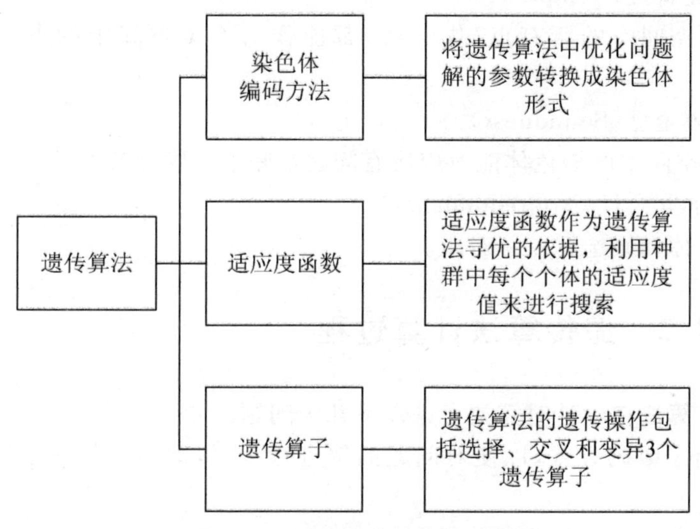

图 8-44　遗传算法的构成要素

8.4.1　遗传算法的编码规则

编码机制(Encoding Mechanism)是 GA 的基础,编码是遗传算法要解决的首要问题。将问题的解转换成基因序列的过程称为编码(Encoding)。反之,将基因转换成问题的解的过程称为解码(Decoding)。对于任何应用遗传算法解决实际问题,都必须将解的表达方法和相关问题领域的特性结合起来分析考虑,这也正是 GA 有广泛应用的重要原因。编码空间与解空间如图 8-45 所示。

当用遗传算法求解问题时,必须在问题空间和对遗传算法的个体基因结构之间建立联系,即确定编码和解码方案。评估编码机制一般采用以下三个规范:

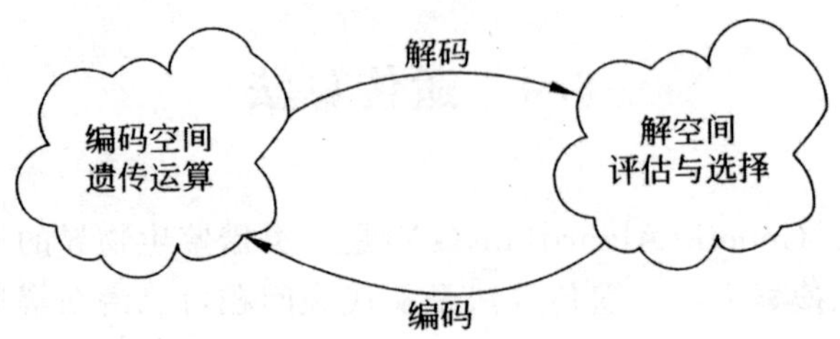

图 8-45　编码空间与解空间

(1)完备性(Completeness)

问题空间中的所有点(候选解)都能作为 GA 空间中的点(染色体)表现;

(2)健全性(Soundness)

GA 空间中的染色体能对应所有问题空间中的候选解;

(3)非冗余性(Nonredundancy)

染色体和候选解一一对应。

8.4.2　遗传算法计算过程

遗传算法在设计时需要考虑以下几个问题。

①确定编码方式,以便对问题的解进行编码,即用个体表示问题的可能解。

②确定种群大小规模。

③确定适应度函数,决定个体适应度的评估标准。

④确定选择的方法及选择率。

⑤确定交叉的方法及交叉率。

⑥确定变异的方法及变异率。

⑦确定进化的终止条件。

遗传算法的主要思想是通过对自然界进化过程中自然选择、交叉、变异机理的模仿,来完成对最优解的搜索过程。在此基础上,Goldberg 提出了一种最基本的遗传算法,该算法被称为基本遗传算法(Simple Genetic Algorithm,SGA)。

SGA 只使用了选择算子、交叉算子和变异算子这三种遗传算子,其结构简单,易于理解,是其他遗传算法的雏形和基础。

确定好上述参数和方法后,如图 8-46 所示,遗传算法的基本步骤如下。

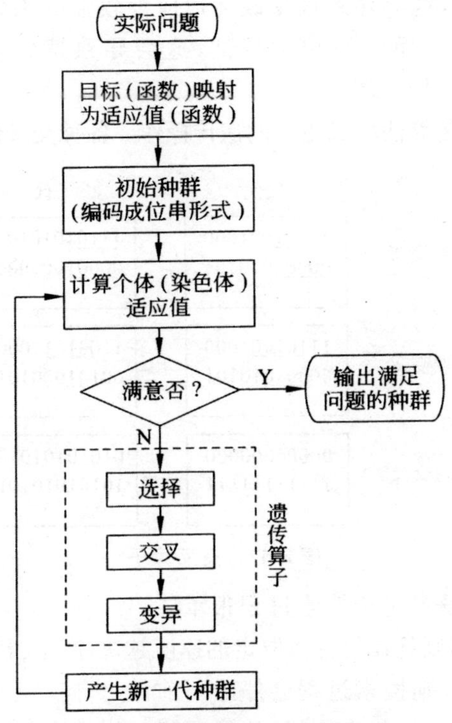

图 8-46 遗传算法的处理流程示意图

8.4.3 遗传算法参数选择

GA 的参数选择包括群体规模、编码规则、交叉和变异概率、适应度函数形式、收敛判据等。

(1)种群数量

算法的计算效率受群体规模的制约。当所选规模过小时,达不到提供大量采样点的目的,这会导致降低算法的计算效率,还有可能不能确定最优解;当所选规模过大时,自然使计算强度增大,会导致需要很长的时间才能达到收敛条件。一般 n 的取值在 10～160 之间,增量为 10。

(2)编码方法

当采用自然数编码时,从理论上可以证明 GA 的最优群体规模的存在性,并给出相应的计算方法。一个有效解的编码一旦确定了,一般就确定交叉和变异算法了。

(3)确定交叉和变异概率

1)交叉概率 P_c。

交叉概率可以制约进行交叉的频率。当所取概率过大时,群体中字符串的更新频率较快，这会导致极易破坏适应性较强的函数值个体；当所取概率过小时，进行交叉操作的频率较低，这会导致搜索进程受阻。通常在0.25～1.00 范围内选取 P_c。

交叉操作是遗传算法中最主要的遗传操作。各种交叉形式如图 8-47 所示。

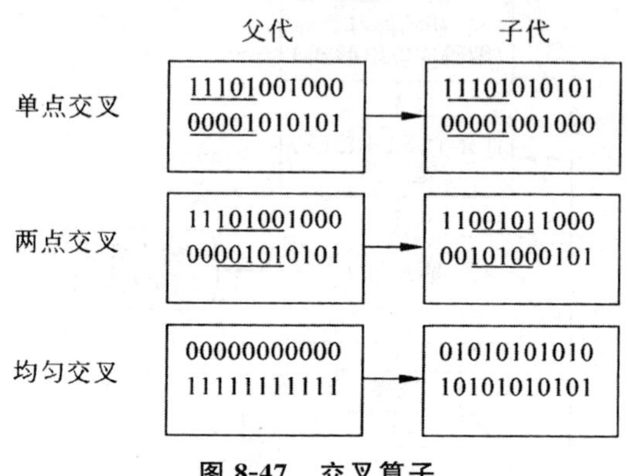

图 8-47 交叉算子

交叉率 P_c 的设置对于搜索过程很重要。

①交叉率太高，则优良物种被取走的速度越快，产生新物种的速度也越快。

②交叉率太低，则搜索过程会停滞不前。

③交叉前已经过复制和选择，故较一般随机搜索算法要好。

2)变异概率 P_m

完全依靠选择和交叉操作可能导致无法创造出具有新特性的个体，如图 8-48 所示。

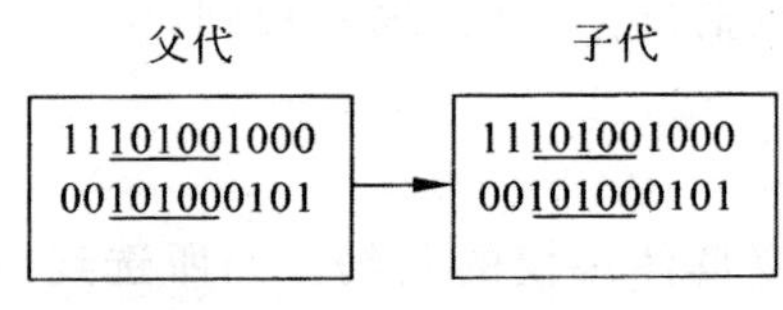

图 8-48 交叉导致没有创新

为了解决上述问题，希望通过突变的方式使新个体跳脱局域解范围，产生全局最优解。

变异操作需注意如下问题。

①交叉与变异概率控制算法收敛速度。

②初始概率可以定为较大的值，以便在全局范围内搜索，然后依进化代数递减，锁定最优解。

③适当时刻可以加入人为干扰以刺激产生新物种。

(4)适应度函数

设计出适应度函数，这很重要，因为它决定着算法进化的方向，最终影

响算法效率,如果设计得好,可能很快就能收敛到较好的解,如果设计不好,很可能不能进化。适应度函数选择显然要和目标函数相对应。

适应度函数的建立原则为:

①适应函数的值不小于 0。

②在求解优化问题时,应保持目标函数的变化方向与适应函数的变化方向相同。

由于评估函数、变异系数、种群大小、交叉和变异方法等问题与收敛速度的关系难以找到定量的描述,所以遗传算法的难点就在于合理的参数选择。

8.4.4 遗传算法实例应用

求函数 $f(x)=x^2$ 的最大值,变量 x 在 0～31 之间取整。

如果应用遗传算法求解,我们可以规定用二进位数来表示一定的变量 x,由此就产生了一系列的编码;其中每一代个体都是长度为 5 的二进制位串,规定初始群体的容量为 4。那么,随机选取总体中的 4 个个体即组成初始群体。可采取掷硬币的方法来继续后续过程。举例来说,将一枚硬币连续掷 20 次,也可以将已经规定顺序的 5 枚硬币分别掷 4 次,正面代表 1,反面代表 0,则产生 4 个 5 位二进制字符串,可以记作(01101)、(11000)、(01000)、(10011)。遗传算法主要应用的是根据适应度大小比例来选择的方法,此时需要利用一定的轮盘来选择保留初始群体中的哪一个体。结果见表 8-1。

(1)遗传第一代计算过程

如表 8-1、表 8-2 所示。

表 8-1 第一代群体的选择

串 No.	初始群体(随机生成)	x	$f(x)=x^2$	$\frac{f}{\sum f}$	$\frac{nf}{\sum f}$	实际生存数(由轮盘决定)
1	01101	13	169	0.144	0.576	1
2	11000	24	576	0.492	1.968	2
3	01000	8	64	0.055	0.220	0
4	10011	19	361	0.309	1.236	1
和			1170	1.000	4.000	4
平均			293	0.250	1.000	1
max			576	0.492	1.968	2

交换率取为 1,即肯定施行交换算子。同样,可通过掷硬币的方法将复制出的 4 个串配成两对并随机确定交叉点进行交换。

表 8-2　第一代个体交叉过程

串 No.	选择后的配对（竖线为交换点的位置）	配对（随机选择）	交叉点（随机选择）	新种群	x	$f(x)=x^2$
1	01101	2	4	01100	12	144
2	11000	1	4	11001	25	625
3	11000	4	2	11011	27	729
4	10011	3	2	10000	16	256
和						1754
平均						439
max						729

取突变率为 0.01,这表示在 1000 位中平均有 10 位发生突变。在所举实例中,共有 4 个 5 位的字符串,一共 20 位,那么,平均会有 2 位可能发生突变。再经由选择、交换则实现了一代遗传。在此基础上可以继续进行遗传操作,根据收敛判据,达到最大的遗传代数(此例数据较少,假设最大迭代数为 5)。

(2)遗传第二代计算过程

如表 8-3、表 8-4 所示。

表 8-3　第二代群体的选择

串 No.	初始群体（第二代）	x	$f(x)=x^2$	$\frac{f}{\sum f}$	$\frac{nf}{\sum f}$	实际生存数（由轮盘决定）
1	01100	12	144	0.082	0.328	0
2	11001	25	625	0.356	1.424	1
3	11011	27	729	0.416	1.664	2
4	10000	16	256	0.146	0.584	1
和			1754	1.000	4.000	4
平均			439	0.25	1.000	1
max			729	0.416	1.664	2

表 8-4　第二代个体交叉过程

串 No.	选择后的配对（竖线为交换点的位置）	配对（随机选择）	交叉点（随机选择）	新种群	x	$f(x)=x^2$
1	11001	2	3	11011	27	729
2	11011	1	3	11001	25	625
3	11011	4	2	11000	24	576
4	10000	3	2	10011	19	361
和						2291
平均						573
max						729

由于所有个体的第三位都是 0，所以若是单纯用交叉而没有用变异，那么遗传多少代都只能得到 27(11011)次优解，而无法得到最优解 31(11111)。因此，随机挑选一个个体，个体 3 进行变异，把第三位的 0 变成 1，即 28(11100)，再进行遗传。

(3)遗传第三代计算过程

如表 8-5、表 8-6 所示。

表 8-5　第三代群体的选择

串 No.	初始群体（第三代）	x	$f(x)=x^2$	$\frac{f}{\sum f}$	$\frac{nf}{\sum f}$	实际生存数（由轮盘决定）
1	11011	27	729	0.292	1.168	1
2	11001	25	625	0.250	1.000	1
3	11100	28	784	0.314	1.256	2
4	10011	19	361	0.144	0.576	0
和			2499	1.000	4.000	4
平均			625	0.25	1.000	1
max			784	0.314	1.664	2

表 8-6　第三代个体交叉过程

串 No.	选择后的配对（竖线为交换点的位置）	配对（随机选择）	交叉点（随机选择）	新种群	x	$f(x)=x^2$
1	110|11	4	3	11000	24	576
2	1100|1	3	4	11000	24	576
3	1110|0	2	4	11101	29	841
4	111|00	1	3	11111	31	961
和						2954
平均						739
max						961

(4)遗传第四代计算过程

如表 8-7、表 8-8 所示。

表 8-7　第四代群体的选择

串 No.	初始群体（第四代）	x	$f(x)=x^2$	$\frac{f}{\sum f}$	$\frac{nf}{\sum f}$	实际生存数（由轮盘决定）
1	11000	24	576	0.195	0.780	1
2	11101	29	841	0.285	1.140	1
3	11000	24	576	0.195	0.780	1
4	11111	31	961	0.325	1.300	1
和			2954	1.000	4.000	4
平均			739	0.25	1.000	1
max			961	0.325	1.300	2

表 8-8　第四代个体交叉过程

串 No.	选择后的配对（竖线为交换点的位置）	配对（随机选择）	交叉点（随机选择）	新种群	x	$f(x)=x^2$
1	11|000	2	2	11101	29	841
2	11|101	1	2	11000	24	576

续表

串 No.	选择后的配对（竖线为交换点的位置）	配对（随机选择）	交叉点（随机选择）	新种群	x	$f(x)=x^2$
3	11|000	4	2	11111	31	961
4	11|111	3	2	11000	24	576
和						2954
平均						739
max						961

根据收敛判据，达到最大的遗传代数 5，可以得到最优解为 31(11111)。

8.5　多媒体数据挖掘

多媒体数据挖掘指从大量的图像、视频、音频等多媒体数据集中，通过分析视听特征语义，发现隐含的、有效的、有价值的、可以理解的模式，为用户提供问题层次的决策支持能力。

8.5.1　多媒体挖掘的分类

按处理的媒体数据进行分类，如图 8-49 所示。

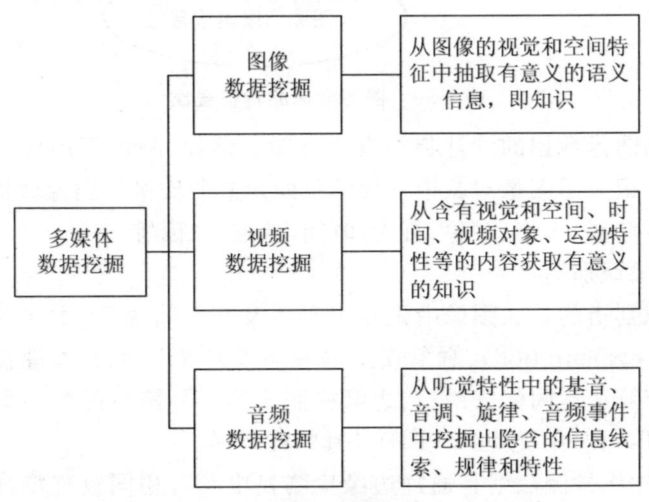

图 8-49　多媒体数据挖掘的分类

8.5.2 图像数据挖掘

1. 图像数据预处理

图像数据的预处理过程主要包括特征提取、对象识别、多维分析和数据规约等。

(1)特征提取

图像数据的特征提取主要包括视觉特征、统计特征和语义特征。视觉特征是指具有直观意义的图像形状和颜色特征。统计特征是对图像像素、纹理等特征的统计。语义特征描述的是图像对象高层语义信息。特征提取的对象可以是整幅图像,也可以是某个区域的内容对象。图像数据的特征层次如图 8-50 所示。

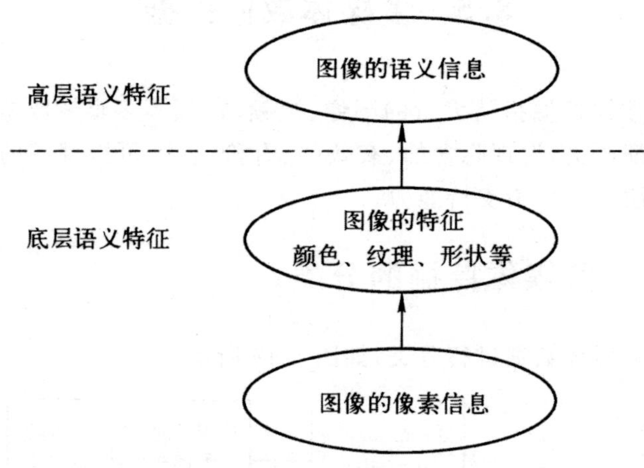

图 8-50 图像数据的特征层次

常见的图像数据的统计特征有直方图。例如,颜色可用颜色直方图进行描述——记录了图像对象中每种颜色的像素的比例。图像数据的语义特征包括文本注释、人物、对象、行为、时间、地点、原因等。

(2)对象识别

对象识别指的是从图像中识别出对象及其空间关系,主要涉及图像分割(Image Segmentation)、对象模型的表示及对象识别等关键技术。图像分割的传统算法有阈值分割法、边缘检测法等。分割后的各图像对象使用唯一标识(ID)、对象类型(TYPE)及其特征描述。

其中,边缘检测法就是通过边缘检测找出具有相同纹理特征的区域或由边缘点组成的闭合曲线围成的区域。大多数边缘检测方法都是查找图像

上灰度的不连续点，或灰度变化剧烈的地方，因为在这些边缘点附近，信号具有空间域的高频分量。然而，边缘点附近的信号具有空间域的高频分量，很难与噪声区分开。

(3)多维分析

此外，图像数据预处理还涉及图像数据的多维分析。图像数据多维分析通常采用的是数据立方体的思想和方法。图像数据立方体包含针对图像信息的维和度量，如颜色、纹理等。构造高维的图像数据立方体是很困难的，这是因为许多图像属性是集合值而不是单值。若维度表示的图像属性太细微，会导致立方体的维数太高；若图像的属性粒度过大，则会造成图像数据立方体过于粗糙。

(4)数据规约

数据规约主要包括维规约和数据压缩，其目的是降低图像数据的维数并提高图像数据挖掘的质量和效率。常用的数据规约方法有主成分分析法和特征聚类法。

2. 图像数据挖掘系统模型

目前的图像数据挖掘系统模型可分为功能驱动模型和信息驱动模型两种。

(1)功能驱动模型

加拿大西蒙弗雷泽大学在前人的基础上，研发了一个基于图像内容的图像数据挖掘软件原型——多媒体挖掘器(Multimedia-miner)。Multimedia-miner 系统就属于功能驱动模型。Multimedia-miner 系统实现了利用多维分析技术创建多媒体数据立方体、知识的发现(总结型知识、分类知识、关联规则知识等)等功能。

Multimedia-miner 系统主要由图像采掘器(Excavator)、预处理器(Preprocessor)、检索引擎(Search Engine)、知识发现模块(Knowledge Discovery Module)等 4 个功能模块组成，如图 8-51 所示。

(2)信息驱动模型

信息驱动模型将图像表示信息分为 4 个层次，各层次信息在图像数据挖掘中起到不同的作用，如图 8-52 所示。

①像素层主要由原始图像信息组成(如像素点)。

原始图像特征包括颜色、纹理、形状特征以及相关文本信息等。显然，仅仅通过这些低级特征难以取得满意的检索结果，无法满足特定图像对象的检索需求。

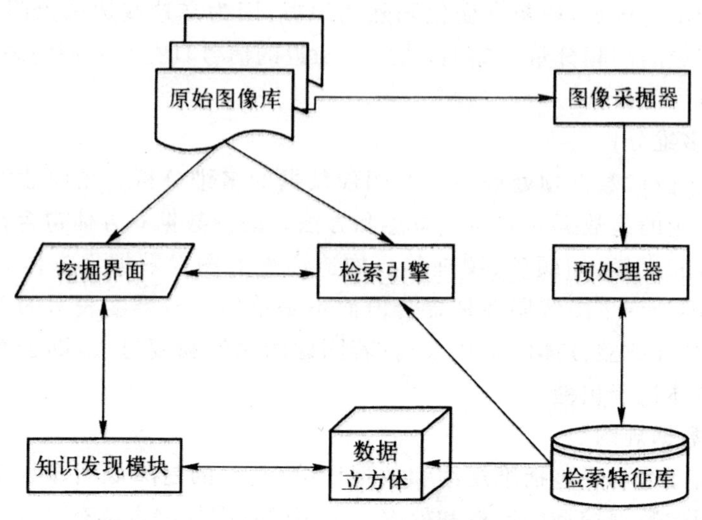

图 8-51 Multimedia-miner 系统的体系结构

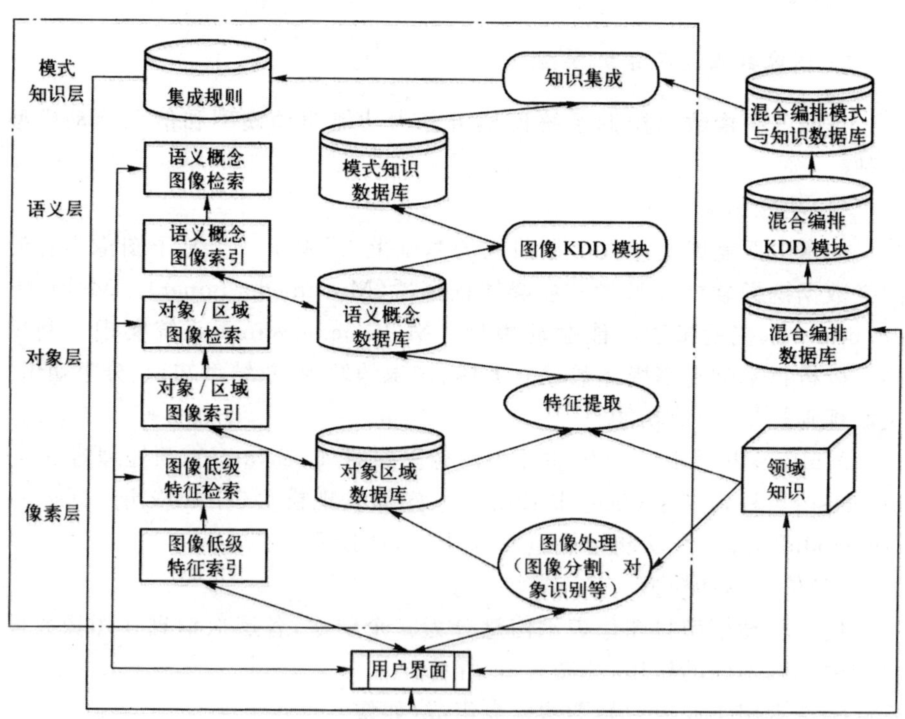

图 8-52 信息驱动模型的体系结构

②对象层的主要任务是识别图像对象。

通常通过人工构建图像对象模型,并赋予其相应的标签,然后通过对象识别模块实现标签与图像的匹配,进而判断该图像是否含有标签标识的图

像对象。

③语义层从识别出的图像对象中生成高级的语义概念，挖掘抽象概念之间隐藏的关系。常用的语义挖掘技术包括图像聚类、分类、关联规则挖掘等。

④模式知识层不仅考虑从图像中挖掘出来的信息，还结合领域相关的信息和知识，以进一步挖掘潜在的领域知识和模式，更好地挖掘隐藏于各图像之间领域特定的规则。

8.5.3　语音识别挖掘

1. 语音信号预处理

语音信号预处理包括数字化、预加重、分帧、加窗、语音信号处理和特征提取等过程，如图 8-53 所示。

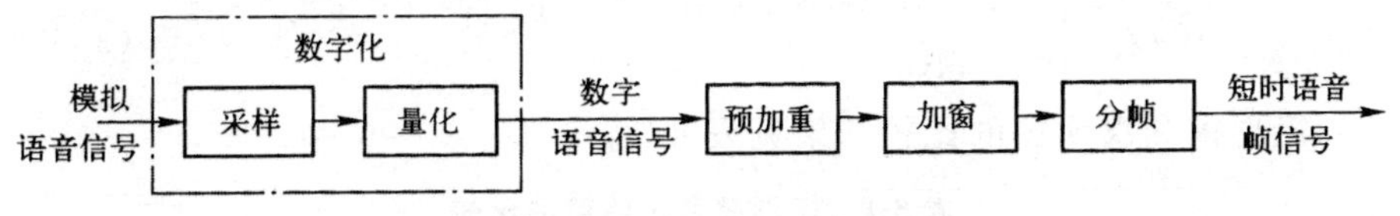

图 8-53　语音信号预处理系统框图

(1)数字化

数字化是将连续的模拟信号转换成离散的数字信号的过程，即模数转换(Analog to Digital Conversion, A/D)，包括采样(Sampling)和量化(Quantization)。采样是将时间上连续的语音信号离散化为一个样本序列

$$x(n)=x_a(nT),\quad -\infty<n<+\infty \tag{8-34}$$

其中，n 为整数，T 为采样周期，$x_a(nT)$为原始模拟语音信号。语音信号主要集中在 300～3400Hz 之间。数字化时的采样频率多取 8kHz。量化过程是将整个幅度值分割为有限个区间，给落入同一区间的样本都赋予相同的幅度值。量化后的信号值 $y(n)$与原信号 $x(n)$之间的差值称为量化噪声，用 $e(n)$表示

$$y(n)=x(n)+e(n) \tag{8-35}$$

(2)预加重

受声门激励和口鼻辐射的影响，语音信号的平均功率谱按 6dB/oct 跌落，因此频率越高，语音信号频谱相应的成分越小，语音信号的高频分量幅度较低。预加重的目的就是为了提高语音信号中的高频成分，使得整个信号的频谱在低频至高频的整个频带中比较平坦，同时能抑制随机噪声。

(3)分帧

在分帧过程中，通常采用交叠分段的方法将一段较长的语音信号分成很多帧，每秒的帧数约为33～100帧，每帧时长约30ms。分帧后，原信号变成分段信号，相当于对时域内的原始信号加上了矩形窗。时域内的原始信号与矩形窗相乘也就相当于频域内信号频谱与矩形窗的傅里叶变换进行卷积。

(4)加窗

加窗过程中常用的窗函数包括矩形窗(Rectangular Window)和汉明窗(Hamming Window)两种。假设 N 为帧长，则矩形窗和汉明窗分别如下所示

矩形窗：

$$\omega(n)=\begin{cases}1, & 0\leqslant n\leqslant N-1\\ 0, & \text{else}\end{cases} \tag{8-36}$$

汉明窗：

$$\omega(n)=\begin{cases}0.54-0.46\cos[2\pi n/(N-1)], & 0\leqslant n\leqslant N-1\\ 0, & \text{else}\end{cases} \tag{8-37}$$

矩形窗和汉明窗的比较结果见表8-1。

表8-1　矩形窗和汉明窗的比较

窗类型	主瓣宽度	旁瓣峰值	最小阻尼衰减
矩形窗	$4\pi/N$	-13	-21
汉明窗	$8\pi/N$	-41	-53

2. 语音识别技术

语音识别原理如图8-54所示。

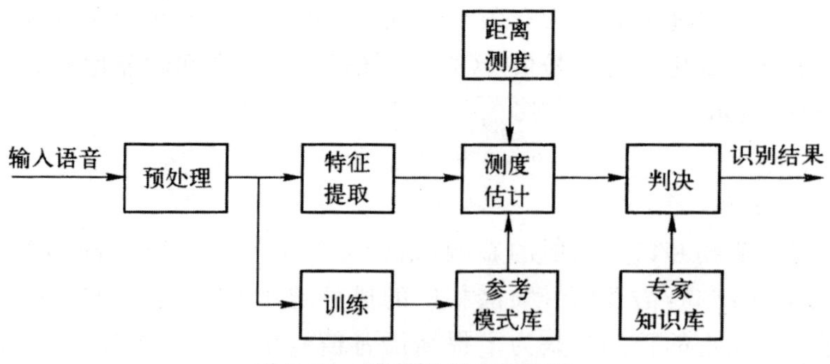

图8-54　语音识别原理框图

语音识别中应用的常用技术包括动态时间规整、模式匹配和隐马尔可夫模型。

(1)动态时间规整

动态时间规整(Dynamic Time Warping,DTW)是一种将时间规整与失真测度(即距离测度)结合起来的非线性规整技术。假设参考模板 R 共有 M 帧矢量,待测语音参数 T 共有 N 帧矢量,且 $M \neq N$,则 DTW 的任务是寻找一个时间规整函数 $j=\omega(i)$,且该函数应满足下式:

$$D=\min_{\omega(i)}\sum_{i=1}^{M}d[T(i),R(\omega(i))] \tag{8-38}$$

其中,i 和 j 分别表示待测矢量和参考模板的时间轴,$d[T(i),R(\omega(i))]$ 表示第 i 帧待测矢量 $T(i)$ 和第 j 帧模板矢量 $R(j)$ 之间的距离测度,D 则表示两矢量之间最优时间规整情况下的匹配路径。

(2)模式匹配

模式匹配是语音识别系统中最常用到的,也就是将待测语音的模式与已知语音的参考模式逐一进行比较,选取最佳匹配的参考模式作为识别结果。语音识别系统的基本结构包括特征提取、模式匹配和参考模式库 3 个基本单元。

(3)隐马尔可夫模型

在隐马尔可夫过程中,人们在每一时刻得到的观测值是由所处状态相关的一个随机过程决定的,某一时刻处于什么样的状态由一个随机过程决定,某个状态下能产生什么样的观测值则由另外一个随机过程决定。

隐马尔可夫模型的主要参数包括状态数目、观测值数目、状态转移概率、状态观测概率、初始状态分布等。具体来说,状态转移概率矩阵可分为任意状态可达型和左右型,产生观测值的方式可分为离散型隐马尔可夫模型和连续型隐马尔可夫模型。

常见的隐马尔可夫模型建模单元有整词单元、音节单元、音素单元等。

整词单元建模是对整个词对应的语音信号进行建模,一个词就是一个单元。整词单元建模可以忽略词内的音素受上下文影响而产生的发音变化。但在进行大词汇量的识别任务时,由于词的个数太多,而通常情况下可以获得的训练样本数量有限,因此整词单元建模的效果并不理想。

音节单元由一个或几个音素构成,是听觉能感觉到的基本单位。一个单词可能由好几个音节构成。

音素是人类语言物理上的具体声音,是构成读音的最小单位,例如,英文单词中的一个音标对应的就是一个音素,英文音素共有 48 个。音素单元建模获取的训练数据很多,但是易受一句话中的前后文的影响,而且同一音素在不同上下文、环境下的发音也会有差别。

隐马尔可夫模型进行小词汇量的孤立词识别效果较好，这是因为词汇量不多，且一段语音中每个字的界限都很明显，建模相对简便。另外，隐马尔可夫模型也可以进行连续语音识别。

8.5.4 视频数据挖掘

1. 视频数据预处理

视频数据预处理主要包括关键帧提取、镜头切分和特征提取 3 个步骤。

(1)关键帧提取

将视频所包含的视觉信息转化为图像流序列，其中包含的每一帧均为一幅图片。视频中包含帧的数目很多，同时，相邻帧间具有极高的重复度，所以我们往往需要对视频采取结构化处理，也就是将视频划分为不同的镜头集合，然后提取每一镜头中的“关键帧”来代表此镜头。关键帧提取是视频理解、视频摘要生成等更高层次视频处理的基础。

(2)镜头切分

把一个镜头进行分割处理，使其成为一个镜头序列，这一过程即为镜头切分，也称作镜头边界检测。进行该过程主要是为了找到镜头切换的位置。

进行镜头切分主要有两种方法，一种为骤变法，也就是直接由一个镜头切换至另一镜头，不存在丝毫过渡；另一种为渐变法，如溶化、淡入、淡出等编辑手法。常用的镜头切分方法包括基于灰度、边缘、直方图、块匹配、聚类、模型、压缩域等多种方法。

(3)特征提取

具体的镜头特征类型如图 8-55 所示。

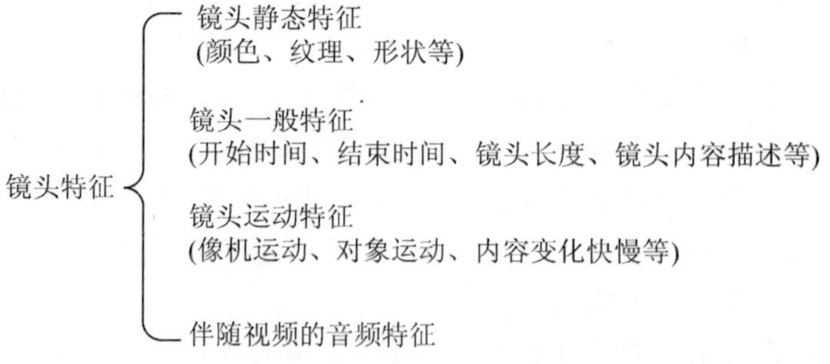

镜头特征
- 镜头静态特征(颜色、纹理、形状等)
- 镜头一般特征(开始时间、结束时间、镜头长度、镜头内容描述等)
- 镜头运动特征(像机运动、对象运动、内容变化快慢等)
- 伴随视频的音频特征

图 8-55 具体的镜头特征

视频挖掘需要用到视频信息检索的一些技术来解决视频数据的特征提

取、内容描述等问题，但并不能深入到“挖掘”的层次。

2. 视频数据挖掘技术

(1)视频分类

视频分类主要有视频对象分类和对象行为分类两种。

视频对象分类就是把一组视频对象(包括镜头、关键帧、场景、提取出的目标对象、文本等)。按照相似性分成若干类。

视频分类的主要技术包括视频分割方法、视频特征提取和数据处理以及视频分类方法 3 个步骤。具体的视频对象分类方法包括统计方法、机器学习方法和神经网络方法等。其中，统计方法包括贝叶斯法和非参数法(近邻学习或基于事例的学习)。机器学习方法包括决策树法和规则归纳法等。

对象行为分类方法一般有两大类：跟踪模型方法和稀疏分布的行为部件方法。

跟踪模型方法通常假定预先能将活动主体与背景正确地分割开来，跟踪获取对象的运动轨迹，并在此基础上进行行为识别。由此可见，跟踪模型方法的鲁棒性很大程度上取决于分割和跟踪系统。

行为部件方法通过从视频序列中的特征点上提取时空块来实现行为识别。视频对象的行为可采用单元块作为描述的基本单元，任何一个行为所在区域可以被看作邻近的若干单元块的联合。如此，任何一个行为就可以表示成包含若干个单元块的时空体。在时空体内，可以根据行为自身的特点选取部分时空体进行组合来描述行为。Schuldt 等研究学者设计了一种在三维的 Harris 角点上提取时空块。为了保证行为分类的正确率，行为部件需要分析不同时空块的时空位置关系。

(2)视频聚类

视频聚类是根据视频镜头的颜色直方图、视频对象的运动特征或其他视频语义描述，把一组视频对象按照类别的概念描述分成若干类，从而将相似性高的视频对象划分至同一类。与分类方法不同，聚类的数目预先不确定。与一般聚类不同的是，视频数据聚类具有时间特征，需要在常规聚类算法中增加时间约束。

视频摘要生成就是聚类技术的主要应用。视频摘要生成最常见的一类方法是：先运用聚类方法对视频镜头进行聚类，然后从中挖掘出最能代表原始视频的镜头。视频摘要生成中采用的聚类方法有 k-Means、AP 聚类和多视频摘要生成等。最简单的 k-Means 聚类(或者类似的 k-Medoid 聚类)首先选取特征来表示关键帧，并基于这种特征计算两关键帧之间的相似性，计算出所有关键帧之间的相似性之后，利用 k-Means 聚类将这些帧聚成后类。相比 k-Means 方法,AP 聚类方法可以自动确定聚类的数目,并提升图像分类与聚类的效果。多视频摘要生成方法则可以是对文本和视觉两种信息分别进行摘要聚类生成。

(3)视频关联挖掘

视频关联挖掘将视频对象或其特征值看作数据项,从中挖掘出不同视频对象、视频镜头变换以及视频类型之间的关联,以分析其中的语义含义。关联可以是视频关键帧对象之间的,也可以是从高层抽取的诸如导演与电影类型之间的或者高层事件之间的。视频关联规则也可以反映不同视频对象间的高频率模式。

(4)视频运动挖掘

视频运动挖掘是指在运动特征的提取、分析、处理基础上,挖掘视频对象的运动模式、特点以及运动对象之间的关联等,进而获取知识,以支撑实时视频的监控、报警等。

8.6 可视化方法

可视化技术的最早提出源于科学计算可视化(Visualization in Scientific Computing,VISC),正式出现于 1987 年 2 月美国国家科学基金会召开的研讨会,从 1990 年期,IEEE 开始举办一年一度的可视化国际学术会议。

8.6.1 数据挖掘可视化的过程与方法

图 8-56 是 Card 等提出的信息可视化简单参考模型的图示。数据挖掘过程中的可视化,主要就是如何实现参考模型中定义的映射、变换和交互控制。可以把各种数据信息可视化看作是从数据信息到可视化形式再到人的感知系统的可调节的映射。

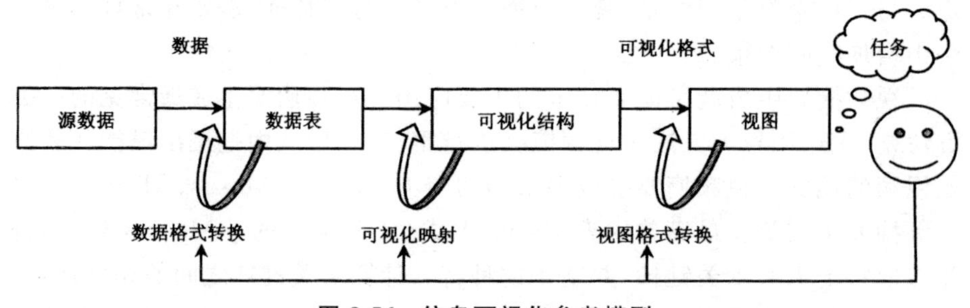

图 8-56 信息可视化参考模型

从该模型可以看出，可视化是一系列的数据变换。用户可以对这些变换进行控制和调整。“数据格式转换”把各种各样的原始数据映射并转换为可视化工具可以处理的标准格式；“可视化映射”运用可视化方法把数据表转换为可视化结构；“视图格式转换”通过定义位置、图形缩放、剪辑等图形参数创建可视化结构的视图，最终服务于要完成的任务。

与数据挖掘可分阶段进行类似，可视化数据挖掘也可以大致分为四个主要阶段。

(1)数据收集阶段

确定业务对象开展原始数据收集。这一阶段用到的可视化技术主要是数据可视化。

(2)数据预处理阶段

对源数据进行预处理，是数据挖掘的必要环节。由于源数据可能是不一致的或者有缺失值，因此数据的整理是必需的，以便于下一步数据挖掘的顺利进行。这一阶段同上一阶段一样也是以数据可视化为主。

(3)模式发现阶段

数据挖掘的方法主要包括三大类：统计分析、知识发现、其他可视化方法。这一阶段主要用到的是针对过程和交互进行可视化的工具。

(4)模式可视化阶段

此阶段分析、解释模式。使用各种可视化技术，将数据挖掘的结果以各种可见的形式表现出来，并使用各种已知技术手段，对获得的模式进行数据分析，得出有意义的结论。数据挖掘的最终目的是辅助决策，可视化数据挖掘也不例外，而且可以更直观地验证模型的正确性，一旦有必要就可以调整挖掘模型。也就是可以在用户直接参与的情况下不断重复进行挖掘来获得期望或是最佳的结果。这样决策者就能根据挖掘的结果，结合实际情况，调整竞争策略等。

8.6.2　数据挖掘可视化的分类

这里主要介绍按照可视化技术与数据挖掘技术的融合方式所进行的分类形式。

1. 数据可视化

数据可视化能够表现出数据是如何分布的。数据可以用多种可视化形式表示，包括常见的面积图、柱形图、立方体、圆环图、散点图、折线图、帕雷托图、雷达图等。若数据是多维数据，则可使用下面几种方法：

①几何投影方法。以发现多维数据集中“有意义”的投影为目标，将多维数据分析转换为只分析感兴趣的少量维度数据。

②基于图标的方法。将一个多维数据项映射成一个图标，可以是线条图、条状图、颜色图等各种各样的图标形式。

③面向像素的方法，其基本思想是将每个数据值映射到一个有色像素上，并将属于某个属性的数据值表示在一个独立的窗口中。

④分层方法。先对 K 维空间进行细分，然后用一种层次的形式表示这些子空间。

以上的可视化方法各有优缺点，而且适用对象也有差异，因此近来涌现出一批新的、综合了多种可视化技术的可视化方法，如 Parobox、数据星座、多景观等。

2. 挖掘结果可视化

挖掘结果可视化指将数据挖掘后得到的知识和结果用可视化的形式表达、解释和评价，以提高用户对结果的理解，并检验知识的真伪和实用性。

数据挖掘发现的知识和结果与用户所感兴趣的模式类型和采用的挖掘方法或算法有关，因此，数据挖掘要变得有效，数据挖掘系统就应能够以多种形式显示所发现的模式，这些形式包括关联规则、表、交叉表、散列图、盒图、饼图或条形图、报告、决策树、簇、孤立点、概化规则和数据立方体、下钻或上卷。图 8-57 是几种常见的挖掘结果可视化形式。

age(X,"young")and income(X,"high")=>class(X,"A")
age(X,"young")and income(X,"low")=>class(X,"B")
age(X,"old")=>class(X,"C")

(a)规则

age	income	class	count
young	high	A	1,4000
young	low	B	1,038
old	high	C	786
old	low	C	1,374

(b)表

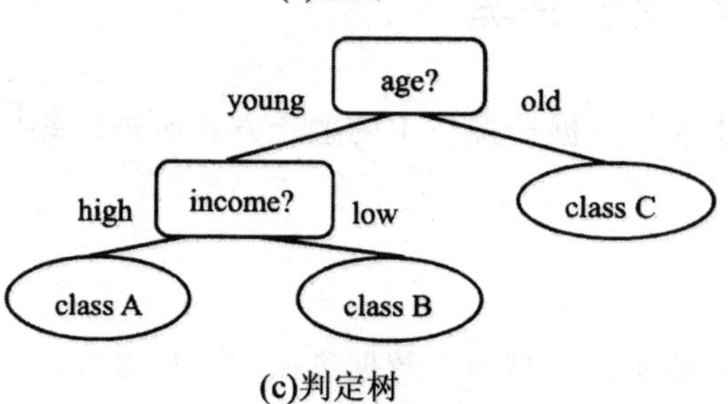

(c)判定树

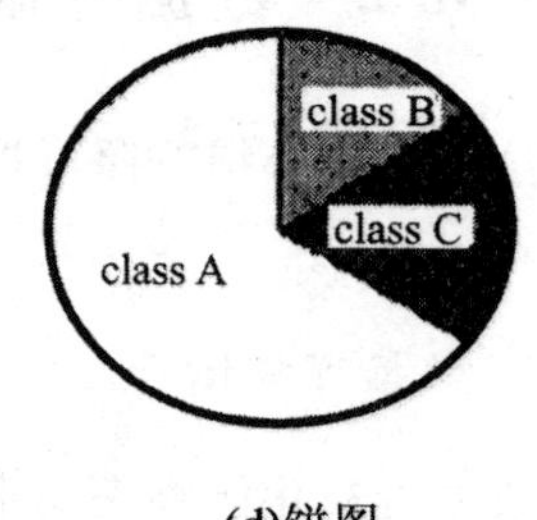

(d)饼图

图 8-57　模式的几种可视化表示形式

允许发现的模式以多种形式表示可以帮助不同背景的用户识别有趣的模式,并与系统交互或指导进一步的发现。用户应当能够指定用于发现模式的表现形式。

3. 挖掘过程可视化

数据挖掘过程可视化是将数据挖掘的整个过程用一种可视化的形式展现在用户的面前。在数据预处理、数据挖掘过程中,展现处理过程的数据可视化,有助于理解所采用的方法和数据挖掘算法,并发现其不足之处。IBM Intelligent Miner,SAS EnterpriseMiner,SPSS Clementine,Insightful Miner 等著名商业数据挖掘软件均实现了挖掘过程的可视化。

4. 交互式挖掘可视化

交互式挖掘允许用户聚焦搜索模式,根据返回的结果提出和精炼数据挖掘请求。用这种方法,用户可以与数据挖掘系统交互,从不同粒度、不同的角度来观察数据和发现模式,参与并影响数据挖掘模型的建立。

可视化数据挖掘技术不仅应用于分析挖掘过程中,并且在数据挖掘算法执行过程中也能起到重要作用。

交互式数据挖掘也可利用数据挖掘原语和数据挖掘查询语言。数据挖掘查询语言能为建立友好的图形用户界面提供基础,若将二者结合起来,就能实现用户与数据挖掘系统的自由交互。

以上介绍了一种对数据挖掘可视化的分类形式,常用的还有根据源数据集类型来对数据挖掘可视化进行分类。

一维信息可视化是对简单的线性信息的显示。二维数据信息是指包括两个主要属性的信息,如城市地图属于二维信息可视化。三维数据信息的表达不再是以符号化为主,而是以对现实世界的仿真手段为主。多维数据信息是指用户对数据集感兴趣的属性不止三个,它们的可视化就不能简单进行。多维数据可视化通常应用于人口普查、健康状况、现金交易、顾客群、销售业绩等领域。层次数据信息集中的数据常常会和其他数据信息有许多的关联。这样的内部依赖的可视化通常使用图表来表现。如磁盘目录结构、文档管理、图书分类等。网络数据信息指与其他任意数量的节点之间有联系的节点。因为属性和项目之间的关系可能非常复杂,使得节点与节点之间的关系及其属性数量都是可变的。

8.6.3 多维数据的平行坐标表示法

平行坐标技术是20世纪80年代提出的一种可视化方法，适用于变化的多维数据集，是一种表达多维空间中数据的一种几何投影方式。在传统坐标系中，所有轴相互交叉。在平行坐标(Parallel Coordinates)中，所有轴都平行并且等区间。为简化起见，将相邻两轴间距离设为1，轴与轴之间平行，就可将三维以上空间的点、线及平面在平行坐标上表示出来。给出一个六维点(−5,3,4,−2,0,1)，图8-58是该点在平行坐标中的表示方法。

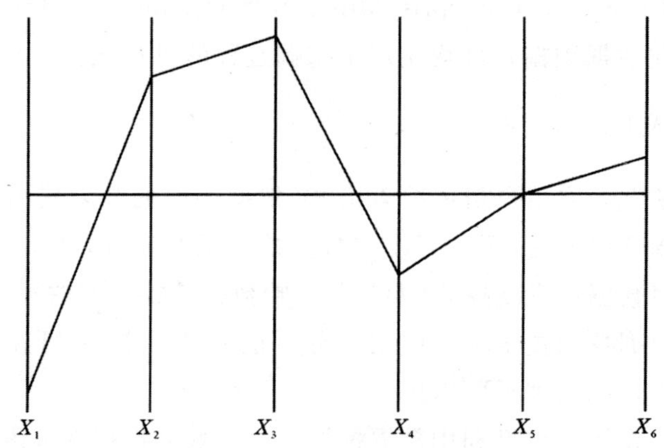

图8-58 一个六维空间点的平行坐标

图8-58中共有6条等距离、平行且分别标记为$X_1 \sim X_6$的坐标轴。给出任意点$(x_1, x_2, \cdots, x_n)$，首先在各自轴上画出点x_i，再将所有点用线连接起来，图8-59是一个具有七维数据的平行坐标示意图。

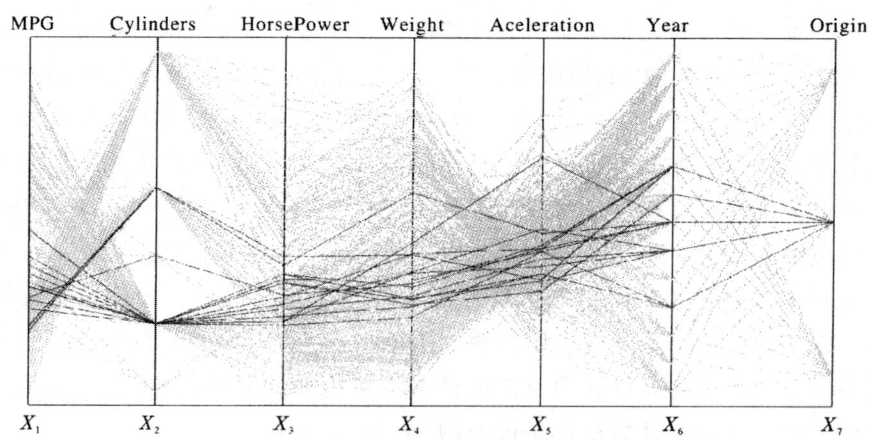

图8-59 七维数据库的平行坐标示意图

为了在两维的平行坐标上画出一条线 $x_2=-3x_1+20$，先给出在平面坐标上该线的点，如图 8-60 所示。图 8-61 是在平行坐标上这些点的表示方法。可以看出，在平行坐标中，所有的“线”（代表点）都汇集在同一点上。通常，若 m 不等于 1，一条两维的线 $x_2=mx_1+b$ 在平行坐标中是由点 $(1/(1-m),b/(1-m))$ 表示，若 m 等于 1，在平行坐标该线就无法表示。

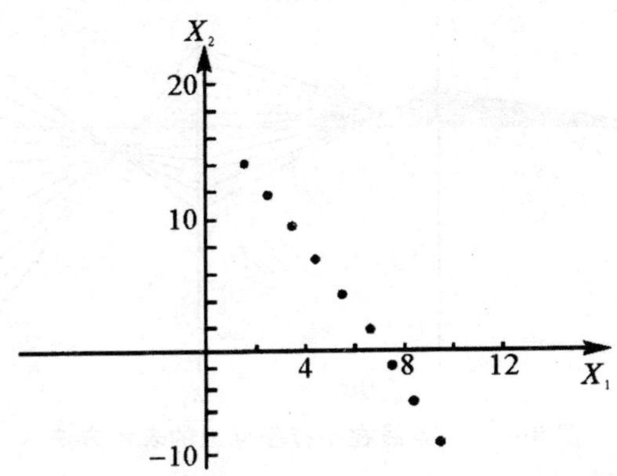

图 8-60 $x_2=-3x_1+20$ 在平面坐标上的点

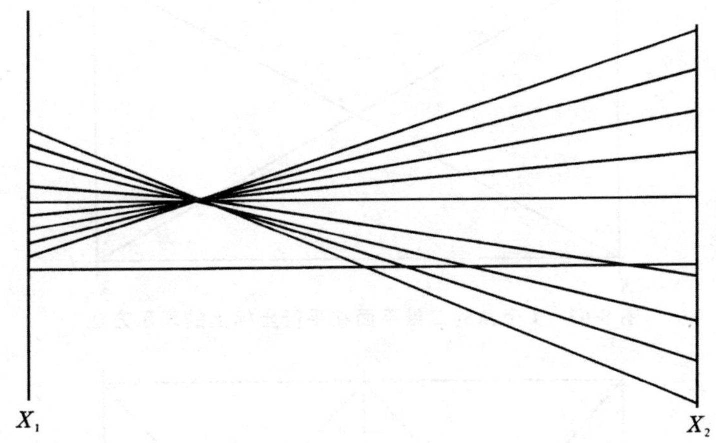

图 8-61 $x_2=-3x_1+20$ 在平行坐标上的表示法

一条 n 维的线可由如下的若干代数式表示：

$$x_i=m_ix_{i-1}+b_i \quad (i=2,\cdots,n) \tag{8-39}$$

其中，每条线都符合二维线定义，因此，可在平行坐标上由若干个点表示。例如，四维线

$$x_2=-3x_1+12$$

$$x_3=-4x_2+48$$

$$x_4=-2x_3-54$$

图 8-62 是该四维线在平行坐标上由若干点组成的表示方法。平行坐标为高维对象(如超立方体)提供了一种非常简便的表示方法。图 8-63 是具有 4 个角的二维平面在平行坐标上的表示方法,图 8-64 是具有 8 个角的三维立方体在平行坐标上的画法,图 8-65 是具有 256 个角的八维超立方体在平行坐标上的画法。

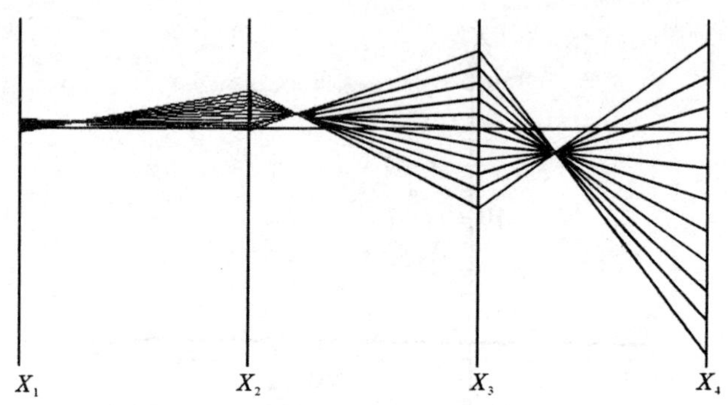

图 8-62　4-维线在平行坐标上的表示方法

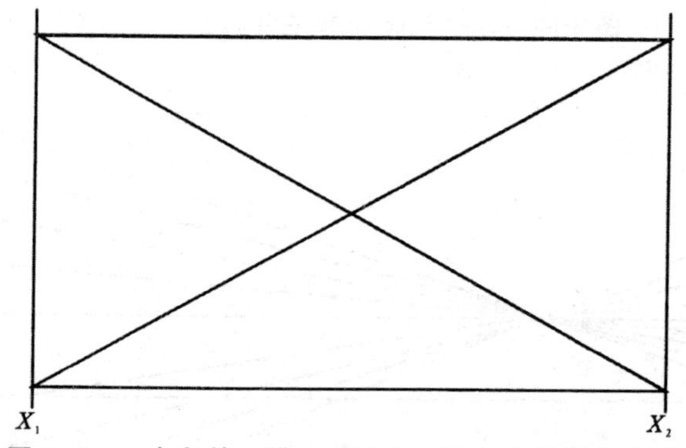

图 8-63　4 个角的二维平面在平行坐标上的表示方法

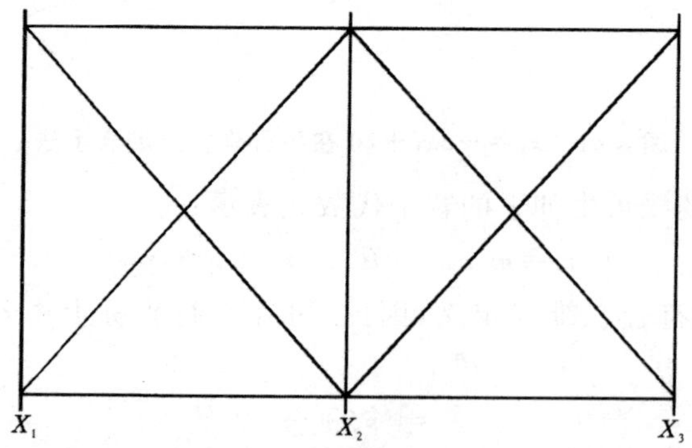

图 8-64　8 个角的三维立方体在平行坐标上的表示方法

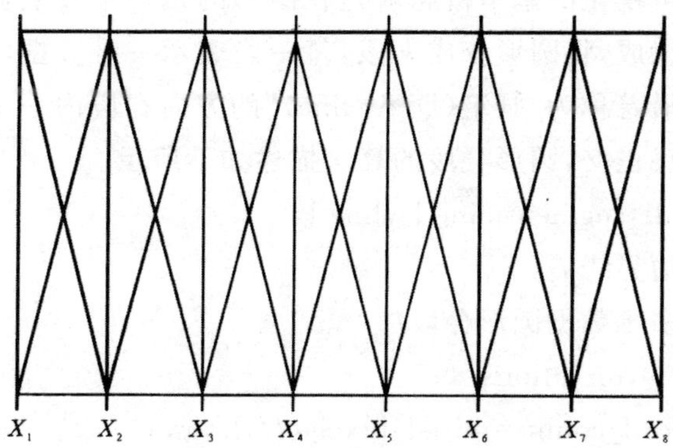

图 8-65　256 个角的八维立方体在平行坐标上的表示方法

与传统直角坐标相比，平行坐标所表达的维数决定于屏幕的水平宽度，而不必使用矢量或其他可视坐标。虽然平行坐标可以考察数据相关性，但随着样本数量增加，这种优点被破坏。另外，通过平行坐标不能看出数据分布情况，为此，需要考虑其他的数据可视化方法。

8.6.4　圆形分段：一种大数据量多维数据可视化技术

圆形分段的基本思想不再是在单个子窗口表现各属性值，而是每一个像素对应一个值，将每个数据值映射成一个具有颜色的像素，将属于每一维上的数据在屏幕的不同区间上显示，每个属性占有圆环的一段。由于每个数据值由一个像素表示，以往提出的可视化方法中，在屏幕上同时显示的数据项数量很少（在 100～5000 个数据值的范围），这里给出的可视化技术可以显示的数据项较多（可多达 100 万个数据值）。其问题就是像素如何在屏幕上排列。这里所给出的每一个数据值对应着一个像素，如图 8-66 所示的可视化技术称为圆形分段（Circle Segment）。

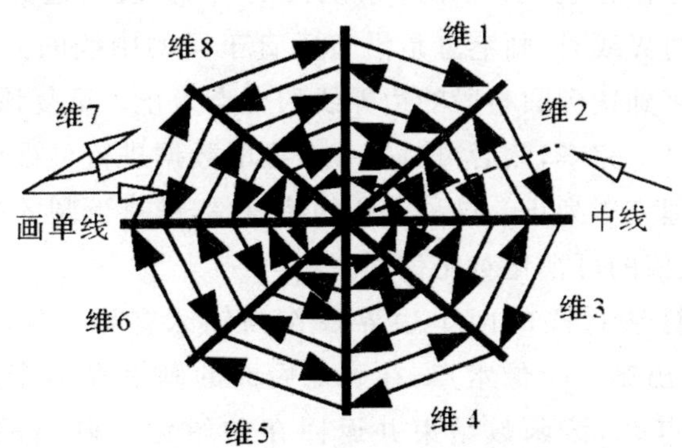

图 8-66　8 维数据的圆形分段技术

圆形分段可视化的基本概念就是在圆形的每一个段上显示一维数据。若数据由 k 维组成，将圆形分成 k 段，每一段表示一维数据，在一段内数据项的排列方式沿着称为“画笔(Draw-line)”的方向在段内一来一回排列，该画笔与段的中线正交，圆形分段的算法描述如下所示。

(1)Void fill_segment(line l_1, line l_2)

(2)输入：边界线 l_1, l_2

(3)输出：多维数据圆形分段

(4){int x, y, direction＝1;

(5)int record_count＝initial_pixels(l_1, l_2, x, y);

(6)while(record_count＜RECORD_ALL)

(7)　　{while((point_betw_lines(l_1, l_2, x, y))&&(record_count＜RECORD_ALL))

(8)　　　　{record_count++;

(9)　　　　setpixel(x, y, color);

(10)　　　　draw_line. compute_next_point(x, y, direction);

(11)　　　　}

(12)　　draw_line. move();

(13)　　draw_line. compute_next_point(x, y, direction);

(14)　　direction ＊＝－1;

(15)　　while(! point_betw_lines(l_1, l_2, x, y))

(16)　　　draw_line. compute_next_point(x, y, direction)j

(17)　　}

(18)}

画笔从圆心作为起点，显示像素从段的一端(段的边界线)到另一端。在画笔遇到段边界线时，画笔总是沿着垂直于段的中线的方向平行移动并不断改变方向直到达到圆与段的边界线的交点为止。重复该过程直到一个维的数据全部显示完毕，然后再对另一个维的数据进行可视化，直到所有维的数据全部处理完毕为止。这种方法的特点是，越靠近圆的中心，属性越集中，提高了属性值的可视化对比程度。

圆形分段算法将段的两个边界线作为输入参数。第一步中的函数 initial_pixels 画出第一个像素点，在确保后面的画笔在两个边界线之间至少有一个像素点时，该函数结束并返回在初始化时画出的像素点个数。函数 initial_pixels 是必需的，尤其在多维数据情况下更是必要，因为该算法

后半部分的“draw_line”系列函数都假设还有“可画”点。用户可以通过改变维的数据在圆内位置以进一步比较数据特性，这是圆形分段技术的一个方便之处。

圆形分段的另一个特点就是利用像素点的颜色，通过色彩控制，可以实现很多应用。一般情况下，都要将数据点的值映射到像素点的色彩值。

参考文献

[1]毛国君,段丽娟.数据挖掘原理与算法[M].3版.北京:清华大学出版社,2015.

[2]梁亚声,徐欣.数据挖掘原理、算法与应用[M].北京:机械工业出版社,2014.

[3]李英杰.数据挖掘算法及在视频分析中的应用[M].北京:中国水利水电出版社,2014.

[4]王小妮.数据挖掘技术[M].北京:北京航空航天大学出版社,2014.

[5]李爱国,库向阳.数据挖掘原理、算法及应用[M].西安:西安电子科技大学出版社,2012.

[6]蔡丽艳.数据挖掘算法及其应用研究[M].成都:电子科技大学出版社,2013.

[7]罗森林.马俊,潘丽敏.数据挖掘理论与技术[M].北京:电子工业出版社,2013.

[8]蒋盛益,李霞,郑琪.数据挖掘原理与实践[M].北京:电子工业出版社,2011.

[9]陈燕.数据挖掘技术与应用[M].北京:清华大学出版社,2011.

[10]王丽珍,周丽华,陈红梅,肖清.数据仓库与数据挖掘原理及应用[M].2版.北京:科学出版社,2009.

[11]邵峰晶.数据挖掘原理与算法[M].2版.北京:科学出版社,2009.

[12]杨承中,王小凤,李萍.智能数据挖掘技术研究[M].北京:中国商务出版社,2010.

[13]姚家奕.数据仓库与数据挖掘技术原理及应用[M].北京:电子工业出版社,2009.

[14]胡可云,田凤占,黄厚宽.数据挖掘理论与应用[M].北京:清华大学出版社;北京交通大学出版社,2008.

[15]朱玉全,杨鹤标,孙蕾.数据挖掘技术[M].南京:东南大学出版社,2006.

[16]陈志泊.数据仓库与数据挖掘[M].北京:清华大学出版社,2009.

[17]张兴会.数据仓库与数据挖掘技术[M].北京:清华大学出版社,2011.

[18]朱明.数据挖掘[M].2版.合肥:中国科学技术大学出版社,2008.

[19](加)韩家炜,堪博(Kam ber,M.).数据挖掘:概念与技术(原书第2版)[M].北京:机械工业出版社,2007.

[20]陈京民.数据仓库与数据挖掘技术[M].2版.北京:电子工业出版社,2007.

[21]焦李成.智能数据挖掘与知识发现[M].西安:西安电子科技大学出版社,2006.

[22](美)刘兵(Liu,B.)著;俞勇等译.Web数据挖掘[M].北京:清华大学出版社,2009.

[23]纪希禹.数据挖掘技术应用实例[M].北京:机械工业出版社,2009.

[24]王树良.空间数据挖掘视角[M].北京:测绘出版社,2008.

[25]吕晓玲,谢邦昌.数据挖掘:方法与应用[M].北京:中国人民大学出版社,2008.

[26]谭建豪,章兢,黄耀,胡章谋.数据挖掘技术[M].北京:中国水利水电出版社,2008.